Logic and Semiotics

Volume 1

The Arbitrariness of the Sign in Question

Proceedings of a CLG100 workshop
Geneva, January 10—12, 2017

Volume 1
The Arbitrariness of the Sign in Question. Proceedings of a CLG100 workshop
Geneva, January 10—12, 2017
Jean-Yves Beziau, editor

Logic and Semiotics series editor
Jean-Yves Beziau   jyb@ufrj.br

The Arbitrariness of the Sign in Question

Proceedings of a CLG100 Workshop

Geneva, January 10—12, 2017

Edited by

Jean-Yves Beziau

ISBN 978-1-84890-313-5

College Publications
Scientific Director: Dov Gabbay
Managing Director: Jane Spurr

http://www.collegepublications.co.uk

Cover designed by Laraine Welch
Photograph by Jean-Yves Beziau

CONTENTS

CONTRIBUTORS

Ricardo Jardim Andrade. *Federal University of Rio de Janeiro, Brazil.*
rjardimfilosofia@yahoo.com.br

François Beets. *University of Liège, Belgium.*
fbeets@ulg.ac.be

Tal Dotan Ben-Soussan, *Research Institute for Neuroscience, Education and Didactics, Patrizio Paoletti Foundation for Development and Communication, Assisi, Italy*
research@fondazionepatriziopaoletti.org

Jean-Yves Beziau. *Federal University of Rio de Janeiro and Brazilian Academy of Philosophy.*
jyb@ufrj.br

Miro Brada. *EACH (Estate Agents Clearing House), UK.*
miro.brada@yahoo.co.uk

Jean-Peirre Desclés. *Sorbonne University, Paris, France.*
jeanpierre.descles@gmail.com

Saloua Chatti. *University of Tunis, Tunisia.*
salouachatti11@gmail.com

Vinicius Claro. *Federal University of Rio de Janeiro, Brazil.*
profviniciusclaro@gmail.com

Anamaria Curea. *Babeş-Bolyai University, Cluj-Napoca, Romania*
anamariacurea@yahoo.fr

Tania Di Giuseppe, *Research Institute for Neuroscience, Education and Didactics, Patrizio Paoletti Foundation for Development and Communication, Assisi, Italy*
t.digiuseppe@fondazionepatriziopaoletti.org

Emmanuele Fadda. *University of Calabria, Italy.*
lelefadda@gmail.com

Joseph Glicksohn. *Bar-Ilan University, Ramat-Gan, Israel*
jglick@post.bgu.ac.il

Manuel Gustavo Isaac. *University of Amsterdam, The Netherlands*
isaac.manuelgustavo@gmail.com

Hubert Kowalewski. *Maria Curie-Sklodowska University, Lublin, Poland*
hubert.kowalewski@poczta.umcs.lublin.pl

Ľudmila Lacková. *Palacký University, Olomouc, Czech Republic.*
ludmila.lac@gmail.com

Cécile Mathieu. *University of Picardie Jules Verne, Amiens, France.*
mathieu-cecile@wanadoo.fr

Frederica Mauro, *Research Institute for Neuroscience, Education and Didactics, Patrizio Paoletti Foundation for Development and Communication, Assisi, Italy*
federica.ma@gmail.com

François Nemo. *University of Orléans, France.*
francois.nemo@yahoo.fr

Aninash Pandey. *University of Mumbai, India.*
avinash@linguistics.mu.ac.in

Patrizio Paoletti, *Research Institute for Neuroscience, Education and Didactics, Patrizio Paoletti Foundation for Development and Communication, Assisi, Italy*
posta@patriziopaoletti.it

Francesco Parisi. *University of Naples "L'Orientale", Italy*
franparisi@gmail.com

Andrea Picciuolo. *University of Zürich, Switzerland*
andrea.picciuolo@gmail.com

Oliver Schlaudt. *University of Heidelberg, Germany.*
oliver.schlaudt@urz.uni-heidelberg.de

Noëlla Patricia Schüttel. *Neuchâtel University, Switzerland*
noella.schuttel@unine.ch

Marcin Sobieszczanski. *University of Nice Sophia Antipolis, France*
marcin.sobieszczanski@univ-cotedazur.fr

Ioannis Vandoulakis. *Hellenic Open University, Greece*
i.vandoulakis@gmail.com

The Arbitrariness of the Sign in Question - 100 years or Arbitrariness
Jean-Yves Beziau

ABSTRACT. We describe the context in which this book was produced: a workshop organized at the University of Geneva in January 2017 within the celebration of the publication of 100 years of publication of Ferdinand de Saussure's *Le Cours de Linguistique Générale*, in continuity with a previous event on symbolic thinking organized at the University of Neuchâtel in 2005.

This book is related to the workshop The *Arbitrariness of the Sign in Question* I organized in Geneva, January 10-12, 2017, within a big event celebrating the 100 years of publication of Ferdinand de Saussure's posthumous book *Le Cours de Linguistique Générale* (CLG).

I was first in touch with the CLG when a high school student in the *Lycée Gabriel Fauré* in Annecy, France, in 1982-83. We had a very dedicated professor of philosophy, Miss Ancet, with whom we studied in detail the first chapter of the CLG.

I was always interested in semiotics, and having specialized in the science of reasoning, I naturally and progressively came back to the topic through my research in symbolic logic.

In 2002 I moved back to Switzerland to work at the University of Neuchâtel at the Institute of Logic and CdRS (Centre de Recherches Sémiologiques), a center created by Jean-Blaise Grize (1922-2013), a former student of Jean Piaget (1896-1980). In 2005 I decided to organize there an interdisciplinary workshop on symbolic language.

Jean-Yves Beziau

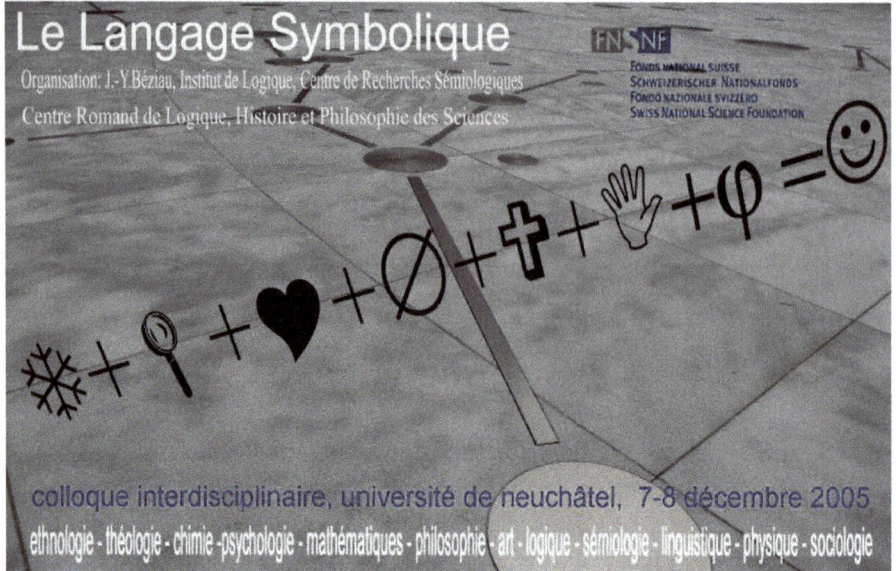

The idea was to promote interaction between colleagues of the University of Neuchâtel and put them together on a non-arbitrary basis. I succeed to gather professors from many aeras: Lytta Basset from theology, Alain Robert from mathematics, Daniel Schulthess from philosophy, Hans Beck from physics, Georg Süss-Fink from chemistry, Louis de Saussure from linguistics. We also had few colleagues from outside: Claudine Tiercelin from Paris, Jean-Claude Pont from Geneva, … As a result I published a book with title "La pointure du symbole", a word game that can be understood only by a true "chaussurien".

When hearing about the centenary of the CLG I decided to organize a workshop on the arbitrariness of the sign, as a kind of follow up of this first meeting. But the gathering was in some sense diametrically opposed, because the idea was to gather people from outside – I was myself an outsider, working at the University of Brazil in Rio de Janeiro.

I launched a call for papers and was quite happy with the result. We received a good variety of submissions. Some old friends I had not seen for years like Marcin Sobieszczanski appeared, as well as some recent ones, like my student Vinicius Claro and also some unknown colleagues.

We had people from many geographical origins: Italy, France, Greece, India, Brazil, Poland, Germany, Romania, Tunisia, Bulgaria, UK, Vatican, Czech Republic, Belgium, Switzerland.

Most of their papers are in this present volume. The papers are written either in French, either in English. CLG'100 was indeed a truly bilingual event.

Acknowlededgments

I would like to thank Fabienne Reboul, Vinicius Claro and Jane Spurr for their valuable work for the preparation of this volume.

3

Jean-Yves Beziau

BIBLIOGRAPHY

J.-Y.Beziau (ed), *La pointure du symbole*, Petra, Paris, 2014.

J.-Y.Beziau, "The Pyramid of Meaning", in J.Ceuppens, H.Smessaert, J. van Craenenbroeck and G.Vanden Wyngaerd (eds), *A Coat of Many Colours - D60, Brussels*, 2018.

F. de Saussure, *Cours de linguistique générale*, Payot, Lausanne et Paris, 1916.

Jean-Yves Beziau
Federal University of Rio de Janeiro
Brazilian Research Council
Brazilian Academy of Philosophy
jyb@ufrj.br

ACADEMIA BRASILEIRA DE FILOSOFIA
Ad Veritatem

L'Arbitraire Saussurien : Résistances et Résolution

CECILE MATHIEU

ABSTRACT. In the 1930's, the School of Geneva and the School of Paris debated on the Saussurean's primary principle of sign, one of the 20th-century main controversy in linguistics. The Saussurean's axiom, based on the link between signifier (sound pattern) and signified (concept), is a premise of Ferdinand de Saussure's theory. Many other equally important concepts emerged from this axiom such as the language considered as a system, the distinction between *substance* and *form*, *signification* and *value*, and finally the implicit equipollence of the *content* and the *expressionplans*. The Saussurean's axiom was only confirmed later with André Martinet's conceptualization of double articulation of language. This article underlines the reasons behind the misunderstandings of and oppositions to this axiom, named by Saussure the "primary truth".

1. Introduction

Notre article[1] portera sur deux propositions contenues dans le chapitre du *Cours de linguistique générale* (désormais noté *Cours*) intitulé « la nature du signe linguistique » qui lanceront de façon vive une polémique à la fin des années 1930. Eu égard au reste de l'œuvre saussurienne souvent considérée comme essentielle, plusieurs linguistes s'insurgèrent en effet contre l'affirmation de la non-motivation de la langue soutenue dans le *Cours* et celle dite « vérité première » [Constantin, 2005, 225] de l'arbitraire du signe,

---

[1]Cet article a été publié dans *La Linguistique* en 2018, cf. [Mathieu, 2018]. Nous remercions la revue de nous autoriser à le reproduire dans cet ouvrage thématique collectif.

Cécile Mathieu

considérées à tort comme un même point de vue.

Il est aujourd'hui largement connu que la constitution de l'ouvrage par Charles Bally et André Séchehaye nécessita de nombreux éclaircissements et rectifications ultérieurs. L'accès aux notes manuscrites de Saussure et aux notes critiques du *Cours* apportées par Robert Godel [1957], Rudolph Engler [1988, 1989], Tullio de Mauro [1995], Michel Arrivé [2000], Simon Bouquet [2002], entre autres, auront permis de donner accès à une pensée plus dialectique de l'enseignement saussurien, quelque peu figée par la visée didactique du *Cours*. On le sait l'une des premières critiques à l'égard des éditeurs du *Cours* repose sur le choix des notes sélectionnées pour la constitution de l'ouvrage.

Mais la déstructuration chronologique des cours de Ferdinand de Saussure en vue d'une présentation thématique a accentué la confusion d'un certain nombre de problèmes d'importance et a permis parfois la diffusion d'erreurs des étudiants, ou des éditeurs, quant à des notions nouvelles particulièrement complexes. Le chapitre sur « la nature du signe linguistique » est exemplaire à ce sujet.

Dès 1937, le premier linguiste français à les repérer fut Édouard Pichon. Lisant très attentivement ce chapitre du *Cours*, il repère plusieurs incohérences, qu'il dénonce dans l'un de ses articles majeurs [Pichon, 1937 , 25-48], avec la conviction qu'il vient de démontrer que la relation entre signifiant et signifié n'a rien d'arbitraire mais tout de « coalescent »[2][Pichon, 1937 , 28]. À la suite de cet auteur, et avec des arguments souvent similaires, Émile Benveniste contestera en 1939 les positions saussuriennes à ce propos. Charles Bally, largement impliqué dans la rédaction de ce chapitre, répondit de prime abord seul aux linguistes français [Bally,1940, 93-206]. Finalement, l'École de Genève prit définitivement position [3] dans la controverse en se déclarant :« Pour l'arbitraire du signe »[Bally, Séchehaye et Frei, 1940-41]. Ces échanges qui s'intensifièrent pendant quatre ans révèlent l'enjeu d'un débat majeur et toujours actuel. S'il est permis aujourd'hui de suivre les arguments de Ferdinand de Saussure, à la lecture de ses notes, et d'en trouver l'axiome démontré par André Martinet une dizaine

[2]« Dans la psychologie linguistique d'un sujet parlant, le complexe idée-mot *bœuf* est constitué : l'idée signifiée et le mot signifiant y sont coalescents l'un à l'autre en une adéquation parfaite et sans arbitraire. »[Pichon, 1937, 28].

[3] Cet article fait suite à la décision prise par le *Comité de la société genevoise de Linguistique* de prendre position sur ce point, le 7 juin 1941.

d'années plus tard [Martinet, 1949], il nous est apparu intéressant de revenir sur les passages litigieux du *Cours*. D'une part, pour saisir les arguments des pourfendeurs de l'arbitraire du lien entre signifiant et signifié, d'autre part pour analyser les explications fournies par les éditeurs du *Cours*, ce d'autant que leurs erreurs, sur ce point, sont patentes. La conception du signe tant chez Édouard Pichon, que chez Charles Bally ne recouvre pas exactement celle apportée par Ferdinand de Saussure, les théories développées préalablement par les auteurs justifient en partie les enjeux de leur position contradictoire.

2. Les passages litigieux du *Cours*

Le premier passage litigieux du *Cours* sur le principe de l'arbitraire du lien entre signifiant et signifié vient illustrer la définition saussurienne suivante :

> Le lien unissant le signifiant au signifié est arbitraire, ou encore, puisque nous entendons par signe le total résultant de l'association d'un signifiant à un signifié, nous pouvons dire simplement : le signe linguistique est arbitraire. Ainsi l'idée de « sœur » n'est liée par aucun rapport intérieur avec la suite de sons s-ö-r qui lui sert de signifiant ; il pourrait être aussi bien représenté par n'importe quelle autre [Saussure, 1916, 100].

Afin d'en proposer une démonstration, les éditeurs ont cru bon d'ajouter les lignes contestables (et contestées) suivantes :« À preuve les différences entre les langues et l'existence même de langues différentes : le signifié "bœuf" a pour signifiant b-ö-f, d'un côté de la frontière et o-k-s (Ochs) de l'autre »[Saussure, 1916, 100].

Le second passage du *Cours* conclut également par un argument litigieux (souligné par nous en ital.) :

> Le mot arbitraire appelle aussi une remarque. Il ne doit pas donner l'idée que le signifiant dépend du libre choix du sujet parlant (...) nous voulons dire qu'il est immotivé, c'est-à-dire arbitraire par rapport au signifié, *avec lequel il n'a aucune attache naturelle dans la réalité*[Saussure, 1916, 101].

Cécile Mathieu

Comme le rappelait Tullio de Mauro, « la nature du signe linguistique » présenté comme le premier chapitre du *Cours* reprend pourtant des éléments que Ferdinand de Saussure exposa dans son dernier cours, entre le 2 et le 12 mai 1911. Ceux-ci succédaient aux leçons transmises le 25 et 28 avril 1911 portant sur la différence entre langue et langage, désormais apparaissant dans un sous-chapitre de l'introduction du *Cours*. Quelques quinze jours après, Ferdinand de Saussure revenait sur le titre choisi « la langue séparée du langage » et proposait de le remplacer par le suivant « la langue comme système de signes » non repris par les éditeurs. Pourtant cette correction avait toute son importance pour comprendre l'enjeu saussurien du signe linguistique inscrit dans un système de signes oppositifs. Ferdinand de Saussure cherchait alors à établir, avant toute chose, un modèle d'analyse susceptible de dépasser les approches diachroniques et comparatives des langues. Posant l'hypothèse que la langue est un système, il la définit comme l'organisation des relations oppositives et différentielles des unités qui la composent.

Or, en conceptualisant la notion du *signe*, Ferdinand de Saussure se heurte à un obstacle terminologique, lié, selon lui, à la réalité même des objets en question :« C'est ici que la terminologie linguistique paie son tribut à la vérité même que nous établissons comme fait d'observation » [Saussure, 2002, 113].

Car tout terme choisi pour désigner l'entité globale (tel qu'il les essaie *signe*, *terme*, *mot*, *sème*) induit naturellement un glissement sémantique qui restreint la notion de *signe* au seul signifiant, souvent confondu de surcroîtavec l'aspect matériel de la chaine phonique, aspect qui n'appartient pas, selon Ferdinand de Saussure, au niveau d'analyse de la langue, mais plutôt à celui de la parole.Ilsouhaite en effet, distinguer en deux plans séparés – comme le repérera Louis Hjelmslev – la substance du signe (notamment sa matérialité) et sa forme (obtenue de l'union de la découpe arbitraire entre substance acoustique et substance conceptuelle, formant les seules unités linguistiques ou *articulis* de la langue), ceci afin de soutenir l'axiome selon lequel la langue est un système solidaire composé d'unités oppositives et différentielles.

Mais Ferdinand de Saussure tarde à apporter une terminologie discriminante pour dissocier*signe* et *signifiant*. En effet, à de nombreux endroits de ses écrits le terme *signe*est utilisé pour désigner tant l'association d'un concept et d'une image acoustique que l'image acoustique seule, et parfois le terme de *signifiant*renvoie au signe (comme l'ont fort bien souligné Rudolf Engler et Tullio de Mauro). Or pour Ferdinand de Saussure le signifiant est l'image acoustique d'un signe [Saussure, 1916, 99] tandis que le signe est « la combinaison d'une image acoustique et d'un concept » [Saussure, 1916, 99]. Seule cette association relève de l'ordre linguistique ou de la langue pour Saussure.

Cette hésitation terminologique, mais non conceptuelle,de Ferdinand de Saussure participa à obscurcir la lecture de son texte. Ce n'est que dans l'après-coup de sa leçon du 2 mai 1911, au sein de laquelle il avait énoncé ce « premier principe » ou « vérité primaire », qu'il finit par opter pour la triade *signe, signifiant, signifié*. La confusion préservée par l'usage du terme *signe* dans sa première formulation « le signe linguistique est arbitraire »[Saussure, 1916, 100] induisait dans ce contexte des conséquences sérieuses, celle notamment de déplacer l'arbitrarité du lien entre signifiant et signifié à celui du signifiant (ou du signe) avec l'objet. Aussi le 19 mai 1911, il proposait à ses étudiants de lever l'ambigüité en nommant :

> (…) les trois notions ici en présence par des noms qui s'appellent les uns les autres tout en s'opposant. Nous proposons de conserver le mot *signe* pour désigner le total, et de remplacer le *concept* et *l'imageacoustique* respectivement par le *signifié* et le *signifiant*[Saussure, 1916, 99].

Ceci lui permettait ainsi de remplacer la malheureuse formule « Le signe linguistique est arbitraire » par la proposition suivante :« Le lien qui relie un signifié à un signifiant est arbitraire ». Or, les deux principes fondateurs du signe linguistique – c'est-à-dire celui dit de l'arbitraire du signe et celui de la linéarité dite du signifiant[4] – furent l'objet de méprises et de polémiques.

3. Les critiques d'Édouard Pichon et d'Émile Benveniste

---

[4] Nous nous concentrerons dans cet article sur le premier principe du signe. Pour saisir l'enjeu des liens entre les deux principes lire à ce propos Michel Arrivé [Arrivé, 1994], Manuel Gustavo Isaac [Isaac, 2010] ou Pierre-Yves Testenoire[Testenoire, 2014].

Cécile Mathieu

Partant de ces deux passages, la discussion ouverte dans les années 30 eut une portée retentissante, en témoigne la liste des dix articles[5] qui parurent successivement à la suite essentiellement de la publication de l'article d'Émile Benveniste. Deux types d'articles se dégagent, ceux qui d'une part se centrent sur la question de l'arbitraire du lien entre signifié et signifiant, et ceux qui cherchent à inscrire la réflexion autour du signe linguistique dans une perspective plus large que nous pouvons qualifier de sémiologique. Nous nous limiterons à la seule étude du premier groupe de textes.

La lecture minutieuse et attentive d'Édouard Pichon permit de souligner les faiblesses du chapitre sur la nature du signe linguistique, nous allons l'observer. Nous ne nous référerons que très peu au texte d'Émile Benveniste en ce que l'argumentaire qu'il y déploie est quasiment similaire, osons le dire, reprenant parfois Édouard Pichon[6], sans jamais le citer, bien que son efficacité fut nettement plus redoutable en raison de sa renommée. Soulignons que si Édouard Pichon démonte l'argumentaire lié à l'arbitraire du signe saussurien, c'est afin de défendre son propre cadrage théorique. Pour Émile Benveniste l'enjeu semble inscrit ailleurs, il souhaite nous dit-il « [restaurer] la véritable nature du signe dans le conditionnement interne du système, [pour affirmer], par-delà Ferdinand de Saussure, la rigueur de la pensée saussurienne »[Benveniste, 1939, 29]. Aussi, son titre identique à celui du chapitre du *Cours* indique d'emblée le projet de réécriture des pages jugées erronées, leur correction, voire leur effacement. Ce préambule étant fait, passons maintenant à la lecture critique d'Édouard Pichon. Faisant appel à la différence des langues pour démontrer l'arbitraire du lien, avec l'exemple de *bœuf* et *Ochs* le *Cours* semble ignorer que l'un comme l'autre n'appartiennent pas aux mêmes systèmes et ne peuvent en ce sens être comparés. Jacques Damourette et Édouard Pichon furent les premiers à repérer l'erreur et la soulignèrent dès 1927, lors de la publication du premier tome de leur grammaire : « La faute que nous paraît soutenir ce raisonnement de Saussure est de croire à l'équipollence absolue de deux vocables appartenant à des langues différentes »[Damourette et Pichon, 1927, 96]. Dans un article publié dix ans plus tard, Édouard Pichon revenait sur ce point et le déployait davantage :

---

[5] Ces dix textes se trouvent précédés d'un astérisque dans les références bibliographiques.

[6]Édouard Pichon rédigera une note à ce sujet, à la veille de sa mort [Pichon, 1940-1941].

Il n'est pas besoin d'aller plus loin ; l'erreur de Saussure est à mon sens éclatante. Elle consiste en ce qu'il ne s'aperçoit pas qu'il introduit en cours de démonstration des éléments qui n'étaient pas dans l'énoncé. Il définit d'abord le signifié comme étant l'idée générale de bœuf ; il se comporte ensuite comme si ce signifié était l'objet appelé *bœuf* ou du moins l'image sensorielle d'un bœuf. Or ce sont là deux choses absolument différentes [Pichon, 1937, 26].

Il repère parfaitement l'erreur qui s'est glissée dans la démonstration du *Cours* :

> L'argument que Saussure croit pouvoir tirer de la possibilité de traduire les expressions linguistiques d'un idiome dans un autre se tourne en réalité contre lui. Car s'il est bien vrai qu'il y a des bœufs en Allemagne comme en France, il n'est pas vrai que l'idée exprimée par o-k-s soit identique à celle exprimée par b-ö-f. *Un aplomb bœuf, un effet bœuf* ne pourront pas se traduire en allemand par *Ochs*. Jamais ni dans le domaine du lexique, ni dans celui de la grammaire, les notions d'un idiome ne recouvrent pas exactement celles d'un autre idiome [Pichon, 1937, 27].

En convoquant l'exemple de *bœuf* et *Ochs* pour illustrer l'arbitraire du lien entre signifiant et signifié les éditeurs du *Cours* contredisent en effet plusieurs des thèses saussuriennes pourtant explicites à divers endroits du *Cours*, et notamment au début du chapitre sur la nature du signe linguistique, où Ferdinand de Saussure, refusant de considérer les langues comme des nomenclatures, exclut qu'il puisse y avoir des idées préexistant aux mots [Saussure, 1916, 98]. Cette position maintenue dans sa leçon sur la valeur du signe linguistique constitue en soi un contre-argument à l'emploi de l'exemple de *bœuf* tel qu'il fut utilisé par les éditeurs :« Si les mots étaient chargés de représenter des concepts donnés d'avance, ils auraient chacun, d'une langue à l'autre, des correspondants exacts pour le sens ; or il n'en est rien »[Saussure, 1916, 161]. Réduire le signifié *bœuf* à sa signification – tel que le propose l'équivalence *bœuf/Ochs* dans l'exemple du *Cours*– récuse en effet l'idée princeps saussurienne selon laquelle la langue est un système de valeurs. Édouard Pichon qui a compris la notion de *valeur* saussurienne lui reproche cette confusion :

> Saussure créateur de la linguistique synchronique, dont je vais parler
> plus bas ; Saussure, qui a indiqué nettement qu'à une époque donnée
> de l'histoire, ce qui constitue la langue des locuteurs, c'est un système
> de valeurs, aurait dû être le dernier à tomber dans la confusion où il
> s'est enlisé [Pichon, 1937, 27-28].

L'on sait aujourd'hui, que ce passage est un ajout des éditeurs. De l'aveu
ultérieur de Charles Bally, seul un étudiant parmi ceux sélectionnés pour la
constitution du *Cours* fait mention de cet exemple dans ses notes [Bally,
1940, 199]. Or cet exemple, qui provient bien de Ferdinand de Saussure,
illustrait non la leçon sur le « principe de l'arbitraire du signe » mais bien
celui de « la valeur du signe linguistique ». Quant à la question soulevée par
le rapport entre le signe linguistique et les objets du monde qu'ils sont censés
représenter, Édouard Pichon apporte une remarque étonnante (soulignée en
ital. par nous dans le texte) bien que compréhensible vis-à-vis de ses
positions naturalistes profondes et qui alimentent, selon nous, sa résistance
au premier principe saussurien :

> Quant à l'adéquation du signe (constitué, selon Saussure lui-même par
> l'idée et le mot) avec la réalité elle-même, c'est une toute autre
> question, et qui dépasse *étrangement* la linguistique : c'est la question
> de l'adéquation des représentations mentales à la Réalité objective
> absolue [Pichon, 1937, 27].

4. Le lien de nécessité entre signifiant et signifié comme argument contre l'arbitrarité

Si Édouard Pichon a brillamment relevé les erreurs du chapitre portant sur
la nature du signe linguistique, pour autant il ne perçoit pas l'innovation
pourtant majeure de Ferdinand de Saussure. Il se comporte en effet, et Émile
Benveniste à sa suite, comme si une fois soulignées les erreurs du *Cours* il
en avait démontré le principe inverse. Cependant, une fois supprimé
l'exemple de *bœuf* de la définition de l'arbitraire du lien entre signifiant et
signifié, l'axiome saussurien illustré par le seul exemple de *sœur* est
quasiment démontré. Avec les tirets graphiques insistant sur la succession
des phonèmes du signifiant s-ö-r lié arbitrairement à l'idée « sœur » et

l'implicite du caractère quasi isomorphe [mais il faudra attendre Louis Hjelmslev pour le formuler ainsi) des deux plans que représentent les signifiants et les signifiés d'une langue, Ferdinand de Saussure n'est pas loin de démontrer son axiome. Or Édouard Pichon aveuglé par sa propre foi en une motivation originelle du langage fondée sur la mimesis du monde, passe à côté de l'argument clé saussurien, du caractère double tant arbitraire que solidaire du lien entre signifiant et signifié, comme en témoigne le passage suivant :

> Dès lors si l'on pose le problème comme le pose Saussure, c'est-à-dire si c'est à l'idée qu'on fait jouer le rôle de signifié, le rapport entre elle et le signifiant n'est pas contingent, n'est pas arbitraire, puisqu'il est constitutif de l'idée même. Le mot est le corps même de l'idée. L'idée de bœuf n'existe pas indépendamment de la suite phonétique [b-œ-f] [Pichon, 1937, 26].

Émile Benveniste soutient, de son côté, la stricte nécessité du lien entre signifié et signifiant :

> Le choix qui appelle telle tranche acoustique pour telle idée n'est nullement arbitraire ; cette tranche acoustique n'existerait pas sans l'idée correspondante et vice et versa. En réalité Saussure pense toujours, quoiqu'il parle d'" idée ", à la représentation de l'objet réel et au caractère évidemment non nécessaire, immotivé du lien qui unit le signe à la chose signifiée [Benveniste, 1939, 28].

Si Ferdinand de Saussure conçoit le lien entre signifiant et signifié comme arbitraire, signifié et signifiant n'en sont pas moins solidaires. Nombre d'auteurs se sont mépris sur ce point. Ce qui est arbitraire c'est la découpe des unités « sur le plan indéfini des idées confuses et sur celui non moins indéterminé des sons »[Saussure, 1916, 157]. Ce découpage est arbitraire mais le lien entre signifiant et signifié reposant sur une convention sociale de la langue est « solidaire »[Saussure, 1916, 157]. Il ne peut y avoir de signifiant sans signifié, à moins de ne renoncer au caractère systémique de la langue. La métaphore saussurienne de la langue comme une feuille de papier composée de son recto (la pensée) et de son verso (le son) en est l'illustration évidente.

On ne peut découper le recto sans découper en même temps le verso ; de même dans la langue on ne saurait isoler ni le son de la pensée, ni la pensée du son ; on n'y arriverait que par une abstraction dont le résultat serait de faire de la psychologie pure ou de la phonologie pure. La linguistique travaille sur le terrain limitrophe où les éléments des deux ordres se combinent ; cette combinaison produit une forme, non une substance [Saussure, 1916, 157].

En ce sens la barre iconique du schéma du signe linguistique proposé par Ferdinand de Saussure sépare le signifiant du signifié autant qu'elle les relie. Charles Bally et André Séchehaye, qui ont ajouté à ce schéma des flèches, ont opté pour un trait plein pour l'illustration de la barre. Or, dans les notes de Ferdinand de Saussure, l'on trouve aussi une barre en pointillés, soulignant ainsi le caractère double du lien entre signifiant et signifié, tant solidaire qu'arbitraire [Saussure, 2002 ,103].

Ce double caractère, arbitraire et solidaire, du lien signifiant/signifié devient loi.

5. Charles Bally, auteur des passages litigieux du *Cours* ?

Avant d'évoquer les raisons qui justifient, selon nous, la résistance à cette « vérité primaire » saussurienne, nous aimerions convoquer Charles Bally que nous soupçonnons être l'auteur des passages litigieux du *Cours*, sinon comment interpréter sa forte implication (supérieure à celle d'André Séchehaye) au cœur de ce débat ? Et celle de son interprétation toute particulière du terme de *réalité* ; nous allons y revenir. Ce n'est véritablement que dans son article, publié en 1940 que Charles Bally répond explicitement à la polémique ouverte par Édouard Pichon en 1937, rappelons-le. Charles Bally a pourtant publié en 1939 un article dans la même revue *Journal de psychologie normale et pathologique* qu'il intitule « Qu'est-ce qu'un signe ? » où il y déploie une théorie intéressante sur l'indice (élément causal) et le signe (acte intentionnel d'un signaleur). Ses propositions se rapprochent d'assez près des travaux de la future sémiologie dite de la communication, alors même qu'ÉricBuyssens n'a pas encore publié son ouvrage *Les langages et les discours, essai de linguistique fonctionnelle* [Buyssens, 1947]. L'intérêt supplémentaire de cet article repose sur le fait qu'il entraperçoit aussi rapidement qu'il introduit sa théorisation, les limites de la portée de l'intention du signaleur (la construction d'une intention ne reposant que sur les interprétations du récepteur), comme l'opposeront ultérieurement les tenants d'une sémiologie de l'interprétation (Roland Barthes, Julia Kristeva, Anne-Marie Houdebine, entre autres, en France).

Pour autant, ce n'est donc qu'à la publication du texte d'Émile Benveniste que Charles Bally entreprend de répondre aux objections des linguistes français. Qu'Édouard Pichon publie comme à son habitude ses états d'âmes les plus fantaisistes sur les questions les plus sérieuses, ne devait pas inquiéter Charles Bally, qui connaissait bien Édouard Pichon, mais l'arrivée d'Émile Benveniste au sein du débat lui apparût sans doute beaucoup plus ennuyeuse. Il publia cette fois-ci un article dans le *Français moderne* intitulé :« Arbitraire du signe : valeur et signification ». Son texte n'apporte que peu d'arguments susceptibles d'éclairer véritablement le principe saussurien qui nous intéresse. Il témoigne plutôt de l'impossible que représente pour lui ce« premier principe » saussurien, bien que le défendant avec ardeur. Sa conceptualisation du terme de *réalité*, largement critiqué par les détracteurs du lien arbitraire entre signifiant et signifié, est en effet loin d'être convaincante :

> Le mot arbitraire appelle aussi une remarque. Il ne doit pas donner l'idée que le signifiant dépend du libre choix du sujet parlant (...) nous voulons dire qu'il est immotivé, c'est-à-dire arbitraire par rapport au signifié, avec lequel il n'a aucune attache naturelle dans la réalité [Saussure, 1916, 101].

Évoquant les passages du *Cours* où Ferdinand de Saussure indique que le mot n'est pas la chose, Charles Bally conclut qu':« (…) il est bien évident que " réalité " ne désigne pas ici l'objet réel, par exemple, l'arbre que je vois en ce moment de ma fenêtre, mais le caractère logique et nécessaire d'une union fondée en nature »[Bally, 1940, 194]. Or une telle explication, pour justifier l'arbitraire du lien entre signifiant et signifié, est pour le moins personnelle, sinon obscure... La définition de Charles Bally de la *réalité* aurait probablement conforté les deux linguistes français que Ferdinand de Saussure confond bien la question du lien du signifié au signifiant, et celle du lien entre le signifié et l'objet (ou référent), fut-ce son image sensorielle. Le recours supplémentaire à l'*arbitraire relatif*, qui est

Cécile Mathieu

bien différent du premier principe, finit de révéler combien pour Charles Bally, l'arbitraire du signe reste encore pour le moins incompris :

> Ce caractère du signifiant a pour conséquence que le lien qui le rattache au signifié n'est pas (du point de vue statique) *fondéennature*, mais est purement *conventionnel*, à la différence du signe motivé, dont le signifiant rappelle en quelque manière l'idée qu'il exprime :*colibri* est arbitraire, *oiseau-mouche* est motivé (cf. *Cours*p. 180 ss. et *passim*). Ce n'est pas autre chose que la distinction entre *phusei* et *thesei* du Cratyle de Platon [Bally, 1940, 202].

Cette « motivation » du signe n'est que secondaire eu égard au premier principe dégagé par Ferdinand de Saussure et ne peut être mise sur un même plan. Notons toutefois, que cette tentative d'argumentation le pousse à déployer une théorisation nouvelle des notions de valeur et de signification. Il avance ébauche en effet les cadres d'une « science générale des valeurs (relevant du domaine de la langue) parallèle à une science générale des significations (relevant plutôt de la parole) »[Bally, 1940, 194], toutes deux fondées sur le rapport qu'elles entretiennent ou non avec le référent. En ce sens il se distingue de Ferdinand de Saussure, qui écarte volontairement la chose (pour reprendre ses mots) de sa réflexion[7].

Comme Charles Bally est particulièrement sensible à la question du sujet parlant, il s'intéresse à l'épineuse question du lien entre signifié, signification, valeur et référent. Il propose ainsi que seule la signification ait trait au référent. La signification reflète linguistiquement l'image sensorielle actuelle d'un référent :« C'est seulement dans la parole, dans le discours, que le signe, par contact avec la réalité, a une signification »[Bally, 1940-41,194]. La signification (actuelle) ainsi définie s'oppose désormais à la

---

[7] Pour autant comme le remarque Michel Arrivé, elle n'est pas absente de sa réflexion en témoigne sa formulation à propos de « [la conception de la langue comme nomenclature qui laisse] supposer que le lien qui unit un nom à une chose est une opération toute simple, ce qui est loin d'être vrai »[Saussure, 1916, 97]. Pour Michel Arrivé « [Ce qui est allégué avec le terme *opération*], c'est le processus langagier par lequel le référent est pris en charge par le signe, l'« opération » par laquelle les « objets » sont « désignés » relève de la parole. Elle appartient bien à la linguistique, mais à celle de la « parole », nom, chez Saussure, de l'activité du sujet parlant quand il produit le discours »[Arrivé, 2007, 41].

valeur (virtuelle) d'un signe car « c'est seulement dans la langue, à l'état latent, que ce même signe déclenche un faisceau d'associations mémorielles qui constituent sa valeur »[Bally, 1940, 195]. Actualité et virtualité du signe[8] constituent ainsi un premier axe oppositif à partir duquel penser une théorie de la référence. Celle-ci appartiendrait au champ d'étude d'une linguistique de la parole, ambition non réalisée bien que programmée par Ferdinand de Saussure. Charles Bally, qui s'y intéresse principalement, parachève le repérage de l'affectif ou la trace du subjectif dans la langue, véritable objet de la stylistique telle qu'il la conçoit.

Pour en revenir à l'objet de notre préoccupation principale, soit le débat autour de l'arbitraire du lien signifiant/signifié, il faut attendre la publication de l'article « Pour l'arbitraire du signe »[Bally, Frei et Séchehaye, 1940-41, 165-169] pour qu'enfin soit avancé l'argument saussurien de la mutabilité et de l'immutabilité du signe comme riposte au strict lien nécessaire entre signifiant et signifié. La nécessité du lien repose sur un contrat tacite de la masse parlante, ou comme la coutume la nomme, sur une *convention*. L'immutabilité et la mutabilité de la langue éclairant tout à fait selon eux le caractère nécessaire et arbitraire des signes de la langue.

6. L'arbitraire du signe ou l'axiome de la double articulation par André Martinet

Pour autant ces arguments ne parviendront pas à convaincre et il faudra attendre André Martinet pour que le débat avance vers unerésolution du problème. L'immutabilité et la mutabilité du signe, la langue envisagée comme un système de valeurs, ou l'union arbitraire du signifiant à l'égard de tel signifié sont des arguments loin d'être suffisants pour André Martinet, qui élabore une linguistique structurale fonctionnaliste. Fort des études qu'il mène en phonologie inspirés notamment de ceux de Nicolas Troubetzkoy), André Martinet conçoit l'importance du *trait distinctif* (et de fait du *phonème*) opposé à celle du son et partage l'idée selon laquelle la langue possède à différents niveaux une organisation cohérente. Plutôt que *structure* André Martinet utilise essentiellement, comme Ferdinand de Saussure, la notion de système. Toutefois il s'y réfère essentiellement en phonologie. S'il accepte l'idée qu'une langue est un système composé d'unités oppositives et

---

[8] Actualité et virtualité qui évoquent grandement celles du référent définies ultérieurement chez Jean-Claude Milner [Milner, 1976, 63-76].

différentielles tel que le propose Ferdinand de Saussure à travers sa métaphore de l'échiquier, André Martinet déplore dès 1969 que le terme *structure* induise chez plusieurs descriptivistes « la prédominance de l'ensemble sur les parties »[Martinet, 1969, 12].

Plutôt que de se situer du côté du formalisme réduit « à se détourner de l'étude minutieuse des faits »[Martinet, 1969, 12], André Martinet adopte une posture réaliste qui envisage les faits linguistiques de façon empirique, pour en déduire les lois générales. Seule selon lui l'étude de la fonction des unités des systèmes permet d'accéder aux systèmes eux-mêmes. La fonction révèle la structure latente des langues :

> En fait, dans une langue, la structure ne se manifeste, en quelque sorte, que comme un aspect de son fonctionnement. (…) La fonction est le critère de la réalité linguistique. Notre devoir est de décrire cette réalité [Martinet, 1971 [1969], 14].

Cette prise de position détermine de façon essentielle la théorie martinetienne. Répondant à l'impératif épistémologique saussurien selon lequel « Bien loin que l'objet précède le point de vue, on dirait que c'est le point de vue qui crée l'objet »[Saussure, 1916, 23], André Martinet se résout à définir la « pertinence du point de vue » à partir duquel il analysera les faits linguistiques. Il faut déterminer préalablement à toute analyse les éléments pertinents qui guideront leur étude :

> Toute description sera acceptable à condition qu'elle soit faite d'un point de vue déterminé. Une fois ce point de vue adopté, certains traits dits pertinents seront à retenir : les autres, non pertinents, doivent être écartés résolument [Martinet, 2008 [1960], 54].

La fonction communicative sera celle adoptée par André Martinet. Poursuivant les perspectives théoriques du Cercle de Prague selon lesquelles le langage répond à plusieurs fonctions[Jakobson, 1963] ; il estime cependant que seule la fonction communicative relève de la linguistique. Les langues possèdent des éléments dotés d'une fonction (distinctive au plan des signifiants et significative au plan des signifiés) et d'autres qui n'en n'ont pas. La fonction est ainsi introduite tant au plan de l'expression que celle du contenu. Il définit la langue dès lors comme :

(…) un instrument de communication selon lequel l'expérience humaine s'analyse, différemment dans chaque communauté, en unités douées d'un contenu sémantique et d'une expression phonique, les monèmes ; cette expression phonique s'articule à son tour en unités distinctives et successives, les phonèmes, en nombre déterminé dans chaque langue, dont la nature et les rapports mutuels diffèrent eux aussi d'une langue à une autre [Martinet, 1960, 43-44].

La langue se trouve ainsi doublement articulée. Le premier niveau d'articulation est celui des monèmes leur fonction communicative étant significative. Le deuxième niveau introduit les phonèmes, unités à fonction distinctive, qui permettent de distinguer des signifiants et d'opposer ainsi des unités significatives. Cette notion mise au jour, André Martinet pouvait offrir une démonstration au fait que la solidarité du lien entre signifiant et signifié opposé aux autres signes du système ne peut s'expliquer que par l'arbitraire du signe :

Ce qui empêche les glissements des signifiants et assure leur autonomie vis-à-vis des signifiés est le fait que, dans les langues réelles, ils sont composés de phonèmes unités à face unique, sur lesquels le sens du mot n'a pas de prise parce que chaque réalisation d'un phonème donné, dans un mot particulier, reste solidaire des autres réalisations du même phonème dans un tout autre mot, cette solidarité phonétique pourra, on le sait, être brisée sous la pression de contextes phoniques différentes ; l'important, en ce qui nous concerne ici, est que, face au signifié, cette solidarité reste totale. Les phonèmes, produits de la seconde articulation linguistique, se révèlent ainsi comme les garants de l'arbitraire du signe [Martinet, 1949, 94-95].

7. Résistances à cet arbitraire saussurien : pistes de réflexions
Comment expliquer ces résistances à cette vérité première saussurienne ? D'une part, il nous faut convoquer des éléments pragmatiques. Les conditions matérielles de la constitution du *Cours*, les hésitations terminologiques de Ferdinand de Saussure à l'égard de la triade notionnelle signe, signifiant, signifié, les argumentaires ajoutés des éditeurs, divergeant

Cécile Mathieu

parfois de la pensée saussurienne, sont des éléments non négligeables pour comprendre un certain nombre d'oppositions à la réception de cet axiome. D'autre part, le contexte historique des années 1930 éclaire aussi les réactions vives à cette proposition en ce que nombre de linguistes utilisent alors l'étude des faits linguistiques pour alimenter les réflexions d'autres champs disciplinaires. En témoignent les publications au sein du *Journal de psychologie normale et pathologique* des articles ci-dessus mentionnés.La psychologie étant l'un des centres d'intérêt d'Édouard Pichon, Charles Bally et André Séchehaye, l'arbitraire du lien entre signifié et signifiant est ramené régulièrement à la question de l'aperception de la réalité, qui concernent davantage des questionnements philosophiques, voire psychologiques, plutôt que proprement linguistiques. Or Saussure élabore un modèle théorique pour unelinguistique autonome. Dans cette même perspective (sans écarter la réalité des variantes liées à la pression des contextes internes autant qu'externes) André Martinet offre une démonstration de cet axiome sans le recours à d'autres champs disciplinaires. Un autre élément d'importance est le relativisme ambiant pour reprendre la critique de Benveniste. La théorie d'Édouard Pichon et Jacques Damourette l'illustre parfaitement. Poursuivant le dialogue entre Cratyle et Hermogène, ils proposent une explication psychologique au cœur de la création du langage, récusant le lien conventionnel et le caractère social du langage. Poursuivant les inspirations théoriques des siècles antérieurs qui recherchaient les origines du monde à travers l'anthropologie, la philologie et la mythologie, Jacques Damourette et Édouard Pichon postulent que la création du langage a évolué de façon concomitante à l'histoire du peuple et de ses avancées. Le génie du peuple ou sa *Weltanschauung*« vision du monde » est à analyser à travers le prisme structurel de sa langue soit, selon eux, par l'étude de sa grammaire. L'arbitraire récuse selon eux l'interprétation psychologique des faits linguistiques qu'ils analysent par ailleurs.

Par la conceptualisation du signe linguistique, Ferdinand de Saussure rompt avec les considérations de l'époque qui confondaient volontiers signifiant et signe, le mot étant entraperçu comme le corps, le support, de l'idée. Avec la triade *signe, signifiant, signifié* Ferdinand de Saussure dégage non seulement le signifiant du signe mais il établit de surcroît une équipollence entre signifiant et signifié (que Hjelmslev qualifiera ultérieurement d'isomorphie des plans de l'expression et du contenu). Leur association ou combinaison, arbitraire, rend à chacun des deux plans une autonomie relative, comme en témoigne la conceptualisation saussurienne de la *mutabilité* et de *l'immutabilité* du signe. Or, l'autonomie potentielle du signifiant s'avère être un point central de résistances de la part de nombreux linguistes qui tendent souvent à accorder la prévalence au signifié, au plan du contenu. Pour autant, cette autonomie aura permis à d'autres champs disciplinaires d'émerger. Le signifiant est introduit cette fois-ci dans un parcours de signifiance, parcours interprétatif qui n'évacue pas la notion de signe ou de système, mais qui propose par la libération des deux faces du signe, de rechercher à partir des signifiants (de leur substance, puis de leur forme) leur signifié. Ferdinand de Saussure avait déjà prévu probablement l'éventualité d'une telle possibilité en proposant d'instaurer la Sémiologie comme science générale des signes de la vie sociale.

Plus que l'emprunter, Jacques Lacan redéfinit et institue en maître le *signifiant* au sein de sa théorie psychanalytique de l'inconscient. Bouleversant le schéma saussurien il propose en effet de partir de signifiants pour en parcourir la chaine signifiante afin d'y retrouver la signification manquante, signification propre à un sujet parlant, à celle de son histoire [Lacan, 1957, 493-528].

Pour Anne-Marie Houdebine, à qui nous rendons hommage dans cet article, l'innovation saussurienne de l'arbitraire du lien entre signifiant et signifié pose de cette façon une autonomie du signifiant. Reprenant la définition du signe saussurien, elle propose dans sa pratique d'une sémiologie des indices de suivre les *candidatssignifiants*, *signifiantsindiciels* ou *indices* et de parcourir non pas le réseau inconscient d'un sujet, comme le propose Jacques Lacan, mais ceux latents des discours culturels [Houdebine, 2009, 121-126].

La question de l'arbitraire du lien entre le signifié et le signifiant, toujours très actuelle, est injustement mais régulièrement remise en cause, notamment par les travaux portant sur le phonétisme symbolique. La pensée saussurienne se devait probablement d'être éprouvée, discutée, reniée, rejetée, comme toute pensée subversive. Le génie de Ferdinand de Saussure, fut de dégager ce principe de l'arbitraire du lien entre signifiant et signifié, celui d'André Martinet, d'en saisir les enjeux et d'en offrir une démonstration.

Cécile Mathieu

Références bibliographiques

[M. Arrivé, 1994], M. Arrivé,*Langage et psychanalyse, linguistique et inconscient – Freud, Saussure, Pichon, Lacan*, Puf, Paris, 1994.

[M. Arrivé, 2007], M. Arrivé,« Qu'en est-il du signe chez Ferdinand de Saussure, *Journal français de psychiatrie*, 29, 2007, 39-41.

*[C. Bally, 1939], C. Bally,« Qu'est-ce qu'un signe », *Journal de psychologie normale et pathologique*, 2, 1939, 161-174.

*[C. Bally, 1940], C. Bally,« L'arbitraire du signe. Valeur et signification », *Le français moderne*, 3, 1940, 193-206.

*[C. Bally, H. Frei et A. Séchehaye, 1940-1941], C. Bally, H. Frei et A. Séchehaye,« Pour l'arbitraire du signe », *Acta linguistica*, 2/3, 1940-1941, 165-169.

*[E. Benveniste, 1939], E. Benveniste,« Nature du signe linguistique », *Acta linguistica*, 2/2, 1939, 23-29.

*[W.Borgeaud, W. Bröcker et J. Lohmann,1942-1943],W.Borgeaud, W. Bröcker et J. Lohmann,« De la nature du signe linguistique », *Acta linguistica,*3/1, 1942-1943, 24-30.

*[E. Buyssens, 1940-1941], E. Buyssens,« La nature du signe linguistique », *Acta linguistica*, 2/2, 1940-1941, 83-86.

[E. Constantin, 2005], E. Constantin,« Linguistique générale, Cours de M. le Professeur de Saussure, 1910-1911 », C. MejiaQuijano (éd.),*Cahiers Ferdinand de Saussure,* Genève, 58, 2005, 83-290.

*[J. Damourette, E. Pichon, 1927], J. Damourette, E. Pichon,*Des mots à la pensée, Essai d'une grammaire de la langue française*, 1, d'Artrey, Paris, 1927.

[A.-M. Houdebine, 2009], A.-M. Houdebine,« Sémiologie interprétative – Sémiologie des indices », *Vocabulaire des études sémiotiques et sémiologiques, in*D.Ablali et D.Ducard, (dir.), Honoré Champion-Presses Universitaires de Franche-Comté, Paris-Besançon 2009,121-126.

[I. M. Gustavo, 2010], « Les paradoxes de l'arbitraire, le négatif, la différence, l'opposition, dans le signe saussurien », *RivistaItaliana de FilosofiadelLinguaggio*, 3, 2010, 102-117.

[R. Jakobson, 1963], *Essai de linguistique générale*, Minuit, Paris, 1963.

[J. Lacan, 1957], « L'instance de la lettre dans l'inconscient ou la raison depuis Freud », *Écrits*, Seuil, Paris, 1957, 493-528.

*[E. Lerch, 1939], « Von Wesen des SparchlichenZeichens », *Acta Linguistica*, 1, 1939, 145-161.

*[A. Martinet, 1941-1965], A. Martinet,« L'arbitraire linguistique et la double articulation du langage », *Acta linguistica*, 8/31, 1941-1965, 89-100.

[A. Martinet, 1969], A. Martinet,*Langue et fonction*, Denoël, Paris, 1971.

[A. Martinet, 1960], A. Martinet,*Éléments de linguistique générale*, Armand Colin, Cursus, Paris,2008.

[C. Mathieu, 2018], C. Mathieu, « L'arbitraire saussurien : résistances et résolution », 1, 2018, 21-38.

[J.-C. Milner, 1976], J.-C. Milner,« Réflexions sur la référence », *Langue française*, 30, 1976, 63-76.

* [E. Pichon, 1937],E. Pichon,« La linguistique en France : problèmes et méthodes », *Journal de psychologie normale et pathologique*, 1937, 25-48.

* [E. Pichon,1938],E. Pichon,« À l'aise dans la civilisation », *Revue française de psychanalyse*, 10/1, 1938, 5-49.

* [E. Pichon, 1940-1941],E. Pichon,« Sur le signe linguistique, complément à l'article de M. Benveniste », *Acta linguistica*, 2/1, 1940-1941, 51-52.

[F. de Saussure, 1916], F. de Saussure,*Le Cours de linguistique générale*, Payot, 1995.

[F. de Saussure, 2002], F. de Saussure,*Écrits de Linguistique Générale*, Gallimard, Paris.

[P.-Y. Testenoire, 2014], P.-Y. Testenoire,« La linéarité saussurienne en rétrospection », *Texto ! Textes et cultures*, 19/2, 2014, 1-18.

Cécile Mathieu
Centre d'études des relations et des contacts linguistiques et littéraires
Université de Picardie Jules Verne, Amiens, France
mathieu-cecile@wanadoo.fr

Arbitrariness of the Sign, Arbitrariness of the Word, Arbitrariness of the Morpheme

FRANÇOIS NEMO

ABSTRACT. This paper aims to demonstrate that the semantic principles defended by Saussure, namely the principle of linearity of the signifiant and the principle of arbitrariness of the sign, cannot be applied to a single notion of sign.

It discusses first the assimilation of the notion of sign with the notion of word, and shows all the shortcomings associated with it. It then discusses the emergence of a characterization of morphemes as minimal signs and as grammar-free units encoding a post-Benvenistian signification. It finally discusses the polymorphic nature of morphemes, showing that the non-linearity of the morphemic signifiant and other forms of polymorphy imply the coexistence of arbitrary morphemes and non-arbitrary words.

François Nemo

0. Semantics Principles in the CLG

With so many issues to be dealt with, spelling out my conclusion might bring some clarity to the developments ahead: even though in the *Cours de linguistique générale (*CLG from now on), Saussure is introducing for the description of signs two principles, which he says are equally important, namely the *arbitrariness of the sign* and the linearity of the *signifiant (*and hence, inseparably, of the *sign*), it appears however, and can be proven, that:

- there are semantic units whose *signifier/signifiant* is linear, but they are neither arbitrary nor minimal signs;

-therearesemanticunitswhicharearbitrarybuttheyhaveanon-linearandflexible*signifiant*;

Given that it is not possible to use a single label, *sign*, to name those two types, it is thus necessary to distinguish between the non-linear grammar-free semantic units which are the semantic bricks of a language (and its minimal signs), that I shall call *morphemes* and note $^{\sigma}$/morpheme/, and the linear and construction analyzed semantic units which are the grammatical bricks of a language, that I shall call *lexemes* and note ^{LM}[lexeme]$_{Cat}$.

1. Arbitrariness of the signs

My starting point will be that any discussion of the arbitrariness of the sign is possible only if three issues are considered, namely the frequent and problematic assimilation of the notion of *sign* with the notion of *word*, the subsequent fact that the non-arbitrariness of words does not entail the non-arbitrariness of signs (i.e. of morphemes), and the non- linearity and the formal flexibility of *morphemes.*

This will allow me to show that the fundamental and ultimate issues under discussion are on the one hand mistaking word meaning with morphemic meaning (typically designation and signification), on the other hand wrongly assuming that the semantic bricks of a language are also and necessarily its grammatical bricks, and finally wrongly assuming that the *signifiant* of minimal signs is a linear and ordered sequence of phonemes.

I shall notably show that even if the answer to the question "Can two or more words with an arbitrary *signifiant/signifié* relationship have similar or identical *signifiants* and have similar *signifiés*?" is *"no",* and even if similarity of both meaning and form between words is the rule in the lexicon rather than an exception, this does not entail that signs are not arbitrary if words are not minimal signs.

1.1 Arbitrariness of the word?

In the history of the discussion of the Saussurean notion of *arbitrariness of the sign,* the notion of *sign* has often and long been assimilated with the notion of *word.*

Recently however, both in syntax (Borer, 2003) and linguistic semantics (Nemo, 2000, 2001, 2002a, 2002b, 2003, 2004, 2005, 2007), it has become associated with a revisited notion of *morpheme*, defined as an *exoskeletal* and thus grammar-free pre-categorial semantic unit, which has also proved in many languages to be highly *polymorphic.*

1.1.1. Duality of the *signifié*

In semantics, the first step of this evolution was the distinction by E. Benveniste (1954, 49-50) between *designation (*typically associated with words) and *signification,* and the second step was the resulting development of a theory of signification, which has led to the discovery of its instructional nature (notably by Ducrot, e.g. Ducrot&alii, 1980) and then to the theorizing of the indicational-indexical nature of semantic instructions (Cadiot, 1994; Nemo, 2001).

Regarding the first point, Benveniste was indeed the first to state both that the *signifié*is not the *designé* and to oppose this claim directly to Saussure's description of the sign, in which he points what appear to be a contradiction. Reminding, in a paperentitled *"Nature du signe linguistique"*, that:

> Saussure prend le signe linguistique comme constitué par un signifiant et un signifié. Or – ceci est essentiel – il entend par « signifié » le concept. Il déclare en propres termes (p. 100) que « le signe linguistique unit non une chose et un nom, mais un concept et une image acoustique ». Mais il assure, aussitôt après, que la nature du signe est arbitraire parce que il n'a avec le signifié « aucune attache naturelle dans la réalité. (Benveniste, [1939] 1966, 50).[1]

---

[1]Saussure apprehends the linguistic sign as the association of a signifiant and a signifié. He however – this is essential – apprehend the« signifié» as the concept. He declares in its own words (p. 100) that the « linguistic sign does not unite a thing and a name chose but a concept and an acoustic image » but assures, right away, that the nature of the sign is arbitrary because it has with the signifié« no natural link in the reality ». (Benveniste, [1939] 1966, 50).Mytranslation.

he criticizes the clandestine reintroduction of an object-based definition of the *signifié*:

> Il est clair que le raisonnement est faussé par le recours inconscient et subreptice à un troisième terme, qui n'était pas compris dans la définition initiale. Ce troisième terme est la chose même, la réalité. Saussure a beau dire que l'idée de « sœur » n'est pas liée au signifiant s-ö-r ; il n'en pense pas moins à la réalité de la notion. Quand il parle de la différence entre b-ö-f et o-k-s, il se réfère malgré lui au fait que ces deux termes s'appliquent à la même réalité. (Benveniste, [1939] 1966, 50).[2]

which inevitably leads to identifying the *signifié* with the named *object:*

> Voilà donc la chose, expressément exclue d'abord de la définition du signe, qui s'y introduit par un détour et qui y installe en permanence la contradiction.[3] (Benveniste, [1939] 1966,50)

The considerable and multiform legacy of Benveniste's rebuttal of the assimilation of *signifié* with what is *désigné* or *genome* is ultimately grounded on the empirical rejection of the idea that what has to be accounted for would be a list of terms being in a one to one relationship with objects.

The empirical reality in this respect, both in diachrony and synchrony, is indeed that each term (and form) is routinely associated with a diversity of objects, so that linguists are facing a choice between adopting homonymic degrouping to maintain a one sign/one concept relationship or adopting a distinction between *signifié/signification* and *designation/concept.*

If we consider for example the French word *meuble* and a Saussurean characterization of the so-called sign *meuble* as the association of;

---

[2] It is clear that the reasoning is flawed by the unconscious and surreptitious use of a third term, which was not present in the initial definition. This third term is the thing itself, the reality. No matter if Saussure claims that the idea of sister is not linked with to the signifiant *s-ö-r*, he nevertheless thinks about the reality of the notion. When he speaks of the difference between *b-ö-f* and *o-k-s*, he unwittingly refers to the fact that the two terms apply to the same reality. My translation.

[3] Here comes the thing, explicitly excluded initially from the definition of the sign, reintroduced in it by a detour alongside with a permanent contradiction. My translation.

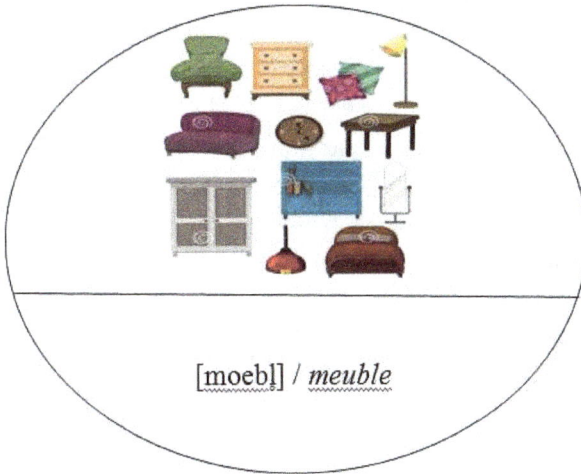

[moebl] / *meuble*

we see that the difference between the concept associated with the designated/named object *meuble* (a piece of furniture) and the signification of the sign /*meuble*/ is quite obvious: the signification of /*meuble*/ is that something is mobile (and nothing else), as is apparent in its adjectival use [*meuble*]$_{Adj}$ which translates as *movable*, in the use of the collective noun *mobilier* to name furniture as a whole, and in the antonymic noun *immobile* (building).

1.1.2. Names as non-minimal signs

Confronted with facts such as the fact for the noun [*meuble*]$_{Noun}$ to have become the name of one of the many objects which move, a reality which is unpredictable out of language use (*enunciation*), the linguist cannot but adopt a dualistic view of word meaning, in which the denominative value (s) of a noun is (are) not the *signifié* (i.e. the signification) of the morpheme it contains.

This Benvenistian reality translates formally into a representation of the noun *meuble* as associated morphemically with the σ signification of mobility and as a naming noun to the designation of a piece of furniture:

$$\text{piece of furniture}_{[}{}^{\sigma}\text{/}meuble\text{/}]\text{Noun}$$

and implies to distinguish carefully the *signifié* (so to say) of lexicalized units [u], which includes their denominative value, and the actual *signifié* of the morpheme /*meuble*/ itself, in other words its signification sigma.

François Nemo

This also implies acknowledging the fact that the grammaticalized and contextualized units [u] simply are not minimal signs but secondary semantic constructs[4]associated with a non-atomic linguistic sequence.

A major observation in this respect is indeed that confusing the question « *What is "un meuble"* ? » and the question « What does *meuble* mean?" is not only a semantic mistake (cf. Cadiot& Nemo, 1997), but also that the answer to the question « What is *un meuble*? » is not the meaning of « *meuble* » but in fact the meaning of « *un meuble* ». This implies that all denominative meanings of nouns are in fact phrasal meanings and that this reality has been overlooked because of the lexicographical habit of ellipsing determinants in the description of nouns[5].

The denominative meaning is the phrasal meaning of « a N » and not the meaning of the minimal sign S used as a noun, and hence:

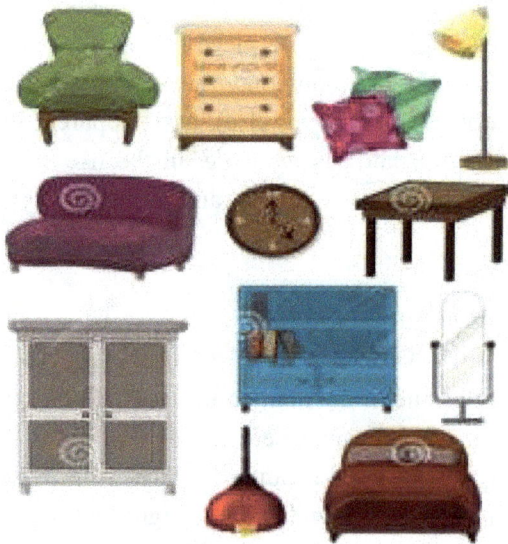

---

[4]The context-dependent dimension of this construct is notably apparent in the use-based contextual determination of what moves (but also how and when the movement takes place, etc.) allowing the adjective [*meuble*]$_{Adj}$to be associated with a context in which when pressured, a material can move and the noun [*meuble*]$_{Noun}$to be associated with belongings that can easily be moved. When used, morphemes are associated with specific interpretation of the sigma indication.
[5]Describing the (apparently atomic) entry *meuble* as *piece of furniture* for instance is in fact a statement that "*un meuble*" is "*a piece of furniture*".

is what is named by the sequence « *un meuble*» and not the meaning of /*meuble*/ as a morpheme. Words are no minimal signs.

1.1.3. The sign=word hypothesis and its theoretical cost

Unaware of or rejecting Benveniste criticism of the identification of the *signifié* with the denominative designation, explicit tenants of an assimilation of signs with words, and *signifié* with *designation*, such as Aronoff (1976), have used Saussure's description of signs to defend the idea that morphemes had no meaning because they had different meanings, and to promote words as the semantic bricks of languages[6].

The paradox with that position and use of Saussure is that contrary to Saussure's criticism of the idea that a language would be a mere **list** of names for things. it has precisely led to the idea that the entire lexicon was a **list** of **listemes**, defined either as atomic words which are not generated and hence not predictable (i.e. arbitrary), or as complex words formed of more than one sign, but whose semantic is unpredictable.

The price to pay[7] for an assimilation of the notion of *sign* with the notion of *word* is indeed extraordinary, because such listemes, and specifically complex ones, are by far forming the most important part of the lexicon. This reality has in consequence led the promoters of words over morphemes to finally issue statements such as: « *The lexicon is like a prison – it contains only the lawless, and the only thing that its inmates have in common is lawlessness*". (Di Scullio et Williams, 1987,3).

Examples of such outlaws[8] are among many others:

- English *rotate* whose root/base is not an existing word and hence cannot be predicted by word-formation rules whose input is forcefully a word;

- French *rotation, dérober (*to rob), *dévaliser, (*to rob) whose roots/bases could be matched with existing words, namely *roter (*to burp), *robe (*a dress) and *valise* (suitcase) if the meaning was not irrelevant;

---

[6]Aronoff appears to have overlooked both the fact that declaring morphemes *meaningless* because they have *different meanings* in their different uses is self-contradictory and the fact that if such criteria were relevant they would entail the same conclusion as for words

[7]The theoretical cost of a hypothesis or a model as defined by Ducrot (1983, 180) is the selection of what has to be accounted for by the hypotheses used to account for it, as illustrated here by Di Scullio and Williams'notion of listeme.

[8]All of which as we shall see later can in fact be accounted with a morpheme-based model with a capacity to predict polymorphy.

- French *loquet (*a *latch)* which faces the same problem;
- French/English *occlusion, abrasion* whose root/base is not a word[9];
- French/English *collision, collusion, collect (e),* etc. whose match with existing words would imply semantic drift:
- French *gradin (*tier) which is not predictable from noun *grade* despite a semantic air de famille;
- French *minable (*shabby) whose root/base has only infralexical uses (e.g. *minimum*) and hence is not a word;
- French/English *supplement/supplement* and *capable* whose base is also problematic;
- French English *suspect, suspicion* whose base is not a word;
- French *soupçon (*suspicion) whose base is not a word;
- French/English *susceptible (*suspicion) whose base is not a word;
- French *rebuter* (torepel), *renâcler* (tosnort), *regimber*, *refuser* (refuse), *rétif à* (restive), *réticent à* (reluctant), *rechigner* (to balk), *répugner* (to repel, to disgust) etc. whose bases are all either inexistent or semantically problematic despite the stable semantic presence of the prefix *re-* (see Nemo, 2014).

To produce all these listemes and declare them unpredictable, a simple recipe is to take a sign used in various grammatical positions and many different contexts, to ignore that it has various forms, to choose on intuitive ground one of its use and declare that its local constructional /contextual interpretation is the *core meaning of the sign*, to call *semantic drift* the fact that the other uses of the sign do not satisfy these local properties and finally to call these uses *listemes* and declare that "*there neither can nor should be a theory directly about it »* (Di Scullio et Williams,1987,4)

Listemes, to conclude, can thus be considered as the exact theoretical cost for assuming that words are the minimal signs of languages. In reality, with words not being minimal signs, and their meaning not being the meaning of minimal signs, listemes appear to be an open window into the study of minimal signs, as we shall see later on.

---

[9]Neither the allomorph of a word

2. Signs as pre-categorical units?

As far as semantics and word-class typology are concerned, another issue remains to be dealt with concerning minimal signs, i.e. units encoding signification sigma, which is the question to know if they are pre-categorical units or not?

With observations pointing both to polycategoriality or transcategoriality on the one hand and the existence of non-categorical lexicons on the other hand, this issue is arguably the most important one for any definition of the nature of signs, and has in consequence been a recurring one in debates about semantic units and the syntax/semantic interface.

Benveniste (1966[1954], 301), starting with the observation that « *the difficulty of reconstruction becomes higher when forms are part of distinct and grammatically conflicting classes* », wonders if it is possible to consider « *in a unique semantic family forms among which some are particles and others are verbal and nominal forms, with no shared syntactic use?* » before providing a positive answer to this question.

This implied postulating (de facto) the non-categoriality of signs and the impossibility to identify sign signification and word signification, thus confirming his other distinction between two types of *signifié (designation* vs*signification*), with signification hence is associated with pre-grammatical units and lexicalized senses with words

The same conclusion also emerged in comparative and typological studies of word-class among languages with the discussion on the necessity to distinguish languages with non- categorial lexicons[10], whose basic semantic units are thus inevitably pre-grammatical units; and categorial lexicons, whose basic semantic units would thus be grammatically-defined units.

Founding remarks such as:

> Thus the same unchanged form is at the same time a Conjunction, an Adjective, a Pronoun, an Adverb, a Verb and a Noun, or, to speak more precisely, it may become a Conjunction, an Adjective, etc., etc.; but by itself alone it is none of them. It is simply a vague elastic word, capable of signifying, in a vague

---

[10]This implies that such languages have, so to say, two semantic lexicons, one formed of minimal (pre-grammatical) signs and the other formed of words.

manner, several distinct concepts, i.e. of assuming a variety of functions." Hoffmann (1903:xxi)

are hence mirrored much later by a distinction between lexically rigid vs flexible languages;

Typology of word classes : rigid vs flexible languages

LC1	V			
LC2	V	N		
LC3	V	N	A	
LC4	V	N	A	D
LC5	V	N	A/D	
LC6	V	N/A/D		
LC7	V/N/A/D			

Hengeveld, 1992, 69-71

and may come to be criticized on the basis that:

> The most fundamental problem is that Hengeveld ignores what happens to a lexical's root meaning when used in more than one function [...] this is particularly disturbing for a theory couched essentially in semantic-pragmatic concepts [...] For example, [...] the lexical item hatun denotes a property ('bigness') in its modifying function [...] but denotes an object possessing that property ('a big one') in its term or referring function [...]. It is a big semantic difference. » Croft (2000, 71-72)

Despite the apparently strong opposition between the two positions, it can be shown that anyone arguing, as Croft does here, that a lexical meaning undergoes a semantic transformation when used in different grammatical functions, simultaneously admits that there is indeed a pre-categorial "lexical meaning" and that there are post-categorial lexical meanings, whose existence must not be denied. Thus confirming both the existence of two lexicons and two types of signs, and the necessity to analyze this reality as the presence of grammar-free semantic units with their own meaning and grammar-bound semantic units with a distinct but related meaning. In other words, this implies exactly[11]what was formalized earlier as the semantic structure:

$$\text{Lexicalmeaning}[^\sigma/\text{morpheme}/]_{\text{Cat}}.$$

Ultimately, the crucial point at stake is to know if signs as the semantic bricks of a language are its grammatical bricks, and vice versa, as has been routinely assumed since Baudoin de Courtenay, or if the semantic bricks of a language are pre-grammatical (exoskeletal) units, whose insertion in grammatical/ skeletal positions produces grammaticalized units with lexicalized meanings.

Such an approach has found its advocates in syntax theory, such as Borer (2003, 33):

> Consider the following execution of an exo-skeletal research program. Within such an approach there is a reservoir of sound-meaning pairs, where by meaning we refer to the appropriate notion of a concept, and where by sound we mean an appropriately abstract phonological representation. for a felicitous context. ...

> .... following tradition, I will refer to that reservoir as the encyclopedia, and to items within it as encyclopedic items (EIs). Crucially, an EI is not associated with any formal grammatical information concerning category, argument structure, or word-formation. It is a category-less, argument-less concept, although its meaning might give rise to certain expectations for a felicitous context.

It is however in the synchronic semantics of polycategoriality that this scenario has been proved to be an efficient one.

Despite Benveniste's approach being initially a diachronic one, it has induced the subsequent development of theories of signification, from Ducrot (1987) to Robert (2003) and Nemo (2003) which have proved both the synchronic existence of a signification/sense distinction and the non-

---

[11]But for the use of the label *lexical meaning* for morphemic signification, which inevitably induces a confusion between lexical meaning as word-meaning and lexical meaning as a non- word semantic unit.

categoriality of signs (and signification) by tackling the issue of polycategorial or transcategorial distribution at sign-token level, thus accounting for the whole process leading from (grammar-free) semantic instructions to categorial/contextual lexicalized meanings.

It has been shown (and proved) for instance that the adjective [*même*] (i.e. English *same*) and the adverb [*même*] (i.e. English *even*) are two uses of a single morpheme /*même*/, which encodes a single indication and semantic constraint.

The same has been shown for the polycategorial distribution of the morpheme /*even*/, which includes verbal and adjectival uses (Nemo, 2007).

The same has been shown for the polycategorial distribution of the English morpheme /*but*/, with all its lexicalized interpretations (*almost, only, without, except, "mais"*) originating in a single morphemic indication (Nemo, 2002a, 2004).

The same has been shown to hold for the suffix *–able* and the adjectival component of "*to be able to*".

The same has been shown to hold for so-called free and bound uses of the French morpheme /*table*/ namely the noun [*table*], the verbs [*tabler*] and [*rétablir*], etc.

The same has been shownrecently (seeNemo&Horchani, 2018) for all the uses of French morpheme /*tant*/ namely [*tant*], [*pourtant*], [*autant*], [*pour autant*], [*tant que*], [*si tant est que*], [*tant et si bien que*], [*tant pis*], etc.

Empirical studies of the semantic relationship between a morpheme and the various lexemes in which it is inserted are leading to the following conclusions:

- the morpheme/lexeme relationship is a relation between a *presupposed* morphemic indication and various outcomes associated with this presupposition;

- this *presupposition* can be isolated following an explicit methodology (Horchani,2017).

This implies that the claim according to which *morphemes have no meaning because they have different meanings* (Aronoff, 1976), apart from being self-contradicting, is falsified:

- morphemes have a single meaning/signifié;

- this meaning is an encoded indication;

- this indication is a semantic constraint which must be satisfied one way or another;

- the specific way a morpheme is satisfied in each use is the *lexematic signifié*.

3. Non-linear and polymorphic morphemes

The last issue in the study of signification-encoding signs is to know what their signifiant is. Saussure has not only addressed the issue but highlighted its crucial character:

> Le signifiant, étant de nature auditive, se déroule dans le temps seul et a les caractères qu'il emprunte au temps : a) il représente une étendue, et b) cette étendue est mesurable dans une seule dimension : **c'est une ligne**[12]. Ce principe est évident, mais il semble que l'on ait toujours négligé de l'énoncer, sans doute parce qu'on l'a trouvé trop simple : cependant il est fondamental et les conséquences en sont incalculables ; son importance est égale à celle de la première loi. Tout le mécanisme de la langue en dépend[13].» (Saussure, CLG, 103).

This principle however, which makes explicit what has indeed always be taken for granted by linguists, appears to be false when morphemes, and not lexemes, are considered. The idea that the *signifiant (*as a sound form) is a linear chain (CLG, 104), despite generally true for lexemes is not true of morphemes.

The first observation to be made is indeed that the elements of the chain can freely permute, with:

[/*loqu/et*]in French,   pronounced [/lɔk/ɛ], translated
as *latch, locking latch*
lock in English

---

[12]My emphasis.
[13]« The signifiant, due to its auditory nature, is taking place in time and inherits its characters from time: a) *it represents a span (étendue)*, and b) *this span (étendue) can be measured in one dimension*: it's a line. This principle is evident, but it seems that making it explicit was overlooked, possibly because it was found to be too simple: it is however a fundamental one and its consequences are incalculable; its importance is equal to the importance of the first law. The whole mechanism of language depends on it.

François Nemo

being linear alternates of:

> [/clo/s] inFrench pronounced [klo],
> translated as *closed*
>
> [/occl/usion] pronounced [/ɔkl/yzjɔ̃]

and the three forms being associated with a single signification σ but also with partly distinct lexical meanings.

Such permutative forms are legion in the lexicon, as illustrated by the following examples:

*forme (*form)	*morph-*	*a-morphe*
plu-part (most)	*quint-uple (*fivetimes)	*pul-uller*
*(*pullulate)		
*dur (*tough)	*rude* (tough)	*ardu (*difficult, arduous)
rot-ation	*torsion*	
star	*astrology*	
*rab-ot (*plane[14])	*abr-asion*	
cro (c) (fangs)	*orque* (killer whale)	*roqu-et (*aggressive
small dog)		
donc (therefore)	*cond-uire* (toleadto)	*cond-ition*

Polymorphyhowever is not restricted to alternative linearizations, and concerns the neutralization of phonological features, as illustrated by:

[+/− voice]

*coul-er (*to flow)	*dé-goul-iner (*todrip)
*rab-ot (*plane)	*râpe* (rasp)
*compl-et (*complete)	*comble (*full, packed)

[+/−nasal]

râpe (rasp)	*ramp-er* (to crawl or creep)
grade	*grand-ir* (grow)
tap-er (to hit)	*auto*-tamp*oneuse*
(bumpercar)	

---

[14]The carpenter's tool.

and also the possibility to add a meaningless phoneme, called expansion, as in:

tour	*tourn-er (*turn)
étroit (narrow)	*détroit* (straight[15])
-able	*habile (*skilled,able)
astr-ology	*aster-oid*

or to substitute vowels as in:

mime (a mime)*mim-er* (to mimic)*même* (same, even)	
tourn-er (turn)	*torn-ade* (tornado)
stop	*con-stip-ation*
coul-er (to flow)	*colique* (colic)

Moreover, these different forms of flexibility of the signifiant of morphemes can be combined, as in:

couler (toflow)   *dé-goul-iner* (todrip)   *glou-glou (*onomatopoeia: drinking a liquid)

blanc (white)   *alb-ion*   *albumine* (albumin)

stopobst-acle

ramper   *rept-ationrept-*

ileherpétologue

proximity   *promiscuity*

  carapace (shell) *caparaçonné* (caparisoned) *scarabée (*scarab) *crabe (*crab)

  class-ement (ranking)*escal-ier* (staircase)   *escal-ade* (escalation, climb)

all of which allow the creation of families of lexemes sharing a polymorphic morpheme and inducing an undisputable form/meaning relationship at word level, asin:

é-criv-ain (writer)	[ekʀivɛ̃].
scribe	[skʀib]
script-ural	[skʀiptyʀal]

---

[15]Straight of Bering for instance.

grib-ouiller (toscribble)	[gʀibuje]
scribouillard	[skʀibuja:ʀ]
griffonner (to scribble)	[gʀifɔne]
graffiti	[gʀafiti]
graver (toengrave)	[gʀave]

and makes it possible to account for many listemes, especially by accounting for bound bases which do not exist as free morphemes (i.e. as words), as in:

rot-ation (tordre, ronde)
occlusion (lock, close)
suppl-ement (plus)
ear/hear
pleutre/poltron (both coward, cowardly)

Polymorphy can also include multi-word expressions and phrasal meanings as in the relation between polymorphs *taper (*to hit, to type), *bat-tre* (to beat) *tab-asser (to beat sb. up)* and the lexically opaque expression and idiom *passer à tabac* (litt pass to tobacco, actual meaning to beat up).

Ultimately, the possibility of vowel substitution can lead to the sound form becoming bilinear with separate consonantal and vocalic layers, and hence to a permutable version of the kind of consonantal roots which are observed in Semitic languages; as illustrated by:

grad-uel (gradual), *degré* (degree) *;*
frôler (to brush), *effleurer* (to brush), *flirter (*to flirt, to approach closely), *érafler* (to scratch);
*suspect, soupçon (*suspicion), *susceptible, suspicion, mettre la puce à l'oreille (*setting off alarmbells).

thus creating closely related words with nevertheless slightly/partly distinctive meanings.

4. Polymorphy and distinctiveness in the lexicon
The flexibility of the *signifiant*and the existence of families of lexemes sharing a polymorphous morpheme is not a local nor limited phenomenon. It

is not only provable for the whole lexicon but appears to be the very heart of the linguistic system as far as meaning is concerned. This includes the fact that the relationship between polymorphy, morphemes and lexemes is backing many of Saussure's claims about value and semantic distinctiveness and the inexistence of a distinction between *sensfiguré/senslittéral.*

This has huge consequences for the understanding of semantic distinctiveness, which was of course the key issue in Saussure's theory of sign and representation of language. It means notably that the lexicon is not a list of autonomous atomic semantic units associated with autonomous concepts but has an addressing system very similar to usual postal directions, with morphemes behaving as semantic streets, providing a semantic background used as an ingredient by all lexemes, and lexemes behaving as houses in the street. Exactly as an house in a town can be found with a direction which associate numbers and street name (for instance *18 rue de la confederation*), and has hence two complementary levels of distinctiveness, the form of lexemes appear to combine the possibility to ignore linear order and some phonological features to access to the sigma information encoded by a non-linear and partly subphonemic/archiphonemic morpheme and to use linearity and phonemic distinctivity to store lexeme specific meanings. Such a conjecture is widely backed by the way dictionaries are routinely describing and paraphrasing a *18 rue de la Confédération* lexeme by using the next door lexeme (*16 rue de la Confédération*), as for instance when *to close* is used to describe *lock*, French *dur* is used to describe *rude* and *degree* is used to describe *gradual*, etc. This is so true that it is actually possible to fully automate the research of such relationships and to map them for the lexicon.

François Nemo

5. Conclusion

The fact for minimal signs to have a (bilinear) permutable flexible and often subphonemic (e.g. archiphonemic) *signifiant* and a grammar-free and object-free *signifié* may seem to directly contradict Saussure definition of *signs*.

The reality is different, for four reasons. The first is that the signifiant/signifié relationship at the level of morphemes does remain arbitrary (until proved otherwise). The second is that polymorphy is a very Saussurean system in which similarity of form is used to share semantic presuppositions meanwhile the differences between these forms are extensively used to associate this presupposition with a variety of semantic complements, allowing semantic distinctivity to be combined and grounded on semantic presupposition. The third is that Saussure's criticism of the vision of the lexicon as a list of name/objects pairs must indeed be replaced by a network of similar forms and similar meanings. The last is that Saussure's late interest for anagrams should probably be reconsidered by taking into account the omnipresence of permutation and the fact that permuted forms are clearly no obstacle to semantic interpretability.

What however came as a surprise for everyone, and would have come as a surprise to Saussure, is the discovery in Pierre Cadiot's work on polysemy (1994) of the indexicality of all minimal signs[16], and hence of the fact that minimal signs are index, not symbols nor icons.

REFERENCES

[Aronoff, 1976] M. Aronoff. *Word Formation in Generative Grammar.* Cambridge (Ma): the MIT Press. [Arrivé, 2009] M. Arrivé "L'anagramme au senssaussurien", *Lynx*, 60, 17-30.

[Baudouin de Courtenay, 1895] J. Baudouin de Courtenay, *Versucheiner Theoriephonetischer Alternationen: Ein Kapitelaus der Psychophonetik*, Strassburg/Crakow, 1895.

[Benveniste, 1954]. E. Benveniste " Problèmes sémantiques de la reconstruction", *Word*, X, 2-3, reprinted in *Problèmes de linguistique générale, 1*, 1966.Paris, Gallimard, pp. 289-307. 1954

---

[16]Later work (e.g. Nemo, 2001) has proved him right, the only difference between "pure indexicals" and other signs being that the interpretation of pure deictics cannot conventionalize, contrary to normal signs whose indexical interpretation routinely conventionalizes, for instance when they become names. See Cadiot&Visetti (2001).

[Bouchard, 1995], D. Bouchard. *The Semantics of Syntax*.Chicago : Chicago University Press. 1995.

[Borer, 2003]. H. Borer "Exo-skeletal vs. endo-skeletal explanations: Syntactic projections and the lexicon". In Moore, J. and M. Polinsky (Eds.), *The nature of explanation in linguistic theory.* Chicago: University of Chicago Press, 31-65. 2003.

[Bravo, 2011] F. Bravo. *Anagrammes: surunehypothèse de Ferdinand de Saussure.* Paris: Lambert-Lucas. 2011. [Bybee, 1985]. *Morphology. A Study of the Relation between Meaning and Form,* John Benjamins Publishing Company, Amsterdam.1985.

[Cadiot, 1994]. P. Cadiot. "Représentations d'objets et sémantique lexicale: Qu'est-ce qu'une boîte?" *Journal of French LanguageStudies*Volume 4, Issue 1 March, pp. 1-23 1994.

[Cadiot and Visetti, 2001] P. Cadiot Pierre & Y.-M. Visetti.*Pour une théorie des formes sémantiques.* Paris; PUF, 2001.

[Croft, 2000]. W. Croft, "Parts of speech as language universals and as language-particular categories". In Vogel & Comrie (eds.), *Approaches to the typology of word classes.* Berlin & New York: Mouton de Gruyter, 65- 102. 2000.

[Di Sciullo and Williams, 1987]. A.-M. DiSciullo & E. Williams. *On the Definition of Word.* Cambridge: MIT press. 1987. [Ducrot, 1987]. O. Ducrot "L'interprétation en sémantique: un point de départ imaginaire". Reprinted in Ducrot,O. *Dire et ne pas dire (*1991, [1972]), pp. 307-323. 1987.

[Gaume, Duvigneau, Gasquet and Gineste, 2002].B. Gaume, K. Duvigneau, O. Gasquet, & M.D. Gineste "Forms of meaning, meaning of forms". *Journal of Experimental and Theoretical Artificial Intelligence,* 14 (1): 61–74. 2002.

[Goldsmith, 2001]. J. Goldsmith, "Unsupervised learning of the morphology of natural language". *Computational Linguistics,* 27 (2):153–198. 2001.

[Hengeveld, 1992]. K. Hengeveld. *Non-verbal predication. Theory, typology, diachrony.* Berlin: Mouton de Gruyter, 1992.

[Nemo, 2000]. F. Nemo "*Enfin, encore, toujours* entre indexicalité et emplois", *Actes du XXIIe Congrès international de Linguistique et Philologie romanes (*Bruxelles). Tubingen: Max Niemeyer Verlag. Vol 7. 499- 511, 2000.

François Nemo

[Nemo, 2001]. F. Nemo "Pour une approche indexicale (et non procédurale) des instructions sémantiques", *Revue de Sémantique et de Pragmatique*, n° 9-10 : 195-218, 2001.

[Nemo, 2002a]. F. Nemo. "*But (*and *mais*) as morpheme (s)". Revue *DELTA* vol.18, numéro spécial São Paulo, Brésil. 87-114, 2002a.

[Nemo, 2002b]. F. Nemo, "Symboles ou index ? La sémantique entre dénomination et signification", in *La représentation du sens en linguistique (*Larrivée, P &Lagorgette, D). Munich : Lincom. 105-122, 2002b.

[Nemo, 2003]. F. Nemo. "Indexicalité, unification contextuelle et constitution extrinsèque du référent", *Langages*, n°150. pp. 88-105, 2003.

[Nemo, 2004]. F. Nemo "Constructions et morphèmes: réflexions sur la stabilité en sémantique". *Revue de Sémantique et de Pragmatique*, n° 15-16 : 11-32, 2004.

[Nemo, 2005]. F. Nemo. "Morphemes and Lexemes versus Morphemes or Lexemes". In *Morphology and Linguistic Typology. Proceedings of the 4th Mediteranean Morphology Meeting (MMM4).* Booij, Guevara, Ralli, Sgroi & Scalise (eds). Université de Bologne. ISSN 1826-7491. 195-208, 2005.

[Nemo, 2007]. F. Nemo. "La sémantique peut-elle être catégorielle?". *La représentation du sens en linguistique2.* D. Bouchard , I. Evrard and E. Vocaj (Eds). Bruxelles: Boeck-Duculot. 35-52, 2007.

[Nemo, 2009]. F. Nemo. "Profilage temporel dans l'interprétation des morphèmes : de *toujours* à *tout*." *Revue de Sémantique et Pragmatique.* Numéro 25-26. pp. 97-120, 2009.

[Nemo, 2014]. F. Nemo. "Interprétabilité ou grammaticalité ? Les listèmes comme interface entre sémantique et morphologie". *Revue de Sémantique et Pragmatique.* Issue dedicated to the semantics/morphology interface. 35-36. 105-144, 2014.

[Nemo & Horchani, 2018] F. Nemo & B. Horchani (2018) « Accounting for Transcategorial Morphemes: French Theoretical and Methodological Issues » *Cognitive Linguistic Studies*, Benjamins, 2018.

[Robert, 2003] S. Robert « Polygrammaticalisation, grammaire fractale et propriétés d'échelle », in *Perspectives synchroniques sur la grammaticalisation: Polysémie, transcatégorialité et échelles syntaxiques.* Editions Peeters, Louvain, 85-120. 2003.

[Saussure (de), 1995). F de Saussure *Cours de linguistique générale*. Paris: Payot, 1995. [Saussure (de), 2002]. F de Saussure. *Ecrits de linguistique générale*. Paris: Gallimard, 2002.

[Völkel, 2017] S. Völkel. Word classes and the scope of lexical flexibility in Tongan *Studies in Language,* Volume 41, Number 2.pp. 445-495, 2017.

[Vogel &Comrie (eds) 2000], P. Vogel & B. Comrie (eds) *Approaches to the Typology of Word Classes*. Berlin-New York, Mouton de Gruyter, 2000.

François Nemo
Université d'Orléans
Francois.Nemo@yahoo.fr

The Arbitrariness of the Sign, Ferdinand de Saussure (1857-1913) – Background and formulation by Michel Bréal (1832-1915)

Vinicius Claro

ABSTRACT: I shall limit my argumentation to these three questions, for a discussion of the arbitrariness of the sign, postulated in the CLG, (Part II, Chapter 1, 2o. paragraph):

1.What has driven Saussure to formulate the arbitrariness of the sign principle in the CGL?

2.Which issues, related to this principle, had been thematized before the CGL (i) in Saussure's works and (ii) in which contexts did Bréal refer to it?

3.What kind of relation is possible between naming things (nominalization and identification) and functional language mechanisms, according to Saussure and Bréal's theoretical views?

Which arbitrariness are we dealing with?

It is necessary to delimit the field of signification forus to understand the arbitrariness of the sign principle. Anthropologists suppose, in general, that in immemorial times there was an initial or original moment when sign was created, through human voice. It was when the sound gained meaning. Nevertheless, we must consider the dual nature or composition of the sign, in**significant** – acoustic image – and **signification** – the idea that this acoustic image evokes in the mind.

Vinicius Claro

The relation between phonetics (enunciation of concrete sounds) and the mental meaning thus evoked is therefore arbitrary, that is, *a priori*, there is no referential present in speech to justify, the sound structure of an utterance.

In certain Brazilian indigenous languages, we can find sound elements that make words using referential meanings to imitative sounds of the real world. In Linguistics, we call this process of speech phonic composition **onomatopoeia**. By the use of onomatopoeias, the speaker refer to sound phenomenona of nature, such as the running waters of a river, the wind, the thunder bust, voices of animals, among others. This linguistic resource may prove useless when one designates exclusively visual elements, such as the Sun, the Moon, and the stars, entirely devoid of a sound association from the speaker´s view point. The CLG presents other arguments: different languages realize different onomatopoeias in the same way. (Part I – Cap. 1 The nature of the linguistic sign).

We don't think that Saussure really worried about indigenous languages. His examples came from the European languages only. He, his academic fellows and pupils followed the tradition of XIXth century linguists, who would be involved in pursuing earlier primitive causes, regarding the formation of the sign in its phonic materiality, or "**acoustic image**", which he called **significant** (Part I - Cap. I; CLG).

The Writings in General Linguistics (Écrits de Linguistique Général)
Before the formulation of the arbitrariness of the sign principle in the CLG, the Écrits de Linguistique Général (Writings in General Linguistics – *WGL*), discovered in 1996 and published for the first time in 2002, already sketched the principles postulated in the CLG. There, we see in ELG multiple occurrences of the terms "contract" (4 occurrences), "convention" (8 occurrences) and "arbitrary" (12 occurrences).

The use of each of these words had some intend and some shade of meaning, that is, we suppose that Saussure wrote them already on the way to the proclamation of the principle of arbitrariness, in a crescendo. We consider that the following excerpt delineates the most important argument and is the closest to the formulation of the said principle:

"10 c [notes for a book on General Linguistics, 3]
Is there, within the entirety of what is known, anything which may be accurately compared to language?

We must first note that this question, in any case a difficult one, will at least not have the same vague meaning for us as it inevitably had for all those who sought to solve it without thinking first to define their ideas concerning language itself.

As far as we are concerned, to ask this question is ultimately to ask something very different from what it has hitherto seemed. It comes down to asking whether there is any social fact, lending itself to expression as a formula, which may be found at any given moment to be conventional, and thus arbitrary, wholly lacking in any natural link with the object, completely free of and unregulated by it; (2) in itself the non-arbitrary, non-free product of what preceded it of its type." (WGL, p.139-140).

We deem the excerpt below fundamental, because it unites both expressions in just one predicate: "arbitrary convention", outlining two moments of the language:

"I. in a given time: [1st.] language represents an internally ordered system, in all its parts, [2nd]. and depends on an object, but is free and arbitrary with respect to the same object.

II. The same language represents an arbitrary convention, it is the free product of facts that don't [...] (sic)" (ibid.).

We believe this is a very strong suggestion in the direction of the arbitrariness principle.

However, the articulation of such a principle has, as we know it, only appeared formally in the *CLG*. It is clear that the *CLG*, in its oral gestation. The principle was a construction, until achieve a formal concept: "the arbitrariness principle". The discussion about the boundary of this principle must be extended. (It will be revisited in chapters about Mutability & Immutability – Part I, ch. 2 – and Linguistic Value – Part I, ch. IV).

We consider these occurrences general elements for multiple definitions of sketches of principles issued by Saussure, such as the mutability of the sign, as well as the differentiation of *langue* and *parole*, and as synchronic and diachronic Linguistics (ELG).

Vinicius Claro

Antecedents of the *Cours* in Michel Bréal

Saussure's predecessors, in particular, professor Michel Bréal, following a positivist and naturalist tradition, researched historical sources faithfully and the **metaplasms**, animated by the rational intention to explain the linguistic phenomena of sign transformations. They were coherent in their scientific effort to explain and describe the structure of languages, using etymology and philology. These were the tools to study their object: the word, that is, the sign.

Under the strong influence of the myth of the savage mind, concept theorized in 1962 by Levi-Strauss (1908 - 2009), scientist observers of the natural languages did not abandon the inspirations from Kant and Aristotle, their analysis of the facts of nature: **intuition** and **cognition**. They were so convinced of this that they did not feel any doubt as scientific observers with the observed phenomenon, even considering language as a natural phenomenon and not necessarily as a product of cultural, human work. (Bréal discusses the nature of language, whether natural or human). Therefore, the presence of the word "law" for their descriptions of phenomena of natural language, such as: speciality law, distribution law, irradiation law. These descriptions are defending principles based on rules such as the laws of natural science. So, we understand that Bréal does not depart from a positivist approach.

Bréal is worried about the word, its meaning (substantivation). He wrote an article dedicated to this substantivation, whose responsibility and function may be called primary, since the structure of a language, according to philosophers such as Wittgenstein (1889 - 1951) and Abelard (1079 - 1142), has its fundamental bases on appointment and their denotative articulation with the objective world. This articulation was a remarkable point, revealing their reflections about language.

How did Michel Bréal express his concern with the sign?

What indications did Bréal give, regarding the arbitrary aspect of the sign?

Bréal's methodology demonstrates a diachronic perspective; the tools available are etymology and historical grammar. The term **word** is used as the main object of the study of language. To Bréal, language's history and evolution are the way to study the **word**. Regarded as the central unit, the word (as an object) focuses the memory, its formation and the possibilities of relationships. Among these relationships, we can find the mechanisms and significations of a building of meanings that the word is able to offer.

In his book *Essai de Semantique*, Michel Bréal raises questions from an approach less positivist. His argument defends that language is an instrument of "civilization" and "represents an accumulation of intellectual work". It is argued in his article named "Is Linguistics a Natural Science?"

Bréal wants to deduce from the words' history their mechanisms, by which the meaning works through them. He mentions a book written by Arsène Darmesteter (1846-1888), in order to illustrate how words rise and fall. This principle, although loaded in a naturalistic content, contributes greatly to early reflections on the arbitrariness of the sign; on the other side, it is premature to use the word arbitrary.

What is considered is the acceptance of an intuitive act:

> "The changes which have supervened in the meaning of words are as a rule the work of people, and as always when the popular intelligence is in question, we must be prepared, not for a great depth of reflection, but for intuitions, for association of ideas, sometimes unexpected and strange, but alwayseasy to follow." (BRÉAL, p. 279).

This might be a way to think about the most primeval of beginning postulated by the arbitrary principle.

Bréal challenges the metaphor of language as a living organism, and concludes: "out of our spirit, the language has neither life nor reality", which leads us to understand an anti-naturalist position. He analyzes other books in opposition to that of Darmesteter, referring to Paul German and also Hermmann using native language as a basis for the study. Bréal considers thinking that a word has justification in its meaning is a mistake. Both are considered semantic books (Essay, p. 280). He suggested that semantics study would solve the problem of motivation of the word's meaning:

> "When the general outlines of the science of Semantics have been traced out, there will be no difficulty in verifying in other languages the observations taken in the mother-tongue. Once the general divisions established, we can add to them all facts of a like order gathered from no matter where." (BRÉAL, 280)

Vinicius Claro

However, Bréal proposes us the following:

> "Let us therefore, without further delay, penetrate into the domain of Semantics, and observe some of the causes which govern this world of speech." (BRÉAL, p. 282).

Besides this perception, the author seeks a historicity, a historical consciousness:

> "Every new word introduces into a language causes a disturbance analogous to that resulting from the introduction of a new-comer into the physical or social world. A certain length of time is needed for things to settle down and subside. At first the mind hesitates between the two terms: this is the beginning of a period of fluctuation. When, to denote plurality, it became the custom in fifteenth-century France to employ the periphrase *beaucoup*, the ancient adjective *moult* did not incontinently disappear, but it began from that time forward to age. (BRÉAL, p. 284).

This quote raises two questions: 1. Systematic concern with a methodological study of the mechanisms operating on words, their modifications and variations; 2. The aspect of manipulation by the speaker on the meanings of the words. Bréal, in *his Essai de Semantique* puts the speaker in the opposition of the parole agent who interferes in the langue, if we use the *Cours* terms.

It would be, from our point of view, possibly to conclude that a principle of conventionalism or convention precedes the principle of the arbitrariness of the sign postulated in the *Cours*. This possibility applies, effectively, at the inaugural moment of the substantivation or predication, since vocabulary evolution mechanism and internal operating mechanism of language derive from a logical understanding, in our point of view. The *Cours* itself agrees on this point. The text brings us certain dialogism, a swing or different moments the sign passes through – absolute arbitrariness and relative arbitrariness (cap. VI – Part II), where the words **ultralexicologic** and **ultragrammatic** appear:

> "But the ultra-lexicological type is Chinese while Proto-Indo-European and Sanskrit are specimens of the ultra-grammatical type. Within a given language, all evolutionary movement may be characterized by continual passage from motivation to arbitrariness and from arbitrariness to motivation; this see-saw motion often results in a perceptible change in the

proportions of the two classes of signs." (CLG, Part II – Chapter VI – 3.Absolute and Relative Arbitrariness).

We saw the issues that we believe to be more relevant and worthy of a particular highlight:

-what are the moments before Saussure: what had been constructed before of the oral classes of the *Cours*, and before the *Cours* edition, formalized by his students Bally and Sechehaye;

- what kind of arbitrariness we're dealing with, as soon as we are re-reading Saussure;

- what limitations refer to the principle of arbitrary, given the previous Breal's principle of conventionality;

- and finally, the arbitrariness character of word's meaning, regarding a General Linguistics, since arbitrariness of the sign is perceived by the contrast between the languages (Comparative Linguistics).

The subject is vast and deserves special attention. Summarizing it without mutilation is an absolutely challenging task, which explains that they have indeed inspired so many others and will continue to inspire us in the future.

References:

[Bréal, 1900] Bréal, Michel. «Semantics: Studies in the Science of Meaning», Translation: Mrs. Henry Cust. Preface: John Percival Postgate. London. William Heinemann. 1900.

[Saussure, 1959] Saussure, Ferdinand de.«Course in General Linguistics» Edited by Charles Bally and Albert Sechehaye. Translated from French by Wade Baskin. The Philosophical Library, Inc. New York. 1959

[Saussure, 2006] Saussure, Ferdinand de «Writings in General Linguistics» Translation Carol Sanders and Mathew Pires. Oxford University Press.Oxford/New York.2006

Marcus Vinicius dos Santos Claro
Universidade Federal do Rio de Janeiro/IFCS
profviniciusclaro@gmail.com

De L'arbitraire du Signe aux Signes Artificiels: Condillac ou L'ancrage Linguistique de la Science

François Beets

ABSTRACT. Among the illuminist philosophers, Condillac is the one who has the most reflected on the question of language. For him, first of all, the language is the condition for thought. As he is concerned about this context, Condillac introduces the notion of *arbitrary signs*, signs that we ourselves have chosen. But language is also a vector of mistake that must be curbed. Gradually, Condillac comes to consider language as a method of analysis allowing access to science. Then, facing the deficiencies of natural languages, he will consider the sciences themselves as well-made languages and he will conceive the project to create a proper language for each science. This presupposes the use of *artificial signs* by opposition *to arbitrary signs*.

«Voulez-vous apprendre les sciences, commencez par apprendre votre langue.» (Condillac, Traité des Systèmes, p. 217.)

François Beets

Condillac et la génération Y
La citation qui figure en exergue pourrait nous être contemporaine. Elle pourrait s'adresser à l'un des représentants de ce qu'il est convenu d'appeler maintenant la génération Y. Ces 15-25 ans qui ont grandi avec internet et ne semblent plus connaître de l'écriture que celle des textos, cette langue, certes poétique, mais singulièrement pauvre en syntaxe – et donc en puissance d'analyse – dont on use dans les SMS. Elle a pourtant été rajoutée par CONDILLAC à son *Traité des systèmes* à l'occasion de sa réédition en 1768. Mais pour bien comprendre la portée de cette citation condillacienne il faut la replacer dans son contexte.

0. Le langage comme condition de la pensée
En 1746, lorsque CONDILLAC (1712-1780) publie son premier ouvrage, l'*Essai sur l'origine des connaissances humaines*[1], la façon dont sont généralement conçus les rapports du langage et de la pensée est dominée par la pensée cartésienne et les développements qui en ont été donnés par les grammairiens de Port-Royal. Pour les penseurs de l'époque les structures du langage reproduisent celles, antérieures, de la pensée. Comme le précise HARNOIS : « La dualité du langage et de la pensée est toujours maintenue. La légitimité d'expliquer le premier par la seconde y est toujours affirmée comme premier axiome. »[2] C'est la théorie du *langage traduction*.

1. Les signes arbitraires et la réflexion
Mais CONDILLAC, qui entend radicaliser le projet idéologique[3] conçu par LOCKE – à savoir de montrer comment s'acquièrent les différentes

---

[1] CONDILLAC, *Essai sur l'origine des connaissances humaines* (1746), je cite d'après l'édition de Georges LEROY : *Œuvres philosophiques de Condillac*, Paris, P.U.F., 1947, vol. 1. Dans la suite *Essai*. Je respecte l'orthographe de l'édition.

2 Cf. Harnois, 1921, p. 34.

[3] Il faut entendre ici "idéologie" au sens où on l'entendait au XVIIIe siècle et au début du XIXe, la description de la genèse des idées, telle que LOCKE l'envisage au début de son *Essai sur l'entendement humain* : il s'agit en fait "…d'examiner notre propre capacité, et de voir quels objets sont à notre portée ou au-dessus de

connaissances humaines sans faire intervenir la moindre idée innée, va être conduit à considérer que toute pensée suppose l'existence préalable d'un langage, inversant ainsi le rapport entre langue et pensée tacitement reçu comme évident à l'époque des *Lumières*. Pourquoi ? Souvenons-nous que LOCKE distinguait les idées de *sensation* et les idées de *réflexion*. Il nous renvoyait par-là à deux sources aux connaissances humaines : la *sensation* et la *réflexion*. CONDILLAC n'admet, quant à lui, qu'une seule source à nos connaissances : la *sensation*, la *réflexion* lui semblant supposer par son activité une dimension d'innéité. Mais il faut pour cela expliquer comment l'entendement, passif dans la sensation, devient actif dans la réflexion qui en procède. C'est là qu'interviennent les *signes arbitraires*[4] c'est-à-dire des signes que nous avons nous-même choisis et qui possèdent par-là la propriété de pouvoir être rappelés :

C'est assez d'un seul signe arbitraire pour pouvoir réveiller de soi-même une idée; et c'est là certainement le premier et le moindre degré de la mémoire et de la puissance qu'on peut acquérir par son imagination. CONDILLAC, *Essai*, p. 24

1.1. La question de l'origine des signes d'institutions

Pour Condillac le langage, fait de signes arbitraires, précède donc la pensée, lui est indispensable. Cette thèse forte pose évidemment problème : comment ce choix d'un premier signe arbitraire a-t-il pu être effectué par un entendement réputé passif ? Condillac s'aperçoit du problème:

Il semble qu'on ne sauroit se servir des signes d'institution, si l'on n'étoit pas déjà capable d'assez de réflexion pour les choisir et y attacher des idées: comment donc, m'objectera-t-on peut-être, l'exercice de la réflexion ne s'acqueroit-il que par l'usage des signes ?

Mais il en diffère l'élucidation à la seconde partie de l'Essai:

---

notre compréhension." John LOCKE, *Essai sur l'entendement humain*, tr. Thurot, Paris, 1839, préface p. 1-2.

[4] Sur la préfiguration de la thèse saussurienne de l'arbitraire du langage, voir l'article d'ANGENOT, 1971, n°28.

François Beets

> Je réponds que je satisferai à cette difficulté lorsque je donnerai
> l'histoire du langage. Il me suffit ici de faire connoître qu'elle ne
> m'a pas échappé. Condillac, Essai, p. 22

En attendant il insiste sur l'importance du langage et de toute forme de signes pour la pensée. Aussi précise-t-il que l'*écriture* est nécessaire à la science, la *parole* à la communication, l'usage des *signes* à toute forme de pensée :

Refusez à un esprit supérieur l'usage des caractères : combien de connoissances lui sont interdites, auxquelles un esprit médiocre atteindroit facilement ! Ôtez-lui encore l'usage de la parole : le sort des muets vous apprend dans quelles bornes étroites vous le renfermez. Enfin, enlevez-lui l'usage de toutes sortes de signes, qu'il ne sache pas faire à propos le moindre geste, pour expliquer les pensées les plus ordinaires : Vous aurez en lui un imbécile. [Essai, I, IV, 1, 11, p. 43].

En d'autres termes, l'absence de signes équivaut à l'absence de pensée. Les idéologues, dont DESTUTT DE TRACY[5] puis MAINE DE BIRAN se souviendront de la leçon de CONDILLAC :

> On ne peut raisonner, comme calculer, qu'avec le secours des
> signes conventionnels ; cette vérité a été mise dans un trop grand
> jour par Condillac et les philosophes qui l'ont suivi, pour avoir
> besoin de nouvelles preuves.[6]

a. Le langage comme vecteur d'erreur

Mais ce privilège qu'ont l'écriture, la parole et les signes de permettre la pensée et la science est lié à un bien grand désavantage. Le langage, condition de la pensée, peut aussi nous induire en erreur. Sur ce point CONDILLAC invoque LOCKE:

> [...] je me suis mis dans l'esprit, depuis longtemps, qu'il pourroit
> bien être que la plus grande partie des disputes roule plutôt sur la

---

[5] DESTUTT DE TRACY, 1826, I, p. 325.

[6] MAINE DE BIRAN, 1799, Tome II, pp. 270-1. Notons au passage que MAINE DE BIRAN parle ici de *signes conventionnels*, CONDILLAC a jusqu'ici parlé de *signes arbitraires* et de *signes d'institution*, nous reviendrons sur cette nuance par la suite.

signification des mots que sur une différence réelle qui se trouve dans la manière de concevoir les choses...[7]

CONDILLAC va cependant plus loin que LOCKE : là où ce dernier dénonçait le seul langage des philosophes en privilégiant le langage du marché, CONDILLAC rend le langage source de toutes nos erreurs : « En rappelant nos erreurs à l'origine que je viens d'indiquer, on les enferme dans une cause unique. » [*Essai*, II, II, 1, p. 105]. Il nous invite ainsi à une réforme radicale du langage : « ...pour rendre le langage exact, on doit le réformer sans avoir égard à l'usage » [*Essai*, II, II, p. 106].

2. Le trop d'importance accordé aux signes

Mais après la publication de l'*Essai*, les certitudes de CONDILLAC semblent s'ébranler. En 1749, dans le *Traité des systèmes*[8], il n'est plus question du langage comme condition de la pensée, mais SEULEMENT des déficiences irrémédiables que l'on trouve dans le langage de philosophes tels Descartes, Spinoza, Leibniz et autres Malebranche :

> Ainsi, le premier abus des systèmes, celui qui est la source de beaucoup d'autres, c'est que nous croyons acquérir de véritables connoissances, lorsque nos pensées ne roulent que sur des mots qui n'ont point de sens déterminé. (TSys., 3, p. 129)

La raison de ce recul est explicitée dans une lettre à Maupertuis. Ce dernier venait en effet de publier une dissertation reprenant l'essentiel des thèses sur le langage exposées dans l'Essai9. Condillac lui écrit le 25 juin 175210:

---

[7] LOCKE, *Essai sur l'entendement humain*, Paris, 1972, p. 393 ; cité par CONDILLAC, *Essai*, II, I, 11, p. 90.

[8] *Traité des Systèmes* dans *Œuvres philosophiques de Condillac*, éd. G. Leroy, Paris, P.U.F, 1947, vol. I. Par après *TSys*.

[9] CONDILLAC vient de lire la dissertation que MAUPERTUIS vient d'écrire : *Dissertation sur les différents moyens dont les hommes se sont servis pour exprimer leurs idées* Le texte de

François Beets

Je souhaiterois que vous eussiez fait voir comment les progrès de l'esprit dépendent du langage. Je l'ai tenté dans mon Essai sur l'origine des connoissances humaines, mais je me suis trompé et j'ai trop donné aux signes. [Cor, Vol. 2, p. 536]

2.1   La connaissance prélinguistique

Trop donné aux signes ? Mais en quoi ? La réponse doit être cherchée dans le *Traité des sensations* de 1754[11], où CONDILLAC imagine une statue à laquelle il prête successivement chacun des cinq sens. Cette statue acquerra toutes ses connaissances – potentiellement toutes les connaissances dont nous sommes capables – grâce aux les seules sensations et plus particulièrement du toucher. Ceci sans avoir besoin d'aucun langage. Qu'en penser ?

DERRIDA dans l'*Archéologie du frivole* estimait que cette correction quant au rôle du langage « ...concerne moins l'ordre des enchaînements que le degré l'insistance thématique et l'importance accordée à un chaînon qui n'est pourtant pas déplacé »[12],

Mais Derrida s'est laissé tromper par deux paragraphes ajoutés lors de la réédition de 1768, à l'époque où Condillac rédige son Cours d'études. Ces paragraphes affirment bien l'importance du langage pour la pensée, mais pas son antériorité. Ce qui est déjà explicite dans le premier de ces paragraphes:

Si on se rappelle que j'ai démontré combien les signes sont nécessaires pour se faire des idées distinctes de toute espèce, on sera porté à juger que je suppose souvent dans la statue, plus de connaissances qu'elle ne peut en acquérir. [*TS.*, IV, p.298]

MAUPERTUIS   est   accessible   sur   internet: http://www.bookmine.org/memoirs/langage.html
[10]*Correspondance*, dans *Œuvres philosophiques de Condillac*, éd. G. Leroy, Paris, P.U.F., 1948, vol. II.
[11]*Traité des sensations,* dans *Œuvres philosophiques de Condillac*, éd. G. Leroy, Paris, P.U.F, 1947, vol. I. Par après *TS.*
[12] Derrida, 1973, p. 75.

Où l'on voit que le langage est important pour le développement de la pensée, pas pour son apparition. Ce qui est encore plus explicite dans le second paragraphe :

> Comme la statue n'a l'usage d'aucun signe, elle ne peut pas classer ses idées avec ordre, ni par conséquent, en avoir d'aussi générales que nous. Mais elle ne peut pas non plus n'avoir absolument point d'idées générales. Si un enfant qui ne parle pas encore n'en avait pas d'assez générales pour être communes au moins à deux ou trois individus, on ne pourroit jamais lui apprendre à parler, car on ne peut commencer à parler une langue, que parce qu'avant de parler, on a quelque chose à dire, que parce qu'on a des idées générales : toute proposition en renferme nécessairement. [*TS*, IV, chap. 6, p.307

Quoiqu'en pense DERRIDA, le langage n'est plus pour Condillac la condition de la pensée, il n'en est même plus besoin pour l'acquisition des connaissances.

3. Le langage comme ressort de la créativité et comme méthode

Complètement absente du *Traité des sensations* dans sa version originale, la thématique du langage réapparaît dans le *Traité des animaux*[13]. CONDILLAC l'y introduit dans des termes très cartésiens[14] pour expliquer cette *créativité* qui fait la différence entre l'humanité et l'animalité. Le contraste entre les sociétés animales – où le comportement des individus est figé – et les sociétés humaines – où le comportement des individus est indéfiniment adaptable – tient à la *parole*, à la dimension *communicative* du langage:

> Il y a des bêtes qui sentent comme nous le besoin de vivre ensemble : mais leur société manque du ressort nécessaire qui

---

[13] *Traité des animaux,* dans *Œuvres philosophiques de Condillac*, éd. G. Leroy, Paris, P.U.F, 1947, vol. I. Par après *TA*.

[14] On pensera bien sûr au célèbre passage du *Discours de la méthode* : DESCARTES, *Discours sur la Méthode*, Ve partie, in *Œuvres et Lettres*, Ed. A. Bridoux, Gallimard « La Pléiade », 1952, p. 163-166. Sur l'aspect créateur du langage cf. N. CHOMSKY, *La linguistique cartésienne,* Paris, 1969, p. 18 à 59.

> donne tous les jours à la nôtre de nouveaux mouvemens et qui la
> fait tendre à une plus grande perfection. Ce ressort est la parole.
> [*TA*, II, 4, p. 360]

Mais un thème nouveau apparaît dès le *Traité des animaux*, thème qui traversera le reste de l'œuvre condillacienne. Le langage est maintenant considéré comme une *méthode de pensée* : « ...tout homme qui parle une langue, a une manière de déterminer ses idées, de les arranger et d'en saisir les résultats : il a une méthode plus ou moins parfaite. » [*TA*, II, 5, p. 364].

4. Le langage comme méthode d'analyse

Mais en quoi le langage est-il une méthode ? CONDILLAC s'emploie à expliquer, dans le *Discours préliminaire* au *Cours d'études*[15], qu'il rédige de 1758 à 1767, comment le langage décompose dans la succession temporelle ce qui restait simultané, et donc confus, dans la pensée prélinguistique:

> Mais parce que sa pensée est l'opération d'un instant, qu'elle est
> sans succession, et qu'il n'y a pas de moyen pour la décomposer, il
> pense, sans savoir ce qu'il fait en pensant, et penser n'est pas encore
> un art pour lui.
>
> Si une pensée est sans succession dans l'esprit, elle a une
> succession dans le discours, où elle se décompose en autant de
> parties qu'elle renferme d'idées. Alors nous pouvons observer ce
> que nous faisons en pensant, nous pouvons nous en rendre
> compte : nous pouvons par conséquent, apprendre à conduire notre
> réflexion. Penser devient donc un art, et cet art est l'art de parler.
> [*DP*, p.403]

La même idée sera développée dans la *Grammaire*:

> Si toutes les idées qui composent une pensée, sont simultanées
> dans l'esprit, elles sont successives dans le discours : ce sont donc

---

[15]*Cours d'études pour l'instruction du Prince de Parme* : I *Discours préliminaire*; II *Grammaire*; III *De l'art d'écrire*; IV *De l'art de raisonner*; V *De l'art de penser*. Respectivement plus tard : *DP, G, AE, AR, AP*, dans *Œuvres philosophiques de Condillac*, éd. G. Leroy, Paris, P.U.F, vol. I.

les langues qui nous fournissent les moyens d'analyser nos pensées.
[*G*, I, 3, p. 436]

Mais cette pensée prélinguistique, sans succession, n'est pas une pensée réflexive : « il pense, écrit CONDILLAC, sans savoir ce qu'il fait en pensant ». La réflexivité apparaît avec le langage, qui impose aux idées une succession temporelle où les catégories du langage semblent, pour CONDILLAC, correspondre terme à terme avec l'agencement naturel des idées. Ainsi le langage devient-il une méthode et même, précise CONDILLAC, une méthode *analytique* : « ...je considère l'art de parler comme une méthode analytique, qui nous conduit d'idée en idée, de jugement en jugement, de connoissance en connoissance. » [*DP*, p. 403]

L'*analyse* elle-même est décrite dans une note ajoutée à l'époque au *Traité des systèmes* à l'occasion de sa réédition en 1768. Il s'agit d'abord d'une décomposition qui s'effectue sur la pensée prélinguistique, puis d'une re-composition déployée dans le temps et épousant par-là la genèse des idées. En d'autres termes une re-composition retraçant l'idéologie:

La méthode que j'emploie pour faire ces sistêmes, je l'appelle *analyse*. On voit qu'elle renferme deux opérations *décomposer* et *composer*.

Par la première, on sépare toutes les idées qui appartiennent à un sujet ; et on les examine, jusqu'à ce qu'on ait découvert l'idée qui doit être le germe de toutes les autres. Par la seconde, on les dispose suivant l'ordre de leur génération. [*TSys*, XVII, en note p. 213][16]

---

[16] Il est révélateur de remarquer à quel point la pensée de CONDILLAC a pu évoluer entre le moment où il rédige l'*Essai* et celui où il ajoute cette note au *Traité des systèmes*. Dans cette dernière note c'est la *décomposition* qui est première. Dans l'*Essai* c'était la *composition* qui était première : « Quoiqu'il en soit, analyser n'est selon moi, qu'une opération qui résulte du concours des précédentes. Elle ne consiste qu'à composer et à décomposer nos idées pour en faire différentes comparaisons, et pour découvrir, par ce moyen, les rapports qu'elles ont entre elles, et les nouvelles idées qu'elles peuvent produire. » [*Essai*, I, II, 7, p. 27]

François Beets

5. La grammaire comme science

Cette *analyse* qui s'opèrerait spontanément dans le langage, donne à notre auteur une confiance énorme dans le langage : « *Étudier* la *grammaire, c'est donc étudier les méthodes que les hommes ont suivies dans l'analyse de la pensée.* » [*G*, I, 7, p. 443][17]. La dimension *communicative* du langage, sur laquelle se focalisait CONDILLAC dans le *Traité des animaux*, s'efface devant sa dimension *analytique*. Cette insistance sur la fonction analytique du langage, privilégiée par rapport à la dimension communicative, a souvent été thématisée par les idéologues, héritiers de la pensée de CONDILLAC. C'est le cas, notamment, de LAROMIGUIERE, figure dominante de la philosophie française du début du XIXe siècle avant l'arrivée de l'influence de la pensée allemande, dans son *Essai sur les facultés de l'âme*:

> Ceux qui, dans les langues, ne voient que des moyens de communication entre les esprits, peuvent bien concevoir comment les sciences se transmettent d'un peuple à un autre peuple, ou d'une génération aux générations suivantes ; ils ignoreront toujours comment elles se forment et comment elles prennent sans cesse de nouveaux accroissements.

Ceux qui, remontant à l'origine des signes du langage, ont reconnu que ces signes nous étaient d'abord nécessaires à nous-mêmes, qu'ils servaient à noter des idées acquises, à les rendre bien distinctes, et à les graver dans notre esprit d'une manière durable, ont fait plus que les premiers sans doute ; mais s'ils ont su comment on fournit des matériaux à la mémoire, ils ont oublié de se demander comment nous entrons en possession de ces matériaux.

> Ceux-là seuls embrasseront l'objet dans toute son étendue, qui dans ce que nous devons aux langues, distingueront, et des moyens de communication pour la pensée, et des formules nécessaires pour

---

[17] C'est nous qui soulignons.

retenir des idées toujours promptes à nous échapper, et des méthodes aptes à faire naître de nouvelles idées.[18]

A la différence de LOCKE qui estimait, dans l'*Essai sur l'entendement humain* que le langage a deux fonctions, *mémorative* et *communicative* : « 1. L'un est d'enregîtrer, pour ainsi dire, nos propres pensées. 2. L'autre, de communiquer nos pensées aux autres. »[19], CONDILLAC affirme la primauté de la fonction analytique :

> On se tromperoit, par conséquent, si l'on croyait que les langues ne sont utiles que pour nous communiquer mutuellement nos pensées.
>
> C'est donc comme méthodes analytiques que nous devons les considérer, et nous ne les connoîtrons parfaitement que lorsque nous aurons observé comment elles ont analysé la pensée. [G, I, 6, p.442][20]

6. Les signes artificiels

Si le langage, science spontanée en tant que méthode d'analyse, peut, pour le Condillac de la Grammaire, nous conduire à des connaissances certaines, c'est qu'il est fondé sur des signes artificiels :

---

[18] LAROMIGUIERE,1820, p. 4. Ainsi qu'on le voit dans cette citation, la fonction communicative du langage n'est pas la plus importante, non plus que la fonction mémorative, mais la fonction créatrice de nouvelles idées.

[19] Cf. LOCKE, *Essai sur l'entendement humain*, p. 385 :

[20] Il convient de mesurer l'originalité de CONDILLAC par rapport aux penseurs du XVIIIe siècle. Ainsi que FOUCAULT a pu l'écrire [FOUCAULT, 1966, p.98], depuis la *Grammaire générale et raisonnée* d'ARNAULT et LANCELOT, le langage est considéré comme « le lieu concret de la représentation et de la réflexion » plutôt qu'« un instrument de communication ». Et FOUCAULT de préciser que le langage est « …la forme spontanée de la science, comme une logique incontrôlée de l'esprit et la première décomposition réfléchie de la pensée : une des plus primitives ruptures avec l'immédiat » Pour CONDILLAC, si le langage est décomposition de la pensée, cette décomposition est d'abord non-réfléchie.

> Il n'y a donc qu'un moyen pour acquérir des connoissances exactes et précises ; c'est de nous conformer, dans nos analyses, à l'ordre de la génération des idées. Voilà la méthode avec laquelle nous devrons employer les signes artificiels. [*G*, I, 5, p. 440]

Grâce à ces signes les hommes décomposent leurs pensées, et ce dès les débuts du langage : « ...aussitôt que les hommes commencent à décomposer leurs pensées, le langage d'action commence aussi à devenir un langage artificiel. » [G, I, 7, p. 431]. Mais il y a plus : Condillac est amené à rejeter la notion de signes arbitraires qui lui avait permis d'expliquer, dans l'*Essai*, comment l'entendement, passif dans la sensation, pouvait devenir actif dans la réflexion. Pour que le langage devienne une méthode d'analyse le choix des signes doit être motivé.

> […] qu'est-ce que des signes arbitraires ? Des signes choisis sans raison et par caprice. Ils ne seroient donc pas entendus. Au contraire, des signes artificiels sont des signes dont le choix est fondé en raison : ils doivent être imaginés avec tel art que l'intelligence en soit préparée par les signes qui sont connus. [G, I, 7, p. 429]

7. L'analogie

C'est ici que prend sens le choix que fait MAINE DE BIRAN de parler de *signes conventionnels* plutôt que de *signes arbitraires* : « On ne peut raisonner, comme calculer, qu'avec le secours des signes conventionnels ». Les signes conventionnels ne sont pas entendus ici, comme dans la tradition saussurienne, comme des signes arbitraires, mais comme des signes dont le caractère conventionnel est d'autant mieux accepté qu'ils sont motivés. D'où l'importance de l'*analogie*, principe de la *motivation du signe*, que CONDILLAC introduit aussitôt. C'est encore dans un ajout fait au *Traité des systèmes* en 1768 que CONDILLAC explique le rôle de l'*analogie*:

> Aussitôt que les langues commencent, l'analogie qui commence avec elles, les développe continuellement et les enrichit : elle montre en quelle sorte, dans les premiers signes qu'on a trouvés, tous ceux qu'on peut trouver encore.

> Dans cette analogie, est fondée la plus grande liaison des idées : et cette liaison devient le principe qui donne au discours, la plus

grande clarté, la plus grande précision, et à chaque pensée son caractère. [*TSys*, 17, p. 215]

L'analogie qui préside à la formation des langues en fait des méthodes analytiques. C'est ainsi que dans l'*Art d'écrire* il estime avec optimisme à propos du français :Notre langue est devenue simple, claire et méthodique, parce que la philosophie a appris à écrire, même aux écrivains qui n'étoient pas philosophes.

> Quand une fois la clarté et la précision font le caractère d'une langue, il n'est plus possible de bien écrire sans être clair et précis. [*AE*, IV, 5, p. 608]

> C'est ainsi aussi que prend sens l'exergue de notre étude, cet ajout fait à l'époque du *Cours d'études* au *Traité des systèmes* : « Voulez-vous apprendre les sciences, commencez par apprendre votre langue. » [*TSys*, p. 217]

Mais ce bel optimisme est-il justifié ? BREAL, qui a sur CONDILLAC l'avantage d'en avoir lu toute l'œuvre, retiendra l'*analogie* comme vecteur de la créativité interne au langage:

> Cette logique, nous le répétons, repose tout entière sur l'analogie, l'analogie étant la façon de raisonner des enfants et de la foule. Une locution est donnée : on en tire une autre à peu près semblable. Celle-ci, à son tour, en produit une troisième, un peu différente, qui provoque de son côté des imitations, sans que, pour cela la première et la seconde aient cessé d'être productives. [21]

mais il y ajoutera un bémol:

> On a souvent essayé de trouver sous les règles de la grammaire une sorte d'armature logique ; mais le langage est trop riche et pas assez rectiligne pour se prêter à cette démonstration. Il déborde la logique de tous les côtés. En outre, ses catégories ne coïncident pas avec celles du raisonnement : ayant une façon de procéder qui lui

---

[21] BREAL,1898, p. 253.

est propre, il arrive à constituer des groupes grammaticaux qui ne se laissent réduire à aucune conception abstraite. [22]

8. La réforme du langage

Que le langage déborde la logique ? Que ses catégories ne coïncident pas avec le raisonnement? CONDILLAC s'en aperçoit à mesure qu'il rédige son *Cours d'études*. Ceci notamment en remaniant l'*Essai* pour en faire l'*Art de penser*. Remaniement dans lequel il gomme, dans un couper/coller révélateur, tous les passages où le langage est présenté comme condition de la pensée pour ne conserver que ceux où il traite des défectuosités du langage, et où il ramène toutes nos erreurs à cette seule source avant proposer une réforme du langage sans égard à l'usage:

> [...] il paraît que, pour rendre le langage exact, on doit le réformer sans s'assujettir toujours à l'usage. Il y a bien des erreurs qu'il seroit impossible de détruire si l'on s'obstinoit à parler comme tout le monde. Il faut donc se faire un langage à soi, si l'on veut s'exprimer avec une exactitude dont l'usage ne donne pas l'exemple. (*Art de penser*, II, chap. 2, p. 733)

C'est sans doute pourquoi, dans la *Logique*, parue en 1780[23], CONDILLAC en vient à considérer que les langues n'ont été des méthodes analytiques exactes que tant que l'expérience a permis de les guider :

> Les langues ont été des méthodes exactes, tant qu'on a parlé des choses relatives aux besoins de première nécessité. Car s'il arrivoit alors de supposer dans une analyse ce qui n'y devoit pas être, l'expérience ne pouvait manquer de la faire apercevoir. On corrigeait donc ses erreurs, et on parloit mieux. (*Log.*, II, 2, p. 399)

Hélas, le contact entre les peuples, les emprunts linguistiques vont rompre *l'analogie* qui présidait à la formation des langues en en faisant des méthodes d'analyse :

---

[22] Id., *Ibid.*, p. 243-244.

[23] *La logique ou les premiers développements de l'art de penser*, dans *Œuvres philosophiques de Condillac*, éd. G. Leroy, Paris, P.U.F., 1948, vol. II. Par après *Log.*

> [...] le commerce rapprochoit les peuples, qui échangeoient, en quelque sorte, leurs opinions et leurs préjugés, comme les productions de leur sol et de leur industrie. Les langues se confondoient, et l'analogie ne pouvoit plus guider l'esprit dans l'acquisition des mots. (*Log.*, II, 2, p. 399)

En raison de la contamination linguistique les langues débordent la logique, elles sont devenues des « ...méthodes fort défectueuses aujourd'hui » bien que, précise aussitôt CONDILLAC, elles « ...ont été exactes et (...) pourroient l'être encore. » (*Log.*, II, 2, p. 399).

L'isolement culturel devient alors le modèle utopique du peuple savant. Pas d'emprunt linguistique ? Pas de contamination. Pas de contamination ? Une langue parfaite :

> Une langue seroit bien supérieure si le peuple qui la fait cultivoit les arts et les sciences sans rien emprunter d'aucun autre : car l'analogie dans cette langue, montreroit sensiblement le progrès des connoissances, et l'on n'auroit pas besoin d'en chercher l'histoire ailleurs. (*Log.*, II, 2, p. 400)

9. La science comme langue bien faite

Une telle langue, hélas, n'existe pas, et ne peut exister. A défaut CONDILLAC va développer une idée qu'il avait déjà exprimée dans le *Commerce et le Gouvernement*[24] :

> Chaque science demande une langue particulière, parce que chaque science a des idées qui lui sont propres. Il semble qu'on devroit commencer par faire cette langue : mais on commence par parler et par écrire, et la langue reste à faire. [*CG*, p. 242]

Il n'est donc plus question comme dans l'*Art d'écrire* de considérer qu'une langue naturelle, comme le français, puisse être une bonne méthode d'analyse. La perspective s'inverse et l'ambition de CONDILLAC est alors de découvrir, pour chaque science, la méthode analytique qui en est la langue : « Toutes les sciences

---

[24] *Le commerce et le gouvernement considérés relativement l'un à l'autre*, dans *Œuvres philosophiques de Condillac*, éd. G. Leroy, Paris, P.U.F., 1948, vol. II. Par après *CG*.

François Beets

seroient exactes, si nous en savions parler la langue de chacune. » (*Log.*, II, 7, p. 407). Mais, si toutes les sciences ont leur propre langue, l'*analogie* qui préside est la même dans chacune:

> L'artifice du raisonnement est donc le même dans toutes les sciences. Comme, en mathématiques, on établit la question en la traduisant dans l'expression la plus simple ; et, quand la question est établie, le raisonnement qui la résout n'est encore lui-même qu'une suite de traductions, où une proposition qui traduit celle qui précède est traduite par celle qui la suit. C'est ainsi que l'évidence passe avec l'identité depuis l'énoncé de la question jusqu'à la conclusion du raisonnement. (*Log.*, II, 8, p. 411)

Ce modèle mathématique va être exploré dans *La langue des calculs*, ouvrage que CONDILLAC n'aura pas le loisir de terminer et qui sera publié à titre posthume[25].

> L'algèbre est une langue bien faite, et c'est la seule: rien n'y paroit arbitraire. L'analogie qui n'échappe jamais, conduit sensiblement d'expression en expression. L'usage n'a ici aucune autorité. Il ne s'agit pas de parler comme les autres, il faut parler d'après la plus grande analogie pour arriver à la plus grande précision. (LC., p. 420)

Mais le projet dépasse bien sûr les seules mathématiques : « Il s'agit de faire voir comment on peut donner à toutes les sciences cette exactitude qu'on croit être le partage exclusif des mathématiques. » (LC., p. 420). Condillac ne pourra bien sûr pas faire aboutir son projet, mais le paradigme linguistique qu'il propose pour fonder les sciences sera fructueux. Lavoisier s'en réclamera explicitement dans son Discours préliminaire du Traité élémentaire de Chimie[26] où l'on trouve les fondements de la chimie moderne:

---

[25] *La langue des calculs* dans *Œuvres philosophiques de Condillac*, éd. G. Leroy, Paris, P.U.F., 1948, vol. II.

[26] LAVOISIER, 1937.

> En effet tandis que je croyois ne m'occuper que de Nomenclature, tandis que je n'avois pour objet que de perfectionner le langage de la Chimie, mon ouvrage s'est transformé insensiblement entre mes mains, sans qu'il m'ait été possible de m'en défendre, en un Traité élémentaire de Chimie.27

Et comment ne pas rapprocher aussi le projet condillacien de celui qu'énoncera plus tard un certain Frege:

> Pour que [...] quelque chose d'intuitif ne puisse pas s'introduire de façon inaperçue, tout devait dépendre de l'absence de lacunes dans la chaîne de déductions. Tandis que je visais à satisfaire cette exigence le plus rigoureusement, je trouvai un obstacle dans l'inadéquation de la langue ; malgré toutes les lourdeurs provenant de l'expression, plus les relations devinrent complexes, moins elle laissa atteindre l'exactitude que mon but exigeait. De ce besoin résulta l'idée d'une idéographie dont il est question ici. Elle doit d'abord servir à examiner de la manière plus sûre la force concluante d'une chaîne de déductions et dénoncer chaque hypothèse qui veut s'insinuer de façon inaperçue, afin que finalement sa provenance puisse en être recherchée.28

Et surtout en ce qui nous concerne, si toute science est une langue bien faite, quelle est la langue de la linguistique?

Remerciements
Une version antérieure de cette étude a été présentée au Département de Linguistique de l'Université Cyrille et Méthode de Veliko Tarnovo (Bulgarie) grâce à l'aide du WBI (Centre Wallonie-Bruxelles International) que je remercie.

---

27 *Op. Cit.*, p. II
28 G. FREGE, 1999, p. 6.

François Beets

BIBLIOGRAPHIE:

[ANGENOT, 1971] ANGENOT, « Condillac et le cours de linguistique générale », *Dialectica*, 1971, n°28.

[BREAL, 1868] M. BREAL, ESSAI DE SEMANTIQUE, PARIS, 1868.

[CHOMSKY, 1969] CHOMSKY, N, LA LINGUISTIQUE CARTESIENNE, PARIS, 1969.

[CONDILLAC, 1947]-1948 CONDILLAC :

- ESSAI SUR L'ORIGINE DES CONNAISSANCES HUMAINES (1746), ED. GEORGES LEROY : ŒUVRES PHILOSOPHIQUES DE CONDILLAC, PARIS, P.U.F., 1947, VOL. 1.

- TRAITE DES SYSTEMES DANS ŒUVRES PHILOSOPHIQUES DE CONDILLAC, ED. G. LEROY, PARIS, P.U.F, 1947, VOL. I.

- TRAITE DES SENSATIONS, DANS ŒUVRES PHILOSOPHIQUES DE CONDILLAC, ED. G. LEROY, PARIS, P.U.F, 1947, VOL. I

- TRAITE DES ANIMAUX, DANS ŒUVRES PHILOSOPHIQUES DE CONDILLAC, ED. G. LEROY, PARIS, P.U.F, 1947, VOL. I.

- COURS D'ETUDES POUR L'INSTRUCTION DU PRINCE DE PARME: I DISCOURS PRELIMINAIRE; II GRAMMAIRE; III DE L'ART D'ECRIRE; IV DE L'ART DE RAISONNER; V DE L'ART DE PENSER DANS ŒUVRES PHILOSOPHIQUES DE CONDILLAC, ED. G. LEROY, PARIS, P.U.F, VOL. I- LE COMMERCE ET LE GOUVERNEMENT CONSIDERES RELATIVEMENT L'UN A L'AUTRE, DANS ŒUVRES PHILOSOPHIQUES DE CONDILLAC, ED. G. LEROY, PARIS, P.U.F., 1948, VOL. II.

- LA LOGIQUE OU LES PREMIERS DEVELOPPEMENTS DE L'ART DE PENSER, DANS ŒUVRES PHILOSOPHIQUES DE CONDILLAC, ED. G. LEROY, PARIS, P.U.F., 1948, VOL. II.

- LA LANGUE DES CALCULS DANS ŒUVRES PHILOSOPHIQUES DE CONDILLAC, ED. G. LEROY, PARIS, P.U.F., 1948, VOL. II.

- CORRESPONDANCE, DANS ŒUVRES PHILOSOPHIQUES DE CONDILLAC, ED. G. LEROY, PARIS, P.U.F., 1948, VOL. II

[DERRIDA, 1973] J. DERRIDA, L'ARCHEOLOGIE DU FRIVOLE, PARIS, 1973

[DESCARTES, 1952] R. DESCARTES, DISCOURS SUR LA METHODE, Ve PARTIE, IN ŒUVRES ET LETTRES, ED. A. BRIDOUX, GALLIMARD « LA PLEIADE », 1952.

[DESTUTT DE TRACY, 1826] DESTUTT DE TRACY, ELEMENTS D'IDEOLOGIE, PARIS, 1826.

[FOUCAULT, 1966] M. FOUCAULT, LES MOTS ET LES CHOSES, PARIS, 1966, P.98.

[FREGE, 1999] G. FREGE, IDEOGRAPHIE, TRAD. C. BESSON, PARIS, 1999.

[HARNOIS, 1921] G. HARNOIS, LES THEORIES DU LANGAGE EN FRANCE DE 1660 A 1827, PARIS, 1921.

[LAROMIGUIERE, 1820] LAROMIGUIERE, ESSAI SUR LES FACULTES DE L'AME, PARIS, 1820.

[LAVOISIER, 1937] A. LAVOISIER, DISCOURS PRELIMINAIRE DU TRAITE ELEMENTAIRE DE CHIMIE, PARIS 1937.

[LOCKE, 1972] J. LOCKE, ESSAI SUR L'ENTENDEMENT HUMAIN, PARIS, 1972.

[MAINE DE BIRAN, 1799] MAINE DE BIRAN, MEMOIRE SUR L'INFLUENCE DE L'HABITUDE, TOME II, PARIS, 1799.

[MAUPERTUIS] MAUPERTUIS, DISSERTATION SUR LES DIFFERENTS MOYENS DONT LES HOMMES SE SONT SERVIS POUR EXPRIMER LEURS IDEES HTTP://WWW.BOOKMINE.ORG/MEMOIRS/ LANGAGE.HTML

F. BEETS
FBEETS@ULG.AC.BE
UNIVERSITE DE LIEGE
DEPARTEMENT DE PHILOSOPHIE,
PLACE DU XX AOUT, 7
B-4000 LIEGE, BELGIQUE

Disentangling the Web of Belief. Metatheoretical Status and Empirical Testability of Saussure's Principle of Arbitrariness

HUBERT KOWALEWSKI

ABSTRACT. The aim of this paper is to take a metatheoretical look at Ferdinand de Saussure's principle of arbitrariness. What is the status of this principle in the overall theory of language proposed by the Swiss linguist? This question is not just a plaything for historians and philosophers of linguistics, since the answer is intimately related to actual scientific practice, namely the degree of empirical testability of the principle and the degree of protection against falsifying evidence that the principle should receive. The question about the status of the principle of arbitrariness can be broken down into at least two more specific questions. The first one refers to the place of the principle within what Quine and Ullian would call "the web of belief" of Saussurean linguistics. Thus, the principle can be a "metaphysical model," a part of the "hard core" of the research program, a regular empirical hypothesis, or an a posteriori summary of results from actual investigation of linguistic data. The second question concerns the degree of idealization involved in the principle. Is the principle more similar to what Cartwright calls a "phenomenological law," i.e. a law about actual observable linguistic phenomena; or to a "theoretical law," which describes an idealized model of the phenomenon under investigation, but does not always describe empirical data correctly.

Hubert Kowalewski

1. Introduction

The principle of arbitrariness is widely considered as one of Ferdinand de Saussure's most prominent and innovative contribution to the science of language. Uncritically accepted by some and forcefully rejected by others, the principle became a reference point for most of the 20th century schools of linguistics. Considering its importance for modern science of language, it is somewhat surprising how little attention was devoted to its metatheoretical status within Saussure's overall theory of language. Is the principle some sort of fundamental postulate, a starting point for further research accepted without much evidence? Is it a thoroughly tested empirical hypothesis? Or is it something else entirely?

The question is not merely a sterile philosophical debate with little influence onf practical research, for the metatheoretical status of the principle largely determines its testability. Unless we have a fairly good understanding of the place of the principle in Saussurean linguistics, it is not obvious whether the principle can or should be tested, and it is difficult to evaluate the force of potential counter-evidence against it. In Section 2, I will discuss several options of what the status of the principle may be in what Quine and Ullian call the "web of belief" [Quine and Ullian, 1978]. The web of belief is a system of interconnected statements, implicit and explicit postulates, hypotheses, etc. which together constitute a scientific theory. In Section 3, I will introduce Nancy Cartwright's [1983] distinction between theoretical and phenomenological laws. While *Course in General Linguistics* [1966 [1916]] does not make clear whether the principle of arbitrariness should be treated as the former or the latter type of law, the classification also makes a significant difference for actual scientific practice. I will not attempt to give conclusive and definitive answers to the questions about the metatheoretical status of the principle, since I do not believe such answers can be given on the basis of *Course in General Linguistics*, even when the edited volume of Saussure's notes *Writings in General Linguistics* [2006] is taken into account. At best, I will try to cautiously evaluate how likely each option is, bearing in mind that each of them is open to debate.

From the philosophical perspective, the options discussed in this article come from various, usually mutually incompatible, philosophies of science.

Choosing one of the options entails subscribing to a particular vision of science and sometimes it also means excluding the visions of other philosophers.[1] Thus, the philosophical background for the following discussion is diverse and does not form a neat and coherent system of ideas. The aim of the article is to overview various alternatives for what the principle of arbitrariness could be within the Saussurean web of belief rather than to propose a comprehensive evaluation of the principle from one philosophical perspective.

2. A postulate or a hypothesis?

I believe there are four main options for what the principle of arbitrariness could be within the Saussure's theory of language: a metaphysical model, a part of the hard core of a research program, a regular empirical hypothesis, or an a posteriori generalization from inductive research. Even though *Course in General Linguistics* does not make clear which option is the preferred one, in the following paragraphs I will briefly discuss the options and try to evaluate their plausibility.

A metaphysical model. The notion of a metaphysical model was introduced by Thomas Kuhn in his seminal book *The Structure of Scientific Revolutions* [Kuhn, 1996 [1970]]. Metaphysical models are parts of a scientific paradigm defined as "the entire constellation of beliefs, values, techniques, and so on shared by the members of a given community" ([Kuhn, 1996 [1970]], p. 175). Broadly speaking, metaphysical models are beliefs about what exists or what things are like. They are divided into two general classes: *ontological models* are statements about the metaphysical nature of things referred to in a theory, e.g. "heat is the kinetic energy of the constituent parts of bodies" ([Kuhn, 1996 [1970]], p. 184); *heuristic models* are conventionalized metaphors commonly accepted in the community, e.g. "the molecules of a gas behave like tiny elastic billiard balls in random motion" ([Kuhn, 1996 [1970]], p. 184).

It is not hard to see how the principle of arbitrariness could be viewed as a metaphysical model. Under this interpretation, the principle is simply a

---

1 Perhaps the philosophical conflict is most prominent in the case of Karl Popper's and Thomas Kuhn's philosophies, discussed very briefly in Section 2.

statement about an inherent property of the linguistic sign, or put simply, about what the linguistic sign is like. Since according to Kuhn metaphysical models enjoy the status of fundamental postulates, they are not normally subject to empirical testing; rather, they are "starting points" for further research and theoretical background against which facts are interpreted. One linguist who would possibly subscribe to this interpretation of the principle of arbitrariness is Charles Hockett. In his book *A Course in Modern Linguistics*, he listed arbitrariness as "a key property of language" ([Hockett, 1958], p. 574). Hockett was aware of the fact that linguistic signs like onomatopoeias display some non-arbitrariness in the connection between the signifier and the signified, but he conceded flatly that onomatopoeias are largely arbitrary nonetheless (cf. [1958], pp. 577-578).[2] Later I will argue that after close reading of Saussure's *Course in General Linguistics* this interpretation of the principle is not very likely.

A part of the hard core of the research program. Imre Lakatos's notion of research program (cf. [Lakatos, 1970]) is similar to Kuhn's paradigm in that it stands for a web of belief to which scientists in a community are committed. The crucial difference between the two notions is that Lakatos's research program is restricted to the theory of a phenomenon under investigation, while Kuhn's paradigm is a broader complex incorporating elements which, strictly speaking, do not belong to the theory proper, like values held dear in the community. Lakatos describes the structure of a research program in the following passage:

> All scientific research programmes may be characterized by their "hard core." The negative heuristic of the programme forbids us to direct (...) [a falsifying test] at this "hard core." Instead we must (...) articulate or invent "auxiliary hypotheses," which form a protective belt around this core (...) [This belt] has to bear the brunt of tests. ([Lakatos 1970], p. 191)

This suggests that even though the statements constituting the hard core are in principle falsifiable and may be subject to empirical testing, scientists will typically defend these central claims against falsification.

---

2 As we will see later, a similar argument is used by Saussure himself, so possibly this way of defending arbitrariness is inspired by the author of *Course in General Linguistics*.

Course's passage on onomatopoeias and interjection towards the end of Chapter 1 (cf. [Saussure, 1966 [1916]], pp. 68-70) suggests that the author might have treated the principle of arbitrariness as a part of the hard core of his program. Firstly, the passage clearly shows that Saussure was aware of potential counter-evidence to the principle (onomatopoeias and interjections), which suggests that he treated the principle as something that can be tested, at least in principle.[3] Secondly, in the light of potential falsifiers to the principle, Saussure did not abandon his claim, but launched militant defense designed to show that onomatopoeias and interjections are not genuine counter-evidence. This behavior is strongly reminiscent of a scientist protecting the hard core of her research program, when she believes that some central elements of her theory are under threat.

It should be noted, however, that Saussure's defense is probably illicit by Lakatos's standards, since it betrays some characteristics of what Karl Popper calls "conventionalist stratagems" (cf. [Popper, 2002 [1934]]). Conventionalist stratagems are meant to provide immediate ad hoc protection against falsification without enhancing the epistemic value of the theory. Saussure's rebuttal of the counter-evidence is somewhat provisional, when he claims that onomatopoeias

- "are limited in number" (p. 69) (even though only one counter-example successfully falsifies a hypothesis about all members of a class);
- they "are chosen somewhat arbitrarily" (p. 69) (but not *entirely* arbitrarily, still);
- they "are to a certain extent subjected to the same evolution (…) that other words undergo" and they "lose something of their original character" (p. 69) (does this mean they were non-arbitrary originally?);

---

3 For exactly the same reason it does not appear likely that Saussure viewed the principle as a metaphysical model, since such models are not typically tested, so counter-evidence against them is not even discussed.

Hubert Kowalewski

- onomatopoeias "are never organic elements of a linguistic system" (p. 69) and interjections "are of secondary importance" (p. 70) (these are purely verbal attempts at discarding potential counter-evidence).

An empirical hypothesis. In Karl Popper's understanding, the criterion of "empiricness" of a hypothesis was falsifiability and universality. A hypothesis is falsifiable if and only if it is possible to predict a result of experiment or observation which disconfirms the hypothesis. If such a result is impossible even in principle, the entire procedure of testing the hypothesis misses the point. For example, if the principle of arbitrariness is reformulated into the statement

(1) All linguistic signs are arbitrary

(1) is an empirical hypothesis if one could predict what a non-arbitrary sign would be like and if such a sign could be discovered (at least in principle). However, statements like

(2) Some linguistic signs are arbitrary
(3) The linguistic sign *cat* is arbitrary

are not empirical hypotheses, since (2) cannot be proven false even if some non-arbitrary linguistic signs were discovered and it is not universal (i.e. it is not a statement about all members of the class of linguistic signs). In turn, (3) is falsifiable, but not universal and therefore it is not a legitimate empirical hypothesis. Falsifiability is a pivotal notion in Popper's philosophy of science; in his book *The Logic of Scientific Discovery* [2002 [1934]], the terms "empirical," "falsifiable," "testable," and "scientific" are almost synonymous. Like Lakatos, Popper did emphasize the importance of falsification, but he did not believe that any part of a scientific theory is or should be protected against falsification in any special way. On the contrary, in Popper's view, scientists should critically evaluate all parts of their web of belief.

As already mentioned, the fact that Saussure discussed some potential counter-evidence to the principle suggests that he considered it as open to falsification. Also, the original formulation of the principle (cf. [Saussure, 1966 [1916]], p. 67) indicates that the linguist did have the entire class of linguistic signs in mind. Thus, the principle fulfills the definition of an empirical hypothesis in Popper's understanding: it is both falsifiable and universal. Nonetheless, it should be born in mind that even though Saussure might have treated the principle as a legitimate empirical hypothesis, its defense against falsification (as already mentioned) appears provisional and unsatisfactory.

A posteriori generalization about inductive observation. The final option is that the principle is simply a conclusion from numerous observations of linguistic facts. The important difference between this and the previous options is that such a conclusion is made a posteriori, i.e. after observations have been carried out, while metaphysical models, parts of the hard core, and empirical hypotheses are typically a priori, i.e. they are assumptions or "learned guesses" serving as starting points for further research. This interpretation of the principle seems to be advocated by Donald Ringe, who maintains that "[in] any language, the relation between meaning and sound is largely arbitrary. This is one of the fundamental *observations of facts* on which scientific linguistics is built" ([1992], p. 3; my emphasis). Nevertheless, the interpretation does not seem likely, since nothing in *Course in General Linguistics* suggests that an extensive analysis of data had been carried out before the formulation of the principle. In particular, *Course* does not include any information, tentative as it may be, about the type and amount of data analyzed, languages from which the data were derived, description of research methodology, etc. Therefore, any claim that such investigation was conducted and eventually led to the formulation of the principle is unsupported by the book.

Even though it is difficult to draw definite conclusions about the metatheoretical status of the principle of arbitrariness on the basis of *Course*, the most likely option is that the principle was treated by Saussure as a part of the hard core of his theory of language. The author's defense of the principle against falsification suggests that he was aware that the principle could be falsified and took some time to discard potential falsifiers. This shows that Saussure realized that the principle was vulnerable to falsification. Alternatively, the principle could also be a regular empirical hypothesis, which is falsifiable too, but it does not enjoy any special status within the web of belief and can be abandoned relatively easily in the light of counter-evidence. However, the effort taken by Saussure to guard it against falsification indicates that the principle has a very special place in the theory of language and is not to be abandoned easily. This interpretation is also supported by other passages in the book; for example, Saussure writes that "[the principle] dominates all the linguistics of language; its consequences are numberless" and it is of "primordial importance" ([1966 [1916]], p. 68).

3. A theoretical or a phenomenological law?

In *How the Laws of Physics Lie* [1983], Nancy Cartwright introduces the distinction between theoretical and phenomenological laws. The former are "about the reality behind the appearances" (p. 19), they may take the form of "thoroughly abstract formulae which describe no particular circumstances" (p. 10), and "can be known only by indirect inference" (p. 1). The latter, in turn, are "about appearances" (p. 1), "things which we can at least in principle observe directly" (p. 1), they are "specific to the situation at hand" (p. 8), and "tell what happens in concrete situations" (p. 3). In physics, a good example of a theoretical law is the second law of thermodynamics describing the behavior the so-called isolated systems, i.e. a system enclosed by rigid walls impermeable to mass and energy. This means that such a system does not exchange energy, neither in the form of heat, nor work, with its environment. According to the law, the entropy of a perfectly isolated thermodynamic system either remains constant or (typically) increases over time, but it never decreases. While the law is an extremely important part of modern physics, strictly speaking, it does not describe the behavior of any real physical system, since no actual physical system is perfectly thermodynamically isolated: no physical insulation is so efficient that it completely prevents the exchange of heat between the system and its environment. Therefore, the second law of thermodynamics describes an idealized situation: it describes what would happen in a system of a certain kind if all interfering factors could be screened off, regardless of whether such screening is possible in practice. Despite the fact that theoretical laws do not describe any actual situations, they are considered to express important epistemic insights and are often considered more fundamental than phenomenological laws describing actual situations more faithfully.

At this point, the crucial question is whether the principle of arbitrariness should be interpreted as a theoretical or a phenomenological law. Under the "phenomenological" interpretation, the principle states that *actual* linguistic signs in *actual* languages are arbitrary. In this case, the principle is open to empirical falsification: to falsify the principle, it suffices to find an actual linguistic sign which is not compatible with Saussure's definition of arbitrariness. The formulation of the principle in *Course* is somewhat vague: arbitrariness is defined in terms of lack of natural connection between the signifier and the signified, but naturalness of the connection is neither defined, nor explained.[4] Due to this underspecification, what counts as non-natural, and consequently as arbitrary, is open to debate. Nonetheless, if the theoretical notions were defined with more precision, any linguistic sign could be evaluated as either arbitrary, or non-arbitrary, and therefore empirical falsification would be possible.

On the other hand, if the principle is understood as a theoretical law, it is far from obvious if it can be falsified by observing actual linguistic signs. By definition, theoretical laws do not describe any actual facts, so no actual linguistic sign bears the appropriate type of relation to the law to make falsification possible. Cartwright notes that theoretical laws are typically prefaced (explicitly or implicitly) by the *ceteris paribus* clause stating the law applies in the situations when "all other things are equal" (or in Cartwright's paraphrase, when "all other things are right"; cf. [Cartwright, 1983], p. 45). Consequently, when faced with a potential falsifier of the principle of arbitrariness, a Saussurean linguist could always evoke the clause and argue that in this particular case all other things are not, in fact, equal (or right). In other words, even if a linguistic sign betrays some non-

---

4 For a more detailed discussion on different interpretations of arbitrariness and naturalness, see Kowalewski [2015] and Kowalewski [2016].

Hubert Kowalewski

arbitrariness in the way the signifier is associated with the signified, the proponent of the principle could point to some additional factors that make the sign non-arbitrary or make it appear as non-arbitrary, while still holding that in the ideal situation linguistic signs are arbitrary. Under this "theoretical" interpretation, actual linguistic signs fail to falsify the principle of arbitrariness, for exactly the same reasons why the behavior of actual thermodynamic systems fails to falsify the second law of thermodynamics: theoretical laws simply do not apply to actual facts and situations.

Perhaps this is the way Saussure's defense of the principle against onomatopoeias and interjections (described in more detail in Section 2) should be understood. Despite the fact that the Swiss linguist noticed some non-arbitrariness in the relation between the signifier and the signified, he believed that under the *ceteris paribus* clause the linguistic sign is fully arbitrary (or in Saussure's parlance, "absolutely arbitrary"). More generally, in spite of the fact that some actual linguistic signs do not appear to be fully compatible with the principle of arbitrariness as formulated in *Course*, it may be argued that the principle nonetheless expresses an important truth about language.

The price to pay for this interpretation is that like all theoretical laws, the principle applies more readily to idealized circumstances than to what linguists may encounter while investigating actual linguistic data. Some linguists may balk at the idea that the object of their study is some theoretical fiction rather than "hard data" collected during scrupulous fieldwork. Yet to reject theoretical laws as a legitimate part of scientific enterprise is either to reject a vast majority of contemporary sciences like physics and chemistry or to accept double standards and to admit that what is permitted in natural sciences is for some reason prohibited in linguistics. Neither of these options seems attractive and therefore linguists should probably accept theoretical laws as part and parcel of their science.

BIBLIOGRAPHY

[Cartwright, 1983] N.Cartwright, *How the Laws of Physics Lie*, Oxford University Press, Oxford-New York, 1983.

[Hockett, 1958] C.F.Hockett, *A Course in Modern Linguistics*, Prentice Hall College Div., London, 1958.

[Kowalewski, 2015] H.Kowalewski, "Against Arbitrariness: An Alternative Approach towards Motivation of the Sign", *The Public Journal of Semiotics*, 6 (2), 2015, 14–31.

[Kowalewski, 2016] H.Kowalewski, *Motivating the Symbolic: Towards a Cognitive Theory of the Linguistic Sign*, Peter Lang, Frankfurt am Main-New York, 2016.

[Kuhn, 1996 [1970]] T.S.Kuhn, *The Structure of Scientific Revolutions*, The University of Chicago Press, Chicago, 1996 [1970].

[Lakatos, 1970] I.Lakatos, "The Methodology of Scientific Research Programmes", in *The Criticism and the Growth of Knowledge*, I.Lakatos and A.Musgrave (eds.), Cambridge University Press, Cambridge, 1970, pp. 91–197.

[Popper, 2002[1934]] K.Popper, *The Logic of Scientific Discovery*, Routledge, New Delhi, 2002 [1934].

[Quine and Ullian, 1978] W.V.Quine and J.S.Ullian, *The Web of Belief*, McGraw-Hill Education, New York, 1978.

[Ringe, 1992] D.A.Ringe, *On Calculating the Factor of Chance in Language Comparison*, The American Philosophical Society, Philadelphia, 1992.

[Saussure, 1966[1916]] F.de Saussure, *Course in General Linguistics*, Translated by W.Baskin, McGraw-Hill, New York-Toronto-London, 1966 [1916].

[Saussure, 2006] F.de Saussure, *Writings in General Linguistics*, Translated by C.Sanders and M.Pires, Oxford University Press, Oxford-New York, 2006.

Hubert Kowalewski
Maria Curie-Sklodowska University , Lublin, Poland
hubert.kowalewski@poczta.umcs.lublin.pl

Exploiting The Arbitrary: The Opacity-Transparency Dynamics In The Patterns of Language Use of the Nath Panthi Davri Gosavi Community

AVINASH PANDEY

ABSTRACT. The principle of arbitrariness is given the status of the first primordial principle in Saussurean theory of language. The importance of this principle has duly been recognized in subsequent linguistic theories, especially Structural Linguistics. However, the inherent tension, in his 'writings' – lecture notes and manuscripts –, between the conception of language as a tool for communicating something and the conception of language as a self-sufficient system of signs has remained a relatively under-discussed aspect of the Saussurean principle of the arbitrariness.

Saussure emphasized that the two aspects of the sign – signifier and signified – formed an inseparable synthesis. The relation between the two is conventional and systemic. Structural Linguistics develops the conception of language as a self-sufficient system of signs and consider grammar as a way of *internally limiting the arbitrariness of the linguistic sign*. Words derived from other words are less arbitrary than the parts they are composed of. The systemic nature of grammar makes language learnable by increasing the level of *transparency* within the linguistic sign.

The other conception of language – a system for communicating something – too is present in Saussurean theory. The *boeuf-Ochs* example[1] is a clear indication of this presence. The view that linguistic systems offer different ways of saying the same (or at least similar) things suggests the possibility of *increasing the opacity of language* by decreasing the level of transparency of the linguistic system. The presence

---

[1]See [Saussure 1959], especially page 68.

of slangs, jargons, argots in all linguistic traditions clearly indicate that language-users exploit this possibility to suit their communicative needs i.e. fulfil various *social functions.*

The true complexity of the Saussurean principle of Arbitrariness of the Sign can be understood only by examining the transparency-opacity dynamics in language-use of various communities. The present paper seeks to examine this dynamics in the language use of the Nath Panthi Davri Gosavi (NPDG) people – a nomadic community in India which relies on begging for its livelihood. The community, along with using its mother tongue – a variety of Marathi -, has developed another variety, referred to as Parushi, for intra-group communication in presence of strangers. The paper argues that development of Parushi is indicative of the above-outlined inherent tension in Saussurean conception of language.

1. Theoretical Preliminaries

The first principle of Linguistics – Arbitrariness of the Linguistics Sign – has been a widely discussed and debated concern not only of linguists but also of scholars working in the areas we normally designate under the umbrella of humanities and social sciences. Given these intense engagements with the notion of arbitrariness, the phrase 'Arbitrariness of the Linguistic Sign' has come to acquire subtle variations in meaning. I would therefore like to begin my presentation with a brief statement on my understanding of the first principle of Linguistic Sign:

To my mind, Saussure is primarily a linguist who belongs to the tradition of historical-comparative linguistics which flourished in Europe in the 19th Century. His major concern was to examine and study the nature and the underlying basis of language change. His linguistic tool-kit was decidedly the same as that of the Comparativists of the 19th Century, though nature he thought that the Comparativists misunderstood the nature of their tool-kit.[2]. With our exclusive focus on Part One (General Principles) & Part Two (Synchronic Linguistics) in the *Cours,* we tend to forget (and often not read) Parts Three, Four and Five of the *Cours*. My understanding is that Part One and Two are theoretical preliminaries to Parts 3, 4 & 5 and form their underlying basis. It is not a coincidence that immediately after introducing the fundamental principles of the linguistic sign in the chapter *Nature of the Linguistic Sign*, Saussure moves on to discuss the Immutability and Mutability of the Sign. Gaining a foothold into understanding the nature of language change is at the heart of the *Cours*.

Such an understanding of the *Cours*explains why the Principle of Arbitrariness forms the first principle of the Linguistic Sign. This principle is most clearly and effectively seen in linguistic systems and thus language occupies the first place amongst sign systems i.e. in semiology. A corollary of the principle of Arbitrariness is the principle of Immanence i.e. the principle that the key to learn/decode a linguistic system lies within the system itself. A linguistic system is autonomous in this particular sense. The principle of immanence forms the basis of the Saussurean claim to Linguistics as a science. The principle of arbitrariness is thus, for Saussure, the keystone of his project of establishing Linguistics as a science. The link between arbitrariness-immanence-semiology-science is a tight one.

---

[2] For a discussion, see [Normand, 2004], especially page 101.

An awareness of the arbitrary nature of the linguistic sign is a metalinguistic ability, a result of cross-linguistic comparison, the kind which was commonly practiced in Comparative Linguistics. The discussion surrounding the *Ochs-Boeuf* example can be understood only from this perspective.

A question which this paper poses is: Is this perspective purely that of the linguist? Or can it be part of the speaker's knowledge of language? The dominant response to this question, at least within linguistics, has been influenced by a monolingual approach to language: we not only have a clear separation between the synchronic (psychological) and the diachronic (material, non-psychological) but also between the synchronic and its underlying semiological basis. While the synchronic is the domain of the speakers of the language, its underlying semiotic basis is something which the linguist needs to discover and make explicit. Arbitrariness is seen mainly as the concern of the semiological perspective and not that of the speakers.

The paper puts this dominant perspective into question. Given that a monolingual speaker is a fictitious entity and that we all are multilinguals, it would be natural to expect speakers to compare the languages they have access to and thereby topossess an explicit awareness of linguistic variation and the metalinguistic ability which comes along with it. Arbitrariness, being one such metalinguistic ability, is something which the multilinguals are aware of and often exploit during the course of communication. We find evidence of such an exploitation of the arbitrary nature of the linguistic sign in the patterns of language use of the Nath Panthi Davri Gosavi people. The paper examines this evidence and discusses the consequences of such manipulation of arbitrariness to the opacity-transparency dynamics within the communication patterns of a community as well as its implications for Saussurean theory. Before that, in the next section, let us concretize the discussion by examining the patterns of language use exhibited by this community. I will start with a brief note on this community.

1.   The Parushi language of the Nath Panthi Davri Gosavi community
1.1.   The People

In order to understand the living conditions and the linguistic behaviour of the NPDG people, it is important to place them in the context of the Criminal Tribes Act, 1871, which was imposed by the British Colonial State on the people of the Indian Subcontinent.

In the village-based economy of precolonial times, there were a large number of individuals/groups/communities which existed on the margins (literally) of the village system. These people were, in Marathi, referred to as 'phiraste/bhatke' (nomads), a term used to refer to a miscellaneous group of people, the 'others' of the village-economy. These included pastoral hunter-gatherers, goods and service nomads, entertainers, religious performers etc. A significant number of these people had become *phiraste* due to loss of livelihood brought about by the policies of the colonial state. The state was not interested in the traditional means of livelihood of the people living in the subcontinent but wanted to promote activities which were beneficial to the colonizers [Brown, 2001]. The lack of a stable address on the part of these bhatke's made the colonial administration look upon these groups with suspicion as it was difficult to locate and identify these people.

Some of these groups were *notified (an official term)* under the Criminal Tribes Act, 1871 and were declared to be hereditary criminal tribes (not just habitual offenders as viewed by elites in the pre-colonial times). The colonial state treated these notified tribes in a manner akin to prisoners of war. Besides the notified tribes, other phiraste/bhatke too were treated with suspicion. In absence of a stable address, the oppressive state apparatus tied these people to the police station so that they could not move from one area to another without police permission, nor could theysettle in the outskirts of a village without informing the police. The local police station became their 'stable' addresses. They were constantly hounded by the police and were held responsible for all sorts of crimes which might have occurred in the area where individuals/families belonging to these communities happened to pass. The untold sufferings and humiliations which these communities were subjected to, by the colonial empire, forms one of the darkest chapters in the acts of barbarism conducted in human history.

After Independence, these notified tribes were denotified (again an official term) through the Habitual Offenders Act 1952 of the Government of India. *The Habitual Offenders Act, Bombay 1959* refers to the groups coming under the Criminal Tribes Act, 1871 as *Vimukta Jatis* (literally "Freed Castes"), listed as Group A of Nomadic Tribes, while *bhatke* which relied mainly on begging (*bhik*) were listed in Group B of Nomadic Tribes. Even though the groups were 'freed', in actual practice nothing much – or too little- has changed for these people. In real terms, the relation between these people and the police has hardly changed.

As per the 2001 census of India, there are 14 VJNT and 29 NT (Group B) tribes in Maharashtra. The strength of the VJNT is around 3% of the population while the Group B of Nomadic Tribes form 2.5% of the population. The combined strength of the Vimukta Jatis and the Nomadic Tribes (Group B) in Maharashtra is around 5.5.million, though scholars claim that the actual numbers range between 10 -12.5 million.

The Nath Panthi Davri Gosavi community is classified under Group B of Nomadic Tribes (NT) as per the The Maharashtra Scheduled Castes, Scheduled Tribes, De-Notified Tribes (Vimukta Jatis), Nomadic Tribes, Other Backward Classes and Special Backward Category (Regulation of Issuance and Verification of) Caste Certificate Act, 2000 [Maha Caste, 2000]. In some of the states of North India, the Nath Jogi community is included as part of the DNT (Ex-Criminal Tribes) category [Sharma, 2011]. We shall focus only on the NPDG community in Maharashtra.

The NPDG are *bhatke-bhikari* (literally nomad-beggars), i.e. this community relies on begging as its main source of livelihood for which they wander from one place to another all over the country. They are worshippers of *Nath* hence *Nath Panthi*. They carry a *damru* (a small two-headed hour-glass shaped drum) hence *Davri* and they beg for flour hence *Gosavi*. Thus the name Nath Panthi Davri Gosavi. The NPDG people claim to originally hail from various villages in the Solapur district of Maharashtra. My primary informant reports his original village to be Bahmni, Sangola Taluka, Solapur District, Maharashtra.

Generally a group of NPDG people consists of four-five families (around 30 people) which wander together. Before they can temporarily settle in a place outside a particular village or city, in their *palas* (tents), they need to report to the police and prove their identity and show papers from the local police station of their previous stay.

People from this community are generally quite resourceful. For example, they have developed around 20 begging methods ([Bhosale, 2008] pages 75-77). In recent times, young women and children accompany men during begging rounds. This exposes them to all sorts of harassment and sexual violence. The average income of the family is around ₹ 50-100 per day (around a swiss-franc a day). Therefore most members of this community live a life of penury. The literacy rate in the community is around 1% and the number of highly educated people are extremely few. Educational levels, though, are on the rise in the up-coming generation.

1.2.   Language-use in the NPDG community

Given their lifestyle, it is not surprising that individuals belonging to the NPDG community are highly multilingual. They traverse the length and breadth of the land on foot, meeting all kinds of people, interacting with them, begging. Naturally they would need to interact with people using the language of that particular region. It would require control over language and some persuasion to ensure income through begging. It is common to meet individuals from this community with a working knowledge of about half a dozen languages. One of my informants had a working knowledge of around 12 languages. Thus, they use the local languages to communicate with strangers.

For intra-group communication, the NPDG people use a variety of Marathi which for the purpose of the paper will be referred to as Nath Panthi Davri Gosavi Marathi (DGM). DGM can be termed as the mother tongue or 'native language' for most individuals in this community.

For intra-group communication *in the presence of strangers*, especially if they perceive some sort of threat from them and therefore want to exclude the strangers from communication, the NPDG people use a linguistic variety which they (and others) refer to as *Parushi*. Parushi may also be used for intra-group communication even in the absence of strangers for speaking about topics considered to be taboo. In any case, the correlation between Parushi and 'negative' topics is quite strong.

The linguistic status of Parushi is debatable. Has it been developed as a code-language [Mande, 1985], or is it a remnant of the original language of the NPDG people [Bhosale, 2013], one whose use has been gradually lost by the community, thereby acquiring the form of a code-language.

It is the study of the pragmatics of Parushi of the NPDG people[3], as a linguistic variety, which is of primary concern to the theoretical discussion which I wish to undertake in this paper. Language-use crucially depends upon the background information as well as the conditions under which the *common-ground* for communication is established. Therefore any study of the patterns of language-use has to crucially address itself to the background information and the common-ground of communication. I hope that the above discussion fulfils that need at least to a certain extent.

---

[3]The term Parushi is used for linguistic varieties used by other communities just as the Gondhali community. These varieties are not discussed in this paper.

1.3. Characterizing Parushi

In order to secure an entry point into the linguistic variety referred to as Parushi, let us consider a typical sentence in Parushi:

    i.   tʰala   məki   gasəɹla
    keep-quiet   stranger (male)   has come
    Keep quiet, the man (not from our community) has come

But,

    ii.   ? tʰala   d͡ʒogi   gasəɹla
    Keep-quiet   man (from the community) has come

The oddness of (ii) comes from use of the word d͡ʒogi (man from the community) instead of məki (male stranger). Furthermore the term d͡ʒogi (though used in a slightly different sense here) is easily recognized by speakers of Marathi (and other languages) while the term məki is not. Consider another example in comparison with (i):

    iii. tʰala   məkin̪   gasəɹli
    keep-quiet stranger (female)   has come
    Keep quiet, the man (not from our community) has come

A few immediate observations:

    a. The forms məki and gasəɹ are opaque to Marathi speakers, unless, of course, they have knowledge of Parushi.

    b. The term gasəɹ has a general meaning which covers come/go/shift. It is vague with respect to directionality of movement.

    c. There is a clear distinction between strangers and individuals belonging to the community.

    d. There is gender agreement between the subject and the verb. The pattern of agreement as well as the agreement marker is similar to that of Marathi.

    e. The morphological correspondence between the two gender forms (male & female) is one that is observed in Marathi.

    f. There is no explicit distinct auxiliary. This phenomena is common in spoken Marathi.

Similar observations can be made for the following sentences:

iv. kʰəpɭa kʰəpɭa t͡ʃiɳɽa   gasərlaj

run   run   police have-come

Run away! The police is here.

v. ʈʲa məkɳi-ɳə   məla bəkkaɭ ɹakuɭʲa səɳlʲa

thatstranger-woman-ERG me lot-many bread gave

That lady gave me many bread.

vi. mi ek ɹakuɭi t͡ʃaɳkuɳ aɳli

  I   one bread   having-begged brought

I brought one bread home from my begging.

vii.mekaɭ kʰut͡sluɳ gasɹəʋa/ mekaɭ kʰut͡səl

      fish   having-picked.up come / fish   pick.up

Take away the fish/pick up the fish (and take it away).

viii.   pʰugaɹa-ɳe gəʋɳə ɳikaɹlə

  horse-ERG   leg   kicked

The horse kicked.

ix. ʈʲa liwki bʰaɹi naɽə ʈʰalliʈ

    that girl   big   houses

    That girl has big houses.

x. kʰoɳə ʋəiʈlə ka

food   ate   Q

   Did you eat?

xi. məki rod͡z   t͡ʃiŋgaɳi ʋəiʈʈo

    man   everyday alcohol   drinks

The man drinks alcohol everyday.

Some further observations:

  a. All functional terms, without exception, are those used in Marathi.

  b. The syntax of these sentences do not violate any constraint of Marathi syntax.

  c. The morphology of all words in these sentences obey all constraints of Marathi morphology.

  d. No phonotactic constraint of Marathi phonology is violated in any of these sentences.

  e. These observations apply to all the data collected from various informants. Thus, if we understand the system of language as consisting of a grammar and a lexicon then the grammar of Parushi is identical with that of Marathi.

f. If we focus on the content words, then **some** of the words in the above sentences are typically Marathi words while others can be said to belong to Parushi.

g. The use of Marathi words is similar to that found in other varieties of Marathi. In this sense there is nothing remarkable about them.

h. The Parushi words are opaque to users of Marathi in the sense that knowledge of Marathi would not help in identifying the meaning of the Parushi words.

i. Some Parushi words are derived directly from common Marathi words. Examples: kʰutsəl from utsəl (pick-up); kʰəpɭa from pəɭ (run) etc.

From the set of observations given above, we can conclude that as far as the system of language is concerned, characterizing Parushi would involve an exclusive concern with the lexicon.

1.3.1. The Lexicon

Upon a closer look at the lexicon of Parushi, one realizes that it is not a complete lexicon in itself, even in sub-domains i.e. only Parushi words cannot be used to conduct a discourse. A sentence *may* consist of only Parushi words (as in viii. above) but not an entire conversation/discourse. There are no songs, stories, narration of incidents etc. which could be conducted using only Parushi words. On the other hand, discourse is possible in DGM without any recourse to Parushi words.

One explanation could be that Parushi words and grammar has been gradually forgotten by the community([Bhosale, 2013], pages 83-96). However this possibility seems unlikely as Parushi words share very special characteristics:

a. Parushi words are those which the NPDG people use in hostile and dangerous situations, which these people might face during the course of their interactions with the state, strangers etc. where communication needs to be swift and effective while excluding the elements which might be harmful to the NPDG people. There are

Parushi words which the NPDG people use while earning their livelihood.

b. Taboo words are often Parushi. Examples: words related to private parts, excretion etc.

c. The NPDG people are concerned with religious symbols and rituals. Therefore they would like to portray a spartan lifestyle, for example that is typically expected from the priestly class. Thus there are Parushi words for mutton, fish, alcohol etc. but no Parushi words for wheat, rice, jowari etc

d. As a consequence, large number of Parushi words have a 'negative' orientation, as far as the NPDG people are concerned. Thus, no Parushi words exist for positive emotions, kinship terms, colour terms, directions, planets, stars, calendar terms, time, metals, flora and fauna (except those animals used by them in their begging, diet etc.) etc.

e. The semantics of Parushi words show a 'coarse' level of semantic differentiation. We do not observe the fine differentiations of meaning, which these people show while using DGM. Consider for example words from the above examples:

- vəiʈ is used for both eating and drinking;
- gəʊɳ is used for legs/limbs as well as footwear;
- gɑsəɹ is used for come/go/shift etc.
- kemɽə is used for cow/bull/ox

In general, Parushi words are semantically vaguer thanwords in DGM, in spite of both being used by the same people.

1.3.2. What is Parushi?

Given these characteristics it seems more feasible to argue that Parushi is a lexicon developed for a special linguistic function rather than a language which has gradually been pushed out of use.

Parushi is then a subset of a lexicon, but of which language? Can we have an autonomous lexicon which could be 'attached to the grammar of a language' (here Marathi)?

Is Parushi a subset of the lexicon of Marathi language? Given the perspective of language as a system, there is no structural argument against considering Parushi lexicon as a part of Marathi, as it obeys all the constraints of Marathi grammar. However, Parushi has never been considered part of Marathi language, even by the NPDG people. How do we account for this perspective? It is here that the notion of language as a tradition comes to the fore. Parushi has never been part of the Marathi speaking tradition and hence is not part of Marathi. There is a consensus between Marathi speakers on this evaluation. These are important questions, especially for Saussurean theory which sees language as a social product. Let us try and relate the above discussion of Parushi with the Saussurean theory of signs, especially the principle of arbitrariness.

2. Challenges posed by Parushi to Saussurean theory of Linguistic Sign

2.1. The opacity-transparency dynamics in Language

The patterns of language-use associated with Parushi clearly indicate that the use of Parushi in a given situation is to limit the comprehension of the message to the individuals which belong to the NPDG community and thereby exclude the potential threat elements. One cannot imagine two people having a free-wheeling conversation in Parushi. It is used for quick communication whereby the interlocutors are signalled a sort of warning or alert regarding an impending threat, potential danger and the action to be taken in response to it. The transfer of the message should take place at a speed which would allow other members of the group to take action immediately. Communication - where high speed is a major constraint - is understandably *telegraphic* in nature when there is no time for complex processing mechanisms. Processing has to be fast and frugal.

The development of a linguistic variety in response to such a social need results in:

  ➤ Simplification of outer forms resulting in a lowering in the complexity of morphological forms.

  ➤ Reduction in the inner form of language resulting in 'coarse' semantics.

What Parushi seems to be doing is create an opacity[4] in the language-use, an obstacle for the 'outsiders' in understanding the message. This opacity is of course for the 'others'. For individuals belonging to the community the message is probably more transparent than any other message encoded in DGM, as the message is often simple and clear and requires less processing

---

[4] I am using the term opaque to mean lack of comprehension on the part of the listener(s). In the same vein, transparency in communication is a measure of the way in which comprehension is promoted by use of specific expressions.

effort due to reduced complexity. What is opaque for one maybe transparent for another.

Of course, this sort of situation is not something that we are oblivious of. The uses of Amerindian languages in the WWII is a good example of such a use.Very often formal communication, especially government communication, expert talk etc. are coded in this sort of way. In any multilingual situation, individuals often switch to composing messages in specific codes to include some and exclude others. However, as we would all agree, in such cases, the primary function of the code is not to create opacity in language-use. Such a function is only secondary and highly contextual. In the case of Parushi, however, creating opacity seems to be the primary function. Given the constant hostility to which the NPDG people are exposed to, Parushi seems to have been developed as a defence mechanism to enable members of this community to act together and protect themselves. This defence wall has been created by exploiting the radically arbitrary nature of the linguistic sign to fulfil a particular communicative function.

What we observe with Parushi is a socially motivated attempt to create an opacity, for some, in the message by exploiting the arbitrary nature of the sign. What we observe is a more dynamic relation between opacity & transparency than what is commonly acknowledged in linguistic literature. Providing a principled explanation for such motivated opacity created through arbitrariness is a challenge for any structural approach to language, more so for Saussurean theory of Linguistic Sign.

2.2. Parushi and the Referential function of Language

The Ochs-Boeuf example is important in understanding the Saussurean approach to language. Later developments in Saussurean theory have ignored this example, often giving the impression that Saussurean theory of language treats the referential function of language as secondary[5]. Language is used in real situations, to talk about reality. Saussure has a sense of this, as seen in his *Writings,* though this theme is not well developed in the *Cours.*

Theories of Reference treat denotative meaning as basic to language, while associative meanings are treated more as a result of encyclopaedic knowledge rather than linguistic knowledge. Such a compartmentalization of

---

[5]One possible explanation for the relative neglect of this example in subsequent Saussurean literature is that reference is primarily seen as belonging to the domain of parole and the literature was exclusive in its focus on langue. For a more detailed discussion on this position see ([Normand, 2004], pages 88-106).

meaning fits neatly in the Saussurean paradigm which distinguishes between system and use, wherein system is treated as basic and independent of use. Following Benveniste, we can say that the system is semiological, a function of the system while use is semantic, a function of discourse [Benveniste, 1981].

However the use of Parushi words involves not only a word-world semantics but also encodes the speaker's evaluation of the situation. The very use of Parushi involves such an encoding. While we do observe such uses of language while using linguistic varieties such as Marathi, English, French etc. it is not as regularly done as in the use of Parushi or at least not with the level of awareness observed in Parushi. It seems that the primary function of Parushi is to convey *connotative* meaning and not *denotative* meaning, as is often assumed for 'normal' language use [Sornig, 1981]. The use of Parushi involves a pragmatic encoding of the situation in its various aspects:

- The assessment of the situation by the speaker;
- A determination of relationship between the interlocutors;
- Achieving the intended perlocutionary effect on the addressee(s) and ensuring the exclusion of other kinds of interlocutors.

Saussure's criticism of attempts to reduce language to a naming-process are often misconstrued. Saussure found the view to have its merits but stated than in absence of the notion of linguistic value, any account of the naming-process would be naïve. The effects of his engagements with language as a naming-process can be observed in his formulation of the linguistic sign as a *double entity* i.e. as being constituted through the relationship between the signifier and the signified.

We observe the same naming process in Parushi. Parushi is *naming* of one that shall not be named – a taboo. Naming, most commonly, involves the lexicon. Hence we can understand Parushi as a form of *lexical innovation*([Sornig, 1981], pages 66-68), which helps its users to deal with the hostility and fear they are constantly exposed to.

Construed in this fashion, we can state that the process of naming- not only its pragmatics but also its semantics -involves not only the semiological system but also the context in which naming occurs. A clear manifestation of this dimension can be observed in Parushi.

2.3.   Parushi and the Semiotics of Language

The characteristics of language-use involving Parushi can be seen as a powerful evidence in support of Saussure's principle of Arbitrariness. Here we have a lexicon which consists of radically arbitrary words. Parushi words are arbitrary in every sense: they are mono-morphemic, their use is based on convention i.e. they are recognized by the entire NPDG community, the relationship between the signifier and the signified is unmotivated etc. The relationship between the signifier and signified is not ephemeral, as often seen in slangs, but is relatively stable.

Furthermore, Parushi words do not involve a mere replacement or rule-based modification of the signifier, as seen in Pig-Latin, which keeps the relationship between the signifier and the signified intact while changing the outward form of the signifier. Furthermore, lexicalization in Parushi is not dependent upon that of Marathi. For example, the semantics of the word 'məki' (stranger male from another community) can be expressed only periphrastically in Marathi.

However,the way in which Parushi words acquire linguistic value, in the Saussurean sense of the word, is not clear. How are meanings structured in Parushi? Words in Parushi do not form a semantic field in any domain or sub-domain. Saussure stated that a word acquires its value in relation with surrounding words. It is very difficult to maintain that a Parushi word is surrounded by other Parushi words. It would be more appropriate to say that the surrounding words for Parushi include Marathi words. How then do Parushi words acquire *value*? Several options can be explored:

   a.   Could we say that Parushi words constitute more of a signalling mechanism embedded within Marathi? In such a case Parushi can be seen as a reduced form of language, more of a naming-system without linguistic value. But can such a situation be envisaged in a Saussurean scheme of things?

   b.   Can we say that Parushi and DGM share the same semiotic system?

   c.   Does the semiotic system of Marathi generate the semiotic system of Parushi? At the face of it, this option seems quite plausible. But this option assumes that Parushi has a semiotic system of its own. That does not seem to be the case.

Either of these options pose difficult questions to the Saussurean theory of linguistic signs.

3. Concluding Remarks

The above discussion suggests that it probably does not make sense to talk about semiotics of a linguistic system but that we should rather think of the semiotics of the language-user, i.e. we need to shift our gaze away from the code (text) and towards the language-user. Once we do this it becomes possible for us to put a step forward towards handling the issues discussed above.

As discussed above, the user is multilingual. Therefore his semiotic resources would be multilingual too. When I speak three languages, I do not possess three semiotic systems but rather one[6]. It makes eminent sense to claim that the semiotics of an English speaker in England would be different from that of an Indian though they may be speaking the same 'language'. The received practice in Linguistics has been to keep the text at the centre of our theorization and question the role of the context in interpreting the text. A shift in gaze would involve keeping the context at the centre of our theorization and ask questions about the role of the text in the context. Such a move would enable us to get a foot-hold into the opacity-transparency dynamics, the pragmatics of naming as well as to set up the semiotics of the multilingual user.

A theoretical move of this sort can only be based on the premise that there is no inherent gap between the semiotic system of language and the discursive function of language. The theoretical gap between the system and its use needs to be done away with. We need to examine language as an activity rather than the activity of language. Inspiration for such moves can be found in the writings of Saussure. There is an inherent tension in Saussurean thought which problematizes the separation of system and use.

One indication of this tension are waverings regarding a suitable terminology for the linguistic sign. Another indication is Saussure's analogy of language as money. Saussurean literature, to my mind, has over-emphasized the language as chess analogy and ignored the language as money analogy. I think we need to restore the balance in Saussurean thought and bring in the discursive function of language. We can derive inspiration in the most telling of all Saussurean analogies, an analogy which clearly shows us the way ahead:

---

[6]This view finds support in recent findings in the field of language and brain. While language production, in bilinguals, is seen to be dual, comprehension is unified. For details see, [Hickok & Poeppel, 2000].

"Language, or indeed any semiological system, is not a ship in dry rock, but a ship on the open sea, Once it is on the water, it is pointless to look for an indication of the course it will follow by assessing its frame, or its inner construction as laid out in an engineer's drawing.

On to my second point, since I said above that two things followed on from the adoption of a sign system by a community. Which is the real ship: one in a covered yard, surrounded by engineers, or a ship at sea? Quite clearly, only the ship at sea may yield information about the nature of a ship, and, moreover, it alone is a ship, an object available for study as a ship. This is the second point." [Saussure, 2006]

Acknowledgments
This linguistic variety was selected for study for the Field Methods course of the MA (Linguistics) programme in the Department of Linguistics, University of Mumbai. Semester IV students (Academic year 2015-16), under the guidance of Dr. Renuka Ozarkar and the present author, collected data from Dr. Narayan Bhosale who is an Associate Professor in the Department of History, University of Mumbai. Field work was also conducted in different parts of Mumbai, Pune and Shrivardhan where people from this community were temporally staying. All contacts were established through Dr. Narayan Bhosale. I would like to add that Dr. Bhosale is dear friend of mine whom I have had the privilege of interacting with for many years now. We have had many discussions on the nature of Parushi. It is also important for me to acknowledge that he does not quite agree with all of my assessments of Parushi. We hope to reach a consensus someday!

REFERENCES

[Benveniste, 1981]E. Benveniste. "The semiology of language." *Semiotica,* 37(s1). 1981.

[Bhosale, 2008] N. Bhosale. *Bhatkyanchi Pitrasattak Jaatpanchayat. Parampara aani Sangharsh.* (Marathi). The Taichi Prakashan. 2008.

[Bhosale, 2013] N. Bhosale. *Vimukti Prabodhan.* Atharva Publications, 2013.

[Brown, 2001] M. Brown. "Race, science and the construction of native criminality in colonial India." *Theoretical criminology, 5(3),* 2001.

[Hickok & Poeppel, 2000] G. Hicock, D. Poeppel. "Toward a functional neuroanatomy of speech perception."*Trends in cognitive sciences.* Elsevier. 2000.

[Maha Caste, 2000] The Maharashtra Scheduled Castes, Scheduled Tribes, De-Notified Tribes (Vimukta Jatis), Nomadic Tribes, Other Backward Classes and Special Backward Category (Regulation of Issuance and Verification of) Caste Certificate Act, 2000. http://bombayhighcourt.nic.in/libweb/acts/2001.23..pdf

[Mande, 1985] P. Mande Prabhakar. *Sanketik ani gupta bhasha.* (Marathi). Godavari Prakashan. 1985/2008.

[Normand, 2004] C. Normand. "System, Arbitrariess, Value", in *The Cambridge Companion to Saussure*, C. Sanders (Ed.) Cambridge: Cambridge University Press. 2004.

[Saussure, 1959] F. De. Saussure, Ferdinand. *Course in General Linguistics.* New York City: The Philosophical Library, Inc. 1959.

[Saussure, 2006] F. De Saussure, Ferdinand. *Writings in general linguistics.* Oxford University Press, 2006.

[Sharma, 2011] A. Sharma."South Asian Nomads – A Literature Review", https://ia600205.us.archive.org/7/items/ERIC_ED519542/ERIC_ED5195 42.pdf

[Sornig, 1981] K. Sornig. *Lexical innovation: A study of slang, colloquialisms and casual speech.* John Benjamins Publishing. 1981.

Aninash Pandey
University of Mumbai, India
avinash@linguistics.mu.ac.in

Au-delà de l'arbitraire du signe: langage (*parole*) et pensée entre Saussure et Bergson

FRANCESCO PARISI

ABSTRACT. This article discusses the concept of arbitrariness beyond the formulation of Saussure's *Cours* [1916] that "the linguistic sign is arbitrary" and is composed of an acoustic image and a concept. Saussure's principle of arbitrariness also concerns, indeed, the relationship between language (specifically, according to Saussure's dichotomy, is the act of *parole* or speech) and thought in its entirety, from sound to meaning. The article extends the work of Saussure through the French philosopher, Henri Bergson, whose attention to the problem of language importantly contributes to the debate on the arbitrariness of the relationship between speech and thought. In *Matière et mémoire* [1896]Bergson argues that language (speech) is able to draw our consciousness directly within meaning (*sens*) in a non-predetermined and, therefore, arbitrary way, because there is no equivalence between mind and body, between memory (of words) and matter (phonic), between thoughts and words.Following Gilles Deleuze's interpretation of Bergson, this article argues that inaccurate expressions, in which there is no secure and biunivocal correspondence between thought and speech, are absolutely necessary to describe something in an exact manner.

Dans cet article on essaye d'élargir la notion d'arbitraire au-delà des limites imposées par Ferdinand de Saussure dans le *Cours de linguistique général*, selon lequel « le signe linguistique est arbitraire » ([Saussure, 1922 : 100]), c'est à dire que ce qui est arbitraire est la relation entre une image acoustique et un concept : les éléments dont il est composé. Cependant Saussure lui-même déclare que : « Le principe de l'arbitraire du signe n'est contesté par personne; mais il est souvent plus aisé de découvrir une vérité que de lui assigner la place qui lui revient » ([*ibid.*]). Alors, on peut essayer de placer le principe de l'arbitraire du signe dans un contexte plus large, à partir de l'arbitraire intrinsèque qui le caractérise, car il semble impliquer au moins deux autres formulations : a) que le signe linguistique est arbitraire parce que la relation entre les sons (*image acoustique*) et les concepts est arbitraire (arbitraire du signifiant ou phonique) et b) que la relation entre le concept et la réalité extra-linguistique (l'arbitraire dite sémantique) est arbitraire, même si ces deux relations semblent avoir été éliminées de la sémiologie de Saussure.

Il faut signaler aussi que ces définitions se fondent sur la prémisse, pas évidente, qu'à chaque signe linguistique corresponde un seul concept, conçu en tant que catégorisation univoque de la réalité extra-linguistique, et que à chaque concept doit correspondre un terme linguistique donné. De plus, l'arbitraire par lequel la langue associe sons et concepts (en créant le *sens*) ne doit pas être conçu en tant que choix arbitraire du sujet parlant mais en tant que manque de motivation du son par rapport au signifié ou bien à la *signification* (ou *sens*)[1], selon la terminologie de Saussure, c'est à dire « avec

---

1La *signification* ne coïncide pas avec la *valeur,* à moins qu'on ne réduise pas le système des signes de la langue à une nomenclature, à savoir ne considérant que la propriété d'un signe de représenter une idée. En effet elle est présentée dans le *Cours* comme la *contre-partie* de l'image auditive, ainsi que le signe est la contre-partie des autres signes du système : « la langue est un système dont tous les termes sont solidaires et où la valeur de l'un ne résulte que de la présence simultanée des autres » ([Saussure, 1922 :159]). Dans la note 231 du commentaire à l'édition italienne du *Cours*Tullio De Mauro accueille la thèse de Burger [1961] et de Prieto [1964] à propos de la distinction de *signifié,* classe abstraite de significations qui se situe dans la *langue,* et de *sens* ou *signification,* soit l'utilisation matérielle du *signifié,* de la part de l'individu, dans l'acte de *parole.* La thèse de Burger a été acceptée à la fois par Rudolf Engler et par Robert Godel. Selon De Mauro, pour Saussure la *signification* serait équivalente à la phonation, elle serait : « la realizzazione del *signifié d'un signe* fatta a livello di *parole,* d'esecuzione » ([Saussure, 1983 : 440 s.; italiquesF.P.]). À ce niveau, la façon dont le signe propose une représentation subjective d'un objet est « marquée » par Saussure par le terme *signification* (ou *sens*), et dorénavant on utilisera, de façon interchangeable, *sens* et *signification* comme synonymes,sauf lorsqu'on ne considère pas la fonction du signe se référant concrètement à un objet (*signifié*). De même, De Mauro affirme : « il significato di ogni parola è il luogo di tutte le pertinentizzazioni possibili » ([De Mauro, 1971 : 11]). On en revient donc à considérer la *parole* comme : « generatrice delle norme e

lequel il n'a aucune attache naturelle dans la réalité » ([*ibid.*]).

De l'arbitraire phonique à l'arbitraire sémantique le principe de l'arbitraire, établi par Saussure dans la relation intérieure au signe entre signifiant et signifié, semble impliquer aussi la relation plus large entre le langage (spécifiquement, selon la dualité saussurienne, en faisant référence à l'acte de *parole*) et la pensée, considéré comme une façon « sémantique » dans laquelle se produit l'acte de signification. On va des sons au *sens* (*signification*), en passant par le signe. La pensée, d'un point de vue logique, représente la valeur de vérité du signe, à savoir le *sens*, selon la célèbre théorie de Frege (1848-1925) présentée dans son important article de 1892, *Über Sinn und Bedeutung*[Frege, 1892], où le philosophe allemand décrit la relation (arbitraire) entre le *sens* (la façon dont le signe offre une représentation subjective d'un objet) et la *dénotation* (la fonction du signe se référant concrètement à un objet ou *signifiè*)[2], c'est à dire sa référence ([Frege, 1892 : 26]). Pour Frege le sens, ou la signification, et la pensée partagent la même nature psychique.

La référence concrète qu'un individu fait avec un signe à un objet donné peut être certainement un facteur déterminant des particularités d'une signification dans un fait linguistique, cependant cela n'en épuise pas le contenu. Toutefois, Saussure refuse l'idée de l'existence d'une *signification* (sens) en tant qu'entité absolue et positive. L'innovation de Saussure consiste, en effet, dans la partition entre la *langue* comme un système mental disseminéparmi les parlants et le circuit de communication concret réalisé par les concrètes exécutions des sujet parlants (*parole*). La *langue*, dans ce sens, est dans notre cerveau et se rapporte à la sphère de la pensée. Mais la *langue* renvoie forcément à la *parole*, dit Saussure :

> [] historiquement, le fait de parole précède toujours. Comments'aviserait-on d'associer une idée à une image verbale, si l'on ne surprenaitpas d'abord cette association dans un acte de parole ? D'autre part, c'est en entendant les autres que nous apprenons notre langue maternelle; elle n'arrive à se déposer dans notre cerveau qu'à la suite d'innombrables expériences. [Saussure, 1922 : 37]

---

degli schemi secondo cui può atteggiarsi la materia semantica », c'est donc dans la *parole* que : « i *sensi*generano i *significati* » ([*ibid.*; italiquesF.P.]).

2Voire la note 1.

Mais aussi l'acte de *parole*, qui se déroule sur le plan de l'expérience, implique toujours une dimension psychique qui consiste à donner et comprendre la *signification* (*sens*) des sons émis et entendus.

D'après Saussure, la pensée humaine n'est pas du tout indépendante de la langue dans laquelle elle s'exprime : « abstraction faite de son expression par les mots, notre pensée n'est qu'une masse amorphe et indistincte » ([Saussure, 1922 : 156]). Ce n'est pasautrementpour les sons, c'est à dire la substance phonique. Eux, en absence d'une forme linguistique, ne sont ni plus fixés ni plus rigides que la masse amorphe des pensées. La pensée, selon Saussure, a une nature chaotique. C'est la langue qui la précise et la décompose. Il s'agit d'un processus « mystérieux » par lequel la langue élabore ses unités en se constituant entre deux masses amorphes ([*ibid.*]). Toutefois, comme il l'affirme, si dans la langue certains traits sonores sont linguistiquement pertinents et d'autres ne le sont pas, ce n'est pas pour une raison intrinsèque liée à la nature d'un son donné. Un trait sonore est pertinent puisqu'il détermine des différences sur le plan du signifié et il détermine des différences sur le plan du signifié parce qu'il est pertinent. Il s'agit de la faculté de la langue de se tenir toute seule grâce à un réticule immatériel et formel de différences : « dans la langue, un concept est une qualité de la substance phonique, comme une sonorité déterminée est une qualité du concept » ([Saussure, 1922 : 144]). L'unité signique n'a aucun caractère phonique spécial mais elle est « une tranche de sonorité qui est, à l'exclusion de ce qui précède et de ce qui suit dans la chaine parlée, le signifiant d'un certain concept » ([Saussure, 1922 : 146]).

Le processus mystérieux qui nous permet de traiter les données matériaux (sons) et de les composer avec les données spirituels (en produisant le *sens*, ou *signification*) est également d'ordre spirituel ou psychique. Pour fonctionner il réclame une activité mnémonique qui est toujours impliquée dans la production de sens. Non seulement la relation intérieure (arbitraire) du signe linguistique, mais aussi celle avec le sens auquel il est lié, c'est une relation totalement psychique. Cependant, on va nécessairement des sons de la langue au *sens* (*signification*), des mots à la pensée, comme le réclame une vision naïve de la langue critiquée par Saussure, c'est-à-dire formée d'un côté matériel (le son) et d'un côté spirituel (l'idée). C'est précisément à cette vision naïve que on peut s'adresser pour envisager une théorie de l'arbitraire qui va au-delà du signe linguistique, du son qui devient signe (comme acte de phonation ou de audition) au *sens* ou *signification*, en passant par la relation signifié / signifiant et celle par rapport à un contexte donné. Le faculté d'élaborer le sens agit au niveau psychique, mais ne peut pas se passer des données physiques, des expériences qui sont enregistrées par l'activité mnémonique qui peut être définie esprit. Analyser leur relation avec la mémoire qu'on utilise pour produire le sens des expressions linguistiques (ce qui se passe dans l'acte de parole) est une façon de situer le principe de l'arbitraire, sa vérité, dans un domaine qui, peut-être, le concerne de plus.

En plaçant le principe de l'arbitraire dans ce contexte, c'est bien, pour enquêter sur le processus « en quelque sorte mystérieux » capable de lier la pensée (le *sens* ou *signification*)aux sons dans le langage, de s'adresser aux études du philosophe français, contemporain de Saussure, Henri Bergson et à l'interprétation de Gilles Deleuze de sa pensée. Bergson a étudié l'activité de la mémoire dans son important essai de 1896, *Matière et mémoire*, publié vingt ans avant le *Cours* de Saussure. Ici, il a souvent abordé le problème de la langue comme domaine propre à la mémoire (des mots), en fournissant des idées utiles au débat sur le caractère arbitraire de la relation entre l'acte de parole (suivant Saussure) et la pensée (considéré comme *sens*) sur la relation entre la matière (phonique) et la mémoire (considéré comme pensée). À-peu-près dans les mêmes années de Saussure, il développe une théorie appelée Spiritualisme qui englobe tous les domaines de la philosophie, de la métaphysique à la langue, en passant par la neurophysiologie et la psychologie dans laquelle le problème du sens reste central.

Matière et mémoire est encore aujourd'hui un texte pas facile à décoder, mais en 2008 (112 ans après sa première édition) il a été revalorisé grâce à une première édition critique publiée par PUF et édité par Frédéric Worms. Ce dernier affirme que, dans ce texte, l'auteur propose une solution originale au problème philosophique classique de la dichotomie corps/âme, en proposant de déplacer l'enquête de cette relation du plan de l'espace à celui du temps: la mémoire est un acte temporel et la matière est un ensemble de mouvements. Et l'un des domaines d'investigation de leur relation devient précisément la langue, à partir des sons des mots jusqu'à la mémoire des mots, en réalisant la signification, se révèle être exactement le point de contact entre la matière phonique et la mémoire. Dans *Matière et mémoire* la mémoire, en tant que fonction et faculté, est étudiée principalement à travers la langue et, même si elle appartient à la sphère immatérielle de la pensée, elle garde toujours un aspect matériel dans l'acte de parole.

La relation entre la pensée (mémoire qui permet la reproduction du sens) et le langage, conçu en tant que *parole*, sur le plan temporel, est de coïncidence. Les sons de la langue, qui sont matière en mouvement, « touchent » la mémoire des mots qui est une fonction du temps là où il se forme le sens (ou la signification). Le problème du temps se manifeste dans toute sa portée et implique aussi l'idée de la linéarité du signifiant et la condition temporelle de la langue soutenue par Saussure. Il se représente dans toute son ampleur la relation entre la pensée immatérielle (mémoire) et la langue (acte de *parole* matériau), une dualité irréductible sur le plan de l'espace qui se recompose sur celui du temps. Alors, quel phénomène pouvait-il suggérer à Bergson l'idée d'un temps séparé de l'espace si ce n'était pas la langue? On peut donc affirmer que dans *Matière et mémoire* : « Le problème des rapports entre l'âme e le corps se resser autour de la question de la mémoire e de la mémoire des mots » ([Bergson, 2008 : 165]).

Non seulement les philosophes et les linguistes ont étudié la relation entre la pensée et la langue (considérée en tant que acte de parole), mais aussi une certaine psychologie a contribué au débat avec l'étude des « aphasies », en particulier celle dite « du Wernicke ». Comme Cavalieri nous rappelle en 1999, dans cette pathologie la perte de la faculté du langage se manifeste à l'inverse, c'est à dire attaquant d'abord les fonctions de la langue les plus simples, ensuite les plus complexes ; d'abord l'utilisation des adjectifs et des noms, puis celle des adverbes et des verbes (Cf. [Cavalieri, 1999 :104]). Ce phénomène a été abordé aussi par Bergson, dans *Matière et mémoire*. Ici, dans sa célèbre analyse des aphasies, il affirme que cette « connaissance de la grammaire » montre que l'organisation de la production / compréhension linguistique (dans l'acte de parole) est de type sensori-moteur et qu'elle se rapporte donc au plan de la matière. Les noms représentent des fixités tandis que les verbes expriment des actions. Ces dernières font partie de l'appareil sensori-moteur du corps et donc résistent à la progression de la maladie, puisque cette activité est intimement liée aux fonctions physiques (Cf. [Bergson, 2008: 132]). Le souvenir (des mots) par contre, en tant que pensée, n'est pas un objet, comme les mots dans leur partie phonique: il est inétendu et, contrairement à la langue parlée, ne nécessite d'aucun support physique (son). Dans les aphasies ce qui manque est la faculté d'articuler les mots en affaiblissant l'action et en isolant la mémoire (Cf.[BonitoOliva, 2011 : 22ss.]). L'aphasique devient un étranger dans le monde, même dans son propre monde, car à son intérieur le sens reste déconnecté des mots et des discours ([*ibid*.]). Ce cas montre qu'il est impossible d'isoler les sons ou de séparer l'expérience dans les différents sensations, car un seul circuit connecte le sens et le son, le discours et les mots.

Alors, la langue, considérée comme substance phonique, réalise, par rapport à la pensée, une relation sur le plan spatial entre éléments de nature différente. Cette relation pour Bergson se base sur le sens d'une expression linguistique, point de contact entre la langue-matière (la *parole*, selon Saussure) et la pensée-mémoire ; mais ce contact se produit sur le plan temporel. Bergson affirme que la langue peut introduire notre conscience directement dans le sens de *façon* non-prédéterminée et donc arbitraire, car il n'y a pas d'équivalence entre l'esprit et le corps, entre la mémoire (des mots) et la matière (phonique), entre les pensées et les mots. L'esprit (la mémoire) n'est pas formé par des éléments isolés de manière à permettre une *localisation*cérébrale des souvenirs, mais il est un acte temporel ; de même la matière n'est pas formée par d'objets distincts, mais elle est toujours un ensemble de mouvements qui sont mesurables dans le temps, même si notre corps les sépare en images (Cf. [Cavalieri, 2001]). Des sons à la pensée, de la matière à l'esprit, c'est dans le temps, dans la temporalité de la langue, que le sens (ou la *signification*) intercepte deux éléments qui ne correspondent pas sur le plan spatial.

En suivant *Le bergsonisme* [Deleuze, 1966] on peut affirmer que les expressions inexactes, dans lesquelles il n'y a pas une correspondance certaine et biunivoque entre la pensée et le langage, sont absolument nécessaires pour décrire quelque chose de façon exacte. Le sens *se constitue*toujours dans le temps et c'est proprement la temporalité la condition qui nous permet de dire quelque chose d'une manière exacte, en jouant à volonté avec les signes. La recherche sur le principe de l'arbitraire peut encore être enrichie par la contribution du philosophe français qui en 1969 a tenté d'élaborer une synthèse de la théorie linguistique de Saussure et de la psychanalyse lacanienne, en passant par le Spiritualisme de Bergson, dans un travail fondamental pour ce discours au titre emblématique de : *Logique du sens*. Le travail de Deleuze permet de montrer (comme chez Bergson) que le principe de l'arbitraire ne se limite pas au contexte du signe, mais il assume une nouvelle importance dans le rapport de la langage (conçue comme un acte de *parole*) avec la pensée, car il permet la production et la compréhension du sens dans la communication linguistique parmi les consciences. Interprète de Bergson, Deleuze, ne peut pas être considéré comme un philosophe du langage tout court, mais sa théorie fournit de nouveaux points de vue sur le problème de la création du sens et de la relation entre le sens (ou la *signification*) et l'acte de parole.

Francesco Parisi

Dans la *Logique* Deleuze écrit que l'*événement* n'est pas ce qui arrive ou qui nous arrive, mais il est à l'intérieur de ce qui nous arrive, il est *exprimé* pur (dans le sens de l'expression linguistique) qui nous fait signe (Cf. [Deleuze, 1969 : 175]). Comme chez Bergson, pour Deleuze aussi les noms et les adjectifs désignent des états de choses, alors que les verbes expriment des événements (actions) qui existent dans la langue et *surviennent* sur les choses. Le sens d'une expression linguistique ne peut être attribué à l'un des termes des dualités noms / verbes, choses / propositions, description ou expression, mais il est l'articulation de leur différence (Cf. [Deleuze, 1969 : 41]). Le sens *se trouve* sur la limite de ces dualités, même si pour Bergson on arrive au sens à partir des sons en passant par les images (ce qui arrive pour Saussure aussi, c'est-à-dire à travers l'image auditive et le concept)[3].

---

3 Il convient toutefois de remarquer ici que le terme *image* a des usages différents en Bergson [2008] et en Saussure [1922]. En particulier, le syntagme *image auditive*, ainsi que *image verbale*, à la fois utilisé par Saussure et par Bergson, désigne quelque chose qui est chez les sujets parlants, dans le temps de l'acte de parole, et est en relation avec l'idée et les impressions acoustiques qui l'ont générée. Cependant, alors que pour Saussure l'*image auditive* du signe linguistique a sa contrepartie dans le concept, c'est une représentation, pour Bergson il n'y a pas de différence de nature entre l'image et les sons perçus, c'est-à-dire qu'il ne fait pas de distinction nette entre la *matière phoniques* et l'*image auditive*, selon la terminologie de Saussure. L'image n'est pas une représentation pour Bergson, mais une sorte de perception-mémoire qui ne concerne en définitive que le corps, lui-même une image. Elle est située entre la chose et la représentation et précède le signe linguistique de Saussure qui est, en revanche, totalement psychique. En ce qui concerne le concept de *image* de Bergson, affirme Merleau-Ponty : « S'ils persistent en moi [l'image verbale], c'est plutôt comme l'Imago freudienne qui est beaucoup moins la représentation d'une perception ancienne qu'une essence émotionnelle très précise et très générale détachée de ses origines empiriques. Il me reste du mot appris son style articulaire et sonore. Il faut dire de l'image verbale ce que nous disions plus haut de la *représentation de mouvement*: je n'ai pas besoin de me représenter l'espace extérieur et mon propre corps pour mouvoir l'un dans l'autre. Il suffit qu'ils existent pour moi et qu'ils constituent un certain champ d'action tendu autour de moi. De la même manière, je n'ai pas besoin de me représenter le mot pour le savoir et pour le prononcer. Il suffit que j'en possède l'essence articulaire et sonore comme l'une des modulations, l'un des usages possibles de mon corps. Je me reporte au mot comme ma main se porte vers le lieu de mon corps que l'on pique, le mot est en un certain lieu de mon monde linguistique, il fait partie de mon équipement, je n'ai qu'un moyen de me le représenter, c'est de le prononcer, comme l'artiste n'a qu'un moyen de se représenter l'œuvre à laquelle il travaille: il faut qu'il la fasse » ([Merleau-

Selon Deleuze il est déjà présupposé quand *Je* parle. *On ne dit*jamais le sens de ce que l'on dit, *on se trouve d'un coup* dans le sens ([*ibid.*]).

Deleuze analyse, dans la cinquième série de la *Logique* intitulée « Sur le sens», les paradoxes qui s'ouvrent dans sa conception: de celui de la *régression infinie du sens*, mettant en cause Frege et indirectement la sémiotique infinie de Peirce, à celui du doublement stérile, ou celui des *objets impossibles* qui se trouve dans *Alice's adventures in wonderland* de Lewis Carroll, jusqu'au *paradoxe de la neutralité* et au paradoxe stoïcien *des futurs contingents* (Cf. [Deleuze, 1969 : 41 ss.]). L'événement existe dans le temps, mais pas dans le temps chronologique. Il existe plutôt sur la ligne de l'*Aiôn* des stoïciens, où l'événement se déroule dans un instant toujours divisible en futur et passé, dans lequel se libèrent les limites de la conscience individuelle vers l'impersonnel et le pré-individuel, véritable plan de formation du sens (ici aussi, comme pour Saussure, le sens n'est pas donné comme une entité absolue et positive). Danstouslesparadoxesanalysésdans la *Logique*, il résulteque le sens est le film mince à la limite des choses et des mots. Cela, pourDeleuze, démontreque sa condition est ce qu'ilappelle le troisièmeétat de l'essence(Cf. [Deleuze, 1969 : 48]). Au-delà des dichotomiesaffirmation / négation, qualité / quantité, futur / passé, on trouve sa neutralité aride: le *sens* est tout simplementl'événement, le sens d'un événement est toujoursl'*événement*même.

L'arbitraire irrémédiable impliqué dans toute la « logique du sens » de Deleuze nous ramène à la conception de Saussure de la langue, conçue comme la capacité de communiquer : elle est quelque chose qui se trouve toujours entre la pensée (linguistiquement amorphe et immatérielle) et le son (comme donné acoustique mesurable physiquement, mais pas positive) ; Saussure dit dans le *Cours* :

> Le rôle caractéristique de la langue vis-à-vis de la pensée n'est pas
> de créer un moyen phonique matériel pour l'expression des idées,
> mais de servir d'intermédiaire entre la pensée et le son [Saussure,
> 1922 : 156].

Pour Bergson aussi la langue se situe entre deux extrêmes: la matière, c'est à dire le son matériellement aperçu et produit dans la langue, et la mémoire, le concept immatériel lié au son à travers le souvenir (et l'association) des

---

Ponty, 1945 : 210; italiques F.P.]).

Francesco Parisi

concepts aux sons ainsi véhiculés ; dit Bergson en *Matière et mémoire* :

> Mais interrogeons notre conscience. Demandons-lui ce qui se passe
> quand nous écoutons la parole d'autrui avec l'idée de la comprendre
> [...] Nous avons dit que nous partions de l'idée, et que nous la
> développions en *souvenirs-images* auditifs, capables de s'insérer
> dans le *schème moteur* pour recouvrir les sons entendus [Bergson,
> 2008 : 135])[4].

4Dans *Matière et mémoire* il y a deux formes de mémoire, celle des « souvenirs
indépendants » et celle des « mécanismes moteurs ». La première est la mémoire de
l'esprit, la « mémoire pure », la seconde est liée à un « exercice habituel du corps »,
à une répétition automatique des actions ; elles peuvent donc être définies mémoire
du corps ou mémoire-habitude. La première forme de mémoire enregistre, telle que
« image-souvenir », tous les événements de notre vie comme ils se déroulent; elle
saisit chaque détail, en laissant à chaque fait et à chaque « geste » sa place dans le
temps écoulé. Cette mémoire n'a pas des fins d'utilité et d'action pratique, elle
emmagasine le passé uniquement pour l'effet d'unenécessité naturelle et rend
possible la reconnaissance intellectuelle d'une perception déjà éprouvée, d'une image
passée. Cependant, « [] toute perception se prolonge en action naissante ; et à
mesure que les images, une fois perçues, se fixent et s'alignent dans cette mémoire,
les mouvements qui les continuaient modifient l'organisme, créent dans le corps des
dispositions nouvelles à agir» ([Bergson, 2008 : 86]). Ainsi une expérience d'autre
genre se crée, il s'agit du second type de mémoire, déposé dans le corps, qui est une
série de mécanismes déjà configurésdont on prend conscience au moment où ils
entrent en fonction. Le *souvenir-image*, comme l'*image verbale* et *auditive*,
appartient à ce type de mémoire. Le *souvenir-image* se distingue du souvenir pur, ou
image-souvenir, qui est la représentation d'un moment dans le passé tel qu'il a été
effectivement vécu. Le *souvenir-image* fait partie de l'habitude moteur (ou *schème
moteur* - Bergson utilise le terme « schème » au sens kantien -) qui s'exerce, par
exemple, dans la faculté de réciter un texte par coeur ou d'apprendre une langue
étrangère. Le *souvenir-image* constitue la réapparition du passé indéfiniment riche
en mesure de donner des interprétations multiples de la réalité. C'est le souvenir
doublé et réactualisé (Cf. [Bergson, 2008 : 115]). La réactualisation des impressions
reçues dans le souvenir (et non la seule représentation) n'est pas la simple
reconnaissance des perceptions, et le choix des sons dans l'articulation verbale se
réalise parallèlement dans l'action de production d'*images verbales* et *auditives*.
L'image comme une simple représentation, l'*image-souvenir*, se distingue de l'action,
car il y a opposition entre mémoire-habitude (en tant que mouvement) et le souvenir
pur, et la représentation résulte seule subsidiaire. Le *schème moteur*développe dans
le temps les mouvements d'articulation verbale nécessaires et elleest liée à l'acte

Il est significatif qu'il se présente ici le thème du *schème moteur* qui agit en vertu d'une action, un centre dynamique de la vie psychique qui renvoie à la mémoire ou à l'esprit[5]. Il est intéressant de noter que cette reconstruction du circuit de reconnaissance des mots, comme chez Saussure, en faisant référence au signe linguistique, fait appel aux images. En particulier, Bergson par la suite parle dans le détail de « image auditive », expression également présente dans le *Cours* de Saussure[6]. La différence dénotative entre les deux expressions terminologiques, cependant, réside dans le fait que, alors que pour Saussure les images sont toujours des représentations mentales, pour Bergson l'image concerne le corps, elle est un produit du cerveau et se trouve entre la chose et la représentation : elle est immatérielle, mais participe de la même nature de la perception (matériel) (Cf. [Bergson, 2008 : 149 s.]).

Bien que pour Saussure, comme déjà mentionné :

> Il n'y a donc ni matérialisation des pensées, ni spiritualisation des sons, mais il s'agit de ce fait en quelque sorte mystérieux, que la pensée-son implique de divisions et que la langue élabore ses unités en se constituant entre deux masses amorphes [Saussure, 1922 : 156],

selon Bergson la relation entre la matière (son) et la mémoire (pensée) est précisément la langue, conçue comme un produit temporel de la conscience,

---

linguistique en train d'êtreagi et non dans la représentation.

5Voire aussi la note précédente. Pour Bergson, un idiome donné permet aux interlocuteurs d'exprimer un certain type d'idées et, selon le mouvement des phrases, il règle le ton de la disposition de l'esprit nécessaire pour les comprendre. Il y a un *schème moteur* qui suit la courbe des pensées du parlant, et ce faisant, il indique le chemin suivi par l'écouteur. En effet ce *schème* semble concerner les faits grammaticaux d'une langue donnée, comme l'ordre des mots. Lorsque Bergson argumente autour du fonctionnement du *schème moteur*, après l'analyse d'une série de données cliniques sur les aphasies, il conclut : « [] ces divers phénomènes témoignent d'une tendance des impressions verbales auditives à se prolonger en mouvements d'articulation, [], et qui se traduit, à l'état normal, par une répétition intérieure des traits saillants de la parole entendue. Or, notre *schème moteur* n'est pas autre chose » ([Bergson, 2008 : 126]).

6Voire la note 3.

d'une pensée qui, pour le dire avec Gustave Guillaume, de pensant devient pensée, de mémoire se transforme en son, matière produite et perçue qui fait le canal de passage du sens entre un locuteur et un auditeur (Cf. [Guillaume, 1929 : 133 s.]). Le sens, qui est la valeur de vérité de la pensée selon Frege, passe à travers la langue, mais il ne prend pas nécessairement sa forme, il occupe un espace différent (Cf. [Frege, 1892 : 26]). Mais cet écart est seulement apparent pour Bergson, puisque la mémoire agit selon l'action et, par conséquent, se temporalise. L'action produit la matière car elle est toujours réductible au mouvement, et donc encore touche à la sphère de la temporalité. L'arbitraire du *sens* est une fonction du temps: la langue reste enveloppée dans un précipité qui conserve seulement une partie de la pensée qui l'a pensée, la partie qui s'est fixée matériellement dans sa production, alors que ce qui l'a générée s'écoule dans le temps, libre de toute restriction spatiale et matérielle.

Pour Saussure, par contre, la langue est un système collectif de signes évolué dans l'histoire qui façonne la pensée pré-linguistique, qui reste amorphe en dehors de la langue (Cf. [Saussure, 1922 : 156]). Si la langue est un système pour Saussure, la conception de la langue de Bergson ressemble beaucoup plus à une nomenclature. En outre, l'un des points les plus critiques du parallélisme Bergson / Saussure est probablement celui relatif à l'existence et aux fonctions d'une *conscience* supposée, ou pensée pré-linguistique du sujet parlant. Pour Saussure la conscience est la *conscience linguistique* des locuteurs qui concerne la *langue* en tant qu'institution sociale. En revanche, dans la pensée de Bergson on déduit clairement la thèse d'une *conscience* qui porte des traces de mémoire individuelle et les utilise dans la production et la compréhension linguistique[7]. Cela présuppose l'existence d'un centre dynamique de la vie psychique, d'une volonté du sujet parlant agissant sur le niveau pré-linguistique : c'est le *schème moteur*. Mais la pensée *pré-linguistique*, qui selon Bergson utilise aussi la mémoire, est-elle amorphe en elle-même comme le voudrait Saussure? Ou bien dans le souvenir des mots, dans l'action qui suscite les souvenirs nécessaires à l'articulation du langage, dans l'acte de *parole* il y a une forme de conscience *non-linguistique* qui peut être positive? Une intention, une volonté?

Si la *langue*, produit collectif des interactions humaines, donne forme à une pensée linguistiquement amorphe, il y a certainement un mécanisme individuel abstractif, que nous avons déjà rencontré (on peut l'appeler *esprit*

---

[7]Voire l'analyse du terme *conscience* en [Parisi, 2012].

ou mémoire) admis par Saussure même, qui préside à la formation de la pensée linguistique et à l'acte de *parole*[8]. Pour Bergson, parallèlement, un tel mécanisme, le *schème moteur,* préside à la formation et à l'utilisation des souvenirs des mots, signes linguistiques qui ont nécessairement des souvenirs individuels. Comme l'on a déjà vu, c'est le *schème moteur* le centre dynamique de la vie psychique. Il réalise la volonté du sujet parlant de communiquer, de comprendre et produire du sens. Bien que la langue soit un système social et différentiel de signes, la pensée sous-jacente est toujours placée dans un individu, soit-il le parleur ou l'auditeur. Grâce au *signifié* et à l'utilisation pragmatique des mots dans une langue donnée, qui s'appuie à travers l'esprit-mémoire à un *trésor* partagé, il peut réaliser un *sens* unique et ponctuel, celui que le même Saussure appelle précisément *signification*. Entre la pensée et le langage, entre le sens et les mots, ce qui se produit toujours parmi les sujets parlants est nécessairement un *arbitraire de la signification*, la seule condition qui permet la communication, à savoir la véritable fonction du langage.

La recherche en physiologie et en psychologie des années de *Matière et mémoire*, dont Bergson est au courant comme l'atteste son analyse de l'aphasie, propose une vision très large de l'arbitraire, non seulement entre les mots et les choses ou entre le son et le sens, mais ils remettre en question la thèse de la langue comme « miroir » de la réalité et de la pensée (Cf. [De Palo, 2001 : 245 s.])[9]. Au cours de ce débat, le thème de la volonté, de la conscience, d'un centre dynamique de la psyché ou d'une faculté abstractive du *sujet parlant* est encore une fois central. À ce sujet c'est opportun de mentionner les études de Michel Bréal, qui, dans son *Essai de Sémantique*[Bréal, 1897] cite Bergson à propos de la relation entre la réalité et les mots : « chaque mot représente bien une portion de la réalité, mais une portion découpée grossièrement » ([Bréal, 1897 : 250]). Marina De Palo, dans son article de 2001 *Bréal, Bergson et la question de l'arbitraire du signe*, dit que cette position semble anticiper dans ses grandes lignes la notion même de l'arbitraire de Saussure, de façon à pouvoir considérer la réflexion de Bergson sur le langage, bien qu'el soit ambiguë, organique au

---

8Il s'agit du processus «en quelque sorte mystérieux » qui lie les pensées aux sons (Cf. [Saussure, 1922 : 156]).

9En effet, Bergson a consacré de nombreuses années à la préparation du projet de *Matière et mémoire*, années au cours desquelles il a travaillé sur la médecine, la chimie, la physique et, en particulier, sur la physiologie (Cf. [Bergson, 2008: 471 (*Commentaires* dans le dossier critique par F. Worms)]).

Francesco Parisi

débat français animé par le même Bréal, qui a contribué à la création d'un tissu théorique sur lequel opérera la synthèse saussurienne (Cf. [De Palo, 2001 : 244]). Mais l'accord entre Bergson et Bréal se révèle dans l'affinité entre la thèse de l'existence d'un centre dynamique de la vie psychique et le thème de la volonté et de la subjectivité qui se retrouve dans le projet sémantique de Bréal. La volonté est la seule cause du développement du langage et au même temps elle est la base théorique de sa sémantique. Elle libère la langue du déterminisme, la rend à la conscience et à l'histoire, et préside aux changements linguistiques (Cf. [Bréal, 1897 : 6])[10]. Bréal partage la position de Bergson sur le circuit de reconnaissance des mots, comme Bergson dit:

> Comprendre la parole d'autrui consisterait de même à reconstituer intelligemment, c'est-a-dire en partant des idées, la continuité des son que l'oreille perçoit ([Bergson, 2008 : 129]).

Les phénomènes linguistiques se réalisent dans la conscience en tant que valeurs psychiques des sujets parlants, dont l'essence est mnémonique. Pour De Palo, Bergson, Bréal et Saussure partagent la critique au Positivisme français du XIXe siècle. Ils affirment que les faits linguistiques ne sont pas matériels, qu'ils ne sont pas des objets positivement déterminés, mais la manifestation d'un esprit individuel et historique ([De Palo, 2001 : 255]).

Daniele Gambarara, en 2001, définit la philosophie de Bergson « Une philosophie de la signification », ou bien du sens [Gambarara, 2001]. Il affirme, en même temps, de montrer une attitude ambiguë à l'égard du langage, citant Merleau-Ponty selon lequel: « Ce que Bergson a dit contre le langage fait souvent oublier ce qu'il a dit en sa faveur » (Cf.[Merleau-Ponty, 1953]). Cependant Gambarara affirme aussi que, pour comprendre la dynamique des notions de Saussure, y compris celle de l'arbitraire du signe, il faut lire Bergson (Cf. [Gambarara, 2001 : 309]). Seulement dans la *signification* on peut trouver la distinction entre expérience pré-linguistique et symbolisation linguistique qui se projette dans la réalité comme un *sens-événement*, comme le dirait Deleuze. Seulement dans l'échange linguistique, dans la communication, il y a l'identité des mots et de leurs sons et la

---

10Pour Saussure aussi, les changements linguistiques ont toujours lieu au niveau de la *parole*.

différence des *signifiés* et de leurs sens[11].

Pour conclure, on peut affirmer avec Gambararaque si la linguistique théorique de Saussure apporte une vision générale et philosophique sur le langage en soulignant les caractéristiques fonctionnelles sans intervenir directement dans l'analyse de la production du sens, Bergson, à l'inverse, est un philosophe du langage qui, à partir du problème de la production du sens, élargit sa vision jusqu'à en faire une véritable métaphysique de la vie ([*ibid.*]).

BIBLIOGRAPHIE

[Bergson, 2008] H. Bergson, *Matière et mémoire,*éditioncritiquepar Frédéric Worms, PUF, Paris, 2008 [1896].

[Bonito Oliva, 2011] R. Bonito Oliva, "La radice del linguaggio tra memoria profonda e funzione pragmatica. H. Bergson", *LZ*(2011/3), 2011, 7-32http://www.unior.it/userfiles/workarea_477/Bonito%20Oliva.pdf

[Bréal, 1897] M. Bréal, *Essai de Sémantique*, Hachette, Paris,1897.

[Cavalieri, 1999] R. Cavalieri, *Patologia e filosofia del linguaggio in Henri Bergson*, Herder, Rome, 1999.

[Cavalieri, 2001] R. Cavalieri, "Langage e tonsmentaux. La théoriebergsonienne de la conscience", in *Henri Bergson : Esprit et langage*, éd. par C. Stancati, F. Vercillo, Mardaga, Liège, 2001,pp. 107-114.

[Deleuze, 1966] G. Deleuze, *Le bergsonisme*, PUF, Paris, 1966.

11Voire la note 3. En plus, Gambarara souligne que, dans la philosophie de Bergson, il y a deux « moi », l'un social et l'autre individuel ; seulement le second, cependant, permet au langage d'être « un organisme vivant, un signe mobile, déplaçable et libre » ([Gambarara, 2001 : 305 s.]). Au niveau social, au contraire, les conventions, la nature institutionnelle des significations linguistiques sont un obstacle à la vie ; le « moi » individuel correspond, en effet, au « Je » de Deleuze (voir ci-dessus). Il est en fait l'aspect individuel de la langue, la *parole*, ce q'on a effectivement analysé dans cet article. Gambarara, aussi, nous rappelle que pour Bergson « le sens des mots et des phrases est ephémère et unique, il existe seulment par rapport à celui qui écoute à un moment donné » ([Gambarara, 2001 : 304]), pendantMedina montre que les affinités de Bergson avec Bally à cet égard sont profondes ([Medina, 1985]).

Francesco Parisi

[Deleuze, 1969] G. Deleuze, *Logique du sens*, Leséditions de Minuit, Paris, 1969.

[De Mauro, 1971] T. De Mauro,*Senso e significato. Studi di semanticateorica e storica*, Laterza, Bari, 1971.

[De Palo, 2001] M. De Palo, "Bréal, Bergson et la question de l'arbitraire du signe", in *Henri Bergson : Esprit et langage*, éd. par C. Stancati, F. Vercillo, Mardaga, Liège, 2001, pp. 243-256.

[Frege, 1892] G. Frege, "Über Sinn und Bedeutung",*Zeitschriftfür Philosophie und philosophischeKritik*, **100**, 1892,25-50.

[Gambarara, 2001] D. Gambarara, "Henri Bergson : une philosophie de la signification", in *Henri Bergson : Esprit et langage*, éd. par C. Stancati, F. Vercillo, Mardaga, Liège, 2001, pp. 299-310.

[Guillaume, 1929] G. Guillaume, *Temps et verbe*, H. Champion, Paris, 1929.

[Medina, 1985] J. Medina, "Charles Bally : de Bergson à Saussure", *Langages*, **77**, *Le sujet entre langue et parole(s)*, 1985,95-104.

[Merleau-Ponty, 1945] M.Merleau-Ponty, *Phénoménologie de la perception*, Éditions Gallimard, Paris, 1945.

[Merleau-Ponty, 1953] M. Merleau-Ponty, *Éloge de la philosophie. Leçon inaugurale faite au Collège de France le jeudi 15 janvier 1953*, Éditions Gallimard, Paris, 1953.

[Parisi, 2000] F. Parisi, "Henri Bergson: mente e linguaggio. Note su un convegno e unapubblicazione", *Studifilosofici*, **XXIII**,Bibliopolis, Naples, 2000, 319-332.

[Parisi, 2012] F. Parisi, *Il* Coursde linguistique général *di F. de Saussure e* Matière et mémoire *di H. Bergson: lessicocomune, usiterminologici e implicazioniteoriche,*thèse de doctorat,UniversitàdegliStudi di Napoli "L'Orientale", Naples, 2012.

[Saussure, 1922] F. Saussure, *Cours de linguistique général,*éd. par Ch. Bally et A. Sechehaye, avec la collaboration d'A. Riedlinger, Payot, Paris/Lausanne, 1922[2].

[Saussure, 1983] F. Saussure, *Corso di linguisticagenerale,* traduction en italien, introduction et commentaireparT. De Mauro, Laterza, Rome/Bari, 1983.

Francesco Parisi
Università degli studi di Napoli "L'Orientale" - UNIOR
Napoli, Italia
franparisi@gmail.com

From the Arbitrariness of a Sign to the Trace of a Language

NOËLLA PATRICIA SCHÜTTEL

ABSTRACT. Derrida has always given the impression to be a non-cooperating and aggressive philosopher. He deals often with negativistic subjects such as incomprehension, despair and concern which nourish all languages, and which give full account of the omnipresent *différance* between a sign and what is meant by the sign. His philosophical works are intrinsically linked to an impossibility of meaning and understanding, putting emphasis on an insurmountable *différance*. As a result, there is something irreducible and incomprehensible, not only between different languages, but within the same language. An analysis of his philosophical positions shows us how Derrida decomposes our attitude towards languages, namely towards a sign and what is meant by the sign. The decompositions and breaks he proposes, are giving him an opportunity to reassemble in an optimal way what he was decomposing before, and all this basing himself on other thinkers like Gadamer, Saussure, Freud and Austin. It is useful to understand the relationships with these authors in order to understand better Derrida's thoughts; and by this analysis it will be examined why Derrida stands out from other philosophers. This is a manner of providing a constructive attitude (and not a deconstructive attitude) towards uniqueness of language.

1 Area of conflict: Need for Translation and Untranslatability

Due to the limitations of language, there is a need to be released from our limiting language. The critical human mind tries to free itself autonomously in order to do justice to the otherness of someone different. From Gadamer's hermeneutical point of view, language is not pre-structured, although human beings count as beings that grow up with language. Without a fixed system of language, we are able to think differently in order to understand the otherness of other thoughts. The "trying-to-understand-someone" and the consequential "putting-oneself-in-someone-else's-position", i.e. engaging with otherness through the possibility of adjusting our language schemes, constitutes the basis for an exchange of ideas. An exchange, which occurs in its own language, never does justice to the otherness of a conversation partner. Therefore, a fundamental component of a conversation (in order to understand the otherness of others) is an absolute commitment to translate appropriately and adequately the language of the other into its own language. Such processes of translation, even in one and the same language, help us to transform the *foreign* linguistic sense constructions into the other's own *unique* linguistic sense constructions, so that we can adapt our language to the otherness. But it must be remembered that every attempted translation runs the risk of randomly producing new settlements of sense constructions, because of prejudices. New settlements of sense constructions can completely miss intended meanings

Gadamer, however, is convinced that the translation process in a conversation serves to harden the *unambiguousness* of a meaning. For Gadamer, this is the preferred way of saying what is meant. In every translation, a new design of meaning is included, but its new altered meaning must not be altered to such an extent that the translated or interpreted sense would be missed. The translated and interpreted sense should be transferred and transmitted, so that the meant sense becomes more understandable. A successful translation makes comprehensible what is said. The meaning should be made more familiar in an adaptable language.

By contrast, Derrida's position is different. According to him, a translational process never happens without a loss. Even in one and the same native language, a translation as interpretation never occurs loss-free. In contrast to Gadamer's view, where translation is needed and implicitly possible, Derrida's conception is based on the untranslatability of language par excellence. Every single attempt results in failure as language. The words could only develop, as it has always been quoted. In every use of a quotation, the quotation is inserted in a new context. This new context provokes newness and, accordingly, the otherness of the sense transmission. Every reproduction as quotation is, for Derrida, an iteration with considerable variation. A variable varies by definition so that, in any variation, part of the previous meaning of a given word gets lost. This specific part of the meaning of a given word has to be lost, as its context-driven meaning cannot use the lost part of its meaning. As such, the meaning of the given word fails to mean. The reason why Derrida believes in untranslatability is as follows: there is no fixed linguistic code for languages in general. Even within one national language, there is no fixed linguistic code to transmit meanings. A fixed linguistic code *could* be consulted for the conservation of meaning and sense. Yet, owing to a lack of linguistic determination, we have an improper understanding of sense and meaning, as well as lasting irreducible rests. These irreducible rests lead to translations that can never occur without losses.

In his text *Freud and the Scene of Writing*, Derrida explains that the difference between the sign and what is meant never specifies itself. An appropriate code is missing. Thereby, the translation from one language into another language (in one national language or in different national languages) never occurs loss-free. Both cases of translation contain and preserve irreducible rests of meanings[1].

What counts for a national language applies also to every individual grammar. Individual grammar is meant to be the arbitrary and discrete use of grammar for every single person. To a certain degree, we are all using grammar very similarly, as we learned to do. We learnt it and are still learning grammar with its use in our social environment. However, to a certain extent, every expression demonstrates our own use of grammar, and awards every individual use of language with personal linguistic accents.

We therefore assert that there is a part of our language, which cannot refer to any grammar rules or social influences. This is the named part, which cannot be itemized through any code; it is called by Derrida the irreducible rest. This rest has to bear the entire burden of inexplicability. It is unconscious in a way that the idiomatic rest is not traceable any more. In other words, the un-traceable is carried by the unconscious mind. In this way, the significant material of a meaning produces ambiguity. It persists inconclusively over time until it receives, in a specific context, a possibility to generate significance[2].Thus, it occurs that different significant materials represent a similar meaning, and yet we can no longer say that it is "significant". Why? "Significant" is a characteristic feature of a signification that needs to be *unique* for a meaning. As soon as there is more than one signification for a sign, it is no more "significant". It is inconclusive, as we can no more conclude to an explicit meaning of it. It is reasonable to define

---

[1] [Jacques Derrida, 1967] Jacques Derrida, *Freud und der Schauplatz der   Schrift,* in: Ders.: Die Schrift   und die Differenz, Frankfurt/M.: 1972, [i.O.: 1967], p.320.

[2] [Jacques Derrida, 1967] Jacques Derrida, *Freud und der Schauplatz der Schrift,* in: Ders.: Die Schrift   und die Differenz, Frankfurt/M.: 1972, [i.O.: 1967], p.320.

this as "ambiguity" and no longer as "signification".Meeting the challenge of (Derrida uses the French word: *relever*) the unidentifiable rest of the unconscious mind might be understood in two ways. On the one hand, it stands for "to cancel" in the sense of removing, eliminating, replacing or dissipating a meaning. On the other hand, it is a byword for pick up, keep, save or preserve a meaning. The second meaning amounts to completing or fulfilling a meaning[3]. The completion and preservation of the signification of a sign includes the difficulty that the Verbalkörper (verbal body) of a language cannot be translated into another language. The words need to be retyped in new Schriftkörper (text bodies). A translation should really drop its Schriftkörper (text bodies) and typography (Schriftbild), and should transform or replace its signifiers in a way that the same signifier maintains its signification. Thus, the signifier would be determined independently from a signified, and would be present from its very beginning[4].Yet, the signifiers (and that is the problem what Derrida illustrates) cannot be translated with the help of a fixed code, as they are exposed to a progressive process with a changing dynamic. A talk depends on time, as it is a progressive power that changes the meaning of words. In Saussure's view, the signifiers are also not conceivable outside time. Saussurian signifiers are not ideal entities, as they change with and in time. That is, observation of language in time visualizes its expansion in time.[5] Saussure's theory of a signifier underlines that, as soon as we are observing a concrete language at various points of time, we will note that the different signifiers on different points of time are not identical with each other.[6] On different points of time, we see a repeated signifier. We will perceive the said signifier as repetition, because we are able to re-identify it. Accordingly, this re-identification (as iteration)enables us to understand the signifier in question. But there is no repetition or iteration identical with itself. Each bit of iteration is a variation. As well, every repetition is a variation of the indicated signifier. In a repetition, we perceive the signifier just in a variation, as it has already showed up in a

---

[3] [Jacques Derrida, 1999] Jacques Derrida, *Fines Hominis,* in: Ders.: Randgänge der Philosophie, 2. Überarbeitete Auflage, Wien 1999., p.144

[4] [Jacques Derrida, 1967] Jacques Derrida, *Freud und der Schauplatz der Schrift,* in: Ders.: Die Schrift und die Differenz, Frankfurt/M.: 1972, [i.O.: 1967], p.320.

[5] [Ferdinand de Saussure, 1997] Ferdinand de Saussure, *Linguistik und Semiologie.* Frankfurt a.M. 1997, p. 137.

[6] [Ferdinand de Saussure, 1997] Ferdinand de Saussure, *Linguistik und Semiologie.* Frankfurt a.M. 1997, p. 139.

similar fashion at another point in time. We must consider signifiers at different points of time. Hence, signifiers are indispensably subordinated to time. It is time that prevents the emergence of a universal code for our languages. Without time, we would be in a situation where we could always apply the same code for understanding and decoding the meanings. As a matter of fact, we cannot deny this dimension of time. Therefore, we are faced with many challenges due to "having no code - no *organon* of iteration"[7] which could help us translate anything. Without a determined code, we live the impracticality of decoding signifiers whose meaning is in question. Derrida suggests that a signifier is not to be exhausted in its current presence; yet signifiers are offering themselves to time and for iteration. On different points of time, a signifier could even go beyond its meaning in current presence. While producing various meanings on different points of time, the used signifier always includes a not-present (absent) or unprecedented content. Simultaneously, the said signifier preserves an identical and previously present content of meaning, which has made it's re-identification possible. The new content or new part of the meaning of this signifier, which is present in its varied repetition, preserves a before-present content. Moreover, the meaning of the before-present content shines unconsciously through, so that the not-yet having been presented part of the meaning, or to put it another way, the till-now-never presented part of the signifier, remains in the unconscious. What remains in the unconscious cannot be significant for its meaning. Therefore, to recognize what remains in the unconscious of a certain part of a signifier (i.e. what cannot be meant by it) is as important as understanding what is meant by a certain signifier. Thus, a signifier expresses its meaning not only through what it means to mean, but also through what it does not mean to mean. A specific signifier preserves both what is meant and what is not meant through it, and with each bit of iteration, which is always a variation, it grows beyond itself. Growing beyond a signifier is achieved by losing and gaining parts of meanings, so that a signifier can fulfill the requirements of a certain situation. Only the property of a signifier enables the change of significance of a same sign. In new situations, in which a signifier appears, the unconscious is an irreducible rest. It is there, because we cannot make our unconscious

---

[7] [Jacques Derrida, 1999] Jacques Derrida, *Die Différance*, in: Ders., Randgänge der Philosophie, 2. Überarbeitete Auflage, Wien 1999, [i.O.:1972].p. 333.

conscious. In the unconscious, we can never become conscious about the difference in meaning of the same signifier, used in different situations. We cannot remember what is not conscious at a specific moment.

A sign, which is translated, has always an irreducible rest; that is, a rest in the unconscious. Unconscious rests can neither be affirmed nor negated. These rests (to speak in psychoanalytical terms) are repressed into the unconscious. Freud thought this interaction between negation and repression. In a special way, I want to discuss more precisely both mentioned terms of negation and repression, together with Derrida's concept of irreducible rests. As irreducible rests can never be attributable to something, Derrida suggests that the unconscious has to carry the weight of the whole interpretation of signs.[8]

2 Freud against Unconsciousness

We saw that the varied repetition of a signifier in a certain (new) situation is not merely the denial of a certain aspect of this signifier, and no less a simple addition of a further aspect to this signifier. Thus, a simple denial, i.e. what is no more than a simple negation, can only be used when it is applied to a previous affirmation. Before negating something, it must have been affirmed once before.

If irreducible rests were negations (of certain meanings of a sign) in the unconscious, every negation would be a sort of affirmation of repressed meanings of a sign. After Freud's model, every taking-note of repressed meanings of a sign would be a cancellation of repression, but no acceptance of the repressed irreducible rests.[9] Due to cancellations of repression through negation, "being" appears in such negation solely in the form of "non-being". In such cases "what-is" would be represented by "what-is-not", and that would no more be a kind of repression "when repression is meant to be something unconscious".[10] In this regard, we would be conscious about "what-is" and "what-is-not", so that there would be nothing unconscious.

---

[8] [Jacques Derrida, 1997] Jacques Derrida, *Babylonische Türme Wege, Umwege, Abwege,* in: Übersetzung und Dekonstruktion, Frankfurt a.M., 1997. p.320.

[9] [Sigmund Freud, 1980] Sigmund Freud, *Die Verneinung,* in: Gesammelte Werke, Frankfurt.: S. Fischer Verlag, 1980, p.12.

[10] [Jacques Lacan, 1980] Jacques Lacan, *Zur „Verneinung" bei Freud.* Gesprochener Kommentar über die „Verneinung" von Freud von Jean Hyppolite, in: Schriften III, Olten: Walter, 1980, 193.

As an example, Sigmund Freud initially shows in his text about *Negation* that a psychoanalys and presents "what-is" to a psychoanalyst in the form of "what-is-not". For instance, Freud mentions the mother who appears in a dream, where the psychoanalyst thinks, whenever the psychoanalys and thinks that the psychoanalyst did not see the mother in the dream; consequently, it has to be the mother, which appeared in this dream.

Compared to Freud, Jean Hyppolite interprets this as follows: whenever someone says what he *is not*, be attentive; it is always what *it is*. As a result, "being" is expressed in or as "non-being". This is different from Freud's proposition, where negation is a way to attain cognizance of repressed things. In Freund's conception, the repression is abrogated through negation, but is certainly not accepted. In a negation of repression, "being" is represented in "non-being", but when repression means and includes Freud's "unconsciousness", this is no longer repression. When I say "what-is" by saying "what-is-not" I am *conscious* of the fact that I am saying "what-is" by "what-is-not", as the condition for negating something requires acceptance of "what-is-negated". Negation in this manner is made consciously and not unconsciously, since when someone negates something, one is aware of what someone is negating. Prior to this, a negation has to be accepted as "none-negation" (positive-form, de-negation), i.e. before someone's consciousness accepts the negation. Thus, "what-is-negated" (the positive form or the negation of the negation) has to be accepted. Therefore, in a negation, the repression fundamentally persists independently from a negation or de-negation because, in a negation, our consciousness always includes the negation of a negation (positive-form, de-negation). A so-called acceptance of the repression is therewith not combinable. The repression in a negated form persists as a negated repression.[11] Someone can counter now that, in this negation of the repression, the repressed thing also had to be accepted before but, with the acceptance of a repression, the repression is not abrogated.

The bottom line is that, with a negation, someone always accepts the negation of the negation, which means that this occurs in consciousness as an intellectual affirmation, whereas, with the negation of a repression,

---

[11] [Jacques Lacan, 1980] Jacques Lacan, *Zur „Verneinung" bei Freud.* Gesprochener Kommentar über die „Verneinung" von Freud von Jean Hyppolite, in: Schriften III, Olten: Walter, 1980, p. 195.

someone would accept a repression, which cannot be so, as a repression always occurs in unconsciousness and not in consciousness. In conclusion, this analysis suggests that someone cannot find a negation in the unconscious, as unconsciousness cannot be affirmed and hereby cannot be negated. But, what is it changing with a negation of the repressed parts of a signifier? The repressed parts of a signifier and the negated repressed parts of a signifier cannot be the same.

That is why Lacan says that, in Freud's understanding of the unconscious, we are not finding a "no".[12] Actually, due to the fact that the unconscious cannot be affirmed, it cannot be negated. A negation presupposes an affirmation. As unconscious things never appear in an affirmed way, we cannot apply negations to unconscious things. We would not know what we are negating, so that it seems obvious that we are only able to negate conscious and not unconscious things.

Another central motive of Freud's observation comes at the end of his text about *Negation*. Freud therein claims that "acceptance of unconscious things is expressed by the ego under a negative formula".[13] The negative formula consists of adhering unconsciously to the unconscious. This unconsciousness is declined by our consciousness. By being rejected from the ego, the unconscious remains unconscious and cannot penetrate our consciousness. In using unconsciously our unconsciousness, we are sticking with our unconsciousness, so that repression will be preserved. Let us now complete or combine these thoughts about unconsciousness with Derrida's approach regarding the missing code for translation. By means of Derrida's described unconscious memory traces it can be shown that thoughts and signs in a specific context are not rewritable with a unique code. For Derrida, there is "nowhere a present text in the form of an unconscious one"[14], which could be translated or transmitted to the consciousness. Especially since unconscious things, as we described them by means of Freud's and Lacan's view, are unconscious. This means for us that we cannot find any meaning

---

[12] [Jacques Lacan, 1980] Jacques Lacan, *Zur „Verneinung" bei Freud.* Gesprochener Kommentar über die „Verneinung" von Freud von Jean Hyppolite, in: Schriften III, Olten: Walter, 1980, p. 200.

[13] [Sigmund Freud, 1980] Sigmund Freud, *Die Verneinung,* in: Gesammelte Werke, Frankfurt.: S. Fischer Verlag, 1980.

[14] [Jacques Derrida, 1967] Jacques Derrida, *Freud und der Schauplatz der Schrift,* in: Ders.: Die Schrift und die Differenz, Frankfurt/M.: 1972, [i.O.: 1967], p.323.

of the respective sign. If there were somewhere else a present (original) text or so-called linguistic characters, which could be used as ideal entities for translations, they would be part of our consciousness, and not part of our unconsciousness. Let us note that there are two sides of unconscious moments of signs. On the one hand, unconscious moments are present as irreducible rests to which we cannot refer in every situation [just in some situations], as they are appearing in varied versions. On the other hand, signs have unconscious moments as persisting original without any original, videlicet as unconscious signs. Unconscious signs cannot refer to an anywhere present sign. Our used linguistic signifiers are consisting of archived and rewritten signifiers. A replicated (re-produced) signifier always lacks a supplement that would complete its meaning. Thus, there is a constant requirement for complements. Only these complements help us understand a certain meaning of a sign. They try to meet the requirements of specific situations, where repeated signifiers are used again and again with different meanings. On the basis of the missing originals, i.e. of the missing original texts, the origin is absent. A sign is originally without origin. Always in retrospect, a sign tries to constitute a before-not-yet-present meaning. This meaning must be newly remembered, so that the psychological apparatus can serve itself from an appropriate meaning in a specific context. Our psychological apparatus reaches the limits of its capacity, when it tries to enable lossless translations. As mentioned above, it is impossible to become aware of unconscious things or parts of a signifier, since it is impossible to define the unconscious irreducible rests, as it is impossible to find anywhere an origin. Signifiers continue drawing their meaning by working themselves out. Incompleteness of signifiers is compensated by working themselves out. However, a signifier never corresponds with its inner meaning. A signifier remains in a so-called *différance*[15] between "what-is-said" and "what-is-meant" [by what-is-said]. Given that "what-is-said" does not fully correspond with "what-is-meant" Derrida speaks of an impure relationship. *Différance* in Derrida's light is an impure relationship. Such an impure relationship always tries to come clean, but with its existence without origin, it is always demanding complements. Complements help to complete incompleteness. In taking responsibility for a

---

[15] [Jacques Derrida, 1999] Jacques Derrida, *Die Différance*, in: Ders., Randgänge der Philosophie, 2. Überarbeitete Auflage, Wien 1999, [i.O.:1972].

complete meaning, a signifier remains something composed out of incomplete signifiers, and thus is untranslatable. It is all about an incomplete self-relation (of a sign) between "what-is-said" ("what-is-signed") and "what-is-meant". It is the ongoing fight to make the sign as a sign understood. The sign does not identify itself, since it is in an unconscious difference, where it currently remains not present as such. Never being present as a sign or as a meaning induces a certain impossibility to be deducible. Not to be deducible as a sign points out the impossibility of a complete meaning transfer. This effect is always going along with unconscious irreducible rests.

At this point, we hit the barrier of the incompleteness of our language. Such incompleteness offers a broad and fast variety of meanings, because of the sign's described ambiguity. At the same time, the same sign is swimming in an impossibility of transmitting complete meanings. A signifier always refers ambiguously to a general meaning. Derrida and Saussure seem to be on the same page. After Saussure's view, "everything is generalization and anything except generalization".[16] Therefore, we only understand general meanings of linguistic characters. A specific meaning of linguistic characters is kept far away from us.

A very similar attitude is represented by Austin in its essay about *The Meaning of a Word*. He says that our language already is as an ideal language, since our general linguistic characters are missing its meaning.[17] Hence, linguistic characters are after Austin's view always misrepresentations.[18] Every repetition of a signifier slightly varies in its meaning from a prior meaning. Despite this, we are using the same signifiers for different meanings. Thus, we are expressing just something similar and not identical with the same sign. Austin is raising rightly the question: why are we giving the same name to different things, when we do not mean the same thing?[19] Our usually generalized linguistic characters are always used

---

[16] [Ferdinand de Saussure, 1997] Ferdinand de Saussure, *Linguistik und Semiologie.* Frankfurt a.M. 1997, p. 24.

[17] [J. L. Austin, 1969] J. L. Austin, *The meaning of a Word,* in: J. L. Austin Philosophical Papers, Oxford Universtity Press, Oxford, 1969, p. 68.

[18] [J. L. Austin, 1969] J. L. Austin, *The meaning of a Word,* in: J. L. Austin Philosophical Papers, Oxford Universtity Press, Oxford, 1969, p. 68.

[19] [J. L. Austin, 1969] J. L. Austin, *The meaning of a Word,* in: J. L. Austin Philosophical Papers, Oxford Universtity Press, Oxford, 1969, p. 69.

in applications in an extraordinary way. Especially, generalizations highlight confusion and not so much concrete semantic contents (meanings). Language and the associated signs, which are made up of irreducible and unconscious rests, are exposed to arbitrariness. As a result, signs cannot escape from arbitrariness in Austin's view.

Derrida does not speak directly of arbitrariness. He emphasizes, in his text about *From Des Tours de Babel*, a comparable connection between the Tower of Babel and our linguistic confusion. [20] In the biblical story concerning the Tower of Babel, the tower stands for confusion. The confusion is provoked by the missing stable foundation of the tower. There is no stable origin of this tower, so that the construction of this tower could not be finished. No stable foundation means the absence of completion of this project. The picture of an unfinished project (Tower of Babel) stands for linguistic confusion. Without origin, we will never have the possibility to understand someone completely. We state that the irreducible linguistic diversity does not only make it impossible to finish the Tower of Babel, but it also makes it impossible to understand each other fully. Confusion as linguistic confusion, in Derrida's mind, means a linguistic arbitrariness of signs and, finally, an untranslatability of language as such.

To conclude, I would like to underline that Derrida's contribution to this linguistic discussion about arbitrariness is not uncooperative, aggressive or a kind of negativistic rebellion. As it is known, his attitude is attributed to the philosophical movement of deconstruction. To see what deconstruction really means, we should look at movements of construction and reconstruction. Briefly, constructivists are seeing human beings as inventors (originators), while reconstructivists consider humans as discoverers (explorers). In contrast to these movements of construction and reconstruction, deconstruction considers human being as un-coverer. Consequently, Derrida is uncovering the phenomena of linguistic meaning and understanding. It is an approach that is different, but not worse.

While deconstruction has been considered by many as an unsystematic methodology to solve philosophy's problems, recent research has uncovered the significant impact that criticism has in philosophy. The critical attitude

---

[20] [Jacques Derrida, 1997] Jacques Derrida, *Babylonische Türme Wege, Umwege, Abwege,* in: Übersetzung und Dekonstruktion, Frankfurt a.M., 1997, p. 119-121.

Noëlla Patricia Schüttel

has not ceased to be a hallmark of modern thinking. Philosophical thoughts live solely because critique is possible and only if critique can be expressed respectively. Thus, the production of philosophical thoughts and generation of knowledge has always been highly supported by different opinions and implicitly or explicitly expressed critique. Kant's "three critiques" or Derrida's critical work on serious and central philosophical texts underline the legitimacy of critique in philosophical thoughts. Critical thoughts do not take for granted the validity of certain common interpretations, so that they produce a wider range of alternative interpretations – with the aim of regenerating philosophical thoughts.

BIBLIOGRAPHY

[Jacques Derrida, 1999] Jacques Derrida, *Fines Hominis,* in: Ders.:
  Randgänge der Philosophie, 2. Überarbeitete Auflage, Wien 1999.

[Jacques Derrida, 1999] Jacques Derrida, *Signatur Ereignis Kontext,* in:
  Ders.: Randgänge der Philosophie, 2. Überarbeitete Auflage, Wien 1999.

[Jacques Derrida, 1999] Jacques Derrida, *Die Différance*, in: Ders.,
  Randgänge der Philosophie, 2. Überarbeitete Auflage, Wien 1999,
  [i.O.:1972].

[Jacques Derrida, 1997] Jacques Derrida, *Babylonische Türme Wege,
  Umwege, Abwege,* in: Übersetzung und Dekonstruktion, Frankfurt a.M.,
  1997.

[Sigmund Freud, 1980] Sigmund Freud, *Die Verneinung,* in: Gesammelte
  Werke, Frankfurt.: S. Fischer Verlag, 1980.

[Jacques Lacan, 1980] Jacques Lacan, *Zur „Verneinung" bei Freud.*
  Gesprochener Kommentar über die „Verneinung" von Freud von Jean
  Hyppolite, in: Schriften III, Olten: Walter, 1980.

[Ferdinand de Saussure, 1997] Ferdinand de Saussure, *Linguistik und
  Semiologie.* Frankfurt a.M. 1997.

[Ferdinand de Saussure, 2003] Ferdinand de Saussure, *Wissenschaft der
  Sprache.* Frankfurt a.M. 2003.

Noëlla Patricia Schüttel
Université de Neuchâtel
Neuchâtel, Switzerland
noella.schuttel@unine.ch

La Perspective Neuro-Médiale de L'arbitraire du Signe de Saussure a la Lumière de aa Neurophysiologie de son Epoque et des Recherches Actuelles

MARCIN SOBIESZCZANSKI

Abstract: The concept of arbitrariness of the sign opens a dialectical path way between epistemological positions leading from human language to different historical and contemporary media. The question of sensoriality in Human as the artifact producers is at the center of this intellectual process. The accomplishments of the neurophysiology from the time of Saussure were at the same time the instigators and the arbiters this thought.

Marcin Sobieszczanski

Introduction

Les argumentaires pro- ou anti- arbitraire du signe se déploient souvent sur le fond de la ressemblance ou de la non-ressemblance entre certains phonèmes et différents bruitages pouvant être référés causalement aux objets réels désignés par les énoncés échangés dans des communications concrètes. Le fond théorique de ces comparaisons relève nécessairement du domaine des percepts que l'Humain échafaude sur la base de ses perceptions sensorielles, avec en double-fond le bagage épistémologique du relativisme culturel. Quelques éléments du contexte scientifique de l'époque témoignent du traitement que la neurophysiologie naissante réservait à ces questions et nous pouvons actuellement poursuivre cette fructueuse approche à l'aune des recherches en sciences cognitives afin de confronter la pensée saussurienne aux problématiques liées aux médias en général et dont le langage articulé serait un élément, selon une vision inclusive des comportements médiaux de l'Humain.

Il est également intéressant de constater que Saussure a apporté à certains de ses questionnements des réponses qui ont toutes été interprétées à faux par ses disciples les plus proches, y compris les auteurs de la transcription du CLG. La question du statut du langage est de ceux-ci. Donnant à la langue un environnement conceptuel assez large, il a pu poser certaines questions fondatrices qui, bien que réminiscences des théories antiques, étaient absentes de la linguistique de la seconde moitié du 19ème, questions discutées aussitôt avec des convictions tranchantes et reprises en tant que contradictoires et clivantes par le futur courant orthodoxe du Structuralisme. Les fissures dans le corpus théorique de ce courant ont été mises en lumière dès la critique de Benveniste à la fin des années 1930, son ébranlement par la relecture des travaux de Sechehaye et Bally vers les années 1970-1980, tandis que le coup de grâce lui a été donné par la découverte en 1996 des manuscrits oubliés de Saussure lui-même. Là aussi, nous allons voir que l'alignement du langage aux pratiques médiales est la toile de fond de l'évolution de ce débat.

Donnant lieu à une abondante littérature, la discussion des principaux concepts saussuriens sur le terrain structuraliste pèche par deux extrêmes, la théorisation alambiquée et l'exemplification surabondante. Le dépassement de la pensée saussurienne par le courant pragmatique ouvre des aspects plus intéressants. C'est également ce changement de paradigme linguistique qui amorce l'ouverture vers les théories cognitives du langage, et plus récemment débouche sur des perspectives inouïes dans la modélisation neurophysiologique de la pratique et du design des différents médias classiques et digitaux.

L'histoire de l'épistémologie saussurienne et son extrapolation médiale
L'article de Louis de Saussure "La signification mise en valeur : une recontextualisation de l'opposition entre valeur et signification" [2006] propose une profonde analyse conceptuelle permettant de comprendre les enjeux épistémologiques du passage de la linguistique de Ferdinand de Saussure, par le paradigme structuraliste, la pragmatique, la performativité des actes de langage, la théorie de l'argumentation, la théorie de la pertinence, à la linguistique cognitive et à la neurolinguistique, C'est aussi dans ce texte qu'est rappelée la notion saussurienne des casiers du cerveau permettant de conclure à l'existence d'un proto-cognitivisme chez le linguiste genevois. Essayons, notamment, de comprendre quel type d'idées cognitivistes peut se cacher derrière l'expression imagée de casiers du cerveau.

Premièrement il s'agit de la localisation des associations des termes linguistiques sur le fond d'une sous-entendue instance de niveau supérieur qui les diligente, probablement depuis une localisation externe. Cette idée nous met sur la piste des circonvolutions cérébrales spécialisées, reliées ensemble et ouvrant vers d'autres voies spécifiques de la communication intracérébrale. Evidemment il ne peut s'agir que des aires de Broca et de Wernicke, avec leur liaison par le faisceau arqué postulé par ce dernier auteur. Ces organes et également, selon les recherches les plus récentes, leurs voisinages (cf. [Qing, 2009]), peuvent assurer l'association entre des images sonores et des corrélations de caractéristiques sémantiques représentant les items d'un fonds neuro-encyclopédique qui serait notre représentation du Monde. Cette liaison peut en effet apparaître sous la forme des concepts ad hoc évoqués par Louis de qui a déjà été préfigurée chez Jacobus Van Ginneken [1907], à l'époque-même de Saussure, dans sa synthèse des travaux des neurophysiologistes allemands et français (Broca, Wernicke, Exner et Charcot, pour ne citer que les plus connus) relatifs aux différents types d'aphasie (cf. [Sobieszczanski, 1990]).

Remarquons aussi que cette vision est rigide quant à la localisation dans des organes à haut niveau de complexité morphologique, et en même temps souple quant à la nature localement évolutive et versatile des liaisons sémantiques. Dans la terminologie saussurienne cela s'exprime bien par le principe de l'arbitraire du signe, le lien étant à la fois fortuit et déterminable.

Marcin Sobieszczanski

Autrement dit, pour rester dans l'histoire de l'épistémologie, la pensée riche et dialectisée de Saussure ainsi que le ferment intellectuel qu'elle a constitué peuvent aboutir à des interprétations cognitivistes qui décrivent le fonctionnement du substrat neurophysiologique impliqué dans le processus de détermination du sens des énoncés linguistiques.

Le corrélat encore plus surprenant de cette conjecture est la possibilité d'extrapoler les positions saussuriennes non seulement sur les questions neurophysiologiques, que la psychologie cognitive classique partage déjà depuis au moins trois décennies avec la linguistique, mais aussi sur la démarche des sciences cognitives et de leur versant technologique, la cognitique, qui incluent dans leur visée les perspectives intra- et extra-cérébrales, somme toute environnementalistes. Cela permettra, par la bande, de rattacher l'œuvre du linguiste à la poursuite actuelle de l'entreprise darwinienne.

Notre propos sera de poser quelques hypothèses quant à la nature de ce substrat neuro-environnemental des activités linguistiques et de leurs prolongements médiaux.

La localisation du substrat neuronal, sa typologie caténaire ou l'algorithmie, et sa dynamique

Postulat : la recherche des localisations des fonctions cognitives doit nécessairement être accompagnée de la distinction des différentes façons d'encoder le signal nerveux ainsi que des mesures de sa dynamique.

Nous avons deux principaux moyens d'accéder à la physiologie neurale :

1. une grande catégorie de méthodes indirectes dont les plus connues sont la capture des enveloppes des ondes cérébrales observées à différents niveaux de précision de l'EEG, la stimulation par les nano-électrodes parfois couplée à la microchirurgie crânienne, l'imagerie des afflux sanguins, par les marqueurs oxygénique et glycémique, l'analyse des sécrétions des substances secondaires témoins de l'activité neuronale ;

2. quelques rares méthodes directes dont la plus importante est l'analyse biochimique des neurotransmetteurs au niveau synaptique.

Si on devait attendre les années 1920 pour avoir la confirmation, dans les travaux d'Otto Loewi, du rôle des neurotransmetteurs chimiques, les méthodes indirectes étaient déjà bien connues à l'époque du CLG, notamment au travers des prémisses des recherches sur l'EEG d'Adolf Beck [1890]. Les données prélevées dans les deux premières décennies du 20ème siècle sont hétérogènes et représentent les réalités physiologiques provenant de différents niveaux d'organisation du système nerveux. Si elles peuvent être considérées comme complémentaires, cette complémentarité s'acquiert uniquement grâce aux contingences de l'appareillage médico-scientifique.

Pour modéliser le déroulement des activités neuronales se traduisant par l'effectuation des fonctions cognitives, telles que l'analyse d'images, ou des fonctions plus intellectives, telles la parole, l'inférence ou l'écriture, les neurophysiologistes ont besoin d'accéder à deux autres niveaux d'analyse :

1. l'algorithmie de l'encodage des processus,
2. leur dynamique.

En effet, la localisation et le schéma des liaisons ne suffisent pas pour distinguer et pour définir physiologiquement les tâches cognitives puisque les structures cérébrales diffèrent non seulement par leur emplacement et leur connectivité mais aussi par les types d'encodage de l'influx nerveux qui y chemine ou qui y est généré, et ceci dans des occurrences temporelles pertinentes pour différents types de signaux. Autrement dit, l'architecture fonctionnelle du SNC et de ses périphériques est faite :

1. des localisations et des voies de communication intracérébrale,
2. des topologies d'arrangement du système caténaire des synapses,
3. des temporalités propres aux différentes parties de ce dernier.

Dans le cas précis de la fonction langagière, il est donc naturel de ne pas opposer dans le concept de langage le terme langue au terme parole puisqu'au niveau neurophysiologique les mécanismes recouverts par ces deux termes peuvent s'accomplir selon les deux *modi operandi* à la fois, sous couvert de ce que l'on appelle l'intégration assurée par les neurones internunciaux dont l'existence est postulée dès 1900 par le contemporain de Saussure, le neuropsychologue britannique Charles Scott Sherrington [1906].

L'hypothèse de la coexistence des centres linguistiques et des centres médiaux

La diversité des processus neurologiques bénéficiant de l'intégration au sein du SNC nous met sur la piste d'une coexistence fonctionnelle probable des processus linguistiques et des processus liés aux fonctionnements de différents médias inventés par l'Humain. Pour ce faire il nous faut concilier l'ancienneté et le mode de transmission génétique de ces premiers avec la relative jeunesse des seconds, leur mode de transmission restant sujet à des questionnements encore largement sans réponse.

Marcin Sobieszczanski

L'archéologie des aires linguistiques

Avec la nomadisation et la diversification de la niche écologique des hominidés, survenues suite à un refroidissement de l'Afrique vers - 2,4 millions d'années, *Homo Event* d'Yves Coppens, aurait pu naître le besoin d'un système sémantique affranchi des associations primitives et ouvert aux associations circonstancielles, instables et surtout provoquées par la présence même du groupe de préhumains. Ce protolangage a-modal pourrait supporter assez facilement des canaux physiques de propagation interchangeables. Pour cette raison, du point de vue de la méthodologie, Derek Bickerton [2010] a pu, pour valider son hypothèse, travailler simultanément sur l'expérience de l'apprentissage du langage de signes chez les grands singes, chez les enfants préverbaux, et sur différentes formes de pidgin. Autrement dit, l'hypothétique protolangage de Bickerton, situable à moins 2 millions d'années, aurait pu s'élaborer pour pallier l'insuffisance sémiocréative des routines sémantiques provenant des associations sensorielles typiques d'une niche écologique simienne restreinte. Les affirmations de Phillip Vallentine Tobias [1991] sur l'apparition de l'aire de Broca chez l'Homo habilis, attestée par le moulage endocrânien des fossiles datant de moins 2 millions d'années, vont dans le même sens. Et si la présence de cette aire ne coïncide pas dans le temps avec les dispositions physiologiques propices à la phonation langagière, sa présence peut témoigner, sur la base d'une plasticité évolutionnaire du cerveau, de l'élaboration d'un système de signes permettant, après l'expérience sensorielle caractérisée des Primates sylvicoles, de se rabattre sur une ontologie a-modale, plus propice à la manipulation de l'outil et à la programmation des actions communes, donc à un style de vie des agents qui exercent une pression accrue sur leur domaine naturel.

En suivant les suggestions d'Yves Coppens [2003], aujourd'hui partiellement remises en cause, cette mutation aurait pu coïncider avec l'abandon de la niche écologique immersive de la forêt tropicale, vers les paysages ouverts des savanes arides à plantes herbacées. Faut-il y voir également le résultat de la curiosité primaire étudiée dans les années 1970 à Toronto par le psychologue britannique Daniel E. Berlyne, dans le cadre théorique du concept de *physiological arousal* ? Nous sommes ici sur le terrain hypothétique, mais la corrélation entre les comportements complexes et leur substrat neurochimique et par conséquent génétique, a été mise en évidence dans les travaux sur les aspects génétiques de la dopamine *D4 receptor* (D4DR), le neurotransmetteur concentré chez les mammifères dans le lobe frontal et dont le gène a été identifié et corrélé avec tous les comportements, selon la célèbre formule, de *noveltyseeking, harmavoidance, and rewarddependence* (cf. [Ebstein et al., 1996]).

Quelle que soit l'impulsion ou la motivation de son émergence, le bouleversement sensoriel de la niche écologique, la praxie ou la curiosité, le langage articulé a constitué une rupture avec la communication et la créativité basées sur les canaux unimodaux et a occasionné l'élaboration d'un nouveau canal sonore, entièrement artéfactuel et se substituant d'abord au canal de bruitage naturel et ensuite à tous les modes de communication construits auparavant sur les différentes sensorialités. Le corpus sémantique du langage articulé fait donc appel à des données sensoriellement composites.

Une théorie complémentaire est avancée par David McNeill [2005, 2012] de University of Chicago. Elle n'est pas sans rappeler la boucle neurophysiologique geste/parole postulée dans les années 1960 par André Leroi-Gourhan [1964] mais, comme le souligne Jeremy Rifkin [2010] dans le chapitre "The empathicroots of language" de son célèbre livre sur l'empathie, elle se dote d'une dimension nouvelle : le langage articulé apparaitrait dans la filiation des systèmes de gestes signifiants sur le fond du substrat neural responsable des émotions et particulièrement des comportements empathiques, avec la participation des neurones miroirs.

L'apparition des centres médiaux - l'exemple de l'écriture

Quant aux médias, la formation et le fonctionnement de la zone de l'écriture (cf. [Roux et al., 2009]) mise en évidence il y a 6 ans par l'équipe INSERM de Jean-François Démonet, actuellement médecin chef au CHU Vaudois, constitue un *casus rationis* parmi les plus importants. Nous découvrons qu'une activité vieille de 6000 ans, et dans sa version alphabétique seulement de 3800 ans, qui se transmet par l'apprentissage culturel, possède dans le cerveau humain une zone dédiée à l'association de l'image sonore avec le schème moteur responsable de l'exécution du graphème correspondant. Mais cette zone, dite zone de Exner [1881], n'est pas un organe cérébral au sens de l'aire de Broca. Cette dernière daterait de l'Homo habilis, et constituerait le substrat neuronal capable de prendre en charge l'apprentissage d'abord du langage facial, postural et gestuel et ensuite du langage sonore, s'étalant entre 2 millions et 100000 ans. Elle est donc le résultat somatique de l'Evolution culturelle, autrement dit son fonctionnement assurant la communication de l'Humain avec ses propres

Marcin Sobieszczanski

créations culturelles a été suffisamment long pour franchir la barrière de Weismann [1906] et s'inscrire dans les tronçons de l'ADN (découvert bien plus tardivement), responsables de l'architecture complexe du substrat neuronal correspondant. La zone d'Exner n'a pas la même ancienneté et ne présente pas le même niveau de complexité, mais c'est néanmoins elle qui implémente systématiquement l'apprentissage de l'écriture. On peut donc postuler que l'apparition du média de l'écriture graphique au lieu de résulter des processus génétiques élémentaires, est plutôt accompagnée dans le temps par une combinaison des processus épigénétiques et des processus de transmission culturelle (cf. [Jablonka and Lamb, 1995, 2005]).

L'hypothèse externaliste – les médias en tant que ré-externalisation du cerveau

Du point de vue neurophysiologique, la zone d'Exner présente encore une autre caractéristique surprenante. Elle accomplit ses activités dans les zones proches des circonvolutions traitant différentes afférences sensorielles externes et internes, par type de modalités, séparées et parallèles, ou bien dans les zones recelant les neurones multimodaux, comme ceux majoritaires dans le colliculus. Elle est donc reliée d'un côté avec les aires du langage et d'un autre côté avec les aires visuelles, olfactives, auditives et somesthésiques. Elle joue alors le rôle de la mise en sensorialité des produits neuronaux se présentant sous formes d'objets mentaux provenant de la zone de Broca qui encode les structures ou les objets relationnels, conçus pour être manipulés dans le processus de leurs étiquetages : sémantique et émotionnel (axiologies), associatif (ontologies) et inférentiel (causalités). Autrement dit la fonction médiale réalise la ré-externalisation de la Cartographie Mentale du Monde.

L'Hominisation comporterait alors trois processus successifs :

1. l'externalisation cérébrale par les médias dits naturels qui sont les cultures des canaux sensoriels hérités des singes,

2. l'internalisation de ces cultures par l'invention du langage articulé sonore, donc uni-modal mais à vocation à la fois multimodale et a-modale,

3. l'externalisation secondaire ou ré-externalisation, par l'invention des médias post-linguistiques.

A quoi peut servir cette ré-externalisation si les techniques sensorielles de l'Humain sont déjà anciennes et sophistiquées?

La réponse vient de l'état de saturation de l'environnement par les artefacts anthropiens. Plus la pression de l'Humain sur sa niche écologique est grande, plus la construction de la Cartographie Mentale par la seule voie des afférences perceptives est insuffisante. Les objets fabriqués ont été tous conçus avec des séquences des caractéristiques perceptives, des esthétiques au sens primitif de Baumgarten, décidées par l'Humain durant le process de leur *design*. Ils ne satisfont plus au principe de *noveltyseeking* évoqué plus haut. Pour cette raison ils deviennent des médias dont l'Humain se sert pour répandre son emprise sur l'environnement. Ils sont constamment enrichis esthétiquement par l'effort créatif du sujet humain. La coévolution de l'Humain avec l'environnement se joue par l'intermédiaire des médias, autrement dit l'Humain habite sa niche écologique de manière médiale. Si la perception est la faculté de susciter du biofeedback afin de stimuler les processus évolutifs, les médias, leur apprentissage et leur usage sont une manière de susciter un biofeedback forcé sur le fondement du facteur bio-artéfactuel.

Les recherches sur la zone d'Exner se poursuivent, notamment à Lausanne, et elles prendront en compte les effets cérébraux des extensions du langage, depuis l'écriture, par les médias analogiques classiques, les médias informatisés classiques et finalement les médias informatisés ré-analogisés ou autrement dit environnementaux (cf. [Sobieszczanski, 2015]).

En d'autres termes, l'émergence du langage à phonation et l'évolution naturelle de ce langage vers ses diversifications médiales se déroulent sur le fond de l'oscillation dialectique entre les voies informationnelles unimodales, a-modales et multimodales, qui a pour finalité la déconnexion des outils de communication de leurs racines biologiques originelles, et en même temps le perfectionnement de l'acuité sensorielle dans le processus de prise en charge des artéfacts constituant notre environnement. De cette manière, l'arbitraire du signe acquiert un nouveau statut et ne saurait plus être discuté dans le cadre conceptuel de la perception naturelle. C'est désormais l'esthétique ou encore la richesse et la complexité sensorielle des artefacts qui servira de référent à la finesse des constructions conceptuelles présidant à l'ergonomie cognitive des médias et c'est sur cette base que le débat centenaire sera à présent requalifié.

Marcin Sobieszczanski

Bibliographie

[Beck, 1890] Beck, A., Die Ströme der Nervencentren, 1890

[Bickerton, 2010] Bickerton, D., La Langue d'Adam, Dunod, 2010.

[Coppens, 2003] Coppens, Y., "L'East Side Story n'existe plus", entretien, La Recherche, n°361, p.74, 2003.

[Ebstein et al., 1996] Ebstein, R., P., Novick, O., Umansky, R., Priel, B., Osher, Y., & al., "Dopamine D4 receptor (D4DR) exon III polymorphismassociatedwith the humanpersonality trait of NoveltySeeking", Nature Genetics, 12, pp.78-80, 1996.

[Exner, 1881] Exner, S., Untersuchungenüber die Localisation der Functionen in der Grosshirnrinde des Menschen, Vienna, W. Braumuller, 1881.

[Ginneken,1907] Ginneken, (van) J., Principes de linguistique psychologique, essai de synthèse, 1907

[Jablonka and Lamb, 1995] Jablonka, E., Lamb, M., EpigeneticInheritance and Evolution: The Lamarckian Dimension, Oxford UniversityPress, 1995.

[Jablonka and Lamb, 2005] Jablonka, E., Lamb, M., Evolution in Four Dimensions - Genetic, Epigenetic, Behavioral, and Symbolic Variation in the History of Life, MIT Press, 2005.

[Leroi-Gourhan, 1965] Leroi-Gourhan, A., Le Geste et la Parole, tome 1 : Technique et Langage, Albin Michel, 1964.

[McNeill, 2005] McNeill, D., Gesture and Thought. Chicago, Illinois, University Of Chicago Press, 2005.

[McNeill, 2012] McNeill, D., "How LanguageBegan: Gesture and Speech", Human Evolution, Cambridge UniversityPress, 2012

[Qing, 2009] Qing, C., Fonction de la région occipito-temporale ventrale dans la reconnaissance des mots écrits dans un cerveau atypique ou sous un format atypique, thèse de doctorat, Lyon 2, 2009.

[Rifkin, 2010] Rifkin, J., The EmpathicCivilization: The Race to Global Consciousness in a World in Crisis, Jeremy P. Tarcher Inc., 2010.

[Roux et al., 2009] Roux, F.-E., Dufor, O., Giussani, C., Wamain, Y., Draper, L., Longcamp, M., Démonet, J.-F., "Graphemic/Motor Frontal Area: Exner's Area Revisited", Annals of Neurology, juillet 2009.

[Saussure, 2006] Saussure, L., (de), "La signification mise en valeur : une recontextualisation de l'opposition entre valeur et signification", In : Saussure, L de (Ed), Nouveaux regards sur Saussure. Mélanges offerts à René Amacker, Publications du Cercle Ferdinand de Saussure, 2006.

[Sherrington, 1906] Sherrington, C., S., The Integrative Action of the Nervous System, Yale University, 1906.

[Sobieszczanski, 1990] Sobieszczanski, M., Contribution du R. P. Jacq. Van Ginneken S. J. à la linguistique moderne, Histoire Épistémologie Langage, Volume 12, N°1, pp.133-151, 1990

[Sobieszczanski, 2015] Sobieszczanski, M., Les médias immersifs informatisés. Raisons cognitives de la ré-analogisation, Bern, Peter Lang, 2015.

[Tobias, 1991] Tobias, P., V., "Olduvai Gorge. The Skulls, Endocasts and Teeth of Homo habilis", vols. 4A and 4B, Cambridge UniversityPress, Cambridge, 1991.

[Weismann, 1902] Weismann, A., VorträgeüberDeszendenztheorie: Gehalten an der Universitätzu Freiburg imBreisgau, Fischer, Jena, 1902.

Marcin Sobieszczanski
Université Nice Sophia Antipolis
Marcin.sobieszczanski@univ-cotedazur.fr

Le Débat Sur la Nature Arbitraire du Signe Linguistique
La Thèse d'Émile Benveniste (1939) Et La Glose De Mario Lucidi (1950)

ANDREA PICCIUOLO

Abstract. In 1939, Benveniste, in his since then very often cited essay, « La nature du signe linguistique », called into question one of the theoretical pillars of Saussure's *Cours de linguistique générale* : the arbitrary character of linguistic sign. In 1950, Mario Lucidi, in his since then not so veryoften cited *"L'equivoco dell'«arbitraire du signe». L'iposema"*, called into question Benveniste's interpretation of Saussure's thesis, arguing, through a synoptic analysis of Benveniste's essay and Saussure's *Cours*, that itwould be out of place.

Andrea Picciuolo

0. L'arbitraire du signe. Le débat 1919-1965

Le débat autour de l'arbitraire du signe, qui avait été posé comme « premier principe » au sein de la linguistique contemporaine par le *Cours de linguistique générale* (1916) de Ferdinand de Saussure, fut « fortement réactivé », comme l'a rappelé M. Puech,« dans les années quarante du XXe siècle » (Puech 2003 : p. 155). La discussion émaned'un essai d'Émile Benveniste, « *La nature du signe linguistique* » (1939), publié dans le premier numéro de la revue *Acta Linguistica*, alors dirigée par Brøndal et Hjelmslev.

L'essai de Benveniste ouvre undébat qui, d'après De Mauro (1965), pouvait déjà compter une centaine de contributions au milieu du vingtième siècle. Le débat sur l'arbitrairequi s'est déroulé dans les pages des premiers numéros (1939-40) de *Acta Linguistica*est également vaste ; je ne citerai que les points fondamentaux de l'essai de Benveniste sur la nature du signe linguistique, en rappelant ensuite quelques-unes des réactions auxquelles il donna lieu.Il se peut que je revienne sur des fondamentaux très connus et bien trop présents à l'esprit des savants, mais cela est nécessaire afin d'introduire la glose de Mario Lucidi, d'abord collaborateur de Pagliaro puis professeur de Glottologia à l'Université de Roma,qui, peut-être, est moins étudié tout en étant désormais reconnu dans la littérature linguistique contemporaine[1].

La critique par Lucidi du noyau rationnel de l'essai de Benveniste sur la nature du signe linguistique et, par conséquent, sa critique de ceux qui, en fait, l'ont accueilli, quand bien même avec prudence ou, paradoxalement, même en refusant ses argumentations, n'a pas attiré, dès sa publication,l'attention des savants. L'essai de Lucidi, dont le titre est "*L'equivoco dell'«arbitraire du signe». L'iposema*", a été publié en 1950 dans la revue *Cultura Neolatina*. Il faut rappeler les premières références à l'essai. Il n'est pas cité par Engler dans son ouvrage "*Théorie et critique d'un principe saussurien. L'arbitraire du signe*" de 1962, mais il trouve une place dans l'*addendum* que Engler consacre à la question de l'arbitraire du signe deux années plus tard, "*Compléments à l'arbitraire du signe*". En 1965, De Mauro rend compte de l'essai de Lucidi dans son *Introduzione*

---

[1] Voir Berardi (1989), Bolelli (1972), Cauzillo (2016), Mancini (2014), l'introduction de Belardi à Lucidi (1966), et l'entreé "Mario Lucidi" dans *Lexicon Grammaticorum* (1996).

alla semantica.[2]. En 1966, Godel mentionne l'essai de Lucidi sur l'arbitraire dans son essai « *De la théorie du signe aux termes du système* », en disant qu'il s'agit d'« un article remarquable, publié dans une revue généralement ignorée des linguistes».

Avant d'introduire les argumentations qui constituent les piliers de la thèse de Benveniste, il faut rappeler que Lucidi (parmi beaucoup d'autres sans doute) était bien conscient de l'importance de tenir compte, dans la réception et l'exégèse du *CLG*, des conditions très particulières de sa genèse, en partant évidemment de la nature des documents collectés. Une des causes du malentendu dans lequel, selon Lucidi, Benveniste est tombé, réside dans l'absence de due prise en considération de ce facteur. On se remémore ce que De Mauro écrivait dans son introduction à l'édition critique du *CLG* (1997: p. V) :

> Notre dette envers Bally et Sechehaye est […] grande et évidente. Mais ce serait trahir ce qu'ils ont accompli pour diffuser les théories du maitre que de cacher que le *Cours*, fidèle dans sa reproduction de certains éléments de la doctrine linguistique de Saussure, ne l'est pas autant dans sa reproduction de leur agencement. Et l'ordre, comme le soulignait Saussure lui-même, est essentiel dans la théorie de la langue, peut-être plus que dans toute autre théorie.

Selon Lucidi, Benveniste, dans sa critique,non seulement n'a pas tenu compte de l'agencement de l'argumentation du *CLG* autour de l'arbitraire, mais il l'a même altéré ultérieurement.

1. Benveniste et la « nature du signe linguistique »

Comme on le sait, dans « *La Nature du signe linguistique*» Benveniste vise à passer au tamis les déclarations du *CLG*sur le caractère ou, plus précisément, la nature arbitraire du signe linguistique. Benveniste mentionne les énoncés par lesquels le Saussure du *Cours* formule et justifie le principe

---

[2]A cette occasion, De Mauro cite, à côté de l'essai de Lucidi, celui de Niels Ege, « Le signe linguistique est arbitraire » : un essai publié en 1949 dans le fascicule « Recherches structurales » des Travaux du Cercle linguistique de Copenhague. Je fais mention ici de ce détail parce que, tout en étant différent sur des points fondamentaux (que je ne peux pas mentionner ici), Ege parvient aux mêmes conclusions que Lucidi au sujet de la thèse de Benveniste ; c'est-à-dire, comme on va le voir,il démontre que la thèse de Benvenisteautour de l'arbitraire du signe se fonde sur un malentendu radical quant à l'esprit et la lettre du *CLG*. Cependant, Lucidi arrive, sur ce point, indépendamment, à la même conclusion : il ne cite pas l'essai de Ege (1949)dans son essai de 1950.

Andrea Picciuolo

de l'arbitraire du signe. On va les citer dans la même séquence que celle utilisée par Benveniste parce que cet ordre, comme je le disais, a ensuite été mis en cause par Lucidi dans sa glose.

Premier énoncé mentionné par Benveniste (1939 : p. 23) :

> On appelle signe «le total résultant de l'association d'un signifiant [= image acoustique] et d'un signifié [= concept] ».

Une première observation sera utile dans l'exposition de la critique de Lucidi : Benveniste emploie l'identification terminologique entre le signifiant et l'image acoustique puis entre le signifié et le concept. Cependant, dans le *Cours*, quelques lignes avant l'affirmation citée par Benveniste, cette identification avait été, pour ainsi dire, mise en question.

Lisons dans le*CLG* :

> Nous proposons de conserver le mot signe pour désigner le total, et de remplacer concept et image acoustique respectivement par signifié et signifiant ; ces derniers termes ont l'avantage de marquer l'opposition qui les sépare soit entre eux, soit du total dont ils font partie. (Saussure 1997 : p. 100)

Deuxième énoncé du *CLG* mentionné par Benveniste (1939 : p. 23):

> Ainsi l'idée de « sœur » n'est liée par aucun rapport intérieur avec la suite de sons *s-ö-r* qui lui sert de signifiant ; il pourrait être aussi bien représenté par n'importe quelle autre : à preuve les différences entre les langues et l'existence même de langues différentes : le signifié «bœuf» a pour signifiant *b- ö-f* d'un côté de la frontière, et *o-k-s* (Ochs) de l'autre.

Troisième énoncé du *CLG*, dans ce cas introduit par Benveniste, il faut le souligner, avec la locution consécutive «ceci doit établir que» :

> Ceci doit établir que « le lien unissant le signifiant au signifié est arbitraire», ou plus simplement que «le signe linguistique est arbitraire». (Benveniste 1939 : p. 23)

Il faut noter qu'ici l'ordre d'apparition des phrases du *Cours* est inversé une fois encore. Dans le *CLG*, il y a d'abord la phrase:

> Le lien unissant le signifiant au signifié est arbitraire, ou encore, puisque nous entendons par signe le total résultant de l'association d'un signifiant à un signifié, nous pouvons dire plus simplement : le signe linguistique est arbitraire. (Saussure 1997 : p. 100)

Puis :

> Ainsi l'idée de «sœur» n'est liée par aucun rapport intérieur avec la suite de sons *s- ö -r* qui lui sert de signifiant ; il pourrait être aussi bien représenté par n'importe quelle autre: à preuve les différences entre les langues et l'existence même de langues différentes : le signifié «bœuf» a pour signifiant *b- ö -f* d'un côté de la frontière, et *o-k-s* (Ochs) de l'autre. (Saussure 1997 : p. 100)

Lisons maintenant le quatrième énoncé extrait de l'essai de Benveniste (1939) :

> Par «arbitraire», l'auteur entend «qu'il est immotivé, c'est-à-dire arbitraire par rapport au signifié, avec lequel il n'a aucune attache naturelle dans la réalité» (p. 103). Ce caractère doit donc expliquer le fait même par où il se vérifie : savoir que, pour une notion, les expressions varient dans le temps et dans l'espace, et par suite n'ont avec elle aucune relation nécessaire. (Benveniste 1939 : pp. 23-4)

Arrêtons-nous un instant sur ce point. Si on lit le passage du *Cours* cité par Benveniste, celui dans lequel il y a l'expression «dans la réalité», on s'aperçoit qu'il est le résultat d'un processus d'élision. Dans le *Cours* on dit :

> Le mot arbitraire appelle [...] une remarque. Il ne doit pas donner l'idée que le signifiant dépend du libre choix du sujet parlant (on verra plus bas qu'il n'est pas au pouvoir de l'individu de rien changer à un signe une fois établi dans un groupe linguistique) ; nous voulons dire qu'il est immotivé, c'est-à-dire arbitraire par rapport au signifié, avec lequel il n'a aucune attache naturelle dans la réalité. (Saussure 1997 : p. 101)

Benveniste, conformément à sa disposition du tour de phrase saussurien, une disposition qui, comme on l'a vu, n'adhère pas à celle du *Cours*, et fidèle aux considérations qu'il fait ressortir de sa lecture, affirme que Saussure est en contradiction avec lui-même parce qu'il a d'abord déclaré son intention de fonder la définition du signe linguistique sur une base exclusivement intrinsèque mais qu'il a ensuite fait subrepticement appel à des facteurs extrinsèques lors de la démonstration ; ces facteurs seront selon Benveniste «la chose même, la réalité».

Andrea Picciuolo

Benveniste écrit :

> Or - ceci est essentiel – il [ndlr : Saussure] entend par «signifié» le concept. Il déclare en propre terme (p. 100) que «le signe linguistique unit non une chose et un nom, mais un concept et une image acoustique». Mais il assure, aussitôt après, que la nature du signe est arbitraire parce qu'il n'a avec le signifié «aucune attache naturelle dans la réalité». Il est clair que le raisonnement est faussé par le recours inconscient et subreptice à un troisième terme, qui n'était pas compris dans la définition initiale. Ce troisième terme est la chose même, la réalité. (Benveniste 1939 : p. 24)

Et après :

> Quand il [ndlr: Saussure] parle de la différence entre *b- ö -f* et *o-k-s*, il se réfère malgré lui au fait que ces deux termes s'appliquent à la même réalité. Voilà donc la chose, expressément exclue d'abord de la définition du signe, qui s'y introduit par un détour et qui y installe en permanence la contradiction.(Ibidem*)*

Le bouleversement de la thèse saussurienne au sujet de l'arbitraire du signe repose sur ces bases textuelles-là. Lorsqu'on reste fidèle à la lettre du *Cours* (à savoir, la définition du signe linguistique), dit Benveniste, il faut revendiquer le caractère non arbitraire de la relation entre les deux faces du signe. La relation entre le concept et l'image acoustique (il faut rappeler encore une fois que Benveniste s'est fermement tenu pendant sa démonstration à l'équivalence terminologique entre signifiant et image acoustique) est nécessaire, non pas arbitraire.

Benveniste écrit :

> Une des composantes du signe, l'image acoustique, en constitue le signifiant; l'autre, le concept, en est le signifié. Entre le signifiant et le signifié, le lien n'est pas arbitraire ; au contraire, il est nécessaire. (Benveniste 1939: p. 25)

À l'appui de sa thèse (c'est-à-dire la contradiction qui existe entre la définition du signe donné par le*Cours* et les arguments de Saussure à l'appui de la définition), Benveniste mentionne la notion de valeur formulée dans le *CLG*. Selon Benveniste, si les valeurs sont corrélatives, comme indiqué par le *Cours*, cela signifie qu'elles sont «consubstantielles» et que la relation qui les unit, par conséquent, n'est pas arbitraire maisnécessaire (Benveniste 1939, p. 29).Ce qui est arbitraire, selon lui, est la relation entre le signe et tel élément de la réalité. Une considération, dit Benveniste, aussi évidente que superflue, car il n'est pas intéressant de noter que la même réalité peut prendre des noms différents, mais plutôt de découvrir, je cite Benveniste (1939: p. 25):

> [...] la structure intime du phénomène dont on n'aperçoit que l'apparence extérieure et [...] décrire sa relation avec l'ensemble des manifestations dont il dépend.

2. La « nature du signe linguistique » : les premières réactions

L'essai de Benveniste, comme on l'a déjà dit, ouvre un débat qui se poursuit immédiatement dans les numéros suivants de la revue *Acta Linguistica*[3] et auquel participent Pichon, Lerch, Buyssens et, au nom du Comité de la Société genevoise de Linguistique, Sechehaye et Bally (curateurs du *CLG*) plus Frei.

Sous certains aspects, la réaction la plus remarquable que l'essai de Benveniste provoque dans les pages des *Acta Linguistica* au cours de la période 1939-1940est l'essai rédigé par Sechehaye et contresigné par Bally et Frei, « *Pour l'arbitraire du* signe ». L'article, d'après eux, avait pour objectif de réagir à « […]une sorte de campagne dont le but est de contredire la pensée saussurienne et d'ébranler un des points importants du système » (Sechehaye *et al* 1940 : p. 166). Cela va sans dire, « un des points importants du système » saussurien est l'arbitraire du signe. La réplique de Sechehaye n'est pas l'objet de mon article, je me limite à signaler un détail qui aidera à comprendre un des aspects de la glose de Lucidi. Les trois auteurs contestent l'appareil argumentatif de Benveniste mais, en quelque sorte et en s'entourant de précautions, en acceptent d'une certaine manière le terrain de discussion. Ils écrivent (1940 : p. 167): « [le vrai problème[4]] c'est naturellement de savoir comment la pensée revêt une forme dans la langue […] il touche au fameux problème [*thesei* ou *physei*] : les signes de la langue sont-ils de convention ou de convenance? ». Bien qu'ils[5] affirment vouloir donner une réponse qui soit placée dans le domaine de la « science objective », ils finissent par formuler l'hypothèse suivante (Sechehaye *et al* 1940 : p. 168):

> […] pourquoi donc ne pas suivre le Cours de Linguistique générale jusqu'au bout ? Quel scrupule nous oblige d'enfermer obstinément le signifiant et son signifié dans le cadre systématique de la langue (p.

---

[3] Pour un résumé voir Spang-Hansenn (1954).

[4] On se réfère à l'affirmation de Benveniste (1939: p. 25) : « Arbitraire, oui, mais sous le regard impassiblede Sirius, ou pour celui qui se borne à constater du dehorsla liaison établie entre une réalité objective et un comportement humain, et se condamne ainsi à n'y voir que contingence Le vrai problème est autrement plus profond ».

[5] On lit : « Mal préparés pour discuter des rapports entre la pensée et le monde, nous refusons d'entrer, comme notre partenaire nous y invite, sur un terrain où d'ailleurs il ne s'aventure pas lui-même; mais nous osons, avec Ferdinand de Saussure, opposer à ces visées métaphysiques une solution de bon sens et de clarté dans le cadre et les limites de la science objective ». (Sechehaye *et al* : p. 168).

28) [ndlr : de l'essai de Benveniste], et pourquoi nous serait-il interdit de procéder àla confrontation des signifiants avec les objets et les concepts d'objets qu'ils peuvent servir à désigner?

C'est une posture théorique qui, comme va le souligner Lucidi, paraît déplacer l'objet de la thèse saussurienne de l'arbitraire du signe hors du domaine circonscrit par le maitre.

Pichon, pour sa part, avait déjà émis son jugement autour de la thèse saussurienne de l'arbitraire du signe dans un essai du 1937[6],dans lequel, d'après Puech (2003 : p. 156), se cristallisaient des arguments qui était à l'époque des lieux communs révélateurs « des débats et résistances autour du *Cours de* linguistique *générale* en France ». En 1937 (p. 29), Pichon résume de manière tranchante son sentiment au sujet de la thèse de la nature arbitraire du signe énoncée dans le **CLG** : « Dans la psychologie linguistique d'un sujet parlant, le complexe idée-mot bœuf est constitué; l'idée signifiée et le mot signifiant y sont coalescents l'un à l'autre en une adéquation parfaite et sans arbitraire. Saussure s'est trompé ». L'affirmation du **CLG** (Puech 2003 : pp. 160-161) selon laquelle la thèse de l'arbitraire du signe ne serait « plus contesté par personne », en ouvrant finalement à la linguistique, si j'ose dire, les grands boulevards qui l'auront conduite au statut de science autonome, est mise à nouveau en question [7]. Dans la note, posthume, consacrée à l'essai de Benveniste publié dans **Acta Linguistica** en 1940, Pichon y revient : « Le signe linguistique n'est pas arbitraire : voilà une conception qui a déjà fourni en France une assez longue carrière; les linguistes français prendront, je crois, plaisir à voir s'y rallier M. Benveniste qui les représente dans le Conseil des **Acta Linguistica** » (1940 : p. 51). Pichon revendique, face au **CLG**, la primogéniture de la thèse de la nature nonarbitraire du signe, en rappelant le paragraphe 74, dont le titre était justement « Le signe n'est pas arbitraire », de l'**Essai de grammaire de la langue française**(1927) écrit avec Damourette, et la découverte, disons, de la nature contradictoire de la définition saussurienne, formulée par Pichon dans l'article cité du 1937 : « L'erreur de Saussure est à mon sens éclatante.

---

[6] Pichon, "La linguistique en France. Problèmes et méthodes".
[7] Il est peut-être superflu de rappeler que le **CLG** enferme plusieurs prises de positions au regard du « point de vue du psychologue » sur le signe linguistique, dont celle citée par Spang-Hansenn dans son résumé (p. 94) : « Puis il y a le point de vue du psychologue, qui étudie le mécanisme du signe chez l'individu; c'est la méthode la plus facile, mais elle ne conduit pas au-delà de l'exécution individuelle et n'atteint pas le signe, qui est social par nature » (Cours 34).

Elle consiste en ce qu'il n'aperçoit pas qu'il introduit en cours de démonstration des éléments qui n'étaient pas dans l'énoncé. Il définit d'abord le signifié comme étant l'idée générale de bœuf ; il se comporte ensuite comme si ce signifié était l'objet appelé bœuf...» (*ibidem*).

De même, la thèse qui affirme la nature arbitraire du signe linguistique est contestée par Lerch, qui soutient que la relation entre l'idée, ou l'objet quel qu'il soit, et le signe linguistique est nécessaire. Il faut remarquer que l'auteur parle d'une relation entre *Ding* et *Namen*, en déplaçant, lui aussi, la réflexion saussurienne sur une dimension en quelque sorte métaphysique :

> Wenn die Beziehung zwischen *signifiant* und *signifié*, zwischen einem Ding und seinem Namen für unser Bewusstsein eine notwendige ist, wenn für uns zwischen beiden » adéquation complète« besteht (Benveniste), wenn das Sprachzeichen für uns nicht nur die Realität deckt und beherrscht, sondern geradezu diese Realität ist, so beruht das auf der Erscheinung der »Erlebniseinheit«. (Lerch 1940 : p. 146)

> Si le rapport entre signifiant et signifié, entre une chose et son nom, est nécessaire pour notre conscience, si pour nous il y a "adéquation complète" (Benveniste) entre les deux, si pour nous le signe linguistique non seulement couvre et maitrise la réalité, mais estmême cette réalité, alors cela se fonde sur la manifestation de l'« unité de l'expérience ». (Lerch 1940 : p. 146 ; traduction de l'auteur)

L'article de Buyssens est surtout une réplique à Lerch, mais il permet en même temps, à la lumière de la glose de Lucidi, de voir comme en filigrane un thème considérable du débat sur l'arbitraire qui a eu lieu dans *Acta Linguistica*. De ce point de vue, le point remarquable de l'essai de Buyssens (1940 : p. 83) est son assimilation de la thèse de Saussure avec celles de Benveniste et Lerch sur le plan de la distinction, qu'elle soit psychologiste ou réaliste, entre « un objet existant en dehors de nous et la représentation (« Vorstellung ») que nous avons dans notre conscience ».Une fois encore, comme Lucidi le remarquera, la thèse de Saussure, indépendamment du fait qu'elle soit acceptée ou refusée et indépendamment des arguments que ses critiques déploient, était placée unanimement sur un terrain qui, peut-être, n'était pas le sien.

3. La « nature du signe linguistique » : la glose de Lucidi

Examinons tout de suite la glose de Lucidi. Donnons à l'avance ses conclusions : à son avis, la thèse de Benveniste «n'a pas de raison d'être», car il n'y a pas dans les énoncés du *Cours* que mentionne Benveniste le recours subreptice à la réalité pour définir le signe linguistique que Benveniste croit y trouver. Lucidi écrit:

> Solo l'inesattezza con cui normalmente si valutano le definizioni saussuriane e un malinteso d'interpretazione hanno condotto il Benveniste a [ndr: scorgere il riferimento di Saussure alla realtà esterna], e quindi a scendere in polemica; e la discussione che ne è seguita si è risolta, anche in base a nuovi malintesi, in un dibattito per lo meno estraneo alla linguistica. (Lucidi 1966: p. 48)

> Seule l'inexactitude avec laquelle on évalue normalement les définitions saussuriennes et un malentendu d'interprétation ont conduit Benveniste à [ndlr : voir la référence de Saussure à la réalité extérieure], et par conséquent à créer une polémique : le débat qui s'en est suivi est clos, sur la base de malentendus ultérieurs, en un territoire au moins étranger à la linguistique [Lucidi 1966 : p.48, traduction de l'auteur]

Cependant, Lucidi reconnait que les deux extraits cités par Benveniste « se ressentent de cette sorte d'approximation qui prévaut dans toute l'exposition du *Cours* (traduction de l'auteur) » [«risentono di quella certa approssimazione che pervade tutta l'esposizione del *Cours*»] (Lucidi 1966: p. 49) qui est à rapporter au progressif éclaircissement de la terminologie employée par Saussure au cours des leçons. On peut retrouver un exemple de tel « procès » dans l'affirmation suivante :

> […] le signifié «bœuf» a pour signifiant *b- ö -f* d'un côté de la frontière, et *o-k-s* (Ochs) de l'autre. (Saussure 1997 : p. 100)

Selon Lucidi, la nature précaire de cet exemple par rapport à l'économie générale du *CLG* et par rapport au développement progressif des argumentations de Saussure est bien évidente. Une question qui a été éclairée par Simon Bouquet en 1997 avec le soutien des textes originaux de Saussure. Bouquet écrit :

> Tout le monde est d'accord sur le fait que, du point de vue de la théorie de la valeur, le signifié des mots bœuf et Ochs ne peut, par définition, être considéré comme étant stricto sensu le même

> [...]Saussure est parfaitement conscient du problème lié à cet exemple qu'il donne dans sa leçon du 2 mai 1911, puisque, d'une part, il thématise de façon stricte la théorie de la valeur linguistique, et que, d'autre part, il évoque à plusieurs reprises ces « fautes sur l'exemple » que sont, quant à la théorie de la valeur, les signes onymiques. Pourquoi alors prend-il cet exemple ? Eh bien, parce que, dans sa leçon - contrairement à ce que Bally et Secheyaye en ont fait dans le *CLG* -, il ne s'agit pour lui que d'illustrer le principe - crucial mais trivial - de l'arbitraire du signifiant, c'est-à-dire d'illustrer la thèse conventionnaliste de l'arbitraire. Pour ce faire, une conception naïve de la langue comme nomenclature est parfaitement suffisante. Autrement dit, la référence à un objet tangible correspondant à un signe onymique permet d'évoquer, de fait, le signifié d'une façon immédiatement parlante, et bœuf et Ochs ayant des signifiés maximalement semblables, l'exemple illustre ici parfaitement l'arbitraire du signifiant. (Bouquet 1997 : pp. 117-118)

Au sujet de la même question, Lucidi écrivait(1966 : p. 49):

> [ndr: nella teoria saussuriana] essendo il significato unicamente la contropartita del significante, non si può parlare di un significato « bœuf » in generale in contrapposizione contemporaneamente ai significanti *b-ö-f*e *o-k-s*, ma di un significato « bœuf » e di un significato «Ochs». Tuttavia, l'inesattezza è in un certo modo estrinseca, perché l'innegabile contraddizione con l'ulteriore sviluppo della teoria si giustifica osservando che questo modo improprio di esprimersi è favorito dal fatto che il De Saussure si serve ancora a questo punto di definizioni provvisorie (significato=concetto).

> [ndr: dans la théorie saussurienne] le signifié étant uniquement la contrepartie du signifiant, on ne peut pas parler d'un signifié « bœuf » en général vis-à-vis en même temps du signifiant b-ö-f et o-k-s, mais d'un signifié « bœuf » et d'un signifié « Ochs ». Néanmoins, cette inexactitude est d'une certaine façon extrinsèque parce que la contradiction indéniable avec le développement ultérieur de la théorie se justifie en observant que cette manière impropre de s'exprimer est favorisée par le fait que Saussure utilise encore à ce point-là des définitions provisoires. (traduction de l'auteur).

Dans les extraits qu'on vient de citer, il est déjà possible de retrouver des éléments distinctifs de l'interprétation par Lucidi du principe de l'arbitraire du signe, ainsi que les raisons de sa critique à la thèse de Benveniste.

Lucidi admet que Saussure, en énonçant pour la première fois le principe de l'arbitraire du signe emploie une terminologie entièrement provisoire (signifié =concept, signifiant = l'image acoustique) qui sera ensuite remplacée lorsqu'il formulera sa définition technique du signe et la théorie de la valeur. L'un et l'autre, soutient Lucidi, servent en effet à Saussure pour soutenir théoriquement « l'exigence [...] déclarée et vigoureusement poursuivie de séparer nettement la linguistique et la psychologie. » (traduction de l'auteur) [«l'esigenza [...] dichiarata ed energicamente perseguita di separare nettamente linguistica e psicologia»] (Lucidi 196: p. 51). Sur ce point, il faut rappeler à nouveau les réflexions de Bouquet dans l'essai de 1997 mentionné plus haut :

> Dans cette logique, d'une distinction entre la sphère psychologique et la sphère des objets du monde, il convient de remarquer que le terme de substance (ainsi que ses équivalents matière ou substratum) recouvre chez Saussure deux qualifications différenciées - autrement dit, face à la langue, il n'envisage pas une, mais deux substances. Il y a, d'une part, la substance psychologique, qui entre dans une relation structurelle et directe avec le signe linguistique, en cela que c'est à partir de cette substance psychologique que la langue opère sa mise en forme sémantique. Cette substance est la sphère d'un état amorphe des idées : celles-ci ne deviendront véritablement idées ou concepts, c'est-à-dire signifiés, que par la mise en forme linguistique. Et il y a, d'autre part, la substance des objets du monde, qui, elle, n'entretient pas de relation directe avec le signe linguistique, sa relation étant, par définition, médiatisée par la substance psychologique. (Bouquet 1997 : p. 114)

Bien. Selon Lucidi, Benveniste « accepte entièrement (p. 24) les définitions "signifiant=image acoustique, signifié=concept", sans s'apercevoir de leur caractère provisoire. » (traduction de l'auteur) [«accetta appieno (p. 24) le definizioni "signifiant=image acoustique, signifié = concept", senza avvertirne la provvisorietà»] (Lucidi 1966: p. 52).

Rappelons maintenant cet énoncé du *Cours*:

> Le mot arbitraire appelle [...] une remarque. Il ne doit pas donner l'idée que le signifiant dépend du libre choix du sujet parlant (on

Andrea Picciuolo

verra plus bas qu'il n'est pas au pouvoir de l'individu de rien changer à un signe une fois établi dans un groupe linguistique) ; nous voulons dire qu'il est immotivé, c'est-à-dire arbitraire par rapport au signifié, avec lequel il n'a aucune attache naturelle dans la réalité. (Saussure 1997 : p. 101)

Par rapport à cet énoncé, qui est l'architrave textuelle de la critique de Benveniste, Lucidi affirme :

[...] parlando di arbitrarietà, [Saussure] vuol semplicemente intendere che nel legame che unisce significante e significato [...] è assente ogni rapporto naturale, rapporto naturale nel senso («immotivé», «naturelle» parlano chiaro) di rapporti validi fuori dei limiti spaziali e temporali, della specie insomma di quelli che, a parte certe riserve, presuppongono le scienze sperimentali [...] (Lucidi 1966: p. 50)[8]

[...] en parlant d'arbitraire, [Saussure] veut dire simplement que dans le lien qui unit signifiant et signifié [...] tout rapport naturel est absent, en entendant le rapport naturel dans l'acception de rapports valides hors des limites spatiales et temporelles (« immotivé », « naturelles » sont des termes parlants dans ce sens), bref cette sorte de rapports dont, mis à part certaines réserves, s'occupent les sciences expérimentales. [...] (traduction de l'auteur).

Si on interprète rigoureusement l'énoncé du *Cours*, selon Lucidi, ilest clair que la locution «dans la réalité» (dans la phrase «[...] avec lequel il n'a aucune attache naturelle dans la réalité»), est un pléonasme. Lucidi écrit : "Dans la réalité" ne peut pas évidemment être en fonction de "attache", dont,

---

[8] Il faut rappeler aussi ce qu'écrivait Pagliaro en 1949, dans son article « Linguaggio » de l'Enciclopedia italiana : « Mentre dal punto di vista fisiologico il linguaggio appartiene all'ordine dei fatti motori, come è da tutti riconosciuto, per la libertà che in esso dall'interno agisce, appartiene all'ordine dei fatti finalistici, ai quali non è possibile applicare il principio di causalità, valido per i fenomeni di natura. Il mancato riconoscimento di tale suo carattere ha pesato assai gravemente sulla teoria e sulla ricerca linguistica ».
« Tandis que du point de vue physiologique le langage appartient à l'ordre des faits moteurs, comme tout le monde le reconnaît, grâce à la liberté qui agit en lui il appartient au contraire à l'ordre des faits finalistes, auxquels il n'est pas possible d'appliquer le principe de causalité, qui est valide seulement pour les phénomènes naturels. Le défaut de reconnaissance de ce caractère intrinsèque du langage a beaucoup grevé la théorie et la recherche linguistique ». (traduction de l'auteur)

entre autres, dépend déjà le pronom relatif "avec lequel " (traduction de l'auteur) [« "Dans la réalité" non può evidentemente dipendere da "attache", da cui tra l'altro già dipende il pronome relativo "avec lequel" ».] (Lucidi 1966: p. 50).

Comme conséquence de son analyse textuelle, Lucidi juge que dans l'énoncé du principe de l'arbitraire du signe dans le *CLG* :

> [...] non è minimamente contenuta l'affermazione che vi ha scorto Benveniste della contingenza, della non necessità del rapporto in virtù del quale significante e significato costituiscono un segno linguistico, anzi la teoria saussuriana comporta come ingrediente essenziale esplicitamente postulato proprio la necessità di tale rapporto; e il De Saussure enuncia il principio di arbitrarietà come uno dei presupposti del suo ragionamento. (Lucidi 1966: p. 51)

> [...] n'est pas du tout contenue l'affirmation de la contingence, de la non nécessité du rapport par lequel le signifiant et le signifié forment un signe linguistique, ce dont Benveniste s'est aperçu, au contraire la théorie saussurienne affirme exactement la nécessité de ce rapport comme un élément essentiel explicitement postulé ; de plus Saussure énonce le principe de l'arbitraire comme un des fondements de son raisonnement. (traduction de l'auteur)

Bref, où Saussure dit signifiant (Saussure: «Nous voulons dire qu'il [ndr: videlicet "le signifiant]" est immotivé, c'est-à-dire arbitraire par rapport au signifié»), Benveniste lit signe, et de là naît et se développe sa prétendue réfutation de la thèse de Saussure[9]. Le malentendu a été favorisé par la subversion, par Benveniste, de la structure déjà fragile des argumentations du *Cours*. Lucidi écrit:

> L'enunciato dell'arbitrarietà posto nel *Cours* come principio viene presentato qui come una conseguenza dei fatti là introdotti (da quell'«ainsi» che appunto per questa trasposizione appare così

---

[9]Par ailleurs, l'identification de signifiant et signe n'était pas un choix singulier. En commentant un essai de Bally paru en 1939 (« Qu'est-ce que un signe ? »), Amacker (2000 : p. 255) écrit : « [...] commentant le 'coup de chapeau' qui sert de marque de salut, il [ndlr : Bally] dit: "Le geste lui-même (le signifiant ou signe proprement dit) a perdu toute valeur symbolique; nous ne savons plus pourquoi nous levons notre chapeau pour saluer. Arrivé à ce terme, nous pouvons dire, avec F. de Saussure, que le signe est arbitraire" (1939 :168). Or, si le 'signe' est le signifiant, l'arbitraireainsi introduit est l'arbitraire traditionnel, aristotélicien et nomenclaturiste ».

Andrea Picciuolo

ingiustificato nel contesto del Benveniste) a esemplificazione e prova del principio medesimo [...] (Lucidi 1966: p. 57)

L'énoncé de l'arbitraire postulé dans le Cours comme principe est présenté ici comme une conséquence des faits introduits là (par cet « ainsi » qui justement par cette transposition apparait tellement injustifié dans le contexte de Benveniste) comme exemplification et preuve du principe lui-même. (traduction de l'auteur)

Et après :

La frase [ndlr: nous voulons dire qu'il est immotivé, c'est-à-dire arbitraire par rapport au signifié, avec lequel il n'a aucune attache naturelle dans la réalité (Saussure 1997 : p. 101).] è citata [ndlr: da Benveniste] tal quale appare nel Cours; eppure basta osservare con un po' di attenzione i due periodi in cui essa si trova, quello del Benveniste e quello del De Saussure, per accorgersi immediatamente d'un fatto singolare. Vediamo, infatti: nel Cours il pronome «il» con cui si inizia la frase in questione («il est immotivé...» ecc.) si riferisce evidentemente a «signifiant»: nel De Saussure è cioè il significante di cui si predica che è immotivato, cioè arbitrario in rapporto al significato; nel Benveniste è altrettanto evidente che il pronome «il» viene riferito a «signe», è cioè del segno nella sua totalità che si viene a dire che è immotivato. Né questo, val bene osservarlo subito, può essere giudicato un lapsus involontario e isolato, un fatto contingente dovuto all'inclusione della citazione nel periodo, una frase insomma che abbia tradito formalmente l'intenzione del Benveniste, poiché questi, nella stessa pagina, poco più sotto, ribadisce di nuovo «...il [scil. De Saussure] assure, aussitôt après, que la nature du signe est arbitraire, parce qu'il n'a avec le signifié "aucune attache naturelle dans la réalité"». (Lucidi 1966 : p. 58)

La phrase [ndlr: nous voulons dire qu'il est immotivé, c'est-à-dire arbitraire par rapport au signifié, avec lequel il n'a aucune attache naturelle dans la réalité (Saussure 1997 : p. 101)] est citée [ndlr : par Benveniste] tout à fait comme elle apparait dans le Cours ; et pourtant il suffit d'observer avec un peu d'attention les contextes dans lesquels elle se trouve, que ce soit dans Benveniste ou dans Saussure, pour s'apercevoir tout de suite d'un fait singulier. On peut voir en effet : dans le Cours le pronom « il » avec lequel commence la phrase en question («il est immotivé...» etc.) se rapporte évidemment à « signifiant » : autrement dit, pour Saussure le prédicat « immotivé » est en relation avec le signifiant, c'est-à-dire qu'il (le signifiant) est arbitraire par rapport au signifié ; pour Benveniste, au contraire, il est aussi évident que le pronom « il » est en relation avec le terme « signe », c'est-à-dire que le prédicat immotivé s'attache au signe dans son totalité. Il faut l'observer tout de suite : cette affirmation de Benveniste ne peut même pas être jugée comme un lapsus involontaire et isolé, un fait contingent dû à l'inclusion de cette citation dans le développement, on ne peut pas la considérer en somme comme une phrase qui a trahi formellement l'intention de Benveniste, puisque, dans la même page quelques lignes plus loin, il confirme à nouveau « ...il [scil. De Saussure] assure, aussitôt après, que la nature du signe est arbitraire, parce qu'il n'a avec le signifié "aucune attache naturelle dans la réalité" ». (traduction de l'auteur)

À l'appui de sa thèse, Lucidi mentionne un autre énoncé du *Cours* qui, à son avis, a été mal compris par Benveniste. Dans le *CLG*, aussitôt après avoir présenté l'exemple de la feuille de papier pour définir la langue comme une forme, en rapport à l'arbitraire du signe, on lit : « [...] le choix qui appelle telle tranche acoustique pour telle idée est parfaitement arbitraire. Si ce n'était pas le cas, la notion de valeur perdrait quelque chose de son caractère, puisqu'elle contiendrait un élément imposé du dehors ».(Saussure 1997 : p. 157)

Lucidi remarque que :

[Benveniste] replica (p. 28): «Le choix qui appelle telle tranche acoustique n'existerait pas sans l'idée correspondante et viceversa»; come se il De Saussure dicesse: «Le choix de (e non «le choix qui appelle») tel signifiant pour tel signifié est parfaitement arbitraire», intendendo con «signifiant» e «signifié» i due componenti del segno in quanto tali nella loro qualità di valori puri (e quindi con «choix» il rapporto in virtù del quale essi costituiscono il segno medesimo); infatti, è il significante in quanto valore puro, unità differenziale, componente del segno, insomma, che non può esistere se non come contropartita di un significato, e non la «tranche acoustique» nella sua qualità di entità fonetica, qual è appunto per il De Saussure (e per questo la chiama «tranche acoustique») in questa considerazione preliminare. Quanto all'«élément imposé du dehors» esso è, come abbiamo visto, il rapporto naturale e non (come viene fatto di credere al Benveniste) la realtà. (Lucidi 1966: pp. 59-60)

[Benveniste] réplique (p. 28): «Le choix qui appelle telle tranche acoustique n'existerait pas sans l'idée correspondante et viceversa»; comme si Saussure disait : « Le choix de (et non pas « le choix qui appelle ») tel signifiant pour tel signifié est parfaitement arbitraire », en entendant par « signifiant » et « signifié » les deux composantes du signe comme tel dans leur qualité de valeurs pures (et donc avec « choix » le rapport par lequel ils forment le signe lui-même) ; en effet, c'est le signifiant comme valeur pure, unité différentielle, composante du signe, qui ne peut pas exister sinon comme la contrepartie d'un signifié, et non pas la « tranche acoustique » dans sa qualité d'entité phonétique, comme c'est justement le cas pour Saussure dans cette considération préliminaire (et précisément pour cela il l'appelle « tranche acoustique »). Pour ce qui est du syntagme « élément imposé du dehors », il est, comme nous l'avons vu, le rapport naturel et non pas (au contraire de ce que Benveniste fait croire) la réalité. (traduction de l'auteur)

Conclusion

Selon Lucidi, Saussure n'a jamais énoncé la contingence du lien entre signifiant et signifié dans sa définition technique du signe linguistique. Lucidi écrit :

> Saussure lui-même (p. 162) s'exprime de la manière la plus explicite, et pas accidentellement mais en conclusion d'un long raisonnement (traduction de l'auteur): [Il De Saussure stesso (a p. 162) si esprime nella maniera più esplicita, e non incidentalmente, ma a conclusione di un lungo ragionamento:] «Quand j'affirme simplement qu'un mot signifie quelque chose, quand je m'en tiens à l'association de l'image acoustique avec un concept, je fais une opération qui peut dans une certaine mesure être exacte et donner une idée de la réalité; mais en aucun cas je n'exprime le fait linguistique dans son essence et dans son ampleur». (Lucidi 1966 : pp. 52-53)

Cela vaut la peine de citer, à mon avis et pour conclure, une réflexion de Lucidi en marge de son essai :

> Veramente strano il destino di questo *Cours*: la sua genesi ha fatto sì che in esso si venissero a trovare le inesattezze e le contraddizioni più profonde, destinate, per l'importanza degli argomenti a provocare interminabili discussioni; e, come se non bastasse, una volta che gli enunciati, pur nella loro formulazione un po' affrettata e non definitiva, mantenevano una validità, una coerenza sostanziale, un banale malinteso è venuto a oscurare questa coerenza, e i redattori del libro – coloro che sembravano i più qualificati a tenerne presente non solo lo spirito, ma anche la lettera – non hanno saputo far altro che sanzionare il malinteso. (Lucidi 1966: p. 63)

> Le destin de ce Cours est réellement étrange: sa genèse a fait que se trouvent en lui les inexactitudes et le contradictions les plus profondes, destinées, par l'importance des arguments, à donner lieu à des débats interminables ; d'ailleurs, bien plus, dès que les énoncés, quand bien même dans leur formulation un peu précipitée et non définitive, gardaient une cohérence substantielle, un malentendu banal est venu à obscurcir cette cohérence ; les rédacteurs de l'œuvre – ceux qui paraissaient les plus qualifiés pour en garder non seulement l'esprit mais aussi la lettre – ne sont pas parvenus à autre chose qu'à sanctionner le malentendu. (traduction de l'auteur)

Andrea Picciuolo

Il faudrait donc considérer Lucidi, de plein droit, comme un des protagonistes de ce groupe de linguistes qui, vers la fin des années 1940, vise à accueillir la thèse saussurienne de l'arbitraire du signe et àen prolonger de manière constructive la geste. Comme l'a écrit Mancini (2014 : p. 44)[10] : « Au début des années cinquante […], la linguistique italienne – au-delà de Contini – était arrivé grâce à Pagliaro et à Lucidi à élaborer de manière constructive et pas simplement critique les notions fondamentales du Cours saussurien » (traduction de l'auteur) [« All'inizio degli anni Cinquanta […], la linguistica italiana-oltre che con Contini-era giunta con Pagliaro e con Lucidi a elaborare in maniera costruttiva e non semplicemente critica le nozioni fondamentali del *Cours* saussuriano ».]

[10] Je tire la citation de la thèse de Cauzillo (2016).

Bibliographie

Amacker, R.
2000   Le développement des idées saussuriennes chez Charles Bally et Albert Sechehaye, in *Historiographia linguistica vol. 27, n.2/3*.

Benveniste, É.
1939   La nature du signe linguistique, in *Acta Linguistica vol. 1 n. 1*.

Berardi, G.
1989   *Studien zur Saussure-Rezeption in Italien*, Bern, Peter Lang.

Bolelli, T.
1972   Orientamenti e prospettive nella glottologia in Italia, in *Studi e saggi linguistici n. 12*.

Buyssens, E.
1940   La nature du signe linguistique, in *Acta Linguistica vol. 2 n.2*.

Carlucci, A.
2015   La prima ricezione italiana del *Cours de linguistique générale* (1916-1936), in *Blityri IV (1-2)*.

Cauzillo, G.
2016   *Antonino Pagliaro e la linguistica italiana del Novecento*, tesi di dottorato.

De Mauro, T.
1965   *Introduzione alla semantica*, Bari, Laterza.

Ege, N.
1949   Le signe linguistique est arbitraire, in *Recherches structurales 1949, Travaux du Cercle linguistique de Copenhague vol. V*, Copenhague.

Engler, R.
1962   Théorie et critique d'un principe saussurienne. L'arbitraire du signe, in *Cahiers Ferdinand de Saussure n. 19*.
1964   Compléments à l'arbitraire du signe, in *Cahiers Ferdinand de Saussure n. 21*.

Godel, R.
1966   De la théorie du signe aux termes du système, in *Cahiers Ferdinand de Saussure n. 22*.

Andrea Picciuolo

La Fauci, N.
2011   Saussure, Jakobson, Chomsky, in *Relazioni e differenze: questioni di linguistica razionale*, Palermo, Sellerio.

Lerch, E.
1940   Von Wesen des Sprachlichen Zeichen, in *Acta Linguistica vol. 1 n. 3*.

Lucidi, M.
1966   *Saggi linguistici*, Napoli, AION.

Mancini, M.
2014   Appunti sulla protostoria dello strutturalismo in Italia, in Mirto, I., a cura di, *Le relazioni irresistibili. Scritti in onore di Nunzio La Fauci per il suo sessantesimo compleanno*, Pisa, ETS.

Pagliaro, A.
1949   Linguaggio, in *Enciclopedia italiana – II Appendice*, Treccani.

Pichon, E.
1940   Sur le signe linguistique. Complément à l'article de M. Benveniste, in *Acta Linguisticavol. 2 n. 1*.

Puech, C.
2003   L'arbitraire du signe comme « méta-débat » linguistique, *Cahiers de linguistique analogique, n. 1*.

Saussure, F. de
1997   *Cours de linguistique générale*, Paris, Payot.

Sechehaye, A., Bally, C., Frei, H.
1940   Pour l'arbitraire du signe, in *Acta Linguistica vol. 2 n. 3*.

Spang-Hansenn, H.
1954   *Recent theories on the nature of the language sign*, Copenhague, Nordisk Sprog- og Kulturforlag.

Stammerjohan, H., ed.
1996   *Lexicon Grammaticorum. A bio-bibliographical companion to the history of linguistics*, Tubingen, Max Niemeyer Verlag GmbH & Co..

Le Débat Sur la Nature Arbitraire du Signe Linguistique

Andrea Picciuolo
University of Zürich, Switzerland
andrea.picciuolo@gmail.com

L'arbitraire du Signe Comme Problématique Dans la Linguistique Genevoise: Ch. Bally, A. Sechehaye et H. Frei

ANAMARIA CUREA

ABSTRACT. According to the linguists of the Geneva School, namely, Charles Bally, Albert Sechehaye and Henri Frei, the arbitrariness of sign is not merely a *principle* to advance and contemplate. It is above all an issue to explore, a subject of reflection and debate, a topic to develop. Here we undertake to study the two facets of arbitrariness in these linguists' work: as a linguistic *principle* (as formulated by Saussure) and as a *topic of discussion*, which, when considered, raises important theoretical issues for the expressivity category they develop in their research. Our aim is to point out the importance of reinscribing arbitrariness in the Genevan theories of General Linguistics and the place it may occupy within this framework: besides being a question of restitution, it is about the willingness of possibly opening a linguistic research field.

De quoi le maître est-il le modèle, cela ne dépend pas de lui.
Judith Schlanger, 2014, p. 74

Anamaria Curea

À regarder de près le florilège des commentaires sur l'arbitraire du signe réalisé par R. Engler [1962], il est aisé de constater la dimension qu'a prise ce débat dans la première moitié du XXe siècle. Les soixante-dix commentaires sur la formulation saussurienne du principe de l'arbitraire, dont certains se répondent sur un ton polémique, prenant la dimension d'une *querelle*, créent une polyphonie à travers laquelle se réactive ce topos déjà doté d'une historicité très dense[1].

À l'intérieur de ce débat, sans cesse renouvelé, et au sein de l'école genevoise de linguistique générale, nous souhaitons relever quelques points par lesquels l'arbitraire du signe s'avère non seulement un élément important dans la réception des idées saussuriennes par les premiers interprètes du *Cours* que sont Bally et Sechehaye[2] (ses éditeurs) et par le disciple de Bally, H. Frei[3], mais aussi et surtout, une *problématique linguistique* qu'ils ont construite dans leurs travaux, que chacun a développée à sa façon pour y inscrire les coordonnées de son propre programme.

L'arbitraire du signe s'y retrouve principalement sous deux formes, complémentaires : comme l'un des points fondamentaux de la nouveauté saussurienne, et comme une *base de discussion* permettant d'ouvrir des voies nouvelles à la linguistique. Autrement dit, dans leurs travaux, l'arbitraire est envisagé comme le *principe saussurien* fondateur d'une approche novatrice en linguistique, mais il acquiert subséquemment la dimension d'une *problématique à développer*, au sens attribué à ce terme par S. Auroux [1979], en se référant aux cas où un thème ne correspond pas à un problème univoque auquel la théorie apporterait une solution définitive : « c'est en fait moins un problème qu'une problématique, c'est-à-dire la forme des

---

[1] Pour une synthèse exemplaire de cette problématique, voir [Puech, 2003], qui montre sa dimension de véritable « méta-débat qui traverse les millénaires de la pensée occidentale, investi d'enjeux variés, différents et toujours essentiels » (p. 155).

[2] En plus de leur travail rigoureux en vue de la publication du CLG, en plus de leur statut d'auditeurs de cours dispensés par F. de Saussure à Genève, à l'exception du Cours de linguistique générale, Ch. Bally et A. Sechehaye sont parmi les premiers linguistes qui ont réalisé la « réception » du *CLG* et qui ont commencé à construire l'« héritage saussurien » [Puech, 2000], en réinvestissant ses idées et ses thèses.

[3] H. Frei appartient à la deuxième génération de linguistes genevois. Rappelons également qu'H. Frei s'est engagé dans la défense des thèses saussuriennes et qu'il a travaillé également sur les manuscrits de Saussure [Amacker, 2000]. Pour une discussion sur l'identité de l'école de Genève, voir [Puech, 2015, dir.].

L'arbitraire comme problématique dans la linguistique genevoise

connexions générales entre des questions et des réponses dont les liens ne sont pas déterminés une fois pour toutes » ([Auroux, 1979], p. 54).

1. L'articulation arbitraire-motivation chez Ch. Bally

Dans les premiers textes de Bally, l'influence de F. de Saussure est généralement difficile à évaluer (cf. [Amacker, 2000]). L'arbitraire du signe ne fait pas l'objet d'une problématisation, ni d'un développement quelconque dans ses ouvrages et articles sur la stylistique. Parmi les idées qui pourraient avoir un rapport avec la linguistique saussurienne, nous rappelons la définition du « système » de la langue comme système expressif (une approche systémique de la langue) et le programme de linguistique synchronique, dont la nécessité est sans cesse affirmée.

Avant de s'engager, individuellement ou en collaboration avec ses collègues, dans le débat autour de l'arbitraire du signe dans les années 1940, Bally réinscrit cette thématique dans deux de ses ouvrages : *Le langage et la vie* [1926] et *Linguistique générale et linguistique française* [1932, désormais *LGLF*)].

1.1 L'arbitraire et le mécanisme de l'expressivité linguistique

Dans son article *Mécanisme de l'expressivité linguistique* [1926], Ch. Bally apporte une interprétation qui lui permet d'articuler sa conception de l'expressivité avec la problématique du rapport entre *arbitraire* et *motivation*. Dans ce texte, la définition du « mécanisme fondamental de l'expressivité linguistique » repose sur les *opérations associatives*, à savoir des associations sur le signifiant et des associations sur le signifié, dont le rôle est de *limiter* l'arbitraire :

> Le langage, intellectuel dans sa racine, ne peut traduire l'émotion qu'en la transposant par le jeu d'associations implicites. Les signes de la langue étant arbitraires dans leur forme – leur *signifiant* – et dans leur valeur, – leur *signifié* – les associations s'attachent soit au signifiant, de manière à en faire jaillir une impression *sensorielle*, soit au signifié, de manière à transformer le concept en *représentation imaginative*. L'une et l'autre catégorie d'associations se chargent d'expressivité dans la mesure où la perception sensorielle ou la représentation imaginative concorde avec le contenu émotif de la pensée ([Bally, 1926/1977], p. 83).

Anamaria Curea

Les associations sur le signifiant sont censées produire des perceptions correspondant aux idées, des *impressions sensorielles.* Selon Bally, l'expressivité de ces associations limite leur arbitraire : interjections, phrases exclamatives, exclamations diverses, combinaisons de voyelles et de consonnes (*gazouiller, caracoler, grignoter, cliquetis*), contrastes de timbres (*zigzaguer*), accents d'insistance (« une *ff*ormidable explosion »), quantité longue ou brève des syllabes, répétitions de voyelles (*tohu-bohu*), de consonnes (*papoter, barboter*), de syllabes (*dada, nounou*), de mots (« *C'est loin, loin* », « *un père est toujours un père* »), pauses entre les syllabes (« refus *ca-té-go-rique* »), entre les mots (*je-le-veux*) ainsi que tous les procédés *rythmiques.*

Les associations sur le signifié créent des *représentations imaginatives* et produisent de l'expressivité par substitution : les *images*, les *figures* ou les tropes (*un clou dans la dent, c'est une forte tête, la ville est en rumeur, ses yeux lancent des éclairs, le vent mugit*).Bally parle d'*hypostase*, substitution d'une catégorie à une autre (au lieu de « *Que vous êtes naïf* !», on dit « *Que vous êtes enfant!* » – le substantif *enfant* ayant une fonction adjective). Ce type de procédé est repris et largement développé par H. Frei, dans la *Grammaire des fautes* de 1929, sous le nom d'*interversion* de catégories.

Le mécanisme de l'expressivité repose tout entier sur des associations implicites. Pour Bally, un signe n'est pas expressif en lui-même, il l'est dans son association avec d'autres signes. Ces associations sont *implicites*, marquant toujours un écart, une déviance par rapport à un autre mode d'expression :

> Nous avons prétendu, en effet, que l'expressivité linguistique, obéissant à la tendance synthétique de l'affectivité, applique une perception ou une représentation sur un concept, de manière à le voiler et à l'étouffer tout en l'évoquant, et qu'elle *diminue d'autant le rôle des signes arbitraires.* Donc implication et non juxtaposition; *le syntagme expressif n'est jamais complètement explicite* : l'un des termes plane sur l'autre ou le remplace » ([Bally, 1926/1977], p. 89, nous soulignons).

La notion d'arbitraire chez Bally est susceptible de s'étendre à tout le domaine de la langue, et devient l'attribut d'un mode d'expression. La conséquence en est que la langue usuelle est considérée comme arbitraire dans son ensemble, alors que la « langue expressive » s'attaque constamment à cet arbitraire. Trois notions deviennent quasi-synonymes chez Bally :*arbitraire*, *logique* et *intellectuel*, et s'appliquent à un mode d'expression, plutôt qu'aux signes eux-mêmes. Les deux types de procédés qui viennent contrecarrer l'arbitraire produisent deux types distincts d'expressivité, qui jouent sur la relation *sensation*-concept ou *représentation inédite*-concept. Dans les deux cas, l'expressivité est le résultat d'une *forme d'hétérogénéité* linguistique.

1.2 L'arbitraire et l'antinomie entre expression et communication

Les notions d'arbitraire et de motivation sont évoquées également dans la formulation du rapport d'antinomie entre *expression* et *communication*, qui permet d'envisager le processus de conventionnalisation des signes comme un phénomène dynamique, de déplacement sur un axe qui lie le pôle de l'expression à celui de la communication :

> La pensée tend vers l'expression intégrale, personnelle, affective; la langue cherche à communiquer la pensée vite et clairement : elle ne peut donc la rendre que dans ses traits généraux, en la dépersonnalisant, en l'objectivant. Plus les échanges se multiplient, plus la communication travaille à l'encontre de l'expression personnelle. (...) Quand la langue arrive à ses fins, le signe linguistique devient purement conventionnel, ou, comme dit de Saussure, arbitraire : et il l'est non seulement dans sa forme matérielle et phonique – son *signifiant*, – il l'est aussi dans sa signification, sa valeur – son *signifié*. ([Bally, 1926/1977], p. 80).

Bally utilise les deux notions pour expliquer la vie, le devenir d'un signe linguistique, du point de vue de la stabilisation (et déstabilisation) du rapport entre le signifiant et le signifié. Lorsque ce rapport est déjà stabilisé, le signe est *conventionnel* ou *arbitraire,* et sert désormais aux besoins de la communication. L'expressivité est une étape intermédiaire entre ce qui est encore un procédé, et encore perceptible en tant que tel, et le moment où toute signification *procédurale* s'efface au profit de la stabilisation du rapport entre signifiant et signifié, interne à tout signe de la langue. Ceci est une conséquence du fonctionnement de l'expressivité en diachronie.

Les termes *arbitraire* et *motivation* prennent ainsi place dans les deux séries opposées qui caractérisent l'antinomie entre communication et expression, également envisagées comme les pôles du rapport entre la langue et la pensée : l'arbitraire est associé à la communication, au collectif, à

Anamaria Curea

l'inconscient, à la langue, alors que la motivation est associée à l'expression, à l'individuel, à la conscience et à l'intentionnalité du sujet.

La problématique de l'arbitraire sera reprise dans *LGLF* de 1932/1944 au sujet des rapports entre le signe linguistique et la syntagmatique :

> L'opposition établie par Ferdinand de Saussure entre signes arbitraires et signes motivés est une de celles qui jouent le plus grand rôle dans la théorie des systèmes linguistiques. C'est elle qui fixe – de deux façons différentes – la valeur des signes ; le mécanisme de l'arbitraire montre notamment comment il se fait qu'un signe isolé, sans l'appui d'aucun contexte, soit attaché à une notion déterminée. La chose nous paraît naturelle, parce que l'usage constant de la langue nous donne le change ; mais en fait, comment est-il possible qu'un mot tel que arbre exprime l'idée d'arbre ? ([Bally 1944/1965], p. 127).

S'appuyant sur les exemples de signes *partiellement motivés* proposés dans le *CLG dix-neuf, petit-fils, poirier, couperet*, Bally définit le signe motivé comme un signe qui renferme, à l'état isolé, « quelque chose qui se rapporte à l'idée qu'il exprime, peu importe que cette indication soit rationnelle comme dans *dix-neuf*, imparfaite, comme dans *petit-fils*, ou simplement imaginaire, comme dans *vif-argent* ; peu importe, autrement dit, qu'il demeure arbitraire en dépit de sa motivation relative » (*ibid.*, p. 127). Là où l'interprétation de l'arbitraire du signe saussurien par Bally ouvre une voie qui entend compléter et systématiser sa formulation par Saussure est dans la suite :

> F. de Saussure explique l'arbitraire du signe par la multiplicité, théoriquement illimitée, des associations oppositives que le signe contracte avec les autres signes de la langue (associations étroites ou relâchées, immédiates ou médiates). *Il précise en outre que c'est par deux jeux parallèles d'associations que sont fixées les deux parties du signe ; autrement dit, celui-ci est arbitraire dans son signifié et dans son signifiant* (*ibid.*, p. 127, nous soulignons).

L'interprétation de Bally sépare le signifiant du signifié, dont chacun est arbitraire à sa façon, en raison des deux séries d'associations. À partir de cette interprétation, il développe cette problématique en se posant la question

L'arbitraire comme problématique dans la linguistique genevoise

de savoir si ce « parallélisme » existe aussi pour la motivation : « Un signe peut-il être motivé par son signifié ou par son signifiant ou par l'un et l'autre ? » (*ibid.*, p. 128).

Autrement dit, pas plus que l'arbitraire, la motivation ne caractériserait le rapport entre signifiant et signifié, mais chaque « face » de l'entité bifaciale qu'est le signe : le recto et le verso de la feuille de papier sont envisagés séparément. Dans la catégorie des signes motivés par le signifié, Bally classe les exemples du *Cours*, *dix-neuf* et *poirier* : « deux concepts dont les signes linguistiques sont purement arbitraires s'associent pour former une notion complexe qui rappelle, de près ou de loin, la valeur réelle du signe total » (*ibid.*, p. 129). Les signes sont motivés par le signifiant si celui-ci « dégage une ou plusieurs perceptions (acoustiques, parfois visuelles) » : les interjections (*pouah*, *pif-paf*), parfois transposées par hypostase (*le brouhaha, le crincrin, crier haro, marcher cahin-caha*) ou explicitement (*cliqueter, cliquetis, craquer, craquement, croasser, miauler*), le symbolisme les sons (*p, b, f*, l'idée de plénitude : *bourrer, boursoufler, empiffrer, gonfler*), l'accent et l'intonation qui motivent (l'accent d'insistance : mais *tt*ais-toi !, *c*ochon !). Bally signale un fait remarquable : « on aura remarqué que presque tous les cas de motivation par le signifiant mentionnés jusqu'ici appartiennent à la langue expressive, autrement dit, relèvent de la stylistique » (*ibid.*, p. 132)

1.3 Charles Bally et la polémique autour de l'arbitraire dans les années 1940

Dans son article de 1940, Bally répond à deux études qui se montrent critiques à l'égard du principe saussurien de l'arbitraire du signe[4]. Leurs auteurs estiment que F. de Saussure a introduit des termes contradictoires dans la définition du signe, et que le lien qui unit le signifiant au signifié, loin d'être arbitraire, comporte *au contraire* un caractère de nécessité organique.

Les deux articles se fondent sur l'hypothèse d'une contradiction interne résultant du rapprochement entre l'arbitraire et l'immotivé, « arbitraire par rapport au signifié, avec lequel il n'a aucune attache dans la *réalité* ». Bally fait remarquer que ce qu'il faut entendre par *réalité* n'est pas l'objet réel qu'on

---

[4] Il s'agit de l'article d'E. Pichon, 1937, « La linguistique en France », publié dans *Journal de Psychologie* 33, p. 25 ss et de l'article d'E. Benveniste, 1939, « Nature du signe linguistique », publié dans *Acta linguistica*, p. 23 ss.

voit devant soi, mais le « caractère logique et nécessaire d'une union fondée en nature » ([Bally, 1940], p. 194) et que la cause de cette ambiguïté est à attribuer aux conditions de l'édition du *Cours*. Et il ajoute encore que si l'on supposait que Saussure avait pris le mot *réalité* dans le même sens que ses contradicteurs, on pourrait répondre avec Saussure que s'il n'y a dans les sons de *arbre* aucun rapport avec le concept « arbre », à plus forte raison n'y en a-t-il aucun avec la représentation concrète de tel ou tel arbre offert à la perception.

À partir de l'ambiguïté du mot *signifié* signalée par les deux auteurs, Bally introduit une distinction terminologique entre la représentation sensorielle *actuelle* et le concept *virtuel*. Le reflet linguistique de la première sera appelé signification objective ou simplement *signification*, alors que le concept virtuel est appelé valeur subjective ou simplement *valeur*. La signification reste toujours en contact avec la réalité, alors que la valeur a seulement une existence mémorielle, sans aucun contact avec la réalité. Bally met cette distinction en rapport avec la dualité *langue/parole* :

> (...) leur opposition touche à l'essence même du mécanisme linguistique; car (elle) (...) a pour conséquence que la valeur (virtuelle) relève de la langue, tandis que la signification (actuelle) ressortit à la parole (au fonctionnement de la langue); or cette distinction – qu'on essaie encore de battre en brèche – ne peut plus être mise en doute depuis que Saussure l'a posée. C'est seulement dans la parole, dans le discours, que le signe, par contact avec la réalité, a une signification (...) et c'est seulement dans la langue, à l'état latent, que ce même signe déclenche un faisceau d'associations mémorielles qui constituent sa valeur (p.ex. Arbre : arbuste, arbre : tronc, arbre : sapin, hêtre, arbre : forêt, etc., etc. ([Bally, 1940], p. 195).

Nous pouvons constater que la distinction entre langue et parole est évoquée comme un principe général susceptible d'admettre plusieurs corollaires. Parmi ces corollaires se situe également la distinction importante pour Bally entre la *signification du signe*, comme actualisation dans la parole ou le discours (les deux notions sont synonymes ici) et la *valeur du signe*, l'ensemble des associations mémorielles formant son « champ associatif » dans la mémoire. Ce développement ne nous semble compatible ni avec la notion de *signe*, ni avec celle de *valeur* de la théorie saussurienne.

Le malentendu concernant l'arbitraire s'explique, selon Bally, par l'illusion du caractère naturel, organique, logique même, du lien entre le signifiant et le signifié, conséquence en réalité de la reproduction incessante de la même association, alors que cette association a pu naître par simple contact. Pour être né de cette manière, ce rapport n'est pas moins impératif, en vertu de la contrainte sociale. Mais il est tout aussi vrai que ce lien constitutif du signe est « des plus fragiles », se nouant et de dénouant avec une grande facilité ; il se modifie ou se déplace, selon Bally, au gré des caprices de la structure linguistique et de l'usage, *parce qu*'il est arbitraire[5].

2. Forme-valeur et convention chez Albert Sechehaye

En 1908, Albert Sechehaye publie deux textes fondamentaux pour la discipline naissante qu'est la linguistique générale : son article publié dans les *Mélanges à F. de Saussure* et son ouvrage *Programme et méthodes de la linguistique théorique. Psychologie du langage*. Dans ces deux textes, nous trouvons une approche de la distinction entre nature et convention qui se rattache à la problématique de l'arbitraire, sans que l'arbitraire soit une propriété attribuée éminemment au signe. Cette notion est utilisée dans le cadre du développement d'un programme scientifique réformateur appelé « linguistique théorique » et fondé sur un principe explicatif original, le *principe d'emboîtement*.

Dans ces textes de Sechehaye, nous ne retrouvons pas une définition *saussurienne* du signe linguistique. L'unité linguistique définie par l'auteur est le *symbole*, dans une approche d'inspiration plutôt logiciste. A. Sechehaye définit le symbole ainsi : « Le symbole n'est pas un signe arbitrairement choisi pour correspondre à une idée préexistante, mais la condition linguistique nécessaire à une opération psychologique, à savoir la formation d'une idée verbale » ([Sechehaye, 1908a], p. 175). Dans la formulation de ce principe, son choix terminologique se justifie et se précise davantage. Le symbole est une notion qui ne renvoie pas au signe comme entité déjà instituée, mais à l'opération psychologique qui rend possible la formation d'une « idée verbale ». Le symbole devient ainsi un concept permettant de prendre en compte l'opération psychologique de signification

---

[5] Sur la limitation de l'arbitraire ou arbitraire relatif chez Saussure, à la lumière des sources manuscrites, voir [Godel, 1974], p. 89 : « Contrairement à ce que pensait Bally, il n'y a pas de motivation à l'intérieur du signe : c'est l'entourage associatif et syntagmatique qui limite l'arbitraire ».

Anamaria Curea

ou de symbolisation, qui est la condition de possibilité du fonctionnement du langage. C'est le signe considéré sous l'angle des conditions psychologiques qui concourent à l'institution du lien mental entre une étendue linguistique et une idée. Sechehaye établit un rapport de solidarité absolue entre le symbole et l'idée, fondé sur l'identité psychologique qui existe entre ces deux phénomènes parallèles, création du symbole et formation de l'idée.

La thématique du *symbole* est reprise dans son ouvrage de 1908, *Programme et méthode de la linguistique théorique. Psychologie du langage*, notamment au sujet de la distinction entre la *forme* et la *convention*. Pour Albert Sechehaye, la forme et la valeur d'un signe sont inséparables, en vertu du principe absolu du parallélisme psychophysiologique. Dans l'analyse de la parole, il est impossible de séparer le contenant, c'est-à-dire la forme ou le procédé, du contenu, c'est-à-dire de la valeur. Ce sont deux aspects solidaires du même phénomène, comme *une seule chose dont nous voyons les deux faces*. L'objet de la linguistique doit être la solidarité entre les deux faces, la forme et la pensée, et vouloir les séparer signifierait détruire l'objet de la linguistique.

Pourtant, une distinction doit être opérée entre l'unité qu'institue la solidarité entre la forme et la valeur et un autre élément, dont la nature et le rôle sont différents : les sons, les éléments articulatoires, la matière dans laquelle la forme se réalise. Sechehaye est conscient de l'équivoque qui entoure le mot *forme*. C'est pourquoi il définit ce terme comme un ensemble abstrait formé des idées qu'a le sujet parlant et qui est par rapport au langage concret ce que les qualités géométriques d'un objet sont à cet objet dans l'ordre de la perception. *Le fondement de la grammaire réside dans l'identité entre l'idée et le symbole, qui repose sur l'association des représentations (de choses) et des représentations de symboles* :

> Analysée dans ses éléments, cette forme se compose avant tout des idées dont dispose le sujet parlant. Ces idées plus ou moins claires sont faites de vastes associations de représentations, associées à leur tour avec des représentations de symboles correspondants. [...] Le symbole c'est l'idée et l'idée c'est le symbole ; il y a solidarité entre eux dans la pensée, et chacune de ces associations est un élément formatif à la fois dans l'intelligence et dans la grammaire. La conformité de la pensée avec la langue repose sur cette identité foncière de leurs éléments respectifs. ([Sechehaye, 1908b], p. 111).

L'arbitraire comme problématique dans la linguistique genevoise

La forme, envisagée comme association de représentations de deux types, *inséparables*, se réalise seulement par les signes conventionnels, et ces signes ont une qualité matérielle, contingente, qu'il s'agit de distinguer de la forme. L'arbitraire du signe s'explique par cette distinction entre la forme et la convention. La forme repose sur une association nécessaire, la convention sur une opération arbitraire :

> Il n'y a aucune relation nécessaire, aucune identité entre l'idée de l'animal solipède que chacun connaît, et les deux syllabes du vocable che-val avec lequel cette idée est associée. En pratique ce monde des idées qui est le substitut du monde extérieur, ne saurait exister dans l'intelligence sans un lexique correspondant, comprenant des mots d'une qualité matérielle quelconque mais suffisamment différenciés entre eux. En théorie cependant, on peut concevoir cette forme de la pensée qui est en même temps une forme de la grammaire, en dehors du lexique particulier dans lequel elle se réalise. On peut supposer un autre lexique, comprenant tout autant de vocables également différenciés, mais absolument différents de ceux qui se trouvent être en usage. Au lieu de cheval rien n'empêche d'imaginer une autre combinaison de signes articulatoires, ou même de n'en imaginer aucune et de penser seulement un signe algébrique, un a ou un x qui serait le substitut abstrait et général du signe quelconque dans lequel cette idée se réalise. ([Sechehaye, 1908b], p. 111-112).

Le symbole est investi d'une valeur de « cellule grammaticale » et peut figurer au sein du langage *prégrammatical* comme un symbole-phrase. Ceci est la forme la plus simple de la phrase, à savoir un seul symbole qui exprime la pensée, en énonçant l'idée psychologiquement importante. Sechehaye affirme ensuite, par une analogie avec la spécialisation des cellules dans un organisme vivant, que les « mots » sont en eux-mêmes des éléments complexes, qui s'adaptent à leur rôle en devenant des parties de phrase[6]. La morphologie statique aurait à résoudre le problème même de la construction du sens : « comment peut-on, par les symboles de l'ordre articulatoire, construire quelque chose dont la suite et la forme correspondent

---

6 L'étude du symbole pourrait constituer, selon Sechehaye, un premier chapitre de psychologie collective sous le nom de « symbolique ».

à la suite et à la forme de la pensée ? » (ibid., p. 142). Il s'agit d'une science abstraite et déductive, comparable à l'algèbre. Sa spécificité réside dans le type de logique qu'elle implique, une « logique pratique, et qui dépend des formes et des conditions de la vie psychologique tout entière » (ibid.). Cette logique est assurée par le contact permanent que cette science doit maintenir avec le milieu prégrammatical, avec la « nature »[7].

Cette réflexion se poursuit presque dans les mêmes termes en 1917, dans son compte-rendu du *CLG*, où il montre la nouveauté des idées saussuriennes pour la science linguistique, y compris sa prise en compte de l'arbitraire relatif :

> Or cette notion de l'arbitraire relatif, du rationnel et du psychologique dans la langue, peut être certainement étendue. S'il est permis ici de prolonger et de compléter la pensée qui n'est qu'en germe dans le *Cours de linguistique*, nous dirons que la langue n'étouffe pas dans ses institutions arbitraires tout ce qu'elle a trouvé de vivant, de psychologiquement conditionné dans la parole. Le signe différentiel est la substance inerte dont elle ne peut se passer pour se constituer, mais elle construit avec cette substance un édifice qui a une forme et un style adaptés aux besoins de l'esprit collectif qui y habite ([Sechehaye, 1917], p. 28-29).

L'arbitraire associé à la dimension matérielle, aux sons, indispensable à l'organisme grammatical est limité par les signes expressifs naturels. Cette approche se poursuit dans ses travaux ultérieurs :

---

7 L'abstraction dont parle A. Sechehaye n'est pas la même que l'abstraction mathématique, loin de là, et il insiste sans cesse sur ce point : « Ce n'est pas aux mathématiques pures, spéculant sur des relations parfaitement abstraites, que nous devrions assimiler cette science, mais plutôt à la mécanique physique ou céleste qui nous montre la nature obéissant à ces lois abstraites » ([Sechehaye, 1908b], p. 144). À la différence de la logique mathématique, qui emboîte la nature, la logique appliquée au langage s'emboîte dans la vie psychologique comme dans son milieu naturel. A. Sechehaye partage avec Ch. Bally l'intérêt pour la vie, mais ce qu'il évoque est la vie psychologique et logique, attribut de la nature humaine, alors que son collègue définissait la vie par le recours aux notions de poussée, élan, transformation, sans associer cette notion à celle de logique.

3. L'arbitraire du signe chez Henri Frei

La problématique de l'arbitraire du signe apparaît pour la première fois chez Frei dans sa *Grammaire des fautes* de 1929 et se situe, épistémologiquement, entre l'approche de la mobilité du signe de Bergson, l'arbitraire du signe formulé par Saussure et l'antinomie entre expression et communication de Bally.

Selon Frei, c'est Bergson qui avait le mieux expliqué le principe même du langage humain, la *mobilité* du signe : à la différence du signe instinctif, qui est un signe *adhérent* (le langage des animaux, par exemple), le signe intelligent est un signe *mobile*. Frei établit une analogie entre cette distinction de Bergson, et celle de F. de Saussure entre *symbole* et *signe arbitraire* : alors que le symbole n'est jamais tout à fait arbitraire et conserve toujours un rudiment de lien naturel, le signe arbitraire est immotivé, donc mobile. La mobilité est, selon Frei, une conséquence du fait que le besoin d'économie détermine le remplacement d'une multiplicité des signes particuliers par des signes mobiles pouvant traduire un grand nombre de significations distinctes. Cela est possible également grâce à la non-coïncidence entre les catégories grammaticales et les catégories de la pensée, que Sechehaye appelait « catégories de l'imagination ».

H. Frei identifie deux types d'arbitraire qui assurent la mobilité du signe, l'arbitraire du signe par rapport à la signification et celui de la signification, de la pensée, par rapport à la réalité pensée. Le second type d'arbitraire doit être interprété selon un principe différent : la pensée est mobile par rapport à la réalité pensée. Ce qu'il faut entendre par mobilité du signe est sa capacité d'être transposé d'une valeur sémantique à une autre ou d'une catégorie grammaticale à une autre. En prenant comme point de départ l'antinomie de la communication et de l'expression théorisée par Bally, Frei regroupe les cinq besoins ou lois autour de deux fonctions principales : l'assimilation, la différenciation, la brièveté et l'invariabilité ont pour fonction principale la *communication*, alors que le besoin d'expressivité est situé du côté de l'expression « intégrale et personnelle de la pensée ». L'expressivité est conçue comme une *fonction du sujet parlant* et, bien que Frei oppose le signe arbitraire au signe expressif, l'expressif n'est pas à proprement parler une fonction du signe. Comme Bally, Frei envisage l'expressivité comme une source de renouvellement de la langue :

> Examiné du point de vue de l'évolution, le langage présente un passage incessant du signe expressif au signe arbitraire. C'est ce

qu'on pourrait appeler la loi de l'usure : plus le signe est employé fréquemment, plus les impressions qui se rattachent à sa forme et à sa signification s'émoussent. Du point de vue statique et fonctionnel, cette évolution est contre-balancée par un passage en sens inverse : plus le signe s'use, plus le besoin d'expressivité cherche à le renouveler, sémantiquement et formellement ([Frei, 1929/2007], p. 299-300).

L'assimilation du pôle de la communication à la notion d'arbitraire du signe est une idée récurrente chez Bally, qui considérait de façon générale que l'expressivité des formes linguistiques limite leur arbitraire. H. Frei rappelle que l'antinomie entre la communication et l'expressivité a déjà été posée sous des formes variées (chez Lorck – *Verstandesrede* et *Phantasierede*, chez Paulhan *langage-signe* et *langage-suggestion*, chez Ogden et Richards *symbolic* et *evocative*), et il préfère envisager cette antinomie sous la forme de l'opposition entre le signe arbitraire et le signe expressif.

En définissant l'expressivité comme principe et comme critère de classement, Frei insiste sur la complexité et la multiplicité des aspects sous lesquels apparaît ce « besoin » : besoin d'agir sur l'interlocuteur (langage actif, procédés d'exagération) et besoin de le ménager (langage passif, les euphémismes, les signes de politesse) ; l'expressivité du langage populaire et celle de la langue littéraire, aspects relevant des variétés de la langue.

Selon Frei, le besoin d'expressivité tend constamment à remplacer les oppositions usuelles, devenues arbitraires, par des oppositions neuves, censées « mettre en éveil l'attention de l'interlocuteur et de faire jaillir chez lui un minimum au moins de conscience » (*ibid.*, p. 302). Notons également que Frei conçoit l'expressif comme un *écart* par rapport à une norme, sémantique ou formelle. Il s'agit d'une transgression volontaire, consciente du sujet parlant, qui réagit face à une logique et à une grammaire normatives.

3.1 L'arbitraire absolu : un mythe selon Henri Frei

L'article de Frei « Le mythe de l'arbitraire absolu » [1974] développe le principe de l'arbitraire, tel qu'il est développé à différents moments du *Cours*, et révèle les contradictions qu'il peut engendrer. Nous signalons l'intérêt particulier de Frei pour la notion d'arbitraire relatif chez Saussure et ses implications pour la théorie de la langue-système de signes.

L'arbitraire comme problématique dans la linguistique genevoise

Un premier point de l'article de Frei fait remarquer qu'entre le principe de l'arbitraire et la distinction entre arbitraire absolu et arbitraire relatif il n'y a pas d'hétérogénéité. La deuxième partie de l'article concerne les aspects de la limitation de l'arbitraire et leurs conséquences pour le système de la langue.

L'auteur fait remarquer une différence entre les leçons saussuriennes de mai 1911 portant d'abord sur le principe de l'arbitraire du signe, et ensuite sur l'opposition entre arbitraire absolu et arbitraire relatif. Le premier est exemplifié par des mots simples (*soeur, boeuf*), alors que l'opposition est associée à l'absence ou la présence de termes coprésents (*vingt*, par rapport à *dix-neuf*). Frei se propose de montrer que les deux aspects de l'arbitraire ne sont pas hétérogènes, mais qu'il s'agit bien d'un seul et même problème.

La voie inductive consiste à inférer l'arbitraire relatif à partir de la *parole* ou des faits *extralinguistiques*. Dans l'acte de communication, la limitation de l'arbitraire est une limitation de l'imprévisible : les onomatopées, par exemple, du fait que leurs sens sont transparents, échappent à l'arbitraire. Il en va de même pour l'interprétation des syntagmes dans la langue maternelle :tout syntagme nouveau est compris immédiatement s'il est formé de signes et de règles d'agencement connus. L'auteur estime que, malgré les exemples du *Cours*, des dérivés et des composés, sa démonstration va dans le sens que tous les syntagmes, y compris les phrases les plus complexes, relèvent de l'arbitraire relatif.

La limitation de l'arbitraire peut également s'expliquer, selon Frei, par une correspondance entre deux sortes de relations : linguistiques, entre les termes, et extralinguistiques, entre les choses (si *poirier* est moins arbitraire que *chêne*, cela est dû au fait que le radical est au suffixe ce que dans la nature le fruit est à l'arbre). Il signale que ce raisonnement appartient à Sechehaye, qui voit dans *cerise-cerisier*, une exception à l'arbitraire pur du signe et des idées. Pourtant à la fin de la dernière leçon de son cours, le 4 juillet 1911, Saussure avait introduit, nous signale Frei, une mention sur le lien entre la valeur et la distinction entre arbitraire absolu et arbitraire relatif : la solidarité syntagmatique et la solidarité associative (deux aspects de la solidarité des termes dans le système) contribuent à la limitation de l'arbitraire. La conséquence que Frei tire de cette modification de la première version du principe de l'arbitraire[8] est qu'« il n'y a pas de signe linguistique dont l'arbitraire ne soit limité » ([Frei, 1974], p. 124).

---

[8] H. Frei estime que le stade final de la pensée de Saussure n'a pas été compris.

Anamaria Curea

La voie de la déduction présente, selon Frei, l'avantage de rendre compte de la langue par la langue elle-même. Étant donné la modification que Saussure avait introduite, Frei estime que la définition de la langue comme « formée de différences et d'oppositions » doit être modérée : tous les signes appartiennent à l'arbitraire relatif en vertu de la solidarité syntagmatique et de la solidarité associative, donc ils ne reposent entièrement sur des oppositions que dans la mesure où ils sont arbitraires, toute identité partielle étant un indice de limitation de l'arbitraire. Les termes du syntagme présentent toujours un trait commun, la *catène* qui les unit en un signe complexe. Dans cette perspective, la limitation de l'arbitraire se fait par le système lui-même, et c'est la seule qui soit du ressort de la linguistique de la langue. Considérer la limitation de l'arbitraire hors système, à laquelle Frei réserve le nom de *motivation*, conduit fatalement, selon lui, au divorce des deux faces du signe en faisant intervenir le rapport à la réalité (relations *signifiant-réalité*– motivation par le signifiant : onomatopées, exclamations ; relations *signifié-réalité* – motivation par le signifié : langage figuré) :

> Comme il appert de la tradition présaussurienne et des discussions qui ont suivi Saussure, la motivation considérée hors système conduit fatalement au divorce des deux faces du signe, soit qu'on traite le problème au point de vue des relations signifiant-réalité (motivation par le signifiant : onomatopées, exclamations, etc.) soit qu'on le traite au point de vue des relations signifié-réalité (motivation par le signifié : langage figuré) (Frei 1974, p. 126).

Selon Frei, la notion d'arbitraire relatif (limitation de l'arbitraire *par le système*) introduite tardivement, ne s'accommoderait pas de certaines thèses saussuriennes, telle « il n'y a dans la langue que des différences », qui entre en contradiction avec une autre affirmation, qui dit que « dans la langue tout revient à des différences, mais tout revient aussi à des groupements ». Or Frei considère que cette contradiction s'explique par les degrés de l'arbitraire. Puisque les langues échappent à l'arbitraire absolu, les signes linguistiques n'existent pas uniquement par leurs différences, car chacun fait partie d'une classe qui lui confère une identité par solidarité.

Frei rappelle ensuite un élément que Sechehaye avait lui-même traité d'un autre point de vue dans son article sur les trois linguistiques saussuriennes (où il montrait que les innovations pénètrent moins facilement dans la syntaxe que dans le vocabulaire) : l'arbitraire relatif des monèmes et l'arbitraire relatif des syntagmes ne présentent pas le même degré de limitation de l'arbitraire. Pour les monèmes, la limitation se fait par des moyens non tactiques, alors que pour les syntagmes, elle est double, tactique et non tactique ; la conséquence est que le syntagme est moins arbitraire que le monème.

Ceci est une explication du fait que le syntagme est plus réfractaire au changement, l'innovation pénètre plus difficilement en syntaxe. Frei établit également une relation entre le degré d'arbitraire et le nombre d'éléments dans le système : plus les signes sont arbitraires, plus ils sont limités en nombre. Les syntagmes sont moins arbitraires que les monèmes, donc plus illimités. Parmi les monèmes, les signes grammaticaux sont plus arbitraires que les lexèmes, donc moins nombreux que ceux-ci.

Sa conclusion est significative : toute théorie qui prétend fonder la langue comme système de valeurs sur l'arbitraire du signe en rejetant ce qui limite l'arbitraire serait une négation de la pensée de Saussure.

Conclusions

Les positions des trois linguistes genevois à l'égard de l'arbitraire se rencontrent autour de l'idée que l'arbitraire et la motivation comportent des degrés, qu'ils sont donc *relatifs*, ce qui n'affecte pourtant pas l'arbitraire linguistique comme principe, tel que Saussure l'avait formulé. Leurs interprétations prennent en compte les situations et les exemples illustrant une limitation de l'arbitraire, et montrent à chaque fois que cela ne contredit pas la pensée saussurienne, bien au contraire. Le développement de cette problématique réinscrit donc l'arbitraire relatif sous plusieurs formes dans leurs théories, dont surgit un ensemble conceptuel cohérent autour des catégories de l'expression et de l'expressivité dans la langue, dans le langage et dans la linguistique.

Chez Charles Bally, arbitraire et motivé sont les pôles d'une échelle où tous les degrés intermédiaires sont possibles. Sa définition du mécanisme de l'expressivité linguistique repose sur la motivation par le signifiant et par le signifié, tout comme sa formulation de l'antinomie entre expression et communication.

Albert Sechehaye envisage la problématique de l'arbitraire sous la forme d'une distance subtile entre l'identité forme-valeur et la convention, dans la définition du symbole comme unité linguistique. La limitation de l'arbitraire est associée au langage prégrammatical, dans lequel « s'emboîte » le langage grammatical.

Anamaria Curea

Chez Henri Frei, cette problématique repose dans un premier temps sur la mobilité du signe envisagée par Bergson, le signe arbitraire chez Saussure et l'antinomie entre expression et communication de Bally. Plus tard, en 1974, il explique la limitation de l'arbitraire chez Saussure par la solidarité syntagmatique et la solidarité associative.

Pour conclure, les trois linguistes ont développé une *problématique* de l'arbitraire – notamment dans leurs approches de l'expressif[9] – compatible avec le modèle de langue dynamique présent dans leurs programmes scientifiques.

BIBLIOGRAPHIE
Sources primaires
[Bally, 1905] Bally, Ch. (1905), *Précis de stylistique: esquisse d'une méthode fondée sur l'étude du français moderne*, Genève, Eggimann.
[Bally, 1911] Bally, Ch. (2007[1911]), « L'étude systématique des moyens d'expression », *Sur la stylistique : articles et conférences*, Édité, présenté, annoté et commenté par Etienne Karabétian, Paris, Eurédit, p. 105-137.
[Bally, 1926/1977] Bally, Ch. (1977) [1913, 1ère édition; 1926, 2e édition augmentée], *Le langage et la vie*, 3e édition augmentée, Genève, Droz.
[Bally, 1940] Bally, Ch. (1940), « L'arbitraire du signe. Valeur et signification », *Le Français Moderne* 8, p. 193-206.
[Sechehaye, 1908a] Sechehaye, A. (1982 [1908a]), « La stylistique et la linguistique théorique », *Mélanges de linguistique offerts à M. Ferdinand de Saussure*, Paris-Genève, Slatkine Reprints, p. 155-187.
[Sechehaye, 1908b] Sechehaye, A. (1908b), *Programme et méthodes de la linguistique théorique. Psychologie du langage*, Paris, Champion.
[Sechehaye, 1917] Sechehaye, A. (1917), « Les problèmes de la langue à la lumière d'une théorie nouvelle », *Revue philosophique de la France et de l'étranger*, vol. 42, no 7, p. 1-30.
[Sechehaye, 1930] Sechehaye, A. (1930), « Les mirages linguistiques », *Journal de psychologie normale et pathologique* 18, p. 654-675.
[Bally, Sechehaye, Frei, 1940-1941] Bally, Ch., Sechehaye, A., Frei, H. (1940-1941), « Pour l'arbitraire du signe », *Acta linguistica* 2, n° 3, p. 165-169.

[9] Voir Curea (2015) pour une analyse du lien entre l'identité de l'école genevoise de linguistique générale et les approches de l'expressif chez les trois linguistes genevois.

L'arbitraire comme problématique dans la linguistique genevoise

[Frei, 1929] Frei, H., (2007 [1929]), *La grammaire des fautes*, Paris, Ennoïa.

[Frei, 1974] Frei, H. (1974) « Le mythe de l'arbitraire absolu », *Studi saussuriani per Robert Godel*, Bologne, Mulino, p. 121-131.

Sources secondaires

[Amacker, 2000] Amacker, R. (2000), « Le développement des idées saussuriennes chez Bally et Sechehaye », *Historiographia linguistica* 27, p. 205-264.

[Auroux, 1979] Auroux, S. (1979), *La sémiotique des Encyclopédistes*, Payot.

[Curea, 2015] Curea, A. (2015), *Entre expression et expressivité : l'école linguistique de Genève de 1900 à 1940*, Lyon, ENS Éditions, coll. Langages.

[Engler, 1962] Engler, R (1962), « Théorie et critique d'un principe saussurien : l'arbitraire du signe », *Cahiers Ferdinand de Saussure* 19, p. 5-66.

[Godel, 1974] Godel, R. (1974), « Problèmes de linguistique saussurienne », *Cahiers Ferdinand de Saussure* 29, p. 75-89.

[Normand, 2000] Normand, Cl. (2000), *Saussure*. Paris : Les Belles Lettres.

[Puech, 2000] Puech, C. (2000), « L'esprit de Saussure. Paris contre Genève : l'héritage saussurien », *Modèles linguistiques*, no 20, p. 79-93. En ligne : « L'esprit de Saussure : réception et héritage (l'héritage linguistique saussurien : Paris contre Genève) » [www.unice.fr].

[Puech, 2003]   Puech, C. (2003), « L'arbitraire du signe comme "méta-débat" linguistique », *Le mot comme signe et comme image : lieux et enjeux de l'iconicité linguistique, Cahiers de linguistique analogique* 1, p. 155-171.

[Puech, 2015] Puech, C. (dir.), (2015), *« Faire école » en linguistique au XXe siècle : l'école de Genève, Histoire Épistémologie Langage* 37-2, SHESL/EDP Sciences.

[Shlanger, 2014] Schlanger, J. (2014), *Le neuf, le différent et le déjà-là. Une exploration de l'influence*, Paris, Hermann.

Anamaria Curea
Université Babeş-Bolyai de Cluj-Napoca
anamariacurea@yahoo.fr

L'Arbitraire est-il une "obsession" saussurienne ?
À partir de la lecture barthésienne de Saussure
EMANUELE FADDA

ABSTRACT. Roland Barthes' attitude towards Saussure is rather peculiar: it's a kind of "psychoanalysis" of (real or supposed) Saussure's obsessions. Still, this attitude betrays a deep empathy, which Barthes manifests at times.

A cross reading of *Saussure, sign and democracy* by Roland Barthes shows it easily. In fact, Barthes crosses and superimposes two Saussurean dichotomies: arbitrary vs. motivation, and analogical vs. mechanical, identifying the motivated with the analogical. The so-called "obsession" with arbitrariness (whose counterweight should be analogy) is opposed by Barthes to his own obsession with analogy (whose counterweight should be arbitrariness).

One might say, then, that the so-called Saussurean "obsession" is essentially nothing other than the linguist's adherence to the spontaneous attitude of the speaking subject, consistent with the assertion of the primacy of the "feeling of language" as the only object of the linguist's work. The linguist, in Saussure's way (and practice), must find and share the attitude of the speaking subject, adding to it a conscious reflection. Saussure and Barthes, in fact, share this attitude, even if their feelings seem opposed. Barthes is then a mirror to see Saussure: a distorting mirror if we look at theoretical aspects, but a good mirror, if we look at the relation between human experience and epistemological stance.

Emanuele Fadda

> *So, this sentiment*
> *isrigidlydemanded by logic.*
> Charles S. Peirce

> *La bête noire de Saussure,*
> *c'était l'arbitraire (du signe).*
> Roland Barthes

> *Mais n'est-ce pas au fond*
> *le point de séparation des esprits ...*
> Ferdinand de Saussure

Dans cette contribution, j'aborderai le sujet de l'arbitraire chez Ferdinand de Saussure à partir de l'attitude de Roland Barthes à son égard. Il faut tout d'abord préciser, cependant, que je ne suis pas du tout d'accord avec la position théorique barthésienne et que je ne partage pas non plus ses points de référence (marxisme et lacanisme avant tout). Pourquoi alors se tourner vers Barthes ? Ma réponse (à développer dans les pages qui suivent) est la suivante : parce qu'il voit (ou bien il perçoit, saisit, *ressent*) un aspect qui est à la base de la recherche saussurienne, et que la lecture structuraliste a ignoré. Il s'agit notamment du fait que le linguiste a, avec son objet, une relation qui n'est pas partagée par d'autres scientifiques (peut-être au sociologue, mais pas du tout à l'entomologiste, ou au physicien) : il est un sujet parlant parmi les autres – et il faut qu'il s'en souvienne en tout temps – mais il a aussi une sensibilité à la langue (et à son coté social) qui n'est pas celle de tout le monde.

Je vais procéder ainsi : tout d'abord, j'introduirai d'une façon très générale le sujet de l'arbitraire du signe ; deuxièmement, pour expliquer pourquoi Saussure parle d'un *sentiment* de l'arbitraire partagé parmi les sujets parlants, je vais illustrer brièvement (en m'appuyant sur des textes scientifiques, mais aussi non scientifiques) la valeur de ce terme de 'sentiment' chez le linguiste genevois ; ensuite, je vais présenter l'approche barthésienne de l'arbitraire et de la nature même de la recherche saussurienne considérée globalement ; enfin, je vais tirer quelques conclusions de tout cela , en montrant comme et pourquoi l'arbitraire du signe peut se dire un sujet philosophique par excellence.

1. L'arbitraire : la réinvention de la roue ?

L'arbitraire du signe est le premier principe de la linguistique saussurienne. Tout le monde est d'accord sur son importance, mais son interprétation est toujours sujette à débat. Notamment, l'arbitraire a souvent été identifié avec le simple conventionnalisme, qui remonte, cependant, au moins au *De interpretatione* d'Aristote. Dans un passage très connu, même en dehors du milieu des spécialistes d'Aristote[1], la variation entre les langues est limitée au domaine du vocal (τὰἐντῇφωνῇ, « [tout] ce qui [est] dans la voix ») et à celui, connecté à la voix, de la représentation graphique (τὰγραφόμενα, « les choses écrites »), tandis que le niveau de l'expérience cognitive et affective (τὰἐντῇψυχῇ – ou τῆςψυχῆς – παθήματα, « les affections dans/de l'âme ») et celui du monde extérieur (τὰ πράγματα, « les faits ») sont égaux pour tous, quelque langue que l'on parle.

Sans entrer dans les problèmes d'interprétation du passage[2], il nous suffira de remarquer que, selon la lecture traditionnelle, l'arbitraire semble n'affecter que le niveau (comme on l'appelle depuis Hjelmslev) de l'expression, tandis que le niveau du contenu n'est pas affecté. Mais est-il possible que Saussure se soit contenté de reprendre la prise de conscience du multilinguisme opérée par la culture grecque avec Aristote[3] ? Prenons comme exemple le passage suivant, où il cherche à expliquer la raison des mythes onomathétiques :

> L'acte par lequel, à un moment donné, les noms seraient distribués aux choses, par lequel un contrat serait passé entre les concepts et les images acoustiques –cet acte, nous pouvons le concevoir, mais il n'a jamais été constaté. L'idée que les choses auraient pu se passer ainsi nous est suggérée par notre *sentiment très vif* de l'arbitraire du signe. [CLG: 105 ; italiques E.F.]

---

[1] Voici le texte originel Grec : « Ἔστι μὲν οὖν τὰ ἐν τῇ φωνῇ τῶν ἐν τῇ ψυχῇ παθημάτων σύμβολα, καὶ τὰ γραφόμενα τῶν ἐν τῇ φωνῇ. καὶ ὥσπερ οὐδὲ γράμματα πᾶσι τὰ αὐτά, οὐδὲ φωναὶ αἱ αὐταί· ὧν μέντοι ταῦτα σημεῖα πρώτων, ταὐτὰ πᾶσι παθήματα τῆς ψυχῆς, καὶ ὧν ταῦτα ὁμοιώματα πράγματα ἤδη ταὐτά. » [Aristote, *De int.*, 16a]

[2] Le passage est l'objet d'une interprétation traditionnelle, mais aussi d'autres interprétations différentes, parfois très bien argumentées, telles que celle de [Lo Piparo 2003].

[3] Je ne vais pas prendre en considération ici l'argument contraire, qui critique l'arbitraire au nom du naturalisme.

Emanuele Fadda

Pourquoi Saussure parle-t-il d'un « sentiment très vif » ? Et qui dit « notre » ? Le linguiste, le sujet parlant, ou les deux ? La réponse à ces interrogations – qui passe pour une analyse des emplois du mot 'sentiment' chez Saussure – pourra peut-être nous aider à répondre aussi à la question théorique de la valeur du principe d'arbitraire.

2. Sentiment : le linguiste en sujet parlant (et vice-versa)

L'utilisation saussurienne du terme 'sentiment' n'a fait que récemment l'objet d'un intérêt attentif[4] – peut-être parce que (encore plus que pour d'autres termes saussuriens) les usages techniques et non techniques du mot ne sont pas toujours faciles à distinguer. En outre, le terme apparaît souvent dans des expressions ambiguës (il y a des occurrences de «sentiment de la langue » où il est difficile de comprendre si la langue est l'*objet* du sentiment – un sentiment éprouvé par le sujet parlant – ou bien si c'est la langue qui a un sentiment). Les usages techniques portent sur le savoir qu'on appelle (depuis Culioli) « épilinguistique », qui est à la base des innovations analogiques et qui est l'objet réel du savoir du morphologiste et la seule mesure de son succès (ou échec). Mais il y a aussi, de la part de Saussure, des emplois à la première personne, lorsqu'il expose ses doutes, ses convictions et ses sensations à l'égard de quelque principe épistémologique qu'il n'est pas en mesure d'illustrer d'une façon explicite. Voyons deux cas. Le premier est tiré des *Notes sur Whitney* :

> Nous nourrissons depuis bien des années cette conviction que la linguistique est une science double, et si profondément, irrémédiablement double qu'on peut à vrai dire se demander s'il y a une raison suffisante pour maintenir sous ce nom de linguistique une unité factice, génératrice précisément de toutes les erreurs, de tous les inextricables pièges contre lesquels nous nous débattons chaque jour, avec le sentiment [ ]. [Saussure, 2002(1894): 210]

Ici, on trouve une lacune (ce qui n'est guère rare dans les notes de Saussure) juste après le mot 'sentiment' – tout comme si le sentiment même

---

[4]Elle a été l'objet en ces dernières années de diverses publications, et aussi d'un atelier au récent Colloque genevois (9-13 janvier 2017) sur le « Cours de linguistique générale » (https://www.clg2016.org/geneve/programme/ateliers-libres/le-sentiment-linguistique-chez-saussure/). J'y ai consacré un article [Fadda, 2013] – auquel je renvoie les lecteurs qui souhaitent approfondir.

était impossible (ou inutile – ce qui est tout à fait la même chose) à décrire. Le deuxième cas est tiré de la note appelée *Status et motus*:

> nous ne considérons pas la linguistique comme une science dans laquelle il y a un bon principe de division à trouver mais, à part une ou deux réserves, comme une science qui essaie d'assembler en un seul tout deux objets complètement disparates depuis le principe, en se persuadant qu'ils forment un seul objet, le plus grave est que notre science se trouve satisfaite de cette association, ne paraît point tourmentée du vague sentiment qu'il y a quelque chose de faux dans sa base; [Saussure 2002 : 226]

Ici aussi (comme dans les notes de 1894), l'objet du sentiment du linguiste est la duplicité du langage, cette « irritante duplicité qui fait qu'on ne le saisira jamais» ([ELG : 217]). La duplicité du langage, tout comme l'arbitraire, est un *principe*. Les principes sont des vérités qui sont à la base de la recherche, dont « [l]es conséquences sont innombrables » ([CLG : 100]), mais « n'apparaissent pas toutes du premier coup avec une égale évidence » – même si le principe en soi « n'est contesté par personne » ([*ibid.*]).

L'introduction du terme de 'sentiment' et la comparaison avec le cas de la duplicité nous permet de comprendre l'attitude du linguiste à l'égard de son objet : il partage les sensations et les compétences de tout le monde, mais il sait aussi qu'*il y a quelque chose de plus*. Ou bien, il ne le *sait* pas : il en est averti, il le saisit, il le ressent – ce qui lui donne le statut d'être comme les autres, mais en même temps séparé d'eux.

Être soi-même en même temps que les autres

Parmi les dossiers qui composent les (ainsi-dénommés) « Manuscrits de Harvard » il y a une feuille, écrite (avec bien des ratures) sur les deux cotés, qui était probablement insérée dans une toute petite enveloppe ayant le même titre (*À travers buissons*). Le texte en est le suivant[5]:

---

[5] Une première transcription, non diplomatique, a été donnée par Herman Parret [1993: 223]. Une bonne transcription diplomatique, avec une reproduction photographique du document, a été donnée par Giuseppe D'Ottavi [2012 : 138]. Parret et D'Ottavi relient ces idées de Saussure avec sa connaissance de la philosophie indienne.

Emanuele Fadda

> N'est-il pas ridicule et même intolérable d'être constamment par
> une loi de nature enfermé dans son moi particulier et assujetti à ce
> moi ? Je donnerais bien peu pour connaître « les sentiments
> d'Octave après la bataille d'Actium » (remarquable sujet de
> composition latine), mais tout, pour avoir été pendant 3 minutes
> Octave lui-même, soit après soit même longtemps avant cette
> bataille, et même encore pour avoir été un instant ma cuisinière, et
> avoir aperçu le monde à travers ses yeux, sans perdre p. ex. la
> faculté de comparer ce que je vois avec les singulières images que
> je rapporterais de cette excursion. C'est bien sûr pour tout le monde
> ; Mais n'est-ce pas au fond le point de séparation des esprits qui ne
> conçoivent un autre esprit qu'au travers d'eux-mêmes, et qui font
> l'éternelle et tranquille majorité, et de ceux qui vainement, mais
> ardemment ambitionnent de connaître le monde à travers autre
> chose qu'eux-mêmes. (Houghton Library, Ms. Fr. 266, 6.2)

Le Ferdinand de Saussure qui nous parle à travers ces lignes est un personnage assez différent de l'image un peu stéréotypée du père du structuralisme, l'homme qui aurait appris aux linguistes à étudier le système de la langue en laissant de côté les sujets parlants. Tout au contraire, l'étude de la langue ne peut se faire sans l'*expérience* de la langue, et le linguiste est fort d'une expérience *double* : il n'est pas un membre de « l'éternelle et tranquille majorité », mais il est plutôt parmi « ceux qui […] ambitionnent de connaître le monde à travers autre chose qu'eux-mêmes ». Les deux adverbes « vainement, mais ardemment », cependant, nous offrent la qualité d'un sentiment – d'une attitude – qui ne peut pas se traduire en proposition théorique. C'est justement sur ce terrain qu'on va définir la comparaison avec Barthes.

3. D'un obsédé à l'autre : Roland Barthes en tant que miroir inversé

On a souvent remarqué que certains grands noms de la linguistique structurale semblent se rapprocher de Saussure surtout dans les cas où ils lui adressent des critiques[6]. Cela est particulièrement vrai pour Barthes. Les deux cas les plus connus et les plus discutés sont peut-être l' «inversion» des rôles entre sémiologie et linguistique au début des *Éléments de*

---

[6] On peut penser par exemple à la critique benvenistienne de l'arbitraire du signe, ou bien à la critique jakobsonienne de la séparation entre synchronie et diachronie, etc.

sémiologie[Barthes, 1964] et la qualification de «fasciste» attribuée à la langue dans la *Leçon* inaugurale au Collège de France [Barthes, 1977]. Moins d'attention à été accordée à une contribution de 1973, qui est cependant très intéressante pour son approche du sujet de la valeur, à travers la métaphore de la politique économique. Barthes y approche l'arbitraire en discutant l'*analogie* :

> Tout-puissant, le principe d'analogie a cependant, chez Saussure, une cause : il découle du statut du signe ; dans la langue, le signe est « arbitraire », aucun lien naturel ne lie le signifiant et le signifié, et cet arbitraire doit être compensé par une force de stabilisation, qui est l'analogie. [Barthes, 1973: 427)

Ici Barthes a le mérite de saisir la vrai nature du lien de dépendance (inversé par les éditeurs) : l'arbitraire est la cause, et non pas la conséquence de la valeur[7]. Il comprend aussi comment l'évolution diachronique de la langue est le produit d'une lutte entre les forces de l'ordre et les forces du désordre[8]. Le problème, c'est qu'il appelle « arbitraire » à la fois les forces du désordre (le changement phonétique, l'agglutination, et tout phénomène qui obscurcit la saisie des unités morphologiques originaires) et le principe qui est à la base à la fois de l'immutabilité et de la mutabilité du signe. Il reprend donc le chapitre du CLG consacré à ce sujet, mais le commentaire qu'il en fait nous apparaît à première vue assez étrange : Barthes nous décrit un Saussure préoccupé – ou bien inconsolable – de l'action d'un démon, ou d'une « faute originelle » – l'arbitraire, justement – qui vient troubler l'Ordre de la langue, et l'Ordre du monde.

> Une langue (si elle n'est qu'une collection de monades) est radicalement impuissante à se défendre contre les facteurs qui déplacent d'instant en instant le rapport du signifiant et du signifié. C'est une des conséquences de l'arbitraire du signe ; donc, si l'on s'en tenait à la signification, le Temps, la Mort menaceraient sans cesse la langue ; ce risque est le fruit d'une sorte de Faute originelle – dont Saussure semble ne jamais se consoler : l'arbitraire du signe. Qu'il serait beau, ce temps, cet ordre, ce monde, cette langue où un

---

[7] Cf. [CLG: 157 (« Mais en fait les valeurs restent entièrement relatives, et voilà pourquoi le lien de l'idée et du son est radicalement arbitraire ») et n. 228].

[8] Cf. [CLG: 235 ss., 243 ss.; 2002[1891]: 160 ss.].

> signifiant, sans l'aide d'aucun contrat humain, d'aucune socialité, vaudrait de toute éternité pour son signifié, où le salaire serait le « juste » prix du travail, où la monnaie de papier vaudrait à jamais pour son pesant d'or ! Car il s'agit ici d'une méditation générale sur l'échange : pour Saussure, le Sens, le Travail et l'Or sont les signifiés du Son, du Salaire et du Billet : l'Or du signifié ! [Barthes 1973, 428 s.]

On a de la peine a reconnaître « notre Saussure à nous » dans cette description, dont le ton peut même nous arracher un sourire. Toutefois, il ne s'agit pas seulement du document d'une époque et d'une personnalité : il y a quelque chose de plus. Quelques pages plus loin, Barthes fait référence aux anagrammes, qui n'étaient à ce moment connus que par les explorations de Jakobson [1971] et Starobinski [1971].

> Un autre Saussure existe, on le sait : celui des Anagrammes. Celui-là entend déjà la modernité dans le fourmillement phonique et sémantique des vers archaïques : alors, plus de contrat, plus de clarté, plus d'analogie, plus de valeur : à l'or du signifié se substitue l'or du signifiant, métal non plus monétaire mais poétique. On sait combien cette écoute a affolé Saussure, qui semble ainsi avoir passé sa vie entre l'angoisse du signifié perdu et le retour terrifiant du signifiant pur. [Barthes 1973, 432 s.]

Laissons de côté pour un instant, si c'est possible – et je crois que cela l'est – les influences marxistes et lacaniennes sous-jacentes. Pourtant, même si l'emploi d'un tel lexique (« affolé », « angoisse », « terrifiant ») nous semble excessif, Barthes saisit un coté de Saussure que le structuralisme « classique » triomphant de ces années-là n'arrivait pas à percevoir. Ferdinand de Saussure n'a pas été le maître omniscient et assuré que la présentation apodictique du CLG nous présente. Au contraire, il a été un chercheur tourmenté, qui avait une pleine conscience des erreurs des autres, mais qui doutait toujours de ses vérités. Précisément cette attitude nous fait sentir un Barthes très proche du linguiste genevois – et Barthes (qui nous offre bien des détails sur sa biographie intellectuelle) nous le dit explicitement ailleurs.

LA SCIENCE DRAMATIS.E

Il suspectait la Science et lui reprochait son adiaphorie (terme nietzschéen), son in-différence, les savants faisant de cette indifférence une Loi dont ils se constituaient les procureurs. La condamnation tombait cependant, chaque fois qu'il était possible de dramatiser la Science (de lui rendre un pouvoir de différence, un effet textuel) ; il aimait les savants chez lesquels il pouvait déceler un trouble, un tremblement, une manie, un délire, une inflexion; il avait beaucoup profité du Cours de Saussure, mais Saussure lui était infiniment plus précieux depuis qu'il connaissait la folle écoute des Anagrammes ; chez beaucoup de savants il pressentait ainsi quelque faille heureuse, mais la plupart du temps, ils n'osaient aller jusqu'à en faire une œuvre : leur énonciation restait coincée, guindée, indifférente. [Barthes, 1975 : 163]

Si dans un premier temps[9] Saussure était aux yeux de Barthes un guide indispensable pour toute approche scientifique des faits linguistiques et sémiotiques, à un moment donné, il devient pour Barthes une sorte de miroir inversé, ou il croit reconnaître ses propres attitudes et préoccupations (même avec une polarisation opposée)[10], et *pourcette raison* il en parle de la façon qu'on vient de voir, en le psychanalysant presque, en le traitant d' « obsédé »[11]. Il n'est pas difficile, donc, de mettre en relation les « obsessions » saussuriennes avec une « maladie » avouée par Barthes :

JE VOIS LE LANGAGE

J'ai une maladie : je vois le langage. Ce que je devrais simplement écouter, une drôle de pulsion, perverse en ce que le désir s'y trompe d'objet, me le révèle comme une 'vision' analogue (toutes proportions gardées!) à celle que Scipion eut en songe des sphères musicales du monde. À la scène primitive, où j'écoute sans voir, succède une scène perverse, où j'imagine voir ce que j'écoute.

---

[9]Notamment, pendant la phase que Barthes lui-même appelle « sémiologique » ou « scientifique »: cf. Barthes [1974 : 22 ss., 1975 : 148].

[10] Cf. [Barthes, 1975: 48]: « La bête noire de Saussure, c'était l'*arbitraire* (du signe). La sienne, c'est l'*analogie* ». Le paragraphe a justement pour titre « Le démon de l'analogie ».

[11]Cf.[Barthes, 1975: 77] : « … Saussure (obsédé par l'écoute anagrammatique des vers anciens) ».

Emanuele Fadda

> L'écoute dérive en scopie : du langage, je me sens visionnaire et
> voyeur. [Barthes, 1975 : 164]

L'allusion à Scipion est intéressante à approfondir : Barthes se réfère, de
toute évidence, au *Somnium Scipionis*, la partie finale du *De republica*
cicéronien, qui nous vient d'une tradition différente du reste du dialogue (en
raison du commentaire de Macrobe). On y narre comment Scipion l'Emilien
est enlevé, dans son rêve, et amené en présence de ses ancêtres, dans le ciel,
où il arrive à ouïr l'harmonie des sphères, et il s'en étonne. Son père lui
répond que de tels mouvements ne peuvent s'accomplir en silence, mais que
les oreilles des hommes n'arrivent plus à l'entendre, tout comme les hommes
qui habitent près des cascades du Nil ont été assourdis par le grognement, et
comme la contemplation prolongée du soleil aurait pour effet d'aveugler les
yeux de tout homme mortel[12].

La première chose à remarquer est que la différence entre entendre et voir
n'est pas importante (les exemples – les cascades du Nil et le soleil –
concernent les deux sens)[13]. Ce qui importe est plutôt la présence d'un ordre
dont le mécanisme est *à tel point* évident que les gens (ou, en tous cas, la
plupart d'entre eux) n'arrivent plus à le percevoir. Cependant, il y a des
privilégiés dont les sens ne sont pas engourdis ; ils sont en même temps
humains et plus qu'humains. Barthes s'identifie donc à Scipion, avec la
différence (importante !) que sa perception augmentée ne lui donne pas la
sérénité, mais – bien au contraire – suscite un malaise.

---

[12] Voici l'original latin: « Quae cum intuerer stupens, ut me recepi 'Quid? hic
'inquam' quis est, qui complet aures meas tantus et tam dulcis sonus?' 'Hic est'
inquit 'ille, qui intervallis disiunctus imparibus, sed tamen pro rata parte ratione
distinctis impulsu et motu ipsorum orbium efficitur et acuta cum gravibus temperans
varios aequabiliter concentus efficit; *nec enim silentio tanti motus incitari possunt
[...] Hoc sonitu oppletae aures hominum obsurduerunt; nec est ullus hebetior
sensus in vobis, sicut, ubi Nilus ad illa, quae Catadupa nominantur, praecipitat ex
altissimis montibus, ea gens, quae illum locum adcolit, propter magnitudinem
sonitus sensu audiendi caret.* Hic vero tantus est totius mundi incitatissima
conversione sonitus, ut eum aures hominum capere non possint, *sicut intueri solem
adversum nequitis, eiusque radiis acies vestra sensusque vincitur.*' » [Cicéron, *De
rep.* VI : 18-19 (italiques EF)]

[13] Il a aussi d'autres raisons qui amènent Barthes au choix d'une métaphore
visuelle : la première est la référence à la pulsion scopique étudiée (entre autres) par
Lacan ; la deuxième, trivialement, c'est que le langage (en tant que voix) est avant
tout quelque chose qu'on *écoute*.

Or, Barthes n'avait pas lu les manuscrits d'Harvard ; mais cela rend justement encore plus étonnante l'affinité évidente entre ce passage et le passage saussurien qu'on vient de présenter au § 2. Notamment, Barthes semble en phase avec Saussure dans une dimension qui transcende la théorie et ne concerne pas les propositions théoriques au sens strict (falsifiables), mais plutôt les principes qui guident la recherche, qui font l'objet du sentiment du scientifique, mais sont aussi liés au sentiment de monsieur-tout-le-monde. L'arbitraire du signe appartient précisément à cette sphère-là.

4. Conclusions : l'arbitraire du signe en tant que principe philosophique

Même si mon lecteur était d'accord avec mon idée qu'il est possible de rejeter les lunettes lacaniennes de Barthes pour analyser sa relation avec Saussure, afin de découvrir des affinités cachées qui tiennent aux dispositions du chercheur plutôt qu'au détail de ses assertions théoriques, il pourrait me demander ce que cela a à faire avec le sujet de l'arbitraire.

Ma réponse sera la suivante: je crois que le détour qui, à partir du Saussure attentif à ses propre sentiments, nous a amenés à Barthes, peut aider à assigner à l'arbitraire du signe son rôle de *principe philosophique*, c'est à dire de ligne directrice générale de la recherche (en linguistique et sciences humaines). Les principes philosophiques, en ce sens, demandent au savant qui a à faire avec eux une sensibilité particulière à l'égard de quelque chose qui est, sous d'autres formes, une composante de l'expérience commune de tout le monde[14]. Wittgenstein [1953, I, § 128] disait : « Voudrait-on poser des thèses en philosophie, qu'on ne pourrait jamais les soumettre à la discussion, parce que tout le monde serait d'accord avec elles ». Tel est justement le cas de l'arbitraire, dont l'évidence – le « sentiment très vif » commun à tous les hommes – risque d'éclipser les conséquences théoriques, si on n'atteint pas une position différente et privilégiée par rapport au reste du monde. Cette *Übersicht*– tel est le mot allemand employé par Wittgenstein, et qu'on a traduit en français par « vision synoptique » – est celle de Scipion, mais aussi celle de Wittgenstein et Saussure.

Saussure n'appréhende pas sa sensibilité comme une douleur, comme une maladie (comme c'est le cas de Barthes), mais en tout cas n'arrive jamais – tout comme Wittgenstein, dont il a été souvent rapproché – à formuler d'une

---

[14] Pour cette même raison, Peirce appellait la philosophie *cenoscopy* (« observation de ce qui est commun »). Sur les similitudes entre Wittgenstein et Peirce à cet égard on peut voir p. ex. [Chauviré, 2010].

Emanuele Fadda

façon satisfaisante quelque chose qui est en même temps à la base de l'expérience commune et d'un encadrement scientifique de la linguistique telle qu'il l'entendait. Son « obsession », en fait, n'était pas autre chose que la nécessité de revenir encore et toujours sur un sujet si trivial qu'il est impossible à exploiter.

N'est-ce pas cela, au bout du compte, la philosophie ?

Remerciements

Je tiens à remercier Giuseppe Cosenza et Fabienne Reboul pour m'avoir aidé dans la dernière version de cet article, et tou(te)s les ami(e)s qui ont discuté avec moi à propos de Roland Barthes (avec ou sans Saussure) pendant les deux dernières années.

BIBLIOGRAPHIE

[Aristote, *De int.*]Aristote, *De interpretatione* (*Perìermenéias*) [tr. franç : *Organon* 2 : *De l'interprétation*, Paris, Vrin, 2004].

[Barthes, 1957] R. Barthes, *Mythologies*, Seuil, Paris, 1957.

[Barthes, 1964] R. Barthes, *Éléments de sémiologie*, Paris, Denoël/Gonthier, 1965

[Barthes, 1973] R. Barthes, "Saussure, le signe, la démocratie", in *L'aventure sémiologique*, 1973, pp. 424-433.

[Barthes, 1974] R. Barthes, "L'aventure sémiologique", in *L'aventure sémiologique*, 1974, pp. 19-30.

[Barthes, 1975] R. Barthes, *Barthes par Roland Barthes,* Seuil, Paris, 1975.

[Barthes, 1978] R. Barthes, *Leçon*, Seuil, Paris, 1978.

[Barthes, 1985] R. Barthes, *L'aventure sémiologique*, Seuil, Paris, 1985.

[Chauviré, 2010] Ch. Chauviré, "La philosophie comme description de l'ordinaire chez Peirce et chez Wittgenstein", *Archives de Philosophie*, **73** (2010/1), 2010, 81-91.

[Cicéron, *De rep.*] Cicéron (M. Tullius Cicero), *De republica* [tr. fr. partielle avec texte originel (éd. par M. Pottin): *Le songe de Scipion*, Paris, Hachette, 1911].

[D'Ottavi, 2012] G. D'Ottavi, "Genèse d'un écrit saussurien: de la 'théosophie' à une approche de la subjectivité", *Genesis*, **35**, 2012, 129-140.

[Fadda, 2013] E. Fadda, "Sentiment, entre mot et terme. Quelques notes sur la langue et le travail de Ferdinand de Saussure", *Cahiers Ferdinand de Saussure*,**66**, 2013, 49-65.

[Fadda, 2016] E. Fadda, "Vedere il linguaggio. Sul saussurismo di Barthes", *Ocula*, **17** http://www.ocula.it/files/OCULA17-Fadda_[491,858Kb].pdf.

[Fadda, 2017] E. Fadda, "Linguisticabarthesiana", in *Roland Barthes Club Band,* E. Faddaand M. W. Bruno (Eds.), Quodlibet, Macerata, (sous presse).

[Lo Piparo, 2003], F. Lo Piparo, *Aristotele e il linguaggio. Cosa fa di una lingua una lingua*, Laterza, Rome/Bari, 2003.

[Parret, 1993] H. Parret, "Les manuscrits saussuriens de Harvard", *Cahiers Ferdinand de Saussure*,**47**, 1993, 179-234.

[CLG] F. de Saussure, *Cours de linguistique générale*, éd. par Ch. Bally et A. Sechehaye, avec la collaboration d'A. Riedlinger, Payot, Paris/Lausanne, 1922².

[ELG] F. de Saussure, *Écrits de linguistique générale*, éd. par S. Bouquet et R. Engler, Gallimard, Paris, 2002.

[Starobinski, 1971] J. Starobinski, *Les mots sous les mots*, Gallimard, Paris, 1971.

Emmanuele Fadda
Université de la Calabre, Italie
Lelefadda@gmail.com

On the Asymmetry between the Four Corners of the Square

Saloua Chatti

ABSTRACT. As is well known, the three first corners of the square of opposition, i.e. **A**, **E**, and **I**, are expressed by single words, in English, French and other Indo-European languages, whether the square is quantified, modal, temporal, or deontic, while **O** is expressed by two words, and isnot lexicalized. This has given rise to the following question: why is the **O** corner always expressed in a complex way in these languages? Why isn't it lexicalized? Some people such as Laurence Horn, for instance, provide solutions based on the meaning of **O** and its intimate link with **I**, which makes it more complex than **E** and justifies the asymmetry. However, in Arabic, there is no asymmetry, given that the two negatives are expressed by groups of words, while the affirmatives are expressed by single words. This feature gives rise to a different problem, related rather to the **E** corner, which can be raised as follows: Given that **E** is as complex as **O**, being negative *and* quantified, why is it expressed in the Indo-European languages by a single word rather than a group of words?In this paper, I answer this question by making use of Saussure's *Course in General Linguistics*, and by applying the concepts of agglutination and analogy, introduced by Saussure in this text, to the expressions corresponding to the corners of the quantified, modal, temporal and deontic squares of oppositions. This relativizes the singularity of **O**, and confirms the arbitrariness of the sign by showing the differences of functioning between these various languages.

Saloua Chatti

1.Introduction

The square of opposition contains four corners, which are **A**, **E**, **I** and **O**, in the quantificational case and their correspondents in all other cases. The quantified corners are expressed in English as follows: **A**: Every (all), **E**: None, **I**: Some, **O**: *Not all*, and in French as follows: **A**: Tout, **E**: Aucun, **I**: Quelques, **O**: *Pas tous* (*Quelques... non*). These expressions show an asymmetry between the four corners, for **O** is expressed in a complex way, while the three other corners are expressed by single words. In the other cases, we find the same asymmetry. This asymmetry raises the following problem: Why is **O** always expressed in a complex way while **E**, which is also negative and quantified, is expressed by a single word?

Many solutions have been proposed by logicians and linguists, such as Laurence Horn, Dany Jaspers, Jean-Yves Beziau etc.... These solutions focus on the specific and complex meaning of **O** in the ordinary languages which makes it different from **E**.

However, in Arabic we don't find such an asymmetry, for **E** and **O** are both expressed in complex ways in most cases. So the problem becomes related to the **E** corner rather than the **O** one, and can be raised as follows: Given that **E** contains the negation plus something else, why is it expressed in Indo-European languages by a single word rather than a complex one?

In answering this question, I will use some concepts introduced by Ferdinand de Saussure, such as the concepts of agglutination and analogy. These concepts explain why some words are constructed starting from disparate elements, which makes them express complex ideas by a single item. I will apply these concepts to the four corners of the square starting from their original elements. However, these concepts are not applicable in the same way to the Arabic language, whose functioning is not similar to that of French and English, for instance. This difference shows once again the arbitrariness of the sign stressed by Ferdinand de Saussure.

2.The expressions of the corners of the square in the four cases

The quantified corners are expressed in English as follows:

A: Every (all), **E**: None, **I**: Some, **O**: *Not all*

We find in that language the same asymmetry in the three other squares. Thus in the modal square the four corners are expressed as follows in English:

A: Necessary, **E**: Impossible, **I**: Possible, **O**: *Not necessary*

whilein the temporal square, we find the following corners:

A: Always, **E**: Never, **I**: Sometimes, **O**: *Not always* and in the deontic square, the corners are the following:

A: Obligatory, **E**: Prohibited, **I**: Permitted, **O**: *Not obligatory*

In French, the same phenomenon can be observed for the four corners in all cases as appears below. For in the quantificational case, we have the following:

A: Tout, **E**: Aucun (or Nul), **I**: Quelques, **O**: *Pas tous* (*Quelques… non*)

In the modal case, we have the following:

A: Nécessaire, **E**: Impossible, **I**: Possible, **O**: *Non nécessaire*

In the temporal case, we have the following:

A: Toujours, **E**: Jamais, **I**: Parfois, **O**: *Pas toujours*

In the deontic case, we have the following:

A: Obligatoire, **E**: Interdit, **I**: Permis, **O**: *Non obligatoire*

To solve this problem of asymmetry, many linguists and logicians rely on the ambiguous meaning of the negative particular **O**. For instance, Horn following Blanché (1969), says that "The use of either of the subcontraries (the I or the O value) tends to implicate the other… " [Horn 2001, p. 255], for "If I say (in a neutral context) that some are, you will infer that some are not (= not all are), and vice versa" [Horn 2001, p. 255]. As a consequence, he notes that "a language conforming to the account of the subcontraries I have drawn here does not essentially need separate lexicalizations for both subcontraries" [Horn 2001, p. 255, emphasis added]. However, although **I** and **O** imply each other, **I** (unlike **O**) is lexicalized when it is "the subaltern of **A**" [Horn 2001, p. 255], **A** being always lexicalized, but **E** only often. This equivalence between **I** and **O**, however, does not exclude a pragmatic difference between them. For if one wants to deny the sentence: "All your friends came", one would say: No "some of them did not", while the denial of the sentence "None of your friends came" is rather: No, "some of them came" [Horn, 2001, p. 255]. So even in the ordinary language, I is the contradictory of **E**, while **O** is the contradictory of **A**; therefore they are not exactly equivalent.

As to Blanché, he also notices the absence of lexicalization of **O** by saying that the ordinary language (French, here) has only three simple words: "tout, nul et quelque" [Blanché 1969, p. 35]. But he says that the particular has three distinct meanings: the existential **I**, the restrictive **O** and the neutral (**I**∧**O**) meanings [Blanché 1969, p. 36], which should all be taken into account.

According toBlanché, the absence of lexicalization of **O** does not mean that **I** is more natural than **O**. On the contrary, **I**, despite its logical simplicity is semantically confused, for it does not express the whole meaning of the particular. In the ordinary languages (French and Latin, for instance), "quelque" and its corollary "*aliquis*" have in the same time an existential *and* a restrictive meaning [Blanché, 1969, p. 36]. It is often opposed to 'all' rather than to 'none', for instance, the sentence "Il restequelques places disponibles" means that there are only some places, which indicates that "Some", here, has its restrictive meaning, i.e. it means "not many" rather than "one or more", which is its technical and usual meaning in logic. So the real particular of the ordinary languages is expressed by '**I** and **O**'. When one adds this particular to the square one gets a hexagon, which is precisely the figure that Blanché has discovered and focused on in his analyses of the logical oppositions. This hexagon contains the three kinds of particulars **I**, **O**, and **I** and **O**, and their respective contradictories, which are **E**, **A** and **A**∨**E**. It also contains one triangle of contrariety (**A**, **E** and '**I**∧**O**'), plus one triangle of subcontrariety (**I**, **O**, and '**A**∨**E**'). These triangles are related to each other by the subalternations and the contradictions. The hexagon applies to the modal concepts such as necessary, impossible, and possible, for **O** expresses the non-necessary, while '**I** and **O**' expresses the bilateral kind of possiblity.

This view on the modal hexagon has been endorsed by Jean-Yves Beziau, who uses it [Beziau2003, p. 218] to distinguish between three kinds of negations: classical, paracomplete and paraconsistent.In his view, the classical negation expresses contradiction (= never true nor false together), while the paracomplete negation expresses contrariety (= possibly false together but never true together) and the (proper) paraconsistent one expresses subcontrariety (= possibly true together, but never false together). So, **O** (that is '~□' in the modal hexagon) is what represents the proper paraconsistent negation, since its relation with its correspondent affirmative is subcontrariety [Beziau 2003, p. 223].

Neverless, the **O** corner is not considered as unnatural in this view, despite the absence of lexicalization. On the contrary, Beziau says that "The Square seems more natural if we observe that the **O**-corner can be interpreted as a paraconsistent negation" [Beziau 2003, p. 222]. For the fundamental concept is the concept of opposition, given that "the background of negation is opposition" [Beziau 2003, p. 223]. So all kinds of oppositions are comparable and each is just as natural as all others.

As to the temporal and the deontic concepts, they also are expressible by means of a hexagon, which includes "sometimes but not always" in the first case and "permitted but not obligatory" in the second one, and their contradictories. For "sometimes" has very often its restrictive or its bilateral meanings in ordinary language, and "permitted" is often understood in its bilateral meaning. For instance, when one reads in a restaurant "It is permitted to smoke" [Blanché 1969, p. 96], this does not mean that "It is forbidden not to smoke". Rather what it means is that smoking is not forbidden in that particular place, unlike what may happen in other ones.

If one uses the word 'permitted' in some other contexts, such as the following sentence "It is permitted to respect the life of other people" [Blanché 1969, p. 96], the word "permitted" sounds oddly, because it is obligatory to respect the life of other people, not only permitted. So the subalternation "obligatory implies permitted" is not always natural, although it is logically valid, because the ordinary uses of 'permitted' are very often bilateral, i.e. "permitted but not obligatory". So we can say that the sentence above sounds oddly because the word "permitted" is most of the time, if not all the time, used in its bilateral meaning and not in its unilateral affirmative meaning. Let us now turn to the analysis of the corners of these different squares in the Arabic language.

3.The absence of asymmetry in the Arabic language and its justification

As we said above, in Arabic, there is no asymmetry, because both negative corners are complex and expressed by two linguistic items. These corners are expressed by several items in the four cases considered.

In the quantified case, we have the following:

A: *Kull*, **E**: *Lāaḥada*, **I**: *Baʿḍ*, **O**: *Laysa Kull*

In the modal case, we have the following:

A: *Wājib* (= *Ḍarūrī*), **E**: *Laysa Mumkinan* (= *Mumtanaʿ*), **I**: *Mumkin*, **O**: *Ghairḍarūrī*

In the temporal case, we have the following:

A: *Dāʾiman*, **E**: *Laysa al battata*, **I**: *Aḥyānan*, **O**: *LaysaDāʾiman*

In the deontic case, we have the following:

A: *Mūjib* (*Lāzim*), **E**: *Mamnūʿ* (= *ghairjāʾiz*), **I**: *Jāʾiz*, **O**: *Ghairmūjib* (*ghairlāzim*)

As we can see, the Arabic expressions of **E** and **O** are both complex especially in the quantified and the temporal cases, unlike those of the Indo-

European languages. However, in the modal and the deontic cases, we find single items to express **E**, even in Arabic. These items are: *"mumtana ʿ"* (modal **E**) and *"mamnū ʿ"* (deontic **E**); they both are adjectives coming from the same root, which is the verb *"mana ʿa"*, which means "to forbid". This verb expresses the idea of prohibition, either natural or human. So there is no need to add a further word to express the negation.

In English and French, the same thing happens in the deontic case, for the adjectives "prohibited" in English and "interdit" in French express clearly and directly the idea of prohibition, which is intrinsically negative. But in the modal case, the words expressing **E** contain a negative prefix, which is "im", because it is the simplest and perhaps the only way to introduce the negation.

However, in Arabic too, the particulars are complex, for *"ba ʿḍ"* in the ordinary language, means also "some but not all". The same holds for *"aḥyānan"* (= sometimes), which presupposes "sometimes but not always" in its usual acceptation. The modal particular *"mumkin"* also means "possible but not necessary" in everyday life and in logic. For in al-Fārābī's and Avicenna's theories this bilateral meaning is considered as the authentic or real meaning of possibility. As to the deontic particular *"jā ʾiz"*, it is also complex, because it excludes both obligation and prohibition.

The difference between Arabic and western Indo-European languages has to do with the expression of **E**. For in classical Arabic, there are no negative prefixes , the only potential prefix being the particle *"lā"* (or *"mā"*), which can be used as a prefix (in modern times especially),e.g. to translate a word such as "irrational" (= *lā-ma ʿqūl*). But this use is far from its unique one, nor even its most frequent one. On the contrary, it can be considered as a very seldom use of the particle *"lā"* both in ordinary life, in literature and in the sciences, including logic. So we can say that the Arabic language does not make very much use of prefixes.

This is so because in the Arabic's functioning all words are constructed starting from a root, which leads to other words having different structures. For instance, starting from the root *"kataba"* (= to write), we may construct different items, such as *"kitābun"* (book), *"kātibun"* (= writer), *"kitābatun"* (= writing), *"kuttābun"* (= writers), *"maktabatun"* (= library), *"maktūbun"* (= letter, or in general, something written), *"takātaba"* (to write to each other, to correspond), *"maktabun"* (= office), etc…But nobody says *"lā-kātibun"*, for instance, to talk about someone who is not able to write, for this is not one of the structures usually admitted in grammar.

This contrasts with French, where the word "analphabète", for instance, means (literally): who does not know the alphabet, "an" being a negative prefix. In Arabic, "analphabète" (= "illiterate", in English) is expressed by the word "*ummīyun*" (= not able to write nor to read), which does not contain any prefix.Unlike the Arabic word, both the French word "analphabète" and the English word "illiterate" contain prefixes ("an" and "il" respectively).

However, in Arabic there are also roots that have an intrinsic negative meaning, such as the roots "*mana'a*" (to prohibit), "*jahala*" (not to know), "*ghāba*" (to absent oneself), etc…These words (or verbs) are also combined in the same ways as the other ones, which leads to the **E** vertices of the modal and the deontic squares, given that "*mumtana'*" expresses the modal **E** and means "naturally prohibited", while *mamnū'* expresses the deontic **E** and means "legally prohibited".

But why isn't the **O** corner expressed by this kind of intrinsically negative words? We may answer by considering the following hypotheses:

1. **O** is more complex than **E**, because it is mixed with **I**, in Arabic too.

2. **O** is a particular, which means that the prohibition would be partial.

But is there any partial prohibition, i.e. something that would be half prohibited and half permitted? This seems very unlikely and means that **O** is less susceptible to be expressed by a single item than **E**, which contains an absolute and simple prohibition.

Anyway, in Arabic, the **E** and **O** vertices are both complex in the quantificational and temporal squares, even if in the modal and the deontic squares, the intrinsic negative words make it possible to express **E** by a single item. This is so because **E** contains, in all cases, the negation plus something else. So it is, in some way, complex.

The problem is then the following: given this complexity, why is it expressed by a single word in French and English, among others? To answer this question, we have to reconsider the usual words expressing **E** in these two languages. We will do so by considering the processes that Ferdinand de Saussure analyses in his seminal book "The Course of General Linguistics", namely the processes of agglutination and analogy. Let us then introduce these concepts and see how they are defined by Saussure and how they can be applied to the cases of the **E**-corners of the squares.

Saloua Chatti

4. Saussure's concepts of agglutination and analogy

In order to analyse the concepts of agglutination and analogy and to apply them to the **E**-corners of the different squares, let us first recall the expressions of these **E**-corners in French and English. The English and French words corresponding to the **E**-corners are the following:

- "Aucun" or "nul" (quantificational **E**), "Jamais" (temporal **E**), "Impossible" (modal **E**) and "Interdit" (deontic **E**), in French.

- "None" (quantificational **E**), "Never" (temporal **E**), "Impossible" (modal **E**), and "Prohibited" (deontic **E**), in English.

In order to understand how these words have been constructed, we may consider the processes which Saussure analyses in the *Course of General Linguistics* and calls "agglutination" and "analogy".

According to Saussure, many linguistic simple items are constructed by agglutination. Agglutination is a way of sticking together two initially independent words, which leads to a single one [Saussure, 1967, p. 242]. It occurs when the two original words are often used together in ordinary sentences and in everyday life [Saussure, 1967, p. 242]. For instance, the word "Toujours" in French is produced by agglutination from the two words "tous" and "jours", literally "all days". So people say "toujours" instead of saying "tousjours" (= tous les jours). According to Saussure, it is because people have seen "one simple idea" in the meaning of the word that they have created a simple word (Saussure, 1967, p. 243].Agglutination is a process that occurs spontaneously without any previous decision. "It occurs by itself" [Elle se fait d'elle-même]" says Saussure [Saussure, 1967, p. 243]and it is a mechanical process [Saussure, 1967, p. 244]. Thus, when one finds "a simple element which was previously composed of two or more elements, then we are in front of an agglutination" [Saussure, 1967,p. 245, my translation].

On the contrary, analogy is a process which "supposes analyses and combinations,…, an intention" [Saussure, 1967, p. 244, my translation]. It is a way of constructing a word by imitating the structure of other ones, according to "a determined rule" [Saussure, 1967, p. 221]. Analogy is comparable to the mathematical calculus of the "fourth proportional" (quatrièmeproportionnelle) [Saussure, 1967, p. 222]. For instance, we may create the word "réactionnaire" by analogy by using the following analogy: "pension / pensionnaire"; therefore "réaction / réactionnaire" [Saussure, 1967, p. 225].

In the same way, by analogy, one may add prefixes or suffixes to some already existent words. For instance, from the word "connu", we can have "in-connu", exactly like from "sense" we have "in-sensé" by adding the prefix "in"[Saussure, 1967, p. 227]. One can also add the suffix "able", to get the word "pardonable" in the model of "mani-able" by using the following analogy: "manier /maniable", therefore "pardonner / pardonable".

However, not all analogies are admitted in the language, for Saussure notices that the infants may create all kinds of words by analogy, but these words are not retained by other people. For instance, the (pseudo) verb "viendre" may come from the following analogy: "éteindrai :éteindre = viendrai : x. x = viendre" [Saussure, 1967, p. 231]. But "viendre" is not grammatically correct and has never been admitted in French.

So analogy is a complex and sophisticated process whose results must be accepted by all the linguistic community, but are not always predictable, given that some very admissible words produced by analogy can be rejected by the linguistic community. A word produced by analogy must be accepted by all people to enter into the language. Saussure describes in the CLG the linguistic process which leads to the admission of such a word. This process includes the following steps:

1. One speaker creates the word by analogy
2. Other people imitate him
3. These people repeat the word several times
4. Then the word enters into the language and is regularly used [Saussure, 1967, p. 231]

So the word is admitted only if all the speakers of some language accept it and use it regularly.As a consequence, the new words produced by analogy must be confirmed by imitation and repetition, in order to be admitted by all the speakers.Analogy is thus confirmed by a social process.

Now how can we apply these concepts and processes to the E-corners of the squares? This will be the subject of the next section.

5.Application of these concepts to the corners of the squares

Let us start by the French expressions of these corners, i.e. the following: "Aucun" (or "nul"), "Jamais", "Impossible" and "Interdit".

"Aucun" comes from two Latin words: "*aliquis*", which means "quelque" in French (some in English) and "*unus*" (which means "un" = one). Originally, it is thus complex, since it combines two distinct words.According to some historians, the passage from the Latin "*aliquisunus*" to the French "aucun" followed the following (probable) steps:

"1. aliquisunus (classical Latin)

2. aliquunus (popular Latin)

3. alicunus

4. alcunus

5. alcun (French, Xth century)

6. aucun (French, XIIIth century)" [*Druide*, 2008, numerals added].

As we can see, step 2 is a kind of agglutination, since two words are grouped into a single one. The other steps are simplifications of the word thus produced, which as the author of this hypothesis assumes and claims, took much time (many centuries) to produce the final French result. The agglutination happened precisely when Latin became spoken, since the author says "popular Latin" when dating the period where the word appeared.

Note that "aucun" has a negative meaning only when one adds the negative particle "ne" (or "sans" in some cases). With this particle, it means "pas un" (no one) and is equivalent to "nul" (= "*nullus*" in Latin), which is naturally and intrinsically negative.

As to "jamais", it comes from "ja", from the Latin "*jam*" (= déjà) and "mais", from the Latin "*magis*" (= plus) [*Le Robert*, 2015]. Here too, two words are combined and joined together. These words express the continuity in time ("now" and "more or after"). When one adds the negation "ne", the meaning becomes negative and indicates "a continuity in the absence", expressed by "en nul temps" (= in no time). The process looks then like an agglutination, given that "ja" and "mais" are just stuck together to become one unique word. The passage from Latin to French may have followed several simplification steps as with the word "aucun".

The third word is "Impossible". This contains the adjective "possible" plus the negative prefix "im" and has most probably been constructed by analogy with other words containing the same prefix. As to the word "Interdit", it comes from the Latin "*interdictum*", itself coming from "*interdicere*". Here, from the start we have a single linguistic item. But this item has an already negative meaning, as was the case with the Arabic "*mana'a*".

What about the English words? The first one is 'None'. This means "No one", i.e. the negative particle plus the word "one". The grouping of these two words into "None" may also be seen as a kind of agglutination.

However, since the vowel "o" is repeated twice, the grouping eliminated one of its occurrences, probably for more simplicity.

The same may be said about the second English word "Never". For "Never" means 'No ever' or 'Not *ever*', *i.e. the negative particle 'no' or 'not' plus the word 'ever' (= at any time)*[Douglas Harper, 2017]. The grouping of these two words seems also to be a kind of agglutination, which eliminates one of the vowels and simplifies the pronunciation.

As to 'prohibited', it has a Latin origin, for it comes from the Latin 'prohibitionem' and 'prohibitio', through the old French word 'prohibition'. This word contains "*pro*" (= away, forth) and "*habere*" (= to hold) [Douglas Harper, 2017]. The whole meaning is thus merely negative. But the word seems to be the result of a grouping and agglutination. So these Saussurian processes seem to explain the existence of single items in the **E**-corners of the different squares.

But why don't these processes apply to the **O**-corners of the squares? Why don't we have, for instance, "nall" instead of "not all" or "nalways" instead of "not always"?

The usual answer is the complexity of **O** and the naturalness of the triangles of contrariety, which makes '**I** and **O**' be the natural expression of the particular. But we can add that the agglutination process may not apply to **O** in natural languages, since this process is supposed to be spontaneous and mechanical and to apply to items which are used frequently and naturally.

However, in some cases, the analogy may create some simple **O** items, for instance, the English 'Unnecessary', which is produced by analogy with other words containing "Un", such as "Untenable" or "Unbelievable". "Unnecessary" means "not necessary" in logic, but in ordinary life, it also means "not needed" or "not expected", which are used rather often by people in conversations. This could explain why it has been created and is used in ordinary life.

But in French, no single word corresponds to "Unnecessary". Rather its French counterpart is "non nécessaire", and is complex. So despite their (relative) closeness, French and English function differently in some cases. This confirms the arbitrariness of the sign, since each language has its own functioning, even when the processes governing the languages and their evolution are the same or very close.

The arbitrariness is even clearer when the languages are really very different, as is the case with Arabic on the one hand and the Indo-European

Saloua Chatti

languages on the other. For the grammatical rules of Arabic are different from the French and English grammatical rules and the processes that Saussure is talking about are not applicable in the same way in Arabic.

In Arabic, the process of agglutination is very rarely used, especially if we consider classical Arabic. One example of agglutination could be the word "*ḥinadhāka*" (= at that time), which contains two words stuck together (*ḥīna* = time, and *dhāka* = that). Other examples are transcriptions of scientific and technical terms already produced by agglutination in the European languages, for instance, "*jiulūjiā*" (= geology) or "*biulūjiā*" (= biology) etc.

Some words are also produced by agglutination, by adding the particle "*lā*", which functions as a negative prefix. For instance, "*lā-maʿqūl*" (irrational), "*lā-mutanāhī*" (infinite), "*lā-markazī*" (decentralized) and so on. Almost all of these pertain to modern Arabic and are directly related to modern sciences or philosophy. The process of agglutination, however, is not as natural and mechanical in these cases as the one described by Saussure, for these words are not that much used in ordinary life. Rather they pertain to some theoretical disciplines such as philosophy or economics, and the words are created almost artificially by translation from English or French. They pertain to Arabic by means of these translations but they are used only in these technical, philosophical and scientific disciplines.

On the contrary, analogy is used rather often to create new words, but these new words must have the usual allowed structures that we saw above. These structures have specific meanings and are not applied in the same way to all words.For instance, the structure "*fāʿala*" may be applied to the root "*kataba*" and produces "*kātaba*" (= to write to someone, to correspond), but it is not applied to other roots such as "*haraba*" (to escape), for "*hāraba*" does not mean anything, although "*hāribun*"*does* mean the fugitive and "*harraba*" means "to make [somebody] escape or to help him escape".

This confirms Saussure's principle according to which "the linguistic sign is arbitrary" [Saussure, 1967, p. 100], since the symbols used in Arabic, French and English are all different, although they express similar ideas and designate the same objects.The arbitrariness means that there is no natural link between the signified and the signifier, since the signifier is conventional.The grammatical rules and processes are also arbitrary because they are conventional and differ from one language to another.

But why the same processes (for instance, analogy) are they differently applied in different languages, even when these languages are rather close?

For instance, although the two prefixes "un" (in English) and "in" (in French) are very rarely used in front of a word starting by the letter "n", "unnecessary" exists in English but "innécessaire" does not exist in French.

Generally speaking, the (few) French words where the prefix 'in' is used in front of a word starting by "n" are the following: "innocent", "innomé", "innocuité", "innombrable", "innommable", "innover" and its derived words ("innovant", "innovateur", "innovation", etc) and "innerver".

In English, the (also few) English words containing such a prefix in front of a word starting by "n" are the following: "unnamed", "unnecessary", "unnatural", "unneeded", 'unnegotiable", "unnerve", "unnoticed" and "unnumbered".

So the presence of "unnecessary" and the absence of "innécessaire" are not only due to the rules of both languages, but to the social practices and usage, which are conventional, hence, in some way, arbitrary. We could try to explain this difference in the case of these two words by saying that "unnecessary" in English is not only the contradictory of "necessary", it has other meanings which are much more used in ordinary life, as we noted above. These other meanings are expressed by other kinds of words in French. As we said above, "unnecessary" in English can mean "not needed" and "not expected". In French "not needed", for instance, which is one of the meanings of "unnecessary"is better expressed by the words "inutile" and "superflu", which are usual translations of "unnecessary". So for some reason, the French usage privileged these two words upon the word "innécessaire", which, by the way, is not very easy to pronounce because when one puts the two sounds "in" and "né" together, the vowel "i" is pronounced as it is pronounced when it is alone. It is not pronounced as it is in the prefix "in". This difficulty in the pronunciation of the word can explain why the word "innécessaire" does not exist in French. This difficulty does not exist for the word "unnecessary" in English, which is very easily pronounced. Here too, the usage of both languages and the choices made by the speakers, which are also practical, can explain the differences between both languages.

6. Conclusion

The above analysis shows that the asymmetry between the four corners of the squares is not present in all languages.This means that, unlike what some people say, it is not a universal phenomenon, generalizable to all languages.It is not either a natural phenomenon, as Dany Jaspers, for instance, seems to assume, when he applies this asymmetry to his analysis of colours and says that the **O**-corner is "not naturally lexicalized in the realm of colours either. From the perspective of the architecture of cognition, the isomorphism suggests that the foundations of logical oppositions and negation may well be much more deeply rooted in the physiological structure of human cognition than is standardly assumed" [Jaspers, 2012, abstract].It seems that although the **O**-corner is intrinsically complex in all languages, there is no asymmetry in some languages, because the expression of the **E**-corner may also be complex.The asymmetry, thus, is more related to the linguistic conventions and usage than it is to the natural human cognition. It exists in some languages but not in other ones, because the processes described by Ferdinand de Saussure are not applicable in the same way in all languages. In particular, agglutination seems to be very rarely used in Arabic, while analogy is used in all languages but its use is various and not always predictable. These variations and above all this unpredictability confirm the arbitrariness of languages stressed by Saussure.

Acknowledgments

I thank Professor Jean-Yves Beziau for having invited me to present a contribution at the symposium *The Arbitrariness of the Sign*, and all the participants for their fruitful remarks.

References

[Beziau, 2003] Beziau, Jean-Yves: "New Light on the Square of Oppositions and its Nameless Corner", Logical Investigations, 10, 218-233, 2003.

[Blanché, 1969] Blanché, Robert: *Structures intellectuelles. Essai sur l'organisation systématique des concepts*, Editions Vrin, Paris, 1969.

[Horn, 2001] Horn, Laurence: *A Natural History of Negation*, The David Hume Series, CSLI Stanford, University of Chicago Press, 2001.

[Jaspers, 2012] Jaspers, Dany: "Logic and Colour", *LogicaUniversalis*, Volume 6, Issue 1, pp. 227-248, 2012.

[Saussure, 1967] Saussure, Ferdinand de: *Cours de linguistique générale*, translation Tullio de Mauro, Editions Payot & Rivages, 1967, Paris.

Dictionaries:

[Le Robert, 2015] Dictionnaire Le Robert, Paris, France.

[Larousse, 1997] Dictionnaire *Larousse encyclopédique illustré*, Larousse Bordas, Paris 1997.

[Druide, 2008] Druide, *Enquêtes linguistiques,Point de langue*, October 2008 https://www.druide.com/fr/enquetes

[Douglas Harper,2017] *Online Etymology Dictionary*, Douglas Harper Editions, 2001-2017 ,http://www.etymonline.com/index.php?

Saloua CHATTI
Faculté des Sciences Humaines et Sociales de Tunis,
University of Tunis, Tunisia
salouachatti11@gmail.com

PHASE: From Art to Neuroplasticity
The Case of Embodied Symbols

PATRIZIO PAOLETTI, JOSEPH GLICKSOHN, FEDERICA MAURO, TANIA DI GIUSEPPE, TAL DOTAN BEN-SOUSSAN

ABSTRACT. In the current article, we will bring forth the subject of embodied symbols and discuss the possible underlying neuronal mechanisms mediating the comprehension of these symbols, focusing on the motor system. We will focus on three main examples, related to (1) structures (such as the labyrinth), (2) visual stimuli (e.g., sculptures) and (3) embodied symbols utilizing the human body (e.g., symbolic hand gestures). Finally, the implications of embodied symbols will be discussed through the PHASE (Philosophy, Art, Science and Economics) framework. PHASE links philosophical ideas of man's improvement through creative art and its examination through science towards the improved economy of self. Utilizing this perspective, we will discuss scientific experiments related to embodied symbols in art and neuroscience.

In this context, we will focus on the theory of embodied cognition and embodied language, which has claimed that cognitive and linguistic systems re-use the structures and the organization characterizing the motor system. While de Saussure [1983] has argued that the linear-segmented character of spoken language is a property that arises due to the unidimensionality of language, meaning is multidimensional; physical gesture is not restricted to breaking down meaning complexes into segments. As Goldin-Meadow has suggested inher book *Hearing gesture: How our hands help us think*: "Gestures are free to vary on dimensions of space, time, form, trajectory, and so on, and can present meaning complexes without undergoing segmentation or linearization." ([Goldin-Meadow, 2005], pp. 25). Although the current article is not a systematic review, it would like to suggest that objective art may exist, in which specific properties of the stimuli (e.g., form, proportion and frequency) can produce a specific neuronal and behavioral response. These effects may be mediated, at least in part, by the motor system. Understanding the effects of specific characteristics of the stimuli and the possible underlying mechanisms may aid architects and therapists, as well as parents and teachers to choose the best stimuli in order to voluntarily orient themselves and others towards the inner state which they would like to achieve.

0. Introduction

The study of language is closely linked to the study of the mind. However, long before the creation of languages, visual perception and movement were the only way for mankind to perceive the outer world [Sayin 2014].An important example is the distinction between *sign* and *symbol*, which has been drawn with the problem of contingency in mind. Ferdinand de Saussure acknowledged this usage in his *Course of General Linguistics*, published in 1916: unlike the concept of sign, the concept of symbol refers to a semiotic unit that, "...is never wholly arbitrary; it is not empty, for there is the rudiment of a natural bond between the signifier and the signified." [de Saussure, translated by Roy Harris. London: Duckworth, 1983].

According to Wittgenstein, the distinction between a sign and a symbol is that the sign is the physical aspect of a symbol, the inscription or mark or sound; it is "what can be perceived of a symbol" ([Wittgenstein, 1929], pp. 3.32). The symbol, on the other hand, is "the sign taken together with its logic-syntactical employment" ([Wittgenstein, 1929], pp. 3.327). Thus, "In order to recognize a symbol by its sign we must observe how it is used with a sense" ([Wittgenstein, 1929], pp. 3.326). The distinction between a sign and a symbol focuses attention on the connection between the sense of a sign and its use: it is in use that the sense of a sign (the essence of a symbol) is revealed or determined.

Arbib [2005] has argued that arbitrary signs first evolved in gesture, which was more amenable to iconic representation, and that this protosign provided the "scaffolding" for vocal-based abstractions. He further suggests that the vocal signs of human language are evolved from the gestural signs of some protolanguage, and this may explain why the production of vocal signs in the human brain is controlled by Broca's area, the motor area which controls manual actions and speech.

1. From sign to symbol, and the motor system

In *Language within our grasp*, Rizzolatti and Arbib [1998] have stated that the premotor cortex in monkeys contains neurons that are activated both when the monkey grasps or manipulates objects and when it observes the experimenter making similar actions. These neurons, called *mirror neurons*, appear to represent a system that matches observed events to similar, internally generated actions, and in this way forms a link between the observer and the actor. Since then, many experiments have concluded that a mirror system for gesture recognition also exists in humans and includes Broca's area [Rizzolatti and Arbib, 1998]. Thus, Rizzolatti and Arbib [1998] have proposed that such an observation/execution matching system provides a necessary bridge from 'doing' to 'communicating', as the link between actor and observer becomes a link between the sender and the receiver of each message.

Mirror neurons may play a role in representing not only signs but also their meaning. Because actions are the only aspect of behavior that are inter-individually accessible, interpreting meanings in terms of actions might explain how meanings can be shared. Behavioral evidence and artificial life simulations suggest that seeing objects or processing words referring to objects automatically activates motor actions. It has further been claimed that the realization that arbitrary labels could be attached to concepts, could have started spoken language with the typical arbitrary relationship between concept and sound pattern [Mac Neilage and Davis 2000.Yet, recent studies suggest that sound-symbolic mappings are not arbitrary and language-specific, but rather reflect some more general phenomenon which extends cross-linguistically [for a review see, Perniss, Thompson, and Vigliocco, 2010], leading to the statement that:

> *Current views about language are dominated by the idea of arbitrary connections between linguistic form and meaning. However, if we look beyond the more familiar Indo-European languages and also include both spoken and signed language modalities, we find that motivated, iconic form-meaning mappings are, in fact, pervasive in language... we review the different types of iconic mappings that characterize languages in both modalities, including the predominantly visually iconic mappings found in signed languages. Having shown that iconic mapping are present across languages, we then proceed to review evidence showing that language users (signers and speakers) exploit iconicity in language processing and language acquisition. While not discounting the presence and importance of arbitrariness in language, we put forward the idea that iconicity need also be recognized as a general property of language, which may serve the function of reducing the gap between linguistic form and conceptual representation to*

allow the language system to "hook up" to motor, perceptual, and affective experience. ([Perniss et al. 2010], p. 1)

In addition, languages commonly conceptualize the past as *behind*, the future as *in front of*, and the present as *here* or co-locational with the space around the body. Behavioral data suggest that such conventions in language are not arbitrary [Kranjec and Chatterjee, 2010], that is, time appears to be thought about as well as talked about in terms of space. In addition, Lakoff in his neuroscientific theory of form in art suggests that: "form can be at once embodied (in the sensory-motor system), permitting inference and subject to metaphorical interpretation, while being "abstract"…Form has to do with us, in particular with the kinds of embodied structures we impose by virtue of our bodies and brains" ([Lakoff, 2006], p.167).

The path proposed here is based on PHASE (Philosophy, Art, Science and Economics) framework [Paoletti, 2011], which may help organizing the data presented in the current chapter, where disciplines interacted with a common focus: the human being and his/her possible development. Art, understood as a discipline which establishes a link between the sign and its representation, guides us through the symbol as a path towards the destination that each human being yearns for: developing his/her own capabilities [Paoletti, 2008b]. The aesthetic experiences provided by architecture, as well as by bodily experience (e.g., training such as Quadrato Motor Training (see section 2.3.) and Aikido, as well as Mudras (see section 4.1)) can constitute the signs of the philosophical representation of the human being, which holds the meaning of anticipating the experience by means of the narration of what the stimulus evokes. As such, symbols disclose a precise experience for the participant, the experience of his/her possible evolution [Paoletti, 2015]. Together, these lead us to explore the case of embodied symbols.

2. The case of embodied symbols

The history of symbolism shows that everything can assume symbolic significance: natural objects (like stones, plants, animals, men, mountains and valleys, sun and moon, wind, water, and fire), or man-made things (like houses, boats, or cars), or even abstract forms (like numbers, or the triangle, the square, and the circle). In fact, the whole

> *cosmos is a potential symbol.* [Carl Gustav Jung, Man and
> His Symbols, 1968].

According to Anderson [2010], evolution works in a conservative way, building on previously formed systems. Consequently, the theory of embodied cognition [Wilson, 2003] and especially of embodied language [Gallese and Lakoff, 2005; Glenberg and Gallese, 2012] claims that cognitive and linguistic systems re-use the structures and the organization characterizing the motor system. From this perspective, language comprehension is rooted in action, as it recruits the same neural areas that are active while performing movements. Much evidence for embodied language comes from psychophysiological and neuroimaging studies documenting an activation of the motor system during the comprehension of nouns referring to manipulable objects (i.e., tools), which parallels the activation of the same system while both actively manipulating and passively viewing these objects[Martin, 2007].

The motor system not only allows planning actions to be executed, but also to represent them as well. Thus, if the same mechanism that drives to action execution is virtually activated, we can represent it and represent objects that correspond to it. The motor system is automatically activated when participants (a) observe manipulable objects; (b) process some linguistic stimuli (e.g., action verbs), the meanings of which imply bodily action; and (c) observe the actions of another individual [Mahonand Caramazza, 2008]. Though the motor system may not be the sole participant, it has been consistently suggested that the mechanisms that give rise to consciousness may have evolved in the service of action [Prinz, 2009].

In the current article, we set out to examine three interrelated embodied types of symbols, including: (1) structures, (2) visual stimuli and (3) bodily postures (e.g., the labyrinth, visual forms and symbolic hand gestures, respectively). We start from PHASE philosophical vision of man and what he can become [Paoletti, 2008b, 2011], through which we will discuss some scientific experiments related to embodied symbols in art and neuroscience. This is also aimed at suggesting some of the underlying features of specifically structured stimuli, which can, if practically utilized consciously, help in the path towards neuroplasticity and self-improvement.

2.1.Structures

We chose to start with physical structures and the example of the labyrinth, as it has long been used as a metaphor to symbolize the mind. After the labyrinth, we will give two other examples, related to specifically-structured rooms and temples.

2.2. The Labyrinth

Charles Peirce [Peirce, 1905] interpreted language visually. This led him to the idea of the diagrammatisation of logic and to the theory of existential graphs as "moving pictures of thought". This idea goes back to European literature describing the mind as a labyrinth. The labyrinth is an ancient tool that has been in existence for thousands of years, and its form is found in almost every religion. The classical is a seven-circuit labyrinth originally found on the Isle of Crete (See Figure 1 A), home to the mythical Minotaur [West, 2000]. The earliest labyrinths were drawn on walls or other surfaces. Gambitus, an anthropologist, reported that she discovered some of the earliest evidence of labyrinth-like images on a figure in the Ukraine dated 15,000 to 18,000 BCE [Schaper and Camp, 2000]. Different cultures have used the labyrinth for various purposes ranging from religious ritual to personal symbol.

Full-sized walking labyrinths were developed approximately 1,500 years ago. One labyrinth was discovered among the Nayca people who used the labyrinth for a ritual procession to honor the spirits they represented in ritual ceremonies [Westbury, 2001]. The Chinese used labyrinths as a way to keep time in ceremonial rituals. In Sweden, Finland, and Estonia, labyrinths were used as symbols of protection by fisherman to insure a good catch [Westbury, 2001]. An 11-circuit labyrinth pattern was placed on the floor of Chartres Cathedral in France during the twelfth century (See Figure 1 B). It has been speculated that the purpose of the labyrinth was to allow pilgrims to use it as a substitute for a pilgrimage to the Holy Land [Artress, 1995; Wallace-Murphy and Hopkins, 2009].

A

B

Figure 1. **A**. Classical Seven-Circuits Crete Labyrinth.
B. The 11 Circuits Labyrinth represented on the floor of
Chartres Cathedral in France.

Today, labyrinths are being built in a variety of settings, including churches, retreat centers, hospitals, university campuses, public parks, as well as private spaces. The first modern labyrinth was built in 1997 at California Pacific Medical Center in San Francisco as part of an integrative medicine clinic [Scherwitz et al., 2003].

The contemporary use of the labyrinth has been primarily focused on meditation and psychotherapy [Artress, 1995; Johnson, 2001]. According to West [2000], the labyrinth is one of the oldest contemplative tools known to humankind. In addition, its specifically-structured qualities can be transferred to individuals through a process called isomorphism which refers to the correspondence between an external state and its internal manifestation [Hinz, 2009]. Such statements associate labyrinths with embodied movement and the movement of the psyche, making the labyrinth a meaningful symbol for the processes involved in a therapeutic situation [Hanson, 2015].

Part of the labyrinth's allure is that it is an archetype with which we can have direct physical experience. Archetypes are defined as universal forms or figures that exist independently of the human psyche in the collective unconscious and are thought to bring meaning to life experiences. Cultures throughout time have depicted sacred circles, or mandalas, as a representation of the cosmos and psyche. The labyrinth is an archetypal symbol of wholeness that includes an unobstructed path from the entrance to the center [Bord, 1976; Jung, 1968].Two other symbols related to wholeness are the*Egg* and the*Square*.

2.3.The Egg and the Square

While architecture and the arts have acknowledged the importance of symbols for millennia, current studies in neuroscience have only recently started to examine the objective effects of esthetics and art on psychological and neural states. Whether different symbols have shared psychological and neural effects remains an open question. Two of the most ancient symbols are the *Square* and the *Egg*.

What could be the implications of adopting a meditative mode of experience while situated within a space that is either square-shaped, or egg-shaped? In other words, what would happen if we embody the Square and

Patrizio Paoletti et al.

the Egg and apply them in specifically-structured training? As Nalimov has insightfully written, "Any attempt to penetrate into the depth of a symbol can only be based on meditation" [Nalimov, 1982], p. 165). In a recent study, QMT as a form of walking meditation in a squared space was compared to meditation when the body is seated still in a spherical space [Ben-Soussan et al., under review].

For the embodied square, consider *Quadrato Motor Training (QMT)*. QMT is a sensorimotor movement meditation, created by Patrizio Paoletti as part of his neuro-psycho-educational system. The training is conducted on a 50 x 50 cm Square in which the participant moves according to specific oral instructions (see Figure2A). QMT aims to promote a state of enhanced attention and mindfulness, in which the participant is required to divide attention between the currently executed motor response and online cognitive processing concerned with producing the next movement[Ben-Soussan et al., 2013, 2015]. QMT was found to improve cognitive functioning, including enhancing creativity, reflectivity, and information processing [Ben-Soussan et al., 2013, 2015a]. In terms of neural functioning, QMT was found to enhance EEG alpha (8-12 Hz) activity both within the frontal and parietal areas [Ben-Soussan et al., 2013, 2015a;], as well as in the cerebellum [Ben-Soussan et al., 2015b]. In turn, QMT-induced changes in gray matter volume and fractional anisotropy changes in the cerebellum were positively correlated with increased creativity[Ben-Soussan et al.,2015a]. In addition, QMT was found to enhance functional connectivity [Ben-Soussan et al., 2013; Lasaponara, Mauro, Carducci, Paoletti, Tombini, Quattrocchi, Mallio, Errante, Scarciolla and Ben-Soussan, 2017]. Phenomenologically, QMT was found to enhance attention and concentration, as well as the experience of altered states of consciousness (ASCs), including spontaneous visualization, intuition, and sense of wonder [Ben-Soussan et al., under review].

For the embodied Egg, a whole-body perceptual deprivation (WBPD) OVO chamber (Figure 2B), which is a specifically structured room in the form of an egg ('Uovo' in Italian), was utilized. The OVO-WBPD chamber was created by Patrizio Paoletti as part of his Sphere model of consciousness [Paoletti, 2002, 2011]. Immersion in the OVO-WBPD was found to increase absorption, namely as state of highly focused attention, as well as openness to self-altering experiences, which is an important psychological construct, closely related to empathy, deep-meditation states and other ASCs. This state was further accompanied by increased oscillatory activity in the insula

[Ben-Soussan, Mauro, Lasaponara, Glicksohn, Marson and Berkovich-Ohana, 2019], a structure related the experience of bodily self-awareness, sense of agency, and sense of body ownership, environmental monitoring, and the control of blood pressure, in particular in hypnosis and exercise.

For the comparison of the embodied Square and Egg, practitioners of breathing meditation novice to these paradigms performed a session of either OVO or QMT, followed by a semi-structured interview. The reported experiences were classified into three content units, related to alterations in the perception of: (1) Time, (2) Space and (3) Bodily sensation. Preliminary analysis of first-person reports collected during a meditation session inside the OVO uncovered subjective alterations in the perception of time and space, emotion and cognition [Ben-Soussan et al., under review]. More specifically, significantly more reports related to alteration of Time were reported in the OVO group compared to the QMT group, while the reverse was found for Body sensations. When examining the effect of the OVO on a task of time production (TP), we found that for those participants reporting a marked change in time experience, such as "the sensation of time disappeared", their TP data could not be linearized using a log-log plot, suggesting that for these individuals there might be a 'break' in the psychophysical function[Glicksohn, Berkovich-Ohana, Mauro and Ben-Soussan, 2017].

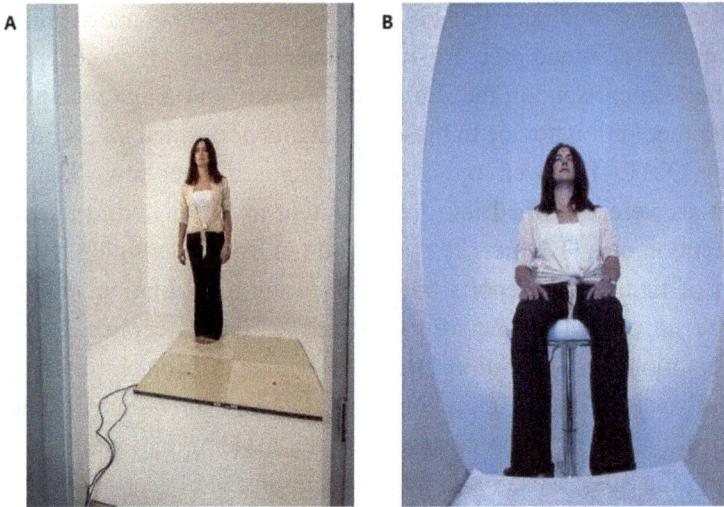

Figure 2.A.A participant during QMT inside the square-shaped space while waiting for the next command. **B.**A participant sitting still inside the OVO Whole Body Perceptual Deprivation (WBPD) chamber.

Interestingly, the Square and the Egg are not only symbols, they are also spaces, or portals [Hume, 2007] that afford altered states of consciousness. Of course, the induction of an ASC is a function of the personality of the individual interacting with such an environment [Glicksohn, 1987, 1991]. As Baron and Boudreau insightfully write,

> From an affordance perspective, personality and the environment are related in complementary fashion, similar to the relationship between keys and locks. Personality, in this metaphor, is a key in the search of the "right" lock, whereas the environment … is the lock waiting to be opened so that its affordances can be realized. ([Baron and Boudreau, 1987], pp. 1227).

The Egg and the Square, in interaction with the actions of the individual, afford ASCs that differ in their experiential content [Ben-Soussan et al., under review], as noted above. When one considers the cognitive set with which the individual enters these spaces—especially a cognitive set encouraging metaphoric-symbolic cognition [Glicksohn and Avnon, 1997-98]—then the symbolic nature of these spaces will readily enable the individual to experience an ASC. In fact, the Egg, which could be regarded as a whole-body *Ganzfeld*, enables both color and sound to be experienced "*... as bodily and vital sensations*" ([Werner, 1978], pp. 163). These are "... essentially felt in the body and on the body, they represent general states of the body, psychic and physical at the same time...." ([Werner, 1978], pp. 162-163). Exposure to such a whole-body, immersive *Ganzfeld* can induce a drastic change in time perception, as one individual was startled to discover [Gadassik, 2016], and this is a familiar hallmark of the induction of an ASC [Glicksohn, 2001].

2.4.Temples

The egg and the square, as ancient symbols, arealso manifested in architecture. Forexample, inHindu Temple architecture, the cosmos is represented by the circle, and the process of making an architectural model of the cosmos involves the representation of a circle in a square grid in two-dimensional construction and of an ellipsoid (the cosmic egg) in a cubical grid in three-dimensional construction [Trivedi, 1989, Dutta and Adane, 2014]. The basic plan of many temples is built upon the Vastu Purush Mandala, which is a square, representing the earth [Michell, 1977]. In the foundation of many Hindu temples, the cosmos is embodied by laying down the diagram of Vastu Purush Mandala on a selected ground. This diagram reflects the image of cosmos through its fractal qualities. The Mandala can be considered an ideogram, while the temple is the material manifestation of the concepts it embodies [Trivedi, 1989].

The square is considered to symbolize order and unequivocal form, while the circle represents movement, and therefore time. The square, with its potential to include competing elements, when enclosing a circle represents the dimensions of both space and time. Importantly, two ancient texts coming from two of the Chinese and Jewish traditions, namely, the Canon of Changes (Yi Jing) and the Book of Creation (Sepher Yetzirah) describe and relate them to the magic square [Petrella, 2011]. From whole-body structures, we now move to visual stimuli.

3. Visual stimuli

Objective art has been found to be related to the subconscious, to ASCs and to collective memory. Painted hallucinatory images have been found in prehistoric caves [Clottes and Lewis-Williams, 1998], and scratched on petroglyphs [Patterson, 1992]. Hallucinatory images are seen both when falling asleep and while waking up [Mavromatis, 1987], as well as following sensory deprivation [Zubek, 1969], when using anesthetics, during "near-death" experiences [Blackmore, 1983], when seeing bright flickering light [Purkinje, 1819;Smythies, 1960], or when applying deep binocular pressure on the eyeballs [Tyler,1978].

3.1. Forms

In this context, *form constants*, namely typical geometric patterns, can spontaneously be produced by the brain under the influence of drugs [Klüver, 1966], flickering lights [Purkinje, 1819;Young, Cole, Gamble and Rayner, 1975; Becker and Elliott, 2006; Allefeld, Pütz, Kastner and Wackermann, 2011; Billock and Tsou, 2007, 2012], or clinical disorders [Billock and Tsou, 2012]. These forms (e.g. tunnels and funnels, spirals, lattices, including honeycombs and triangles, and cobweb) are often accompanied by a modulation of brain rhythmic activity [for review see Mauro, Raffone and VanRullen, 2015]. It is interesting to note that during full-field flickering light, the exact class of geometric pattern experienced— radial, spiral, grid, etc.—depends on the precise flicker rate [Becker and Elliott, 2006; Allefeld et al., 2011; Elliott, Twomey and Glennon, 2012], and thus on the frequency of rhythmic brain activity[Allefeld, Pütz, Kastner and Wackermann, 2011].

Both theoretical work [Bressloff, Cowan, Golubitsky, Thomas and Wiener, 2001] and physiological studies have examined and verified the direct correspondence between the geometrical structure of visual hallucinations and the spatial organization of visual cortex (retinotopy and cortical magnification), and the mathematical foundation for this correspondence [Hammer, 2016]. While the contribution of brain oscillations is recognized, it is not fully understood [Shevelev et al., 2000; Rule, Stoffregen and Ermentrout, 2011; Billock and Tsou, 2007, 2012; Muthuku Maraswamy et al., 2013]. In most cases, the images are seen in both eyes and move with them, but also in closed eyes and dark spaces. Similarly to Plato's (427-347 BC)cave metaphor, this can be interpreted as the fact that they are generated in the brain -in the visual cortex [Bressloff et al., 2001].

The appearance of these "form constants" in the everyday experience of entoptic phenomena [Glicksohn, Friedland and Salach-Nachum, 1990-91], but especially in dreams [Shepard, 1983], might be viewed as an "archaic form of symbolic language" ([Sayin, 2014], pp. 429), or as a basis for symbolic imagery [Hunt, 1989]. Photic stimulation at certain critical frequencies (especially within the alpha band) will induce in certain individuals both an ASC and such imagery [Geiger, 2003; Glicksohn, 1986-87; Salansky, Fedotchev and Bondar, 1998]. As Smythies indicated regarding such imagery, his participants "… in general found them very interesting, even fascinating, and one even expressed the conviction that they possessed a power of addiction over the subject as one developed an active desire to go on looking at them…." ([Smythies, 1959], pp. 111).

These "form constants" which appear and develop into three-dimensional moving forms are another familiar hallmark of the experience of an ASC [Oster, 1970; Siegel and Jarvik, 1975]. Shanon describes the imagery that appears during the ASC:

> The geometric patterns may be two- or three-dimensional. In the former case they are like arabesques; these compose tapestries that entirely cover the inner visual field. Unlike the two-dimensional geometric patterns, the three-dimensional ones usually define structures positioned in space; hence, they need not be fully coextensive with the inner visual field. Often the patterns are like multicellular honeycombs whose cells are usually pentagonal or hexagonal. The total construction may be linear-polyhedral or oval-circular; it may be static, or it may be pulsating or vibrating. At times, the geometric patterns may seem to defy ordinary real-world Euclidean geometry; some persons that I interviewed made reference to higher orders of spatial dimensionality.([Shanon, 2002], pp. 88).

This imagery, coupled with the experience of an ASC, interpreted to be the symbolic imagery experienced by a shaman in a cave, is purported to be the source (and inspiration) for rock art, as noted above —an argument promoted in a series of important publications by Lewis-Williams and his associates [Lewis-Williams, 1986, 1991, 2004; Lewis-Williams and Dowson, 1988, 1993; Lewis-Williams and Loubser, 1986].

3.2.Frequencies

Computational models have revealed that the geometry of hallucinations can be related to functionalneuro-anatomy. While experimental evidence links both visual flicker and hallucinogenic drugs to upward and downward modulations of brain oscillatory activity, the exact relation between brain oscillations and geometric hallucinations remains a mystery. To shed light on this issue, namely, the bidirectional link between geometry form and brain frequency manifested in the brain, Mauro et al. [2015] have demonstrated that in human observers, this link is bidirectional. The same flicker frequencies that preferentially induced radial (10 Hz) or spiral (10 – 20 Hz) hallucinations in a behavioral experiment involving full-field uniform flicker without any actual shape displayed, also showed selective oscillatory EEG enhancement when observers viewed a genuine static image of a radial or spiral pattern without any flicker (See Figure 3). This bidirectional property constrains the possible neuronal events at the origin of visual hallucinations, and further suggests that brain oscillations, which are strictly temporal in nature, could nonetheless act as preferential channels for spatial information.

A Flicker-induced Hallucinations

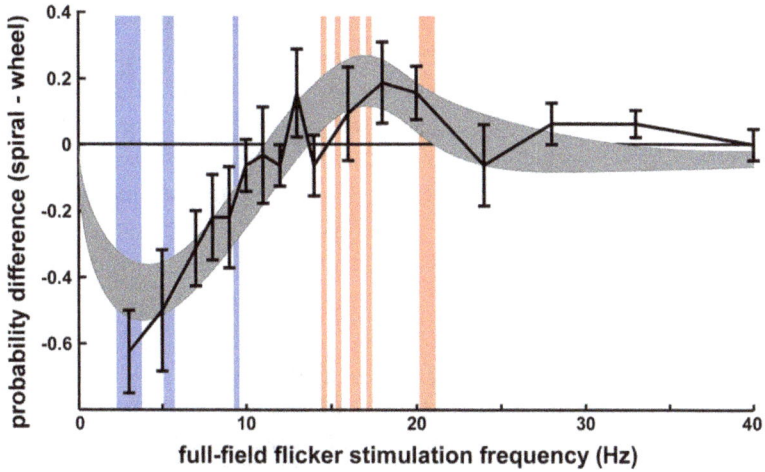

B Static stimulus presentation (12s trials)

radial   spiral

C Spectral differences

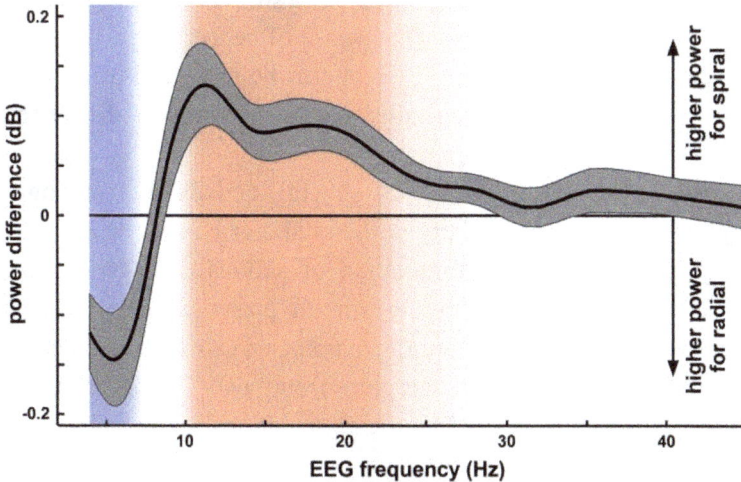

Figure 3.*Bidirectional link between Brain Oscillations and Geometric Patterns.* Figure adapted from [Mauro et al., 2015]. **A.** Difference between report probabilities of the two shapes (black line; error bars represent SEM across observers). The shaded gray area indicates the mean difference (SEM across observers) between Weibull-function fits of individual subjects. The minimum and maximum frequencies for this difference are 4 and 17 Hz, respectively. Each colored vertical line in the background denotes the minimum (blue line) and maximum (red line) frequencies of an individual subject (line thickness indicates the number of subjects with the same frequency); **B.** Facsimile versions of the radial and spiral hallucinatory patterns. **C.** Spectral power differences between EEG signals recorded during static viewing of radial versus spiral images, with blue denoting frequencies of higher power for radial images and red higher power for spiral images. The relationship between flicker frequency and class of geometric pattern experienced seems to follow a basic rule: Patterns observed as higher frequencies "were more finely detailed and composed of smaller elements than those of the coarser images induced at lower frequencies...." ([Stwertka, 1993], p. 71). More specifically, as Sayinconcludes, "Flicker phosphenes created by stroboscopic lights or mind-machines tend to be more amorphous at low frequencies (1-4 Hz), tend to fall into web, spiral, or cloverleaf patterns at medium frequencies (4-9 Hz), and tend to lock into grid, honeycomb, or checkerboard patterns at higher frequencies (9-16 Hz). Flicker phosphenes will have slow lateral drift at lower frequencies; a rotational drift at medium frequencies; and will maintain stability or produce fast lateral drift at higher frequencies" ([Sayin, 2014], pp. 431]).

3.3.Sculptures and ratios

If specific geometric patterns can produce specific brain frequencies, may this also be manifested in other aspect of brain function? To answer a related question Di Dio and colleagues [2007] studied whether there is objective beauty, i.e., if objective parameters intrinsic to works of art are able to elicit a specific neural pattern underlying the sense of beauty in the observer (for example see Figure 4), and may these patterns be measured using magnetic resonance imaging (MRI). Their results indicated a positive answer to these two questions.

More specifically, in addition to general activation resulting from observing the sculptures, especially in the premotor cortex (which is known to become active during the observation of actions done by others), the presence of the golden ratio in the stimuli presented determined brain activations different to those where this parameter was violated. The feature that changed the perception of a sculpture from "ugly" to beautiful appears to be the joint activation of specific populations of cortical neurons responding to the physical properties of the stimuli and of neurons located in the anterior insula, known to mediate emotions [Damasio, 1999, Damasio et al., 2000, Critchley et al., 2005]. As can be seen in Figure 5,the act of observing canonical sculptures, relative to sculptures whose proportions had been modified, produced the activation of the precuneus, prefrontal areas, and in the insula. For the importance of the insula see also section 2.3. in the current chapter.

In addition, when examining subjective beauty, Di Dio et al., [2007]also found that in the condition in which the viewers were asked to indicate explicitly which sculptures they liked, there was a strong increase in the activity of the amygdala, a structure that responds to incoming information laden with emotional value[Paoletti, Glicksohn, & Ben-Soussan, 2017].

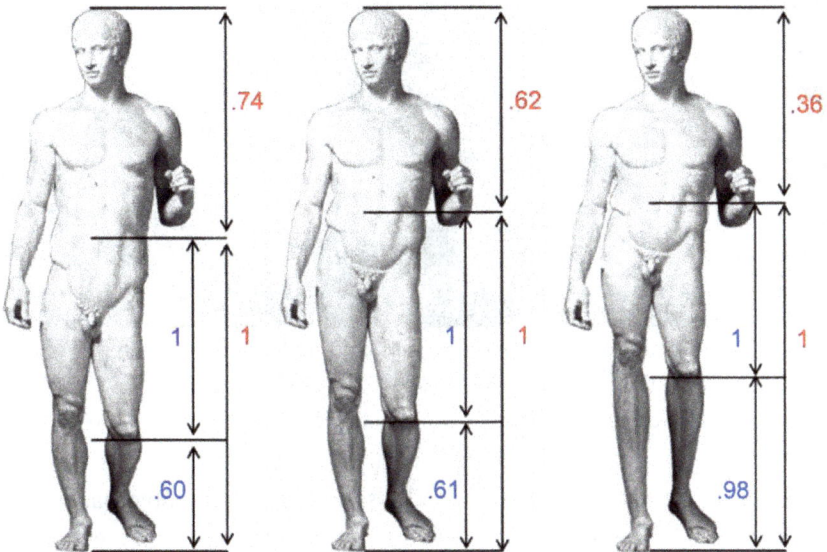

Figure 4. Example of canonical and modified stimuli. The original image (Doryphoros by Polykleitos) is shown at the center of the figure. This sculpture obeys canonical proportion (golden ratio=1:1.618). The golden beauty: brain response to classical and renaissance sculptures. PLoS ONE 11, e1201. The central image (judged-as-beautiful on 100%) and left one (judged-as-ugly on 64%) were used in the FMRI evaluation.Figure from Di Dio, C., Macaluso, E., and Rizzolatti, G. [2007].

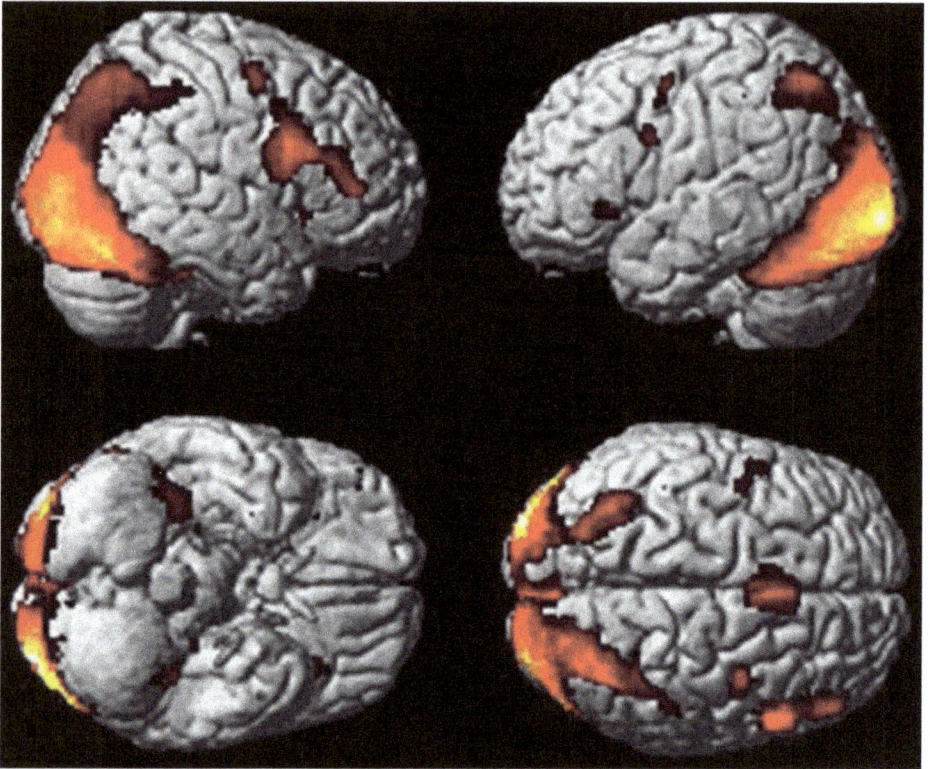

Figure 5. Brain activation of canonical and modified sculptures *vs.* rest. Figure from [Di Dio, Macaluso and Rizzolatti, 2007]. The golden beauty: brain response to classical and renaissance sculptures. PLoS ONE, 2(11), e1201.

Another example is *Mudras*, namely, specifically structured hand gestures. An analysis of iconographic elements of mudras can help elucidate the syntax rules within a complex iconographic system. In a rare study examining 11th-century clay sculptures at the Tibetan Buddhist monastery of Tapho in Himachal Pradesh, India, mudras were found to have significant associations with other iconographic elements—in particular, deity type. They could have been used to communicate a semantic unit using hand gesture plus arm position [Reedy and Reedy, 1987]. We will now address the question: what would happen if we would embody these symbols utilizing the human body?

4. Embodied -in the body
4.1   Mudras, symbolic hand gestures

Similar to the study of other types of movement and posture [Dael, Mortillaro and Scherer, 2012], the examination of mudras can magnify the role that hands play in life. Studies have consistently shown that when people make gestures with their hands and arms, it helps the thinking process [Goldin-Meadow, 2005; Skipper, Goldin-Meadow, Nusbaum and Small, 2007]. Interestingly, it has even been argued that in some semitic alphabets, such as the Hebrew one, as well as in Greek and other ancient languages, each letter may represent also a hand gesture, and it is at this level that it can form a natural universal language [Tenen, 2013].Different spiritual religious and philosophical groups around the world have practiced hand gestures[Patra, 2004].Mudras for example are an important part in the religious practices of Buddhist and Hindu rituals. In addition, the Egyptian deity Ra was shown as a sun burst with each ray terminated in an open hand. The hand has been a symbol for prayer and for the Higher Power, in which each finger has a specific meaning [Patra, 2004]. The type of mudra is determined by various aspects, such as where the fingers are touching. The Prayer Mudra, with hands together at the heart, symbolizes prayer and worship.

In a recent study, Kozhevnikov, Elliott, Shephard and Gramann [2013] examined the effects of hand mudras in peripheral temperature (see Figure 6 for an example). They found that peaks of the peripheral temperature increases were associated with changes in hand mudra positions (as symbolic gestures used in meditation), namely, tensing the hand muscles as well as pressing the fists against the inguinal crease (on the femoral artery) during particular meditative periods.

Figure 6. Hand position during g-tummo meditation. Figure from [Kozhevnikov, Elliott, Shephard and Gramann, [2013].http://dx.doi.org/10.1371/journal.pone.0058244.g002

4.2. Body Postures

Body movement and gestures can further influence creativity and emotions [Hao, Xue, Yuan, Wang and Runco, 2017, Prinz, 2003]. For example, a recent study has demonstrated that the effects of arm postures on creativity were influenced by body positions (i.e., being seated or horizontal). More specifically, arm flexion and extension in the lying body position exerted effects on solving Alternate Uses problems in a converse pattern compared to that in the seated body position [Hao et al., 2017]. Related to this, another study reported that participants in the open body posture felt more confident, and performed better on cognitive tasks; whereas they felt lack of confidence and performed worse in the closed body posture [Briñol and Petty, 2009]. Given that the open body posture led individuals to feel more confident and dominant, individuals' emotions were affected by social exclusion only when they adopted an open posture rather than a closed posture [Welker, Oberleitner, Cain and Carré, 2013].

A recent study demonstrated that in a relatively long period (90 min), participants in the open posture reported more positive emotions, while those in the closed posture reported more negative emotions [Zabetipour, Pishghadam and Ghonsooly, 2015]. This suggests that open or closed body posture could serve as pleasant or unpleasant cues, eliciting implicit positive or negative emotions, which might reflect on changes in testosterone, feeling of power and tolerance of risk [Carney, Cuddy and Yap, 2010].

These results further confirmed that posing in high-power nonverbal displays (as opposed to low-power nonverbal displays) causes neuroendocrine and behavioral changes. High-power posers experienced elevations in testosterone, decreases in cortisol, and increased feelings of power and tolerance for risk; while low-power posers exhibited the opposite pattern. In short, the authors have concluded that posing in displays of power can lead to advantaged and adaptive psychological, physiological, and behavioral changes, suggesting that embodiment extends beyond mere thinking and feeling, to physiology and subsequent behavioral choices and "that a person can, by assuming two simple 1-min poses, embody power and instantly become more powerful has real-world, actionable implications" [Carney et al., 2010], p.1363).

A more radical claim is that body posture—or, rather, ritual body posture—can induce an ASC in certain individuals [Goodman, 1986, 1999]. Thus, ritual body posture is yet another path to ASC induction. We would argue, however, that ritual body posture should be contextualized. If one adopts a ritual body posture within a symbolic space, and given the appropriate cognitive set (and personality), then an ASC may well be induced. Adopting a ritual posture in a group setting in an auditorium [Woodside, Kumar and Pekala, 1997] does not seem to be an optimal test of this hypothesis. That different ritual postures do not necessarily lead to different subjective experiences [Hunger and Rittner, 2015] is not necessarily detrimental to the basic claim advanced by Goodman [1986, 1999]. It might well be that, as with other methods of ASC induction, the paths might be different, but the induced ASC might be the same [Glicksohn, 1993]. Again, in terms of symbols, spaces and embodiment, there is an interaction of the individual's personality with the (symbolic) environment, and with the way that this environment is embodied, that leads to the variety of subjective experiences that might be realized.

4.2 Sports, QMT, Aikido and Motor primitives

As mentioned above in section 2.3, QMT was found to induce different neuro-cognitive effects, including increased creativity and reflectivity [Ben-Soussan et al., 2013; 2014], as well as electrophysiological, structural and molecular changes [for review see Ben-Soussan et al., 2015b). The results from recent studies demonstrate that QMT can enhance functional connectivity (FC), and increase creativity. In line with previous results, change in frontal FC was significantly correlated with change in creativity[Ben-Soussan et al., 2015a].

These effects can be well explained by the embodied cognition hypothesis, which suggests that neural networks involved in cognition, especially concerning conceptual thought and creative thinking, are related to perception and action. The activation of the sensory-motor system leads to concepts, which are the building blocks of abstract and creative thought [for reviews see Lungarella and Sporns, 2006; Conne et al., 2012]. QMT-induced creativity[Ben-Soussan et al., 2013, Venditti et al., 2015] has been related to the complexity of the movement, and thus to the recruitment load of the motor units required, as well as to the cognitive functions required.

The matter of how motor units are created, organizedand used is further addressed in the context of *Schema Theory* [Arbib, 1981], where schemas were defined as the fundamental units for the analysis of behavior, having two variants: perceptual schemas serving for perceptual encoding, and motor schemas serving as control units for movement. Such schemas can be combined leading to coordinated control programs. In this sense, the notion of schema is recursive: the level of activity of a perceptual schema represents a 'confidence interval' that the object represented by the schema is indeed present; while that of a motor schema might signal 'its degree of readiness' to control a part of an action. Mutually consistent schemas are strengthened, and reach high activity levels to constitute the overall solution of a problem, whereas instances that do not reach the evolving consensus lose activity and thus are not part of this solution. Moreover, from a neuropsychological point of view, a given schema, defined functionally, might be distributed across more than one brain region; conversely a given brain region might be involved in many schemas [Arbib, 1981].

As a matter of fact, specific brain areas, such as F5 area for grasping movements, seem to contain a "schema vocabulary" that allows to reduce the higher number of degrees of freedom of the actual movement [Gallese et al., 1992; Rizzollatti and Gebtilucci, 1988]. This vocabulary also facilitates the process of learning associations. Interestingly, both behavioral and functional brain imaging data showed that practice resulted in a specific representation of the training sequence rather than changes pertaining to the performance or cortical representation of the component movements *perse*, also suggesting that different levels of performance may be associated with different internal representations of the task [Sosnik et al., 2004] Thanks to the accumulation of experience through practice, a profound hierarchical change takes place in motor planning, shifting from the generation of the sequence of individually planned movement components (i.e., a syntax-dependent performance), to the generation of global modular planned movement, providing more effective solution to the external or internal requests.

The characteristics of the newly acquired co-articulated movements seem to be fundamentally related to the geometrical spatial configuration required for the task, and they could be very different from the initial sum of elements that originally constituted the sequence. This sequence is the product of a series of distinct and successive shifts in the internal representation of the sequence, itself changing as experience accumulates, while not abolishing the previously available schemas, but constituting an additional module especially suited for the task and its context. Thus, the evolution of these motor primitives, with the perfection of performance with practice, may compound the final product of a multi-stage process associated with qualitative changes in the internal representation of the task, and, consequently, an important substrate of motor memory for the skilled performance of the motor sequences [Sosnik et al., 2004].

The attributes of the newly acquired schemas are dictated by the geometrical form of the path. Thus, the geometrical arrangement of the trajectories seems to be an important factor determining the motor learning process. The intrinsic geometrical nature of the movements required by QMT thus seems to represent the key element of a simple and versatile motor training program, leading to a unique blend between cognitive and physical components in an effective formula. As the movements required by motor training get more complex, the geometrical organization of movement schemas appears to be much more articulated. This is particularly true in the case of sports, as well as in the case of dance, where a great degree of coordination is required between body parts, between individuals, between perception and action and between time and space. Dancers can rapidly transform scant visual or verbal information into highly sophisticated movements, also characterized by aesthetic value. Interestingly, such a statement can also be viewed in terms of Aikido, a form of Japanese martial art developed by Morihei Ueshiba, with the aim to redirect the momentum of an opponent's attack, using a series of techniques that tend to unify body and mind, through visualization, breathing and bodily exercises.

It is possible to consider the similarity between the basic geometrical arrangement of movements proposed by QMT and those constituting the substructure of Aikido motor training. In the latter case, the same basic movements acquire more complexity thanks to their projection onto a sphere space, following the "principle of sphericity", which is essential in Aikido's movement syntax, and which is rooted in the 'taiyoku' symbol from Chinese Taoism, representing the balance of the fundamental elements that compose the origin of the phenomenal world. Each complex Aikido technique is based on a fluid and powerful movement, which has three primary types: straight, internal and linear, circular and external, and a combination of the previous two. The linear movement (shintai) has 8 directions on a square (see Figure 7A), while the circular movement (Tai sabaki; see Figure 7B) is developed from arched directions from open and closes circles. When all possible directions are unified along the space of the actor/practitioner, the image of a Dynamic Sphere can be drawn (see Figure 7C) and it is possible to reformulate the movements proposed by the Aikido tradition within the principle of the circularity of action, following the original aim of harmonizing humans to the movement of the universe. Each movement from the tradition is practiced individually in order to understand the specific mechanism, allowing the body to learn how to execute them fluently and rapidly, and subsequently combining them together.

A

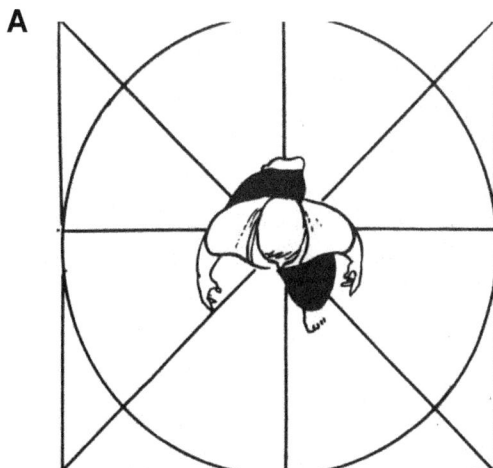

B

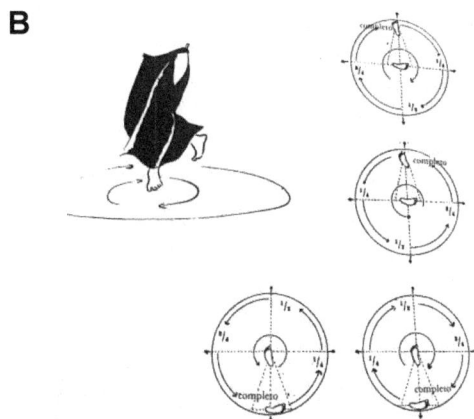

C

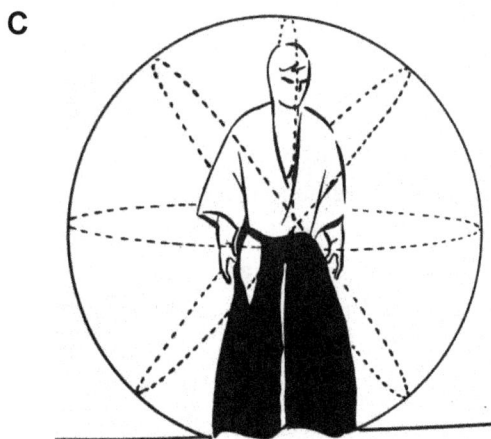

Patrizio Paoletti et al.

Figure 7. The Aikido fundamental geometry of movement (adapted from [Ratti and Westbrook, 2012]). **A.** Happo undo – The 8 directions exercise. A fundamental exercise consisting of linear movements (Shintai) toward the 8 possible directions; **B.** Taisabaki – The circular movement. Within the Aikido tradition, the circular movement is performed with the aim of avoid sudden attacks and redirect the aggressive force toward circular trajectories; **C.** The Dynamic Sphere emerging from all the spirals and semi-spirals traced around the operative center of the practitioner, toward which the aggressive energy of the attack can be channeled and neutralized.

A recent study compared Aikido, advanced Quadrato Motor Training (aQMT) practitioners, and physically non-active controls. In contrast to the Aikido and control groups practitioners of aQMT had significantly longer produced durations in a time estimation task, suggesting greater response inhibition, attention, and reflectivity. In addition, longer produced duration was associated with better coordination efficiency [Ben Soussan, Glicksohn, De Fano, Mauro, Marson, Modica and Pesce, 2019].

5. Summary and discussion
The importance of linking linguistic form and human experience is central to embodied views of language and cognition. According to embodiment theory, language comprehension, for example, requires mentally re-enacting, or simulating, specific embodied experience. Despite the debate concerning the extent to which this re-enactment requires the same low-level systems used in perception and action, there is strong evidence that embodiment is involved, indicating that language use (i.e., production, comprehension, and acquisition) requires that linguistic forms activate the same systems used in perception and action [Perniss et al., 2010].

For language to be effective and communication possible, shared mechanisms have to be activated. As we have shown in the introduction, sign languages are not totally arbitrary [Perniss, et al., 2010]. Metaphors are another example related to embodiment, and they are also not arbitrary. Lakoff and Johnson [1980] have systematically documented the non-arbitrary way in which metaphors are structured, and how they in turn structure thought. A large number of metaphors refer to the body and many more are inter-sensory (or synaesthetic). Furthermore, Ramachandran and Hubbard [2001] have found that synaesthetic metaphors (e.g., 'loud shirt') also respect the directionality seen in synaesthesia. That is, they are more frequent in one direction than the other (e.g., from the auditory to the visual modality), and have thus suggested that these rules are a result of strong anatomical constraints that permit certain types of cross-activation, but not others. On the other hand, given the current interest in bidirectionality in both metaphor [Goodblatt and Glicksohn, 2017] and synaesthesia [Anaki and Henik, 2017], one should not constrain future research because of such unidirectional assumptions. Being able to represent objects according to their motor function has a great advantage, as it allows the immediate production of an interaction schema that is appropriate to the object's use.

Behavioral evidence and artificial life simulations suggest that seeing objects or processing words referring to objects automatically activates motor actions. As Gombrich [1984] wrote, elements in a picture that determine aesthetical experience are "deeply involved in our biological heritage", although we are unable to give a conscious explanation to them [see also Ramachandran, 2004].Thus, in addition to the motor system, what may be the related mediating mechanism linking the different examples?

According to Dietrich[2004], the explicit system is associated with verbal communication and conscious awareness (mediated by the frontal lobe and medial temporal lobe structures); while the implicit system is associated with skill-based knowledge (supported primarily by classically motor-related areas including the cerebellum) and is inaccessible to conscious awareness. Nevertheless, and luckily for us, information from the explicit and implicit knowledge base can be transferred from one system to the other, but solely through an active act: "Only through the circuitous route involving actual behavior can the explicit system come to embody an implicitly learned skill" ([Dietrich 2004], pp. 754).

In conclusion, although the current article is by no way a systematic review, it would like to suggest three main reflections: (1)objective art may exist [Di Dio et al., 2007], in which (2) specific characteristics of objective art, such as form (e.g. egg, square), proportion (e.g. the golden proportion) and frequency (e.g. 10,20 Hz)can produce a specific distinct neuronal and behavioral response [e.g. Ben-Soussan et al., 2017, under review,; Mauro et al., 2015]; (3) these effects may be mediated, at least in part, by the motor system. Related to this, Prinz has further claimed that "consciousness is about acting—it emerges through processes that make the world available to those systems that allow us to select behavioral means to our ends" ([Prinz, 2009], pp. 18). It is thus important to identify the stimuli which orient

Patrizio Paoletti et al.

us to act in the direction we want. Understanding the specific characteristics of the stimuli may help architects and therapists, as well as parents and teachers, choose the best stimuli in order to voluntarily orient themselves and other people according to the inner state which they would like to achieve [Paoletti, 2008b, 2011].

References

[Allefeld, Pütz, KastnerandWackermann, 2011]C.Allefeld, P.Pütz, P., Kastner, K., and J.Wackermann, 2011, Flicker-light induced visual phenomena: Frequency dependence and specificity of whole percepts and percept features. *Consciousness and Cognition, 20*, 1344-1362.

[AnakiandHenik, 2017]D.Anaki, and A.Henik, Bidirectionality in synesthesia and metaphor. *Poetics Today, 38*, 141-161.

[Anderson, 2010]M.L.Anderson, 2010, Neural reuse: a fundamental organizational principle of the brain. *Behavioral and Brain Sciences*, 7, 245–266. doi: 10.1017/S0140525X10000853.

[Arbib, 1981] M.A.Arbib, 1981). Perceptual structures and distributed motor control. Handbook of Physiology, The Nervous System, Motor Control *Comprehensive Physiology*.

[Arbib, 2005]M.A.Arbib, 2005, From monkey-like action recognition to human language: An evolutionary framework for neurolinguistics. *Behavioral and Brain Sciences, 28*(02), 105-124]

[Artress, 1995]L.Artress, 1995, *Walking a sacred path: Rediscovering the labyrinth as a spiritual tool*. New York, NY: Riverhead Press.

[Baron andBoudreau, 1987]R.M.Baron and L.A.Boudreau, 1987, An ecological perspective on integrating personality and social psychology. *Journal of Personality and Social Psychology, 53*, 1222-1228.

[Becker andElliott, 2006]C.Becker and M.A.Elliott, 2006, Flicker-induced color and form: Interdependencies and relation to stimulation frequency and phase. *Consciousness and Cognition, 15*, 175-196.

[Ben-Soussan,Berkovich-Ohana, Glicksohn andGoldstein, 2014]T.D.Ben-Soussan, A.Berkovich-Ohana, J.Glicksohn and A.Goldstein, 2014, A suspended act: Increased reflectivity and gender-dependent electrophysiological change following Quadrato Motor Training. *Frontiers in Psychology, 5*, article 55.

Patrizio Paoletti et al.

[Ben-Soussan,Berkovich-Ohana, Piervincenzi, Glicksohn and Carducci, 2015a]T.D.Ben-Soussan, A.Berkovich-Ohana,C.Piervincenzi, J.Glicksohn and F.Carducci, 2015a, Embodied cognitive flexibility and neuroplasticity following Quadrato Motor Training. *Frontiers in Psychology*6, 1021. doi: 10.3389/fpsyg.2015.01021

[Ben-Soussan, Glicksohn, De Fano, Mauro, Marson, Modica and Pesce, 2019] T. D.Ben-Soussan, J.Glicksohn, A.De Fano, F.Mauro, F.Marson, M.Modica and C.Pesce, 2019. Embodied time: Time production in advanced Quadrato and Aikido practitioners. *PsyCh journal*.

[Ben-Soussan, Glicksohn, Goldstein, Berkovich-Ohana andDonchin, 2013]T.D.Ben-Soussan, J.Glicksohn, A.Goldstein, A.Berkovich-Ohana and O.Donchin, 2013, Into the square and out of the box: The effects of Quadrato Motor Training on creativity and alpha coherence. *PLoS ONE, 8*, e55023.

[Ben-Soussan, Glicksohn and Berkovich-Ohana, 2015b]T.D.Ben-Soussan, J.Glicksohn and A.Berkovich-Ohana, 2015b, From cerebellar activation and connectivity to cognition: a review of the Quadrato Motor Training. *BioMed Research International, 2015*.

[Ben-Soussan,Glicksohn, PaolettiandBerkovich-Ohana, under review]T.D.Ben-Soussan, J.Glicksohn, P.Paoletti and A.Berkovich-Ohana, under review. Differential effects of bodily and environmental affordance on consciousness: A phenomenological comparison between two contemplative practices.

[Ben-Soussan, Mauro, Lasaponara, Glicksohn, Marson and Berkovich-Ohana, 2019] T.D.Ben-Soussan, F.Mauro, S.Lasaponara, J.Glicksohn, F.Marson, andA.Berkovich-Ohana, 2019. Fully immersed: State absorption and electrophysiological effects of the OVO Whole-Body Perceptual Deprivation chamber. *Progress in Brain Research, 244*, 165-184.

[Billock andTsou, 2007]V.A.Billock and B.H.Tsou, 2007, Neural interactions between flicker-induced self-organized visual hallucinations and physical stimuli. *Proceedings of the National Academy of Sciences of the United States of America, 104*, 8490-8495.

[Billock andTsou, 2012]V.A.Billock and B.H.Tsou, 2012, Elementary visual hallucinations and their relationships to neural pattern-forming mechanisms. *Psychological Bulletin, 138*, 744-774.

[Blackmore, 1983]S.J.Blackmore, 1983, *Beyond the body: An investigation of out-of-the-body experiences.* London: Granada.

[Briñoland Petty, 2009]P.Briñol and R.E.Petty, 2009, Persuasion: Insights from the self-validation hypothesis. *Advances in Experimental Social Psychology, 41*, 69-118.

[Bord, 1976]J. Bord, 1976, *Mazes and labyrinths of the world.* London, UK: New Dime.

[Bressloff, Cowan, Golubitsky, Thomas and Wiener, 2001]P.C.Bressloff, J.D.Cowan, M.Golubitsky, P.J.Thomas andM.C.Wiener, 2001, Geometric visual hallucinations, Euclidean symmetry and the functional architecture of striate cortex. *Philosophical Transactions of the Royal Society of London Series B-Biological Sciences, 356*, 299-330.

[Carney, Cuddy and Yap, 2010]D.R.Carney, A.J.Cuddy andA.J.Yap, 2010, Power posing brief nonverbal displays affect neuroendocrine levels and risk tolerance. *Psychological Science, 21*(10), 1363-1368.

[Clottesand Lewis-Williams, 1998]J.Clottes andJ.D.Lewis-Williams, 1998, *The shamans of prehistory: Trance and magic in the painted caves.* Harry N. Abrams.

[Conne, Lynott andDreyer,2012]L.Conne, D.Lynott andF.Dreyer, 2012, A functional role for modality-specific perceptual systems in conceptual representations. *PLoS ONE,7*, e33321.

[Critchley, Rotshtein, Nagai, O'Doherty, Mathias, et al., 2005]H.D.Critchley,P.Rotshtein, Y.Nagai, J.O'Doherty, C.J.Mathias, et al., 2005, Activity in the human brain predicting differential heart rate responses to emotional facial expressions. *NeuroImage,24*, 751–762.

Patrizio Paoletti et al.

[Dael, Mortillaroand Scherer, 2012]N.Dael, M.Mortillaro andK.R.Scherer, 2012, Emotion expression in body action and posture. *Emotion, 12*, 1085-1101.

[Damasio,1999]A.Damasio, 1999, *The feeling of what happens: Body and emotion in the making of consciousness.* New York: Harcourt Brace.

[Damasio, Grabowski, Bechara, Damasio, Ponto, et al., 2000]A.Damasio,T.J.Grabowski, A.Bechara H.Damasio, L.L.Ponto, et al., 2000, Subcortical and cortical brain activity during the feeling of self-generated emotions. *Nature Neuroscience,3*, 1049–1056.

[de Saussure, 1983]F.de Saussure, 1983, *Course in general linguistics.* Translated by Roy Harris. London: Duckworth.

[Di Dio, Macaluso and Rizzolatti, 2007]C.Di Dio, E.Macaluso andG.Rizzolatti, 2007, The golden beauty: brain response to classical and renaissance sculptures. *PLoS ONE, 11*, e1201.

[Dietrich, 2004]A.Dietrich, 2004, Neurocognitive mechanisms underlying the experience of flow. *Consciousness and Cognition, 13*(4), 746-761.

[Dutta and Adane, 2014]T.Dutta andV.S.Adane, 2014, Symbolism in Hindu temple architecture and fractal geometry-'thought behind form'. *International Journal of Science and Research* (IJSR), *3*(12), 489-497.

[Elliott, Twomey and Glennon, 2012]M.AElliott, D.Twomey andM.Glennon, 2012, The dynamics of visual experience, an EEG study of subjective pattern formation. *PLoS ONE, 7*(1), e30830.

[Gadassik, 2016]A.Gadassik, 2016, Perceptual cells: James Turrell's vision machines between two paracinemas. *Leonardo, 49*, 303-316.

[Gallese, et al., 1992]V.Gallese, et al., 1992, RNA Satellite Symposium, Ohlstadt

[Gallese and Lakoff, 2005]V.Gallese andG.Lakoff, 2005, The brain's concepts: the role of the Sensory-motor system in conceptual knowledge. *Cognitive Neuropsychology22*, 455–479. doi: 10.1080/02643290442000310

[Geiger, 2003]J.Geiger, 2003, *Chapel of extreme experience: A short history of stroboscopic light and the dream machine.* Brooklyn, NY: Soft Skull Press.

[Glenberg and Gallese, 2012] A.M.Glenberg And V.Gallese, 2012, Action-based language: a theory of language acquisition, comprehension, and production. *Cortex* 48, 905–922.

[Glicksohn, 1986-87]J.Glicksohn, 1986-87, Photic driving and altered states of consciousness: An exploratory study. *Imagination, Cognition and Personality, 6*, 167-182.

[Glicksohn, 1987]J.Glicksohn, 1987, Hypnotic behavior revisited: A trait-context interaction. *Behavioral and Brain Sciences, 10*, 774-775.

[Glicksohn, 1991]J.Glicksohn, 1991, The induction of an altered state of consciousness as a function of sensory environment and experience seeking. *Personality and Individual Differences, 12*, 1057-1066.

[Glicksohn, 1993]J.Glicksohn, 1993, Altered sensory environments, altered states of consciousness and altered-state cognition. *The Journal of Mind and Behavior, 14*, 1-12.

[Glicksohn, 2001]J.Glicksohn, 2001, Temporal cognition and the phenomenology of time: A multiplicative function for apparent duration. *Consciousness and Cognition, 10*, 1-25.

[Glicksohn, Berkovich-Ohana, Mauro and Ben-Soussan, 2017] J.Glicksohn, A.Berkovich-Ohana, F. Mauro and T.D.Ben-Soussan, 2017, Time perception and the experience of time when immersed in an altered sensory environment. *Frontiers in Human Neuroscience, 11*, article 487.

[Glicksohn, Friedland and Salach-Nachum, 1990-91]J.Glicksohn, G.Friedland andA.Salach-Nachum, 1990-91, Systematic self-observation of entoptic phenomena and their relation to hypnagogia. *Imagination, Cognition and Personality, 10*, 269-278.

[Glicksohnand Avnon, 1997-98]J.Glicksohn andM.Avnon, 1997-98, Explorations in virtual reality: Absorption, cognition and altered state of consciousness. *Imagination, Cognition and Personality, 17,* 141-151.

[Goldin-Meadow, 2005] S.Goldin-Meadow, 2005, *Hearing gesture: How our hands help us think.* Boston, Harvard University Press.

[Gombrich, 1984]E.H.Gombrich, 1984, *Tributes. Interpreters of our cultural tradition.* Oxford: Phaidon Press.

[Goodblatt and Glicksohn, 2017]C.Goodblatt andJ.Glicksohn, 2017, Bidirectionality and metaphor: An introduction. *Poetics Today, 38,* 1-14.

[Goodman, 1986] F.D.Goodman, 1986, Body posture and the religious altered state of consciousness: An experimental investigation. *Journal of Humanistic Psychology, 26,* 81-118.

[Goodman, 1999]F.D.Goodman, 1999, Ritual body postures, channeling and the ecstatic body trance. *Anthropology of Consciousness, 10,* 54-59.

[Hammer, 2016]O.Hammer, 2016, *The perfect shape.* New York: Springer International Publishing.

[Hanson, 2015]V.Hanson, 2015, An Arts-Based Inquiry: The Space of Labyrinth in Art Therapy. Concordia University, School of Graduate Studies.

[Hinz, 2009]L.D.Hinz, 2009, *Expressive Therapies Continuum: A framework for using art in therapy.* New York: Routledge.

[Hao, Xue, Yuan, Wang and Runco, 2017]N.Hao, H.Xue, H.Yuan, Q.Wang andM.A.Runco, 2017, Enhancing creativity: Proper body posture meets proper emotion. *Acta Psychologica, 173,* 32-40.

[Hume, 2007]L.Hume, 2007, *Portals: Opening doorways to other realities through the senses.* Oxford: Berg.

[Hunger and Rittner, 2015]C.Hunger andS.Rittner, 2015, Ritual body postures: Empirical study of a neurophysiological unique altered state of consciousness. *The Humanistic Psychologist, 43,* 371-394.

[Hunt, 1989]H.Hunt, 1989, A cognitive-psychological perspective on Gillespie's "lights and lattices": Some relations among perception, imagery and thought. *Perceptual and Motor Skills, 68*, 631-641.

[Johnson, 2001]R.Johnson, (Producer), 2001, *Rediscovering the labyrinth: A walking meditation* [DVD] San Francisco, CA: GraceCom Media Ministry.

[Jung, 1968]C.G.Jung, 1968, *Man and his symbols*. New York, NY: Dell Publishing.

[Klüver, 1966]H.Klüver, 1966, *Mescal and mechanisms of hallucinations*. Chicago: University of Chicago Press.

[Kozhevnikov, Elliott, Shephard and Gramann, 2013]. M.Kozhevnikov, J.Elliott, J.Shephard and K.Gramann, 2013, Neurocognitive and somatic components of temperture increases during g-tummo meditation: legend and reality. PLoS ONE, 8(3), e58244.

[Kranjec and Chatterjee, 2010] A.Kranjec and A.Chatterjee, 2010. Are temporal concepts embodied? A challenge for cognitive neuroscience. *Frontiers in Psychology, 1*.

[Lasaponara, Mauro, Carducci, Paoletti, Tombini, Quattrocchi, Mallio, Errante, Scarciolla and Ben-Soussan, 2017] S.Lasaponara, F.Mauro, F.Carducci, P.Paoletti, M.Tombini, C.C.Quattrocchi, C.A.Mallio, Y,Errante, L.Scarciolla and T.D.Ben-Soussan, 2017, Increased alpha band functional connectivity following the Quadrato Motor Training: A longitudinalsStudy. *Frontiers in Human Neuroscience, 11*, 282.

[Lakoff, 2006]G.Lakoff, 2006, The neuroscience of form in art. *The Artful Mind. Cognitive Science and the Riddle of Human Creativity*, 153-169.

[Lakoff and Johnson, 1980] G.Lakoff, andM.H.Johnson, (1980). *Metaphors we live by*. Chicago: University of Chicago Press.

[Lewis-Williams, 1986]J.D.Lewis-Williams, 1986, Cognitive and optical illusions in San Rock art research. *Current Anthropology, 27*, 171-178.

[Lewis-Williams, 1991]J.D.Lewis-Williams, 1991, Wrestling with analogy: A methodological dilemma in Upper Palaeolithic Art research. *Proceedings of the Prehistoric Society, 57*, 149-162.

[Lewis-Williams, 2004]J.D.Lewis-Williams, 2004, Neuropsychology and Upper Palaeolithic art: Observations on the progress of altered states of consciousness. *Cambridge Archaeological Journal, 14*, 107-111.

[Lewis-Williamsand Dowson, 1988]J.D.Lewis-Williams, J. D. and Dowson, 1988, The signs of all times: Entoptic phenomena in Upper Paleolithic Art. *Current Anthropology, 29*, 201-245.

[Lewis-Williamsand Dowson, 1993]J.D.Lewis-Williams andT.A.Dowson, T. A., 1993, On vision and power in the Neolithic: Evidence from the decorated monuments. *Current Anthropology, 34*, 55-65.

[Lewis-Williams and Loubser, 1986]J.D.Lewis-Williams andJ.H.N.Loubser, 1986, Deceptive appearances: A critique of Southern African Rock Art Studies. *Advances in World Archaeology, 5*, 253-289.

[Lungarella and Sporns, 2006]M.Lungarella andO.Sporns, O., 2006, Mapping information flow in sensorimotor networks. *PLoS Computional Biology,2*, e144.

[MacNeilage and Davis, 2000] P.F.MacNeilage PF, B.L.Davis, 2000, On the origin of internal structure of word forms. Science. 2000;288:527–531.

[Mahon and Caramazza, 2008]B.Z.Mahon andA.Caramazza, 2008, A critical look at the embodied cognition hypothesis and a new proposal for grounding conceptual content. *Journal of Physiology-Paris, 102*(1), 59-70.

[Martin, 2007] A.Martin, 2007, The representation of object concepts in the brain. *AnnualReview of Psychol*ogy,*58*, 25–45. doi: 10.1146/annurev.psych.57.102904.190143

[Mauro, Raffone and VanRullen, 2015]F.Mauro, A.Raffone andR.VanRullen, 2015, A bidirectional link between brain oscillations and geometric patterns. *The Journal of Neuroscience, 35*, 7921-7926.

[Mavromatis, 1987]A.Mavromatis, 1987, *Hypnagogia: The unique state of consciousness between wakefulness and sleep.* New York: Wiley.

[Michell, 1977]G.Michell, 1977, *The Hindu temple: An introduction to its meaning and forms.* Chicago: University of Chicago Press.

[Muthukumaraswamy, Carhart-Harris, Moran, Brookes, Williams, Errtizoe, Sessa, Papadopoulos, Bolstridge, Singh and Feilding, 2013]S.D.Muthukumaraswamy, R.L.Carhart-Harris, R.J.Moran, M.J.Brookes, T.M.Williams, D.Errtizoe, B.Sessa, A.Papadopoulos, M.Bolstridge,K.D.Singh andA.Feilding, 2013, Broadband cortical desynchronization underlies the human psychedelic state. *The Journal of Neuroscience, 33,* 15171-15183.

[Nalimov, 1982]V.VNalimov, 1982, *Realms of the unconscious: The enchanted frontier.* Philadelphia: ISI Press.

[Oster, 1970]G.Oster, 1970, Phosphenes. *Scientific American, 222,* 83-87.

[Paoletti, 2002] P.Paoletti, 2002, Flows, Territories, Place, (Flussi, Territori, Luogo), M.E.D., Madeira, Portugal.

[Paoletti, 2011] P.Paoletti, 2011. Mediation, Notes on Pedagogy for the Third Millenium, 3P.

[Paoletti, 2011a]P.Paoletti, 2011, 21 Minuti - I Saperi dell'Eccellenza (21 Minutes – the Knowledge of Excellence), 3P.

[Paoletti, 2008a]P.Paoletti, P., 2008, La chiave della comunicazione (The key to communication).3P.

[Paoletti, 2008b] P.Paoletti, Crescere nell'eccellenza (Growing in excellence), 2011. Armando Editore.

[Paoletti, Glicksohn, Ben-Soussan,2017]P.Paoletti, J.Glicksohn, T.D.Ben-Soussan, in press, Inner Design Technology: Improved affect by Quadrato Motor Training. *The amygdala-Where emotions shape perception, learning and memories* (pp. 27-41), edited by Barbara Ferry, Rijeka: InTech.

[Paoletti, in press] P.Paoletti, *FASE 0.0 The awareness of what makes us human,* in press.

[Paoletti, 2015]P.Paoletti, 2015, Transcriptions of Lecturers for Master Class in Pedagogy for the Third Millennium. Assisi.

[Patra, 2004]B.K.Patra, 2004, Part I: Concept of Mudra according to texts of Yoga and Spiritual Lore. Part II: A Comparative study of Three Different Yoga Modules on Logical Memory in School Children.

[Patterson, 1992]Patterson, A., 1992, *Rockartsymbolsofthegreatersouthwest*.Boulder,CO:Johnson Books.

[Peirce, 1998]C.S.Peirce, 1998, *Essential Peirce: Selected philosophical writings*, vol. 2 (1893– 1913). Peirce Edition Project (eds.). Bloomington: Indiana University Press. [Reference to vol. 2 of Essential Peirce will be designated EP 2.]

[Perniss, Thompson and Vigliocco, 2010]P.Perniss, T.Thompson andG.Vigliocco, 2010, Iconicity as a general property of language: evidence from spoken and signed languages. *Frontiers in Psychology, 1,* 227.

[Petrella, 2011]F.Petrella, 2011, The case and the canon in Chinese and Jewish numerological traditions: analogies between the Yi Jing and the Sepher Yetzirah. *The Case and the Canon: Anomalies, Discontinuities, Metaphors Between Science and Literature, 7,* 283.

[Prinz, 2009] J.Prinz, (2009). Is consciousness embodied. *The Cambridge handbook of situated cognition*, 419-437.

[Prinz, 2003] Prinz, J. (2003). Emotions embodied. In R. Solomon, *Thinking about feeling* (pp. 1-14). New York: Oxford University Press.

[Purkinje, 1918]J.E.Purkinje, 1918, Opera omnia (Vol. 1). Prague:Society ofCzech Physicians.

[Ramachandran,2004]Ramachandran, 2004, *A brief tour of human consciousness*. New York: Pearson Education.

[Ramachandranand Hubbard, 2001]V.S.Ramachandran andE.M.Hubbard, 2001, Synaesthesia—A window into perception, thought and language. *Journal of Consciousness Studies, 8*, 3-34.

[Ratti and Westbrook, 2012] O.Ratti, A.Westbrook *Aikido e la sfera dinamica.* Edizioni Mediterranee Roma 1979.

[Reedyand Reedy, 1987]C.L.Reedy andT.J.Reedy, 1987, Statistical analysis in iconographic interpretation: The function of mudras at Tapho, a Tibetan Buddhist monastery. *American Anthropologist, 89*(3), 635-649.

[Rizzolattiand Arbib, 1998]G.Rizzolatti andM.A.Arbib, 1998, Language within our grasp. *Trends in Neurosciences, 21*(5), 188-194.

[Rizzolatti and Gentilucci, 1988]G.Rizzolatti and M.Gentilucci, 1988, Motor and visual-motor functions of the premotor cortex, in *Neurobiology of Neocortex* (Rakic, P. and Singer, W., eds), pp. 269-284.

[Rule, Stoffregen and Ermentrout, 2011] M.Rule, M.Stoffregen andB.Ermentrout, (2011). A model for the origin and properties of flicker-induced geometric phosphenes. *PLoS Computational Biology, 7*(9),e1002158

[Salansky, Fedotchev and Bondar, 1998]N.Salansky, N., A.Fedotchev, A. andA.Bondar, A., 1998, Responses of the nervous system to low frequency stimulation and EEG rhythms: Clinical implications. *Neuroscience and Biobehavioral Reviews, 22*, 395-409.

[Sayin, 2014]H.U.Sayin, 2014, Does the nervous system have an intrinsic archaic language? Entoptic images and phosphenes. *NeuroQuantology, 12*, 427-445.

[Schaper and Camp, 2000]D.Schaper andC.A.Camp, 2000, *Labyrinths from outside in: Walking to spiritual insight, a beginner's guide.* Woodstock, VT: Skylight Paths Publishing.

[Scherwitz, Stewart, McHenry, Wood, Robertson and Cantwell, 2003]L.Scherwitz, W.Stewart, P.McHenry, C.Wood, L.Robertson andM.Cantwell, 2003, An integrative medicine clinic in a community hospital. *American Journal of Public Health, 93*(4), 549-552.

Patrizio Paoletti et al.

[Shanon, 2002]B.Shanon, 2002, *The antipodes of the mind: Charting the phenomenology of the ayahuasca experience*. Oxford: Oxford University Press.

[Shepard, 1983]R.N.Shepard, 1983, The kaleidoscopic brain: Spontaneous geometric images may be the key to creativity. *Psychology Today*, 63-69.

[Shevelev, Kamenkovich, Bark, Verkhlutov, Sharaev and Mikhailova, 2000]I.AShevelev, V.M.Kamenkovich, E.D.Bark, V.M.Verkhlutov, G.A.Sharaev andE.S.Mikhailova, 2000, Visual illusions and travelling alpha waves produced by flicker at alpha frequency. *International Journal of Psychophysiology, 39*, 9-20.

[Siegel and Jarvik, 1975]R.K.Siegel andM.E.Jarvik, 1975, Drug-induced hallucinations in animals and man. In R. K. Siegel and M. E. Jarvik (Eds.), *Hallucinations: Behavior, experience and theory* (pp. 81-161). New York: Wiley.

[Skipper, Goldin-Meadow, Nusbaum and Small, 2007]J.I.Skipper, S.Goldin-Meadow, H.C.Nusbaum andS.L.Small, 2007, Speech-associated gestures, Broca's area, and the human mirror system. *Brain and Language, 101*(3), 260-277.

[Smythies, 1959]J.R.Smythies, 1959, The stroboscopic patterns. I. The dark phase. *British Journal of Psychology, 50*, 106-116.

[Smythies, 1960]J.R.Smythies, 1960, The stroboscopic patterns III. Further experiments and discussion. *British Journal of Psychology, 51*, 247-255.

Sosnick et al. (2004) R.Sosnik, B.Hauptmann, A.Karni, A., and T.Flash, 2004. When practice leads to co-articulation: the evolution of geometrically defined movement primitives. *Experimental Brain Research, 156*(4), 422-438.

[Stwertka, 1993] S.A.Stwertka, 1993, The stroboscopic patterns as dissipative structures. *Neuroscience and Biobehavioral Reviews, 17*, 69-78.

[Tenen, 2013] S.Tenen, 2013*The alphabet that changed the world: How Genesis preserves a science of consciousness in geometry and gesture*. North Atlantic Books.

[Trivedi, 1989]K.Trivedi, 1989, Hindu temples: Models of a fractal universe. *The Visual Computer*, 5(4), 243-258.

[Tyler, 1978]C.W.Tyler, 1978, Some new entoptic phenomena. *Vision Research, 18*, 1633-1639.

[Venditti, Verdone, Pesce, Tocci, Caserta and Ben-Soussan] S.Venditti, L.Verdone, C. Pesce, N.Tocci, M.Caserta and T.D.Ben-Soussan, T. D. (2015). Creating well-being: increased creativity and proNGF decrease following quadrato motor training. *BioMed Research International, 2015*.

[Wallace-Murphy and Hopkins, 2009]Wallace-Murphy, T. and Hopkins, M., 2009, *Rosslyn: Guardian of the secrets of the Holy Grail*. London, UK: Thorsons.

[Welker, Oberleitner, Cainand Carré, J. M., 2013]K.M.Welker, D.E.Oberleitner, S.Cain andJ.M.Carré, 2013, Upright and left out: Posture moderates the effects of social exclusion on mood and threats to basic needs. *European Journal of Social Psychology*, 43(5), 355-361.

[Werner, 1978]H.Werner, 1978, Unity of the senses. In S. S. Barten and M. B. Franklin (Eds.), *Developmental processes: Heinz Werner's selected writings* (Vol. 1, pp. 153-167). New York: International Universities Press.

[West, M.G., 2000]M.G.West, 2000, *Exploring the labyrinth: A guide for healing and spiritual growth*. New York, NY: Random House.

[Westbury, 2001]V.Westbury, 2001, Labyrinths: Ancient paths of wisdom and peace. *Spirituality and Health*, 4(4), 12–25.

[Wilson, 2003]M.Wilson, 2003, Six views of embodied cognition. *Psychonomic Bulletin and Review, 9*, 625-636.

[Wittgenstein, 1929]L.Wittgenstein, 1929, Some remarks on logical form. *Proceedings of the Aristotelian Society, Supplementary Volumes, 9*, 162-171.

[Woodside, Kumar and Pekala, 1997]L.N.Woodside, V.K.Kumar andR.J.Pekala, 1997, Monotonous percussion drumming and trance postures: A controlled evaluation of phenomenological effects. *Anthropology of Consciousness, 8*, 69-87.

Patrizio Paoletti et al.

[Young, Cole, Gamble and Rayner, 1975]R.S.L.Young, R.E.Cole, M.Gamble, M. andM.D.Rayner, 1975, Subjective patterns elicited by light flicker. *Vision Research, 15*, 1291-1293.

[Zabeitipour et al. 2015] M.Zabetipour, R. Pishghadam, R., and B.Ghonsooly, 2015. The impacts of open/closed body positions and postures on learners' moods. *Mediterranean Journal of Social Sciences, 6*(2 S1), 643.

[Zubek, (Ed.), 1969]J. P.Zubek, (Ed.)., 1969, *Sensory deprivation: Fifteen years of research*. New York: Appleton-Century-Crofts.

Patrizio Paoletti
Research Institute for Neuroscience, Education and Didactics, Patrizio Paoletti Foundation for
Development and Communication - FPP, Assisi, Italy
E-mail: posta@patriziopaoletti.it

Joseph Glicksohn
Bar-Ilan University
Ramat-Gan, Israel
E-mail: jglick@post.bgu.ac.il

Federica Mauro
Research Institute for Neuroscience, Education and Didactics, Patrizio Paoletti Foundation for
Development and Communication - FPP, Assisi, Italy
Sapienza University of Rome, Italy
E-mail: federica.ma@gmail.com

Tania Di Giuseppe
Research Institute for Neuroscience, Education and Didactics, Patrizio Paoletti Foundation for
Development and Communication - FPP, Assisi, Italy
E-mail: t.digiuseppe@fondazionepatriziopaoletti.org

Tal Dotan Ben-Soussan
Research Institute for Neuroscience, Education and Didactics, Patrizio Paoletti Foundation for
Development and Communication - FPP, Assisi, Italy
E-mail: research@fondazionepatriziopaoletti.org

Psychological and Other Aspects of the Sign's Arbitrariness

MIRO BRADA

ABSTRACT. I confront arbitrariness of the sign to a criterion assessing the quality of language, logical system, psychometrics and art.

1. Why is arbitrariness impossible

The random process is independent of any forces, without any cause. In this sense the sign isn't 100% random, as it has various references to reality.

1.1 External reference

Americas speak English, Spanish, Portuguese, French since colonization. Mao simplified Mandarin. Atatürk released Turkish from Arabic. While Esperanto, artificial international language (Latin + German vocabulary, Slavic grammar) hasn't spread much. The usage of languages (their signifiers) depends on the political or economic power, while the quality of language seems secondary (e.g. some extinct indigenous languages could be more efficient), although speculatively the efficiency of European languages (which I'll explain later) could have helped them to spread (along with colonization).

1.2 Inner dependence

Psychology explains why dog is a response to something (=signified), not why dog is dog (=signifier). Signifier in its origin was a response to signified, and so isn't entirely random. Mama is a mother in very different languages (Russian, English, Italian, Mandarin...), probably due to baby's limited ability to speak – when wanting to suck, mama is one of the few words to pronounce (so associated with mother), increasing the probability that mama is mama. Then mama is mama in geographically distant languages, as incest or cannibalism is taboo in geographically distant societies.

Miro Brada

2. Utility of arbitrariness
The efficiency of the higher abstraction resulting from arbitrariness of the sign can be a criterion to assess the utility of the language, or other fields.

2.1 The higher the arbitrariness, the higher the efficiency
The sign (signifier) cannot be entirely arbitrary, but the more arbitrary (abstract) it is, the higher its efficiency. Chinese signs directly or indirectly refer to reality, e.g. home is 家 (jiā) – pig under roof. The sign language of the deaf also refers to reality (shown signs "describe" their meaning), being so less abstract: the signifier and the signified overlap. Unlike spoken languages, such sign is hard to re-use. Abstract signs - letters a, b, c, ... (referring to nothing), and their combinations express all cases of reality more economically. Just 26 letters of English alphabet give, for 5 letters' words: 26*26*26*26*26 (=11 881 376) potential signs, far more than circa 50,000 Chinese characters (dictionaries rarely list over 20,000. An educated Chinese know about 8,000, while 2-3,000 is enough to read a newspaper).

2. 2 The more unique the signs, the higher the divergence
Few letters (a, b, c...) in European alphabets, in contrast to thousands of Chinese signs, create a bigger set of potential signs (with repeated letters). The Chinese characters are less efficient, as they are hard to re-use. They must be unique to express (without a combination of letters) different meanings. That's why the Chinese need more unique characters than Europeans to reflect reality. More unique characters increase deviation. So, the differences between Japanese, Koreans, Chinese, Cantonese, Vietnamese (all rooted in Chinese) are bigger than between European languages e.g. Latin (Spanish, Italians, French, Portuguese, Romanian) or Slavic (Russian, Polish, Serbian, Slovak, Czech, Croatian, Slovenian, Bulgarian, Ukrainian). Likewise, the deaf language (in spite of its limited vocabulary) has high divergence, Wikipedia says: "It is not clear how many sign languages there are. A common misconception is that all sign languages are the same worldwide or that sign language is international. Aside from the pidgin International Sign, each country generally has its own, native sign language, and some have more than one (although there are also substantial similarities among all sign languages)."

Sign language, English, Chinese, Japanese, Hindi:

吃　eat / food　bathroom　浴室

食べます　バスルーム

खानाа　बाथरूम

help

帮助

助けます

मदद

finished　完

完成しました

समाप्त

更　more　play　玩

もっと　遊びます

अधिक　खेल

I built a program to analyse the re-usage of the signs in text. I took a random text from a British newspaper and then translated by google translator. As is visible below: English reuses signs more than Arabic and Arabic more than Mandarin. If diacritics is counted, the Slavic and Latin languages have more letters in their alphabets than English, so they reuse the signs a bit less than English but more than Arabic, Hindi. The languages using abstract paired characters (Arabic, Hindu..) are more efficient than Chinese / Japanese, but less efficient than European 1-letter languages. It is because the paired letters are less repeatable than the 1 letter. More advanced analysis would be possible.

+ TEXT / + RESULT 1 / - RESULT 2	**English**		+ TEXT / + RESULT 1 / - RESULT 2	**Arabic**			**Chinese**	
	1317	26.34%		787	10.22%	,	的 79	0.18%
e	805	16.1%		525	6.82%		48	0.11%
t	602	12.04%		411	5.34%	line	39	0.09%
i	508	10.16%		250	3.25%	.	32	0.07%
n	457	9.14%		242	3.14%	在	29	0.07%
a	452	9.04%		229	2.97%	我	25	0.06%
o	444	8.88%		188	2.44%	国	21	0.05%
r	385	7.7%		175	2.27%		20	0.05%
s	362	7.24%		127	1.65%	他	20	0.05%
h	332	6.64%		115	1.49%	是	20	0.05%
d	224	4.48%		111	1.44%	有	20	0.06%
l	224	4.48%		103	1.34%	为	17	0.04%
u	210	4.2%		100	1.3%	这	17	0.04%
c	191	3.82%		94	1.22%	们	17	0.04%
m	129	2.58%		87	1.13%	公	15	0.04%
f	128	2.56%		86	1.12%	美	15	0.04%
g	116	2.32%		85	1.1%	民	14	0.03%
p	108	2.16%		82	1.06%	个	14	0.03%
w	105	2.1%		74	0.96%	@	13	0.03%
y	102	2.04%		51	0.66%	e	13	0.03%
b	100	2%		48	0.62%	保	13	0.03%
,	70	1.4%		43	0.56%	一	13	0.03%
v	67	1.34%		42	0.55%	s	12	0.03%
line	58	1.16%	line	39	0.51%	年	12	0.03%
.	50	1%		34	0.44%	里	12	0.03%
k	49	0.98%		33	0.43%	欧	12	0.03%
"	23	0.46%		32	0.42%	"	11	0.03%
"	22	0.44%		31	0.4%	没	11	0.03%
j	19	0.38%		29	0.38%	r	10	0.02%
;	17	0.34%		22	0.29%	都	10	0.02%

Miro Brada

2.3 The higher the divergence, the simpler the grammar

With zero re-usage, language would be too inefficient to exist. The "radicals" are the special Chinese signs variously re-used to express something more or less similar. E.g. person 人 (rén), when repeated 人人, means everyone, or preceding mouth 口 (kǒu), e.g. 人口, means population (rén kǒu). The higher divergence of Chinese / Japanese is related to simpler grammar (no plurals / tenses or just few simply created...). A more advanced grammar would be too difficult to express by unique signs (multiple of other unique signs would be needed). To compensate the simple grammar and answer the necessity to specify cases, Chinese / Japanese use 'measure words', specific for persons, animals, flat objects etc, which MUST be used in counting (1 bǎ chair, 2 bǎ chairs, 1 gè person, 2 gè persons...). It doesn't exist in European languages, nor Arabic, whose grammar is sufficiently complex to specify.

2.4 Grammatical structures producesimilarities

Set of possible signs (signifiers) for European (or non-Chinese) languages is: N*N*N*... (N being a number of letters in a specific alphabet). It is huge, but final, further reduced by clearing non-senses like 'aaaaa', 'bcbld'..., etc. Grammar excludes 'crazy' signs, with rules to reuse letters in a certain way.

Arabic the words (of similar things, activities) arise by entering vowels among 'rootletters'. E.g. words related to writing contain ktb:

كتاب(kitab) book
كتب(kutib) hewrote
يكتب(yaktub) hewrites
كاتب(kaatib) writer
مكتب(maktab) office
مكتبة(maktaba) library ...

Even if ktb is arbitrary, derived words are a lot less random. Behind signs may be other "super" or "parent" signs determining likelihood of (derived) signs to occur. Grammar's function to reuse signs leads to a hypothesis: the verbs (or words with more similar cases) are more similar than words with simpler structure. E.g. 'to be' (or other verbs) in Spanish, Italian, French... should be more similar than words like 'very', 'too', 'low' - as it costs more to replace words with more grammatical cases. It can be tested by algorithms.

SPANISH	FRENCH	ITALIAN	SPANISH	FRENCH	ITALIAN
yo soy	je suis	io sono	yo nado	je nage	io nuoto
tú eres	tu es	tu sei	tú nadas	tu nages	tu nuoti
él es	il est	ella/egli è	él nada	il/elle nage	ella/egli
nosotros	nous	noi siamo	nosotros	nous	nuota
somos	sommes	voi siete	nadamos	nageons	noi nuotiamo
vosotros	vous etês	esse/essi	vosotros	vous nagez	voi nuotate
sois	ils sont	sono	nadáis	ils/elles	esse/essi
ellos son			ellos nadan	nagent	nuotano

SPANISH	FRENCH	ITALIAN	PORTUGUESE	ROMANIAN
demasiado	trop	troppo	demais	prea
muy	très	molto	muito	foarte
poco	peu	po '	bocado	pic
gracias	merci	grazie	obrigado	mulţumesc
mucho	beaucoup	molto	muito	mult
bajo	bas	basso	baixo	scăzut
derecha	droit	destra	direito	dreapta
izquierda	gauche	sinistra	esquerda	stânga
lejo	lieu	lieu	lieu	loc
arriba	dessus	su	para cima	în sus
todavía	encore	ancora	ainda	încă

3. Sign in psychology / psychiatry

Psychology is a set of notions (signifiers) reflecting cognition or personality. Neurosis, psychopathy, psychosis, IQ, originality etc... manifest themselves via certain signs, which are named associations of psyche and reality, explored by psychometric methods that should be valid and reliable. Antipsychiatry challenged the validity of psychiatric diagnosis. Foucault claimed that seemingly independent psychiatry (and other sciences) serves upper class to exclude lower one. Like colonizers of Latin America coerced to use Spanish, the diagnosis (signifiers) is enforced from above.

3.1 Reliable psychometry needs abstract / arbitrary sign

The sign, in order to distinguish quality in psychometrics, must be abstract enough to be reliable. Torrance Creativity Test (1974) assesses distinct answers (=flexibility), their frequencies (=originality), details (=elaboration), total answers (=fluency). Figure 1 shows the first pattern, which people complete and name it, as nobody would do.

Figure 1

Boat is frequent, while **submarine** is an original answer. The pictured submarine and boat have the same 5 circles' hull. Are they identical, slightly or entirely distinct? According to pictographs, they can be classified as the same class (object of 5 circles' hull). But the abstract signifiers 'submarine' and 'knife' make a difference, because they can be represented by various pictographs: similar or very different (e.g. submarines without circles). As languages need abstract (arbitrary) signs to be efficient, so do psychometrics.

Submarine?

Boat?

Rorschach (1921) reveals unconscious emotions projected (=associated) to the inkblots. 'Oligophrenic detail' shows it may reflect IQ: children or mentally handicapped more often interpret inkblot as a part of something (human, animal). The abstract sign is more efficient, and needs higher IQ to be invented. The sign isn't arbitrary because the sample of reality (depending on IQ) determines what is signified (set of all signified objects), affecting the signifier itself. E.g. Piaget showed in his experiments that the same ball at distinct places isn't the same ball for the child of certain age. For this child, the same ball under bed is 'ball A', while the same ball on the table is 'ball B'. It multiples the signifiers, while there should be just one: ball.

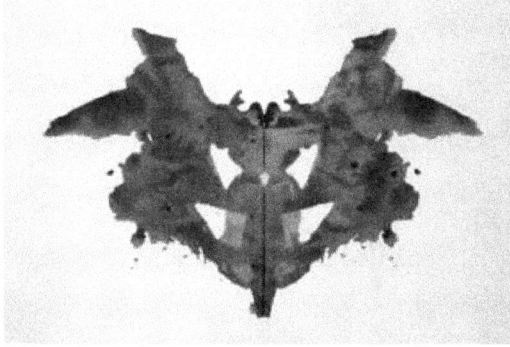

Rorschach's inkblot. Sexual Imagery: Breasts, primarily the rounded areas at the top of the image. Good/Common Answers: "Bat, butterfly, female figure (in the centre), moth" You may be a little paranoid if you see: "Mask, animal face, jack o lantern" Bad Answer: "Anything insulting about the female figure (it is an indicator of your own body image)"....

The right answer in IQ tests is a correct sign (out of all signs). In my Master thesis in psychology (1998), I made a test to assess logical series drawn on 4 patterns. Instead of selecting the right sign (classic IQ test), people were creating series. So, the IQ and creativity (originality, flexibility...) or personality traits could be observed altogether. To be valid, series must contain repeated signs e.g. rotation, diminishing, adding... which may be combined. The repetition of the sign is like a grammatical rule defining series. Practice patterns shows 2 examples of series: adding and alternating.

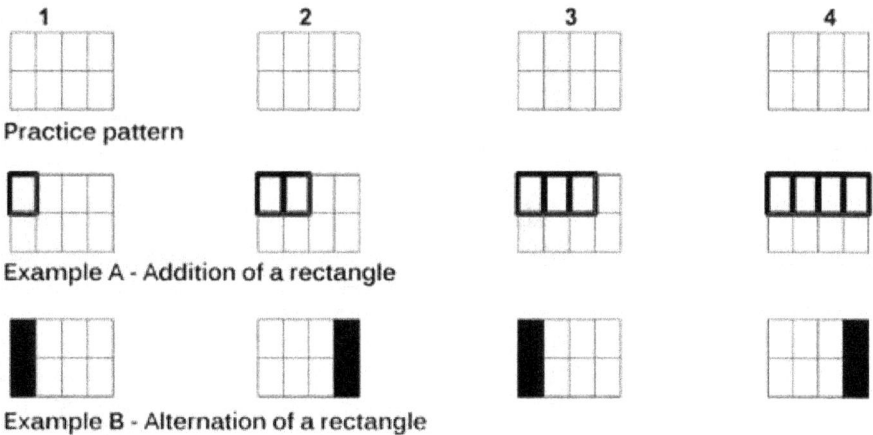

Practice pattern

Example A - Addition of a rectangle

Example B - Alternation of a rectangle

I used 4 different patterns. The first pattern to draw series:

Miro Brada

Testing 600 people, I identified 24 distinct series. Below are 2 examples.

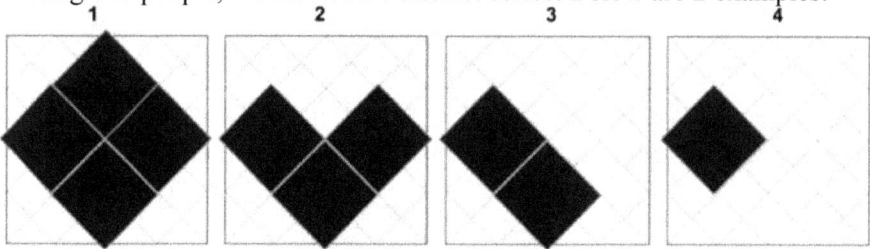

Subtration (-1) polygon ◆   P(subtraction) = probability (occurrence) of subtraction = $1/a_s$
Intricacy = 1, Intelligence = 1 * 1 = 1, Flexibility = 1, Originality = a_s

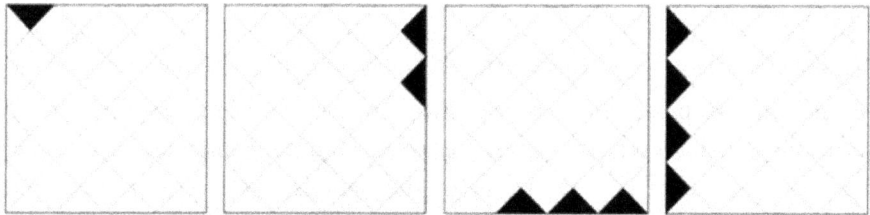

Adding (+1) & rotating (CW) triangle ▼   P(adding) = $1/a_a$, P(rotating) = $1/a_r$
Intricacy = 2, Intelligence = 2 * 2 = 4, Flexibility = 2, Originality = $a_a * a_r$

This test is much harder than classic IQ tests. Some people weren't even able to create series, or used the same logic (adding) for all patterns. Series needs signifier (rotation, increasing & sum, etc) and signified (drawing) together. If both are present at the same time, how can new sign e.g. invention arise? From where originated the name (signifier) for e.g. PC, bulb, train, phone, alternator...? Tsiolkovsky, the father of astronautics, was inspired by Verne's fictions. The rocket hadn't existed, when Verne signified it. So, the signifier (name of rocket) preceded the signified (object launched to space)? Or the signifier could somehow be "calculated" post facto? Or is it individual for every case (once signifier first, at another time signified)? Anyhow, the birth to previous inventions which influence its name and construction.

My research showed some other findings, e.g. type of series can depend on profession, when technicians overused 'decomposing', because in technical fields the problems are broken down, in order to be resolved like integration by parts: <u>Riemann–Stieltjes integral</u>. So, the frequency of the sign doesn't always indicate originality (decomposing is rare logic in general, but in technical fields it is common).

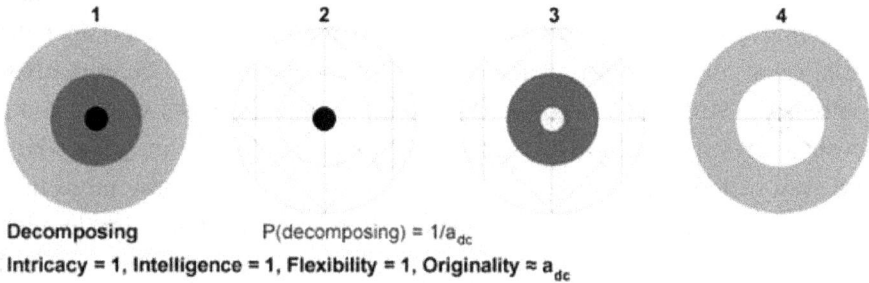

Decomposing $P(decomposing) = 1/a_{dc}$
Intricacy ≈ 1, Intelligence ≈ 1, Flexibility ≈ 1, Originality ≈ a_{dc}

4. Art and sign

The artistic value increases by the uniqueness against the criterion via which the art is evaluated. This criterion is a sign - abstract enough to be repeated. E.g. cubism shows the same object from different angles causing a 'plastic' effect, impressionism blurs points / lines of the objects, so the colors become more appealing. The 'different angle', 'blurring' are signs re-used to compose the art.

There are qualitative differences in the uniqueness. E.g. to make a striptease ('a performance') is more unique than not to make striptease. But anybody is able to do striptease, while only few can jump a pirouette like a figure skater. This way, it's harder to do cubistic art (according to its definition) than 'abstract' 'art' (e.g. Pollock) without clear sign. That abstract 'art' "reflects" the mood / psyche is too vague a sign to allow distinction. After all, cubism reflects mood / psyche too, but in addition it satisfies its more abstract criterion (sign). The figure skater can be naked, but a stripper can hardly jump a pirouette.

New technology leads to a new sign: new art. More options to generate sound, picture, video, application need a new sign to define the art (image is too easy to create now). But the new sign can arise without new technology, like Mannerism, Cubism... So, the new art primarily depends on a society that can ignore, deny, punish or promote it, while the technology is secondary.

Miro Brada

Today, the only sign has become the market controlled by ad. Anything advertised can be 'art'. Duchamp's Fountain 1917 (urinal), wasn't just a satire, but an omen of coming times... Maybe the decadency must precede the period of the new art defined by more abstract sign promoted by society altering economic system to prevent (incompetent) monopolization of art. Critic Dave Hickey lamented (2012) the incompetent rich art buyers greatly overrating contemporary artists, adding: "At the moment it feels like the Paris salon of the 19th century, where bureaucrats and conservatives combined to stifle the field of work. It was the Impressionists who forced a new system, led by the artists themselves. It created modern art and a whole new way of looking at things. ...Lord knows we need that now more than anything. We need artists to work outside the establishment and start looking at the world in a different way - to start challenging preconceptions instead of reinforcing them." Or, as art historian Harvard Benjamin complained (2016), the market is an exclusive criterion, distorting a real contribution.

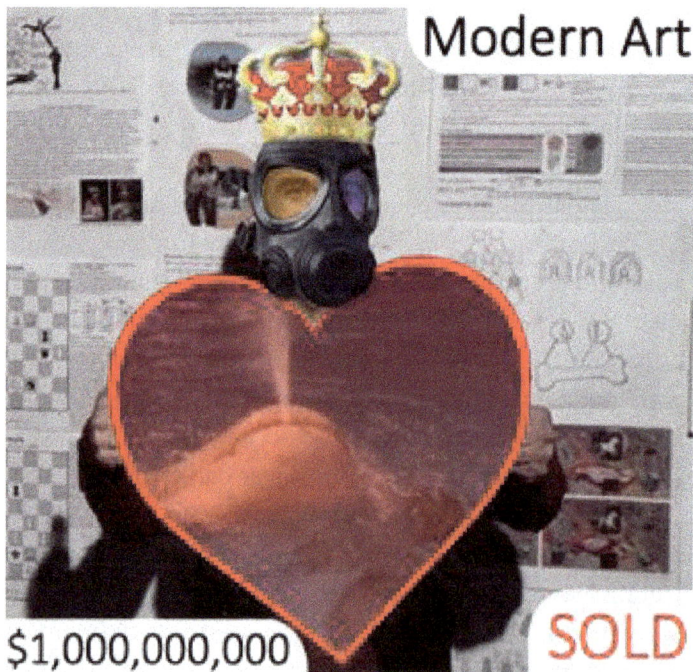

BIBLIOGRAPHY

[Benjamin, 2016] La crítica de arte ha perdidototalmente su función, El País

[Hickey, 2012] Nasty, stupid' world of modern art, The Guardian

[Foucault, 1971] Justice vs. Power, Debate on human nature (+ Chomsky)

[Rorschach, 1927] Rorschach Test - Psychodiagnostic Plates. Cambridge, MA: HogrefePublishing Corp. ISBN 3-456-82605-2.

[Torrance, 1974] Torrance tests of creativethinking, ScholasticTesting Service, ISBN 0663310393, 9780663310395

Miro Brada

Computer Programmer
EACH (Estate Agents Clearing House), UK
miro.brada@yahoo.co.uk

Quelques Remarques sur L'Usage du Terme «Arbitraire du Signe»

Ľudmila Lacková

ABSTRACT. "The arbitrariness of the sign" is described in the CLG as the first principle of the language. This term has become one of the major Saussurean legacies. Nevertheless, the arbitrariness of the sign has been received by the linguistic community with embarrassment, and the critics of this Saussurean concept have not been rare. In my paper, I would like to confront the arbitrariness of the sign as defined in the CLG with one of its most famous critics, that of Roman Jakobson [1971]. I would like to show that Jakobson's criticism is not based on valid arguments, in the sense that Jakobson uses the term "arbitrary" in some other way than it is used in the CLG. I propose to reread the passages of the CLG on the arbitrariness of the sign with a Hjelmslevean point of view, comprehending the language as a sublogic system. This approach will allow the coexistence of arbitrariness and motivation, exactly as in the CLG Saussure mentions onomatopoeia without ever denying the principle of arbitrariness of the sign. The language can be diagrammatic or iconic, without ceasing to be arbitrary.

Ľudmila Lacková

0. Arbitraire vs. Motivé : une brève histoire du débat

Depuis l'antiquité les philosophes et les linguistes se sont interrogés sur la relation qui existe entre la langue et la nature: les mots reflètent-ils la réalité et le monde qui nous entoure, ou sont-ils arbitraires? La question est sujette à débat depuis le Cratyle de Platon. Avec l'arrivée de la linguistique moderne et le postulat de l'arbitraire du signe de F. De Saussure, les choses semblent avoir changé. Suite à la publication du Cours de linguistique générale , en effet, l'arbitraire du signe est devenu l'un des fondements de la linguistique moderne. Néanmoins, même si le postulat de l'arbitraire du signe a été généralement accepté par la communauté linguistique, les voix contradictoires n'ont pas cessé de s'élever. Au cours du 20ème siècle, la motivation du signe devient un thème de discussion linguistique assez fréquent (voir par exemple [Benveniste, 1939], [Jakobson, 1966], [Bolinger, 1977]), et diverses formes de contestation de l'arbitraire du signe apparaissent: iconicité, phonosymbolisme, diagrammaticité.

Récemment la critique de l'arbitraire du signe est devenue de plus en plus prégnante du fait du support des études expérimentales et des données quantifiées. La motivation linguistique est testée à l'aide de méthodes statistiques et quantitatives. Dans un article publié en 2016, le linguiste D. Blasi (Max Planck Institute) et ses collaborateurs [Blasi, 2016] ont montré la présence de fortes corrélations entre les mots du lexique de base et certains sons concrets dans presque deux tiers des langues du monde. Ils ont testé statistiquement, entre autres, des associations connues entre les diminutifs et le phonème [i], ou bien les noms des parties du corps qui renvoient à des lieux d'articulation. Ils ont ainsi prouvé que, dans la plupart des langues du monde, la consonne liquide [l] est utilisée pour dénommer la langue et la nasale [n] pour dénommer le nez. Cette étude se fonde sur l'analyse comparée d'une base de données qui contient presque 7 000 mots, provenant de 62% des langues du monde.

Une autre étude a été réalisée en République tchèque récément [Milička et Diatka, 2017]. Cette dernière a testé expérimentalement la motivation des mots hindi onomatopéiques et des mots hindi normalement considérés comme non-onomatopéiques (non-iconiques). Les résultats ont donné un degré de motivation élevé même en ce qui concerne les mots non-iconiques, et donc non-onomatopéiques.

L'objectif de cet article est de démontrer que toutes les polémiques qui mettent en question le caractère arbitraire de la langue partent d'une présupposition erronée, et qu'il s'agit d'un problème mal posé. En reprenant les mots de Louis Hjelmslev, nous voudrions développer l'idée qu'il n'est pas juste d'opposer les théories de la motivation et le postulat de l'arbitraire du signe saussurien. Comme l'a dit le grand linguiste danois, «le désaccord [entre ceux qui attaquent la théorie de l'arbitraire du signe et ceux qui y adhèrent] réside, pour une large part, dans un malentendu, qui est, au surplus, plutôt verbal que réel» ([Hjelmslev, 1928], p. 174). En fait, on peut dire que les deux parties ont raison et que les deux concepts, celui d'arbitraire et celui de motivation, ne se contredisent pas.

Afin d'expliciter cette hypothèse, nous étudierons tout d'abord les arguments de Jakobson contre l'arbitraire du signe. Dans un second temps nous soulignerons que ces arguments sont tous valables mais qu'ils ne contredisent pas l'arbitraire du signe. Enfin, nous montrerons la possibilité de la coexistence de l'arbitraire et du motivé.

1.Roman Jakobson: la lutte contre l'arbitraire

Comme exemple représentatif de toutes les critiques de l'arbitraire du signe, nous avons choisi le cas des idées de Roman Jakobson. Dans son livre Quest for the Essence of Language [Jakobson, 1966], Jakobson essaie de contester l'arbitraire du signe, qu'il qualifie péjorativement de «Saussurian dogma of arbitrary sign». Jakobson oppose l'arbitraire du signe à la motivation linguistique, qu'il retrouve à plusieurs niveaux de la langue. D'abord, au niveau de la diagrammaticité dans l'ordre des mots (ordo naturalis). Par exemple dans le fameux énoncé de César « Veni, vidi, vici », la succession temporelle est reflétée dans l'ordre des mots. Jakobson parle aussi de la diagrammaticité dans la morphologie, qui peut être manifestée dans la gradation des adjectifs, où les formes morphologiques du positif, du comparatif et du superlatif reflètent la croissance de la qualité donnée (high, higher, the highest). Une autre manifestation de la diagrammaticité morphologique est visible dans le pluriel des substantifs ou dans les terminaisons des conjugaisons verbales (je finis, nous finissons). Dans tous les cas mentionnés, le nombre des phonèmes ou morphèmes reflète le nombre réel qui augmente au pluriel.

Un autre aspect de la motivation linguistique est représenté par la valeur iconique des phonèmes. Jakobson mentionne la poésie de Stéphane Mallarmé, et il analyse le titre du dernier chapitre de la nouvelle de Jules Romains Les amours enfantines, intitulé « Rumeur de la Rue Réaumur ».

Ľudmila Lacková

Dans ce cas, ce sont les assonances phonétiques qui reflètent le rumeur de la rue réel. Ces assonances sont causée par l'alternance des voyelles ouvertes et fermées, arrondies et rétractées, et par la consonne fricative [ʀ].

Finalement, Jakobson aborde la question de l'iconicité dans le lexique. Il raconte à ce sujet l'anecdote d'une paysanne française qui n'est pas capable de comprendre pourquoi, en Allemagne, on utilise le mot « käse » à la place de « fromage », étant donné que cette expression n'est pas du tout naturelle. La paysanne devrait, selon Jakobson, représenter le témoignage vivant du lien naturel entre le son et le sens.

Jakobson a raison de maintenir que certains sons sont plus expressifs que d'autres sons, et que de là dérivent des procédés poétiques comme l'allitération, l'assonance, etc. Il a également raison de soutenir l'idée d'une motivation morphologique, qui est probablement présente dans toutes les langues du monde. L'affirmation d'une motivation systématique (qui ne touche pas que des cas isolés) dans la syntaxe ou dans la morphologie n'a pourtant jamais été démontrée par personne. Néanmoins, ce problème ne constitue pas l'objectif de notre article. Ce que nous souhaiterions souligner, en effet, c'est que la critique de Jakobson n'est pas une vraie critique, étant donné que ses arguments contre l'arbitraire du signe ne sont pas valables dans le cadre de la théorie linguistique structuraliste. En fait, le concept de motivation chez Jakobson implique une relation entre le signe et la réalité extralinguistique: par motivation, Jakobson entend la motivation par rapport á la réalité extralinguistique, par exemple la vraie succession temporelle des actions. Pourtant, la théorie de Jakobson (et probablement aussi celle de Saussure) devrait être une théorie qui se fonde sur l'idée de système, c'est-à-dire une théorie qui touche exclusivement l'aspect interne de la langue et non la réalité extralinguistique. Il est vrai qu'il existe aussi des motivations internes de la langue, comme par exemple des analogies morphologiques. Néanmoins, Jakobson n'argumente pas de cette manière et son argumentation semble incohérente avec le reste de sa théorie sémiotique. Cette incohérence de la théorie de la motivation chez Jakobson a été décrite comme « paradoxe de Jakobson » ([Gvoždiak, 2014], pp. 62-65).

2.Arbitraire et différentiel comme qualités corrélatives

Il semble nécessaire de revenir sur le concept d'arbitraire tel que ce dernier a été formulé dans le CLG. L'arbitraire du signe y est défini comme la relation immotivée entre le signifiant et le signifié ([Saussure, 2005], p. 100).

> « Le lien unissant le signifiant et le signifié est arbitraire, ou encore, puisque nous entendons par signe le total résultant de l'association d'un signifiant à un signifié, nous pouvons dire plus simplement: le signe linguistique est arbitraire.»

Les auteurs du CLG ne se limitent pourtant pas à cette définition brève. Il faut lire tout le CLG pour faire ressortir une image plus complexe du terme « arbitraire » dans le cadre de la théorie saussurienne. A la p. 163, il est dit que « arbitraire et différentiel sont deux qualités corrélatives», ce qui implique que la signification est portée par les différences phoniques et non par le son lui-même.

> « Ce qui importe dans le mot, ce n'est pas le son lui-même, mais les différences phoniques qui permettent de distinguer ce mot de tous les autres, car ce sont elles qui portent la signification. ... il est évident, même a priori, que jamais un fragment de langue ne pourra être fondé, en dernière analyse, sur autre chose que sur sa non-coïncidence avec le reste. Arbitraire et différentiel sont deux qualités corrélatives.»

La citation paraît fondamentale pour comprendre le terme «arbitraire» en continuité avec le terme «valeur» de Saussure. Dans ce cadre, c'est-à-dire dans un cadre plus large qui touche l'ensemble de la théorie saussurienne, il devient clair qu'il ne faut pas limiter l'arbitraire du signe à la relation verticale entre le signifiant et le signifié mais qu'il faut l'élargir sur l'axe horizontal (différences des signifiants entre eux). D'où «différentiel» et «arbitraire» comme qualités corrélatives. Une observation similaire aété déjà fait par A. Martinet [Martinet, 1957].

Image 1: L'arbitraire du signe linguistique concerne non seulement la relation verticale entre le signifiant et le signifié, mais aussi la relation horizontale entre les signes.

Ľudmila Lacková

Pour illustrer la manifestation horizontale de l'arbitraire linguistique, on peut prendre l'onomatopée «brum brum» qui signifie, dans les langues slaves comme le slovaque ou le tchèque, la voix d'un ours, alors que dans d'autres langues le même groupe de phonèmes signifie le son d'une voiture. Dans les deux cas, le mot onomatopéique semble refléter les sons du monde réel, pourtant sa signification change selon les valeurs différentielles du système (slovaque/italien/anglais/français...).

En ce qui concerne les onomatopées et leur caractère non-arbitraire, la position du CLG est explicite:

> «Leur choix [des onomatopées] est déjà en quelque mesure arbitraire [...] En outre, une fois introduites dans la langue, elles sont plus ou moins entraînées dans l'évolution phonétique, morphologique etc.» ([CLG], p. 102).

On peut donc dire, à partir de la citation du CLG, que le choix des onomatopées est arbitraire dans la mesure où les onomatopées, comme d'ailleurs tous les autres mots du lexique, entrent en relation différentielle avec d'autres éléments du lexique dans chaque langue; or cette relation différentielle change d'une langue à l'autre car les éléments du lexique de chaque langue sont différents.

La seconde phrase de la citation renvoie au fait que même si un mot est considéré comme «motivé», il est toujours arbitraire dans le sens où il peut toujours changer à travers le temps ou l'espace. Par «changement à travers le temps» nous comprenons les évolutions phonétiques et morphologiques, alors que par «changement à travers l'espace» nous comprenons par exemple le cas des faux amis, que nous avons illustré avec les mots «brum brum».

Pour conclure, l'arbitraire des mots onomatopéiques ou, en général, des mots motivés, se fonde sur deux points:

a. Les mots motivés peuvent toujours changer à travers le temps (évolution morphologique et lexicale).

b. Les mots motivés entrent dans une relation différentielle à l'intérieur du système d'une langue donnée.

Ainsi, l'arbitraire du signe linguistique est garanti diachroniquement (a) aussi bien que synchroniquement (b), et il touche tous les éléments de la langue, y compris les mots motivés. Un simple syllogisme peut expliquer la relation entre les termes motivé et arbitraire, où « arbitraire » est compris comme une qualité intrinsèque de la langue et « motivé » comme une qualité occasionnelle et non pas nécessaire:

1.   Chaque élément de la langue est arbitraire car chaque élément de la langue fait partie d´un système conventionnel (si l´on est d´accord sur le fait que la langue est une institution sociale).

2.   Certains éléments de la langue sont motivés par la réalité extralinguistique.

3.   Chaque élément qui est motivé est en même temps arbitraire.

3.La langue comme un système sublogique

Comment cette coexistence de l´arbitraire et du motivé dans la langue est-elle possible, si l´arbitraire est défini comme „immotivé" ([CLG], p. 100), et que donc une certaine opposition entre les deux termes est déjà présente dans la définition? Apparemment il s´agit d´une contradiction ou d´un paradoxe logique. Cela ne doit pourtant pas nécessairement représenter un problème. Au contraire, semble-t-il, une contradiction logique pourrait représenter une solution au problème de la relation entre les termes arbitraire et motivé. Louis Hjelmslev a formulé la théorie des oppositions participatives ([1972], 1985), selon laquelle les éléments de la langue ne ressortent pas nécessairement aux lois logiques des oppositions binaires exclusives de type A / non-A. La plupart des catégories linguistiques sont plutôt caractérisées par des oppositions participatives. Ainsi, un terme précis (intensif) est opposé à un terme vague (extensif). Par exemple, le genre grammatical masculin figure comme un terme vague parce qu´il peut signifier masculin, féminin, les deux genres ou bien le genre indéterminé. Au contraire, le genre féminin signifie toujours le féminin.

> «Le système n'est pas construit comme un système logico-mathématique d'oppositions entre termes positifs et négatifs. Le système linguistique est libre par rapport au système logique qui lui correspond. Il peut être orienté différemment sur l'axe du système logique, et les oppositions qu'il contracte sont soumises à la loi de participation: il n y a pas d'opposition entre A et non-A, il n'y a que des oppositions entre A d'un côté et A + non- A de l'autre. La découverte n´a rien de surprenant puisqu'on sait par les recherches de M. Lévy-Bruhl que le langage porte l'empreinte d'une mentalité prélogique.» ([Hjelmslev, 1972], p. 102).

$$\alpha \qquad A$$

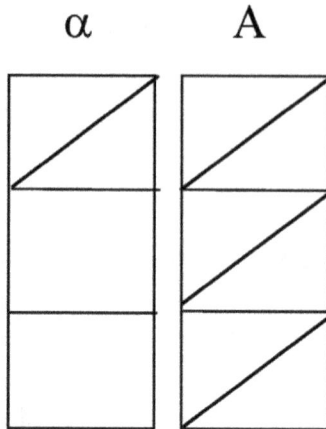

Image 2: Opposition participative. La valeur sémantique du terme précis occupe une seule case, par contre la sémantique du terme vague s'étend sur les trois cases.

Bien sûr, toutes les catégories linguistiques n'entrent pas dans des oppositions participatives. La langue possède aussi des catégories qui obéissent aux lois de la logique classique, si on prend par exemple le système phonologique qui est basé sur des oppositions exclusives (ouvert-fermé, sonore-sourd etc.). Dans cette perspective, Hjelmslev décrit la langue comme un système sublogique et non logique. Dans un système sublogique, des relations logiques et des relations qui n'obéissent pas aux lois de la logique classique (relations prélogiques) coexistent. Comme le dit Claudio Paolucci, l'opposition même entre les termes logique et prélogique est une opposition participative ([Paolucci, 2010], p. 261).

Revenons à la relation entre « arbitraire » et «motivé». Il y a bien sûr une opposition entre les termes « arbitraire » et « motivé », on ne peut pas le nier, et Saussure lui-même définit « arbitraire » comme «immotivé». Le but de cet article n'était pas de prétendre qu'il n'y ait pas d'opposition entre les termes «motivé» et «arbitraire». Mais nous voulions démontrer qu'il est possible de comprendre cette opposition dans le cadre de la théorie hjelmslevienne des oppositions participatives. Si l'on veut opposer les termes «arbitraire» et «motivé», il semble plus adéquat de les opposer, à partir de la théorie de Hjelmslev, selon la loi de participation, et non de les comprendre dans une relation d'opposition exclusive.

Dans la théorie hjelmslevienne, ce qui entre en opposition, ce n'est pas la présence d'un trait d'une part et son absence d'autre part (comme c'était le cas dans le structuralisme de l'Ecole de Prague, notamment dans la théorie phonologique). L'opposition participative de Hjelmslev est l'opposition d'un terme précis et d'un terme vague, donc l'opposition de la nécessité et de la possibilité. Voyons alors l'arbitraire comme nécessité et comme premier principe de la langue, et la motivation comme possibilité. De cette manière seulement la motivation peut s'opposer à l'arbitraire.

4.Conlusion

Ainsi, avec l'aide de Hjelmslev, les passages du CLG sur l'arbitraire du signe qui paraissent être peu clairs ou même contradictoires, peuvent être lus dans une nouvelle perspective. La théorie saussurienne implique tout à la fois l'arbitraire, le différentiel et le motivé. Les études expérimentales sur la motivation linguistique ne témoignent pas de l'invalidité du postulat de l'arbitraire du signe. L'arbitraire comme le différentiel sont des qualités internes du système linguistique, le motivé au contraire est une qualité qui dépasse le caractère interne du système. On pourrait objecter ici l'existence de la motivation interne de la langue présente dans les procédés morphologiques de la composition ou dans le système des adjectifs numéraux (dix-huit). Mais même si on considère la motivation interne de la langue, celle-ci ne représente qu'une qualité occasionnelle qui ne figure pas comme un principe constitutif de la langue. L'arbitraire, par contre, est un principe constitutif de la langue, et même selon Saussure le premier principe de la langue.

Nous avons appliqué la théorie hjelmslevienne des oppositions participatives à la relation entre arbitraire et motivé telle qu'elle est définie dans le CLG. Nous avons ainsi rappelé l'importance de travaux peu connus de Louis Hjelmslev tels que La catégorie des cas ou les Nouveaux Essais, et nous avons montré que la théorie de Hjelmslev peut être utilisée comme un instrument de compréhension de concepts linguistiques variés.

Ľudmila Lacková

RÉFÉRENCES

[Benveniste, 1939] Benveniste, "La nature du signe linguistique"*Acta Linguistica*, Volume I, 1939, pp. 23-29.

[Blasi et al, 2016] Blasi et al , "Sound–meaning association biases evidenced across thousands of languages", *PNAS* (Proceedings of the National Academy of Sciences), Issue 39, Volume 113, 2016, doi: 10.1073/pnas.1605782113.

[Bolinger, 1977] Bolinger, *Meaning and form*, Longman, London, 1977.

[Gvoždiak, 2014] Gvoždiak, *Jakobsonova sémiotické teorie*, Univerzita Palackého vOlomouci, Olomouc, 2014.

[Hjelmslev, 1928] Hjelmslev, *Principes de grammaire générale*, André Fred. Host and son, Copenhague, 1928.

[Hjelmslev, 1972] Hjelmslev, *La catégorie des cas*, Fink, München, 1972.

[Hjelmslev, 1985] Hjelmslev, *Nouveaux Essais*, Presses Universitaires de France, Paris, 1985.

[Jakobson, 1966] Jakobson, "Quest for the Essence of Language" in Jakobson, *Selected Writings II*, Mouton, Hague, 1966, pp. 345–359.

[Martinet, 1957] Martinet, "Arbitraire linguistique et double articulation", *CFS* 15, 1957, pp. 105-16.

[Milička and Diatka, 2017] Milička and Diatka, "The Effect of Iconicity Flash Blindnes. An empirical study" in Zirker, Bauer, Fischer, Ljungberg (eds.) *Dimensions of Iconicity*, John Benjamins, 2017, pp. 4–14, available online at: https://benjamins.com/#catalog/books/ill.15/main, doi 10.1075/ill.15.01dia.

[Paolucci, 2010] Paolucci, *Strutturalismo e interpretazione*, Bompiani, Milan, 2010.

[Plato, 1926] Plato, *Cratylus*, Fowler (trans.) William Heinemann, London, 1926.

[Saussure, 2002] Saussure, *Écrits de linguistique générale*, Gallimard, Paris, 2002.

[Saussure, 2005] Saussure, *Cours de linguistique générale*, Edition critique de Tullio de Mauro, Payot, Paris, 2005.

Quelques Remarques sur L´Usage du Terme «Arbitraire Du Signe»

Ľudmila Lacková
Palacký University
Olomouc, Czech Republic
E-mail: ludmila.lac@gmail.com

Saussure et la Philosophie: Un Essai de Reconstruction de la Théorie de la Langue

RICARDO JARDIM ANDRADE

ABSTRACT. In the present study, I support that Saussure's theory of language deals with three interdependent principles: the principle of the arbitrariness of the sign, the principle of the linearity of the signifier and the principle of differentiation. The first principle, the basic one, equals to a genuine independence statement between language and all external order. Saussure therefore opposes himself to the Aristotelian principle of analogy according to which language, far from being internally autonomous, is founded on an external order with which it maintains a relation of analogy or of similitude. The second principle indicates the articulations between the sound (phonic substance) and the meaning (semantic substance) that delimit the components of the linguistic sign, such as signifier (a class of sounds) and signified (a class of meanings). The articulation or the segmentation of sounds is the condition of the possibility of the linguistic signified emergence. The third principle explains how the sign elements (signifier and signified) by way of a game of differences maintain balance to form the language system. Saussure, therefore, got both to the concept of linguistic value and to the definition of language as a system of pure values. It must be emphasized that, nevertheless, as Tullio De Mauro supports, Saussure's language theory goes round the pair value/signification, which responds to the logic demand formulated by Gottlob Frege distinguishing *Sinn* (meaning) and *Bedeutung* (reference).

Ricardo Jardim Andrade

Selon Tullio De Mauro, la difficulté majeure concernant la compréhension correcte de la doctrine saussurienne se trouve dans l'ordre de l'exposition suivie par les éditeurs du Cours de linguistique générale (CLG), à savoir, Ch. Bally et A. Séchehaye. "Le Cours", dit-il,

> fidèle dans sa reproduction de certains éléments de la doctrine linguistique de Saussure, ne l'est pas autant dans sa reproduction de leur agencement. Et l'ordre, comme le soulignait Saussure lui-même, est essentiel dans la théorie de la langue, peut-être plus que dans toute autre théorie" [De Mauro, 1983: V].

J'ai commencé par essayer d'exposer la théorie saussurienne de la langue en suivant de plus près possible les indications suggerées par De Mauro. Cependant, au fur et à mesure que j'ai approfondi mon étude du CLG, je me suis rendu compte de la possibilité de compléter le plan proposé par De Mauro par la discussion des trois principes de la linguistique saussurienne mentionnés dans le CLG, à savoir, *le principe de l'arbitraire du signe, le principe de la linéarité du signifiant* et, aussi, *le principe de différenciation* [cf. Saussure, 1983: 100-103, 167]. Et c'est effectivement ce chemin que j'ai pris pour reconstruire la théorie saussurienne de la langue. Comme je le montrerai au cours de mon exposition, le premier, qui est le principe fondamental, équivaut a une vraie déclaration d'indépendance de la langue à l'égard de tout ordre externe; le second indique les articulations entre le son et le sens qui délimitent les éléments linguistiques; le troisième explique comment ces éléments, grâce à un jeu de différences, se maintiennent en équilibre, pour former le système de la langue.

Une exposition adéquate de la théorie saussurienne de la langue devrait présenter initialement chacun des principes mentionnés, pour considérer, dans une deuxième étape, les implications méthodologiques de l'approche systémique ou, plus précisément, sémiologique du langage, à savoir, le "mecanisme de la langue" (les rapports syntagmatiques et les rapports associatifs) et la distinction entre synchronie et diachronie. Toutefois, en considérant le thème de notre atelier, je vais me limiter à discuter les trois principes, en privilégiant le príncipe de l'arbitraire du signe.

Dans le sillage de Ch. Puech[1], je soutiens qu'une reconstruction de la théorie de la langue doit être matérielle et conceptuelle, c'est-à-dire qu'elle doit se fonder, d'une part, sur les sources matérielles de la doctrine saussurienne (les notes consignées par les étudiants des trois cours que Saussure a donnés entre 1906 et 1911 à l'Université de Génève et, aussi, des notes personelles du linguiste) et, d'autre part, sur une interprétation logique et epistémologique cohérente qui puísse expliciter cette théorie. Dans ma présentation des trois príncipes de la linguistique saussurienne, je vais considérer chaqu'un de ces aspects, en privilégiant, toutefois, l'aspect conceptuel. Tout d'abord, cependant, avant la discussion des trois principes, il faut circonscrire le nouveau terrain exploité par le CLG, en présentant la distinction entre langue et parole, ainsi que la définition du signe proposée par Saussure.

1. Notions préliminaires: langue et parole; signifiant et signifié

Saussure part "de l'individualité absolue, unique, de chaque acte expressif, cet acte qu'il appelle *parole*" [De Mauro, 1983: V]. Considérons, par exemple, un orateur qui prononce plusieurs fois le mot "messieurs". Une observation attentive nous montre que, à chaque fois que ce mot est enoncé, arrivent des variations tant d'ordre phonique que d'ordre sémantique. Comment s'explique-t-il que malgré toutes c e s altérations les interlocuteurs s'entendent, c'est-à-dire perçoivent au-delà de toutes ces différences, une fonction commune qui rend possible d'identifier le mot? Selon Saussure, l'identité qui constitue les phénomènes linguistiques "n'est pas purement matérielle", mais relationnelle (ou formelle). Elle ne doit être cherchée ni dans la substance phonique ni dans la substance sémantique, mais dans les relations qui unissent de tels phénomènes entre eux. Cette distinction nous retire du point de vue de la parole (ou de "l'exécution"), qui est matérielle et individuelle, et nous dresse au point de vue de la langue, qui est formelle et systémique [cf.Saussure, 1983: 150].

Imaginons un étranger que ignore entièrement l'idiome du pays où il se trouve. La chaîne phonique apparait à cet individu comme "un ruban

---

[1] Il s'agit d'une distinction présentée par le professeur Christian Puech (Paris 3) dans la conférence "Ferdinand de Saussure est-il un linguiste structuraliste?", donnée lors de la *Jornada Internacional Ferdinand de Saussure e os estudos linguísticos contemporâneos*, à l'Universidade Federal do Rio Grande do Norte (Brésil), au deuxième semestre 2013.

Ricardo Jardim Andrade

continu" [Saussure, 1983: 145], dans lequel il est absolument incapable d'identifier quelque élément linguistique, tant sonore que conceptuel. Toute autre est la perspective où se situe le sujet linguistiquement compétent. En effet, celui-ci est doté d'un "savoir virtuel" [Saussure, 1983: 30, 148; De Mauro, 1983 : VII], grâce auquel il perçoit, au delà de la continuité de la parole, certains groupements ou classes de sons et de sens. À l'intérieur de ces classes, des phénomnes sémantiquement et phoniquement distincts apparaissent identiques. Saussure appelle ce savoir virtuel *langue* et les classes de sons et de sens qui la composent, respectivement, *significant* et *signifié* [cf. De Mauro, 1983: V s, 420 s, 425 s].

Ces classes, au fur et à mesure qu'elles laissent de côté les différences individuelles verifiées au niveau de la parole, peuvent être considerées comme de nature abstraite, selon des exigences épistémologiques plus récentes. Le terme "abstrait", toutefois, en raison de préjuges idéologiques issus du positivisme et d'autres courants philosophiques, était l'objet de graves suspections théoriques au XIXe siècle [cf De Mauro, 1983: 426]. Saussure évite, alors, ce terme, en préférant "forme" et ses dérivés pour designer les éléments linguistiques, à savoir, le signifiant (forme phonique) et le signifié (forme sémantique) [cf. De Mauro, 1983: VIII, 421]. "La langue est une forme et non une substance", affirme-t-il [Saussure, 1983; 169].

En distinguant dans le langage, la *langue* de la *parole*, Saussure a instauré, dans le secteur des sciences sociales et humaines, un *nouveau champ d'intelligibilité* - le champ sémiologique -, dont l'élucidation est l'un des objectifs principaux de cet essai. Pour bien le comprendre, il faut discuter les trois principes de la théorie de la langue.

2. Le principe de l'arbitraire du signe

"Le principe de l'arbitraire du signe", affirme Saussure, "n'est contesté par personne; mais il est souvent plus aisé de découvrir une vérité que de lui assigner la place qui lui convient" [Saussure, 1983: 100]. Il y a une façon d'entendre l'arbitraire du signe, attachée au dualisme anthropologique et aux théories métaphysiques du langage, qui contraste fermement avec l'approche saussurienne. Il faut donc présenter un historique de telles théories, qui débutent à la Grèce ancienne, pour que l'originalité du CLG puisse se manifester plus clairement.

Mû par les provocations des sophistes, Aristote a élaboré une théorie de la signification qui est le point de départ de son ontologie. Cette théorie, qui a suivi les métamorphoses médiévale et moderne de la métaphysique, constitue le plus puissant soutien à la réflexion occidentale sur le langage. Afin de la comprendre d'une façon adéquate on doit la situer dans le cadre philosophique de l'époque, notamment dans le débat sur le langage qui a animé l'Athènes des siècles V et IV av. J.-C.

Est-ce qu'on peut parler d'une théorie platonique du langage? P. Aubenque répond négativement à cette question. Socrate (Platon), dans la conclusion du *Cratyle,* maintient un éloignement ironique à l'égard de ses adversaires, non pas qu'il ait une meilleur théorie du langage à offrir, "mais parce qu'il méprise une philosophie qui s'arrête au langage au lieu d'aller aux choses elles-mêmes. Le mot n'est pour lui qu'un 'instrument' (388b) qui doit et peut être dépassé vers l'essence (...) et qui n'est peut-être même pas indispensable comme point de départ" [Aubenque, 1962: 106, n. 1].

Les sophistes ont été séduits par la puissance du discours *(logos),* bien qu'ils ignoraient, comme pense Aristote, la façon par laquelle cette puissance s'exerce. Ils ont réfléchi exclusivement sur la fonction de persuasion du langage, en négligeant celle d'expression ou de transmission [cf. Aubenque, 1962: 98-103].

Selon Gorgias, le discours est une réalité audible, alors, une chose sensible entre les choses sensibles. Chose entre les choses, le discours est incapable de révéler les choses. Au maximun, comme pensait Hermogène, il peut remettre, par l'artifice de la convention, à d'autres choses, avec lesquelles, néamoins, il maintient un rapport tout à fait extrinsèque. Dans les deux cas, l'être est incommunicable [cf. Aubenque, 1962: 105].

Seulement avec Aristote est survenue la séparation entre les mots et les choses. En concevant le mot comme symbole, ce philosophe, comme soutient P. Aubenque, a été le premier à élaborer une théorie de la signification (cf. ibid., p. 133). En fait, si nous devons faire usage du langage, comme l'affirme le stagirite lui-même, «c'est parce qu'il n'est pas possible d'apporter dans la discussion les choses elles-mêmes, mais qu'au lieu des choses nous devons nous servir de leurs noms comme de symboles» [Réfut. Soph., 1, 165 a 6-8, cité par Aubenque, 1962: 99].

Cette théorie, cependant, - il faut le reconnaître -, ne pourrait se manifester sans les provocations des sophistes et la décision prise par Aristote de marcher sur le terrain apparement mouvant du discours, abandonné prématurément par Platon. Il importe de souligner: la réflexion aristotelique commence dans le langage, mais débouche sur l'être ou, plus précisément, sur l'ontologie [Aubenque, 1962: 131].

Ricardo Jardim Andrade

Aristote fonde le langage sur les ordres logique et ontologique. Dans les *Réfutations Sophistiques* il affirme qu'entre les noms et les choses il n'y a pas (et il ne peut pas y avoir) une ressemblance complète: les noms comme les définitions sont limités, tandis que les choses sont infinies [cf. *Refut. Soph,*1, 165 a 6ss. Apud Aubenque, 1962: 116]. Le rapport entre les noms et les choses est de signification, c'est-à-dire symbolique et non de ressemblance. Toutefois, a un certain moment de son parcours, le philosophe affirme: "les discours vrais sont semblables aux choses elles-mêmes*"* [*De Interpr.* 9, 19 a 33, cite par Aubenque, 1962: 110]. Aurait-il là une contradiction? P.Aubenque nous montre qu'une telle contradiction n'est qu'apparente.

Aristote distingue le discours en général de la "proposition" *(apophansis).* Cette dernière, qui est l'ennoncé du jugement, est définie comme le discours susceptible du vraie et du faux. Tandis que les autres modalités du discours (l'ordre, la prière, la promesse etc.) se limitent a signifier (dans le tout ou dans chacune de leurs parties, nom ou verbe), la proposition - le "discours qui a une fonction 'apophantique', c'est-a-dire révélatrice" [Aubenque, 1962: 112] -, en plus de signifier renvoie à l'existence. La proposition, par conséquent, pour autant qu'elle nie ou affirme "quelque chose de quelque chose", ne se définit uniquement par sa capacité de signifier, mais plutôt par sa référence aux choses.

Cette référence, cependant, ne se manifeste pas dans chaque terme consideré isolément, mais dans l'articulation des termes à l'intérieur du discours. Ce n'est pas le discours en tant que tel qui se ressemble aux choses; c'est la composition de ses termes qui peut se ressembler ou non a la composition des choses. "Être dans le vrai", affirme Aristote dans la *Métaphysique* [0, 10, 1051, b3], "c'est penser que ce qui est séparé est séparé et ce qui est uni est uni". "La proposition vraie", commente P. Aubenque, "est celle dont la composition réproduit, ou plutôt *imite*, la composition des choses" [Aubenque, 1962: 111, n. 1]. C'est donc en tant que vrai que le discours se ressemble aux choses et non pas, simplement, en tant que discours.

Le principe métaphysique de l'analogie est réapparu avec force dans l'École de Port Royal, au XVIIe siècle, laquelle École a joint la tradition aristotélique à la philosophie cartésienne. Selon la célèbre *Grammaire générale et raisonnée* (1660) de A. Arnauld et Cl. Lancelot, plus connue comme *Grammaire de Port Royal,* le langage se fonde sur la nature rationnelle et immuable de l'homme et sa fonction est de représenter   et d'exprimer la pensée [cf.Arnauld, Lancelot, 1969]. Le terme "représenter" doit être compris littéralement. Comme nous expliquent O. Ducrot et T. Todorov, "il ne s'agit pas seulement de dire que la parole est signe, mais qu'elle est miroir, qu'elle comporte une analogie interne avec le contenu qu'elle véhicule" [Ducrot, Todorof, 1972: 15]. Cette analogie n'est pas cherchée dans l'aspect sensible et matériel du langage, mais dans l'organisation des mots dans l'énoncé. Cette organisation est considérée, en effet, comme une imitation de la succession des idées dans l'esprit, laquelle succession, de son coté, correspond à l'ordre naturel des choses. Comme on peut le constater, tant dans la *Grammaire de Port Royal* que dans la métaphysique aristotelicienne on affirme une correspondance harmonieuse ou une ressemblance entre les ordres logique, ontologique et syntactique.

En fait, l'idée d'une analogie entre nos discours et les opérations logiques de l'esprit a determiné longtemps les études du langage, en se maintenant présente jusqu'à l'avènement de la linguistique contemporaine. En plein XIXe siècle, les grands maîtres de la Grammaire Historique et Comparée (F. Bopp et A. Schleicher) supposaient que les idiomes actuels seraient des ruines ou des fragments d'une langue archaïque parfaite créeé dans un état privilegié de l'humanité, où la communauté linguistique s'efforçait de conformer les sons à l'ordre de la pensée. La langue mère – ou la protolangue – serait donc, on pourrait le dire, une langue aristotelique. Mûs par des préoccupations utilitaires, les hommes peu à peu auraient abandonné l'habitude de cultiver l'harmonie entre la vie de l'esprit et son expression linguistique, pour transformer le langage en pur instrument d'action. Voilà comment l'analogie et la représentation ont laissé la place à la communication, en provoquant ainsi la dégradation des langues [cf. Mounin, 1967: 160, 166-172, 176; Leroy, 1980 :19s; Mattoso Câmara, 1986: 38-55].

On doit encore rappeler que, selon A. Schleicher, l'analogie entre le langage et la pensée ne se trouve pas au niveau syntactique, comme soutient la *Grammaire de Port Royal*, dans le sillage d'Aristote, mais au niveau morphologique. C'est dans l'organisation interne des éléments qui composent le mot qu'on surprend "l'aptitude de la langue à imiter la pensée" (Ducrot 1968, p. 39). A. Schleicher distingue, en effet, à l'intérieur des mots des éléments exprimant des notions ou des catégories relatives aux choses ("mange" dans "mangeront", par exemple) et les marques grammaticales (fléxions et affixes [préfixes et suffixes]) désignant les catégories de pensée, les points de vues intellectuels sur les choses (l'"ont" de "mangeront"). Certains grammairiens philosophes, sous l'influence de Kant, conçoivent l'union de ces deux éléments comme l'association d'un contenu empirique et d'une forme *a priori* de l'entendement [cf. Ducrot, Todorof, 1968: 258; Ducrot 1968:39-42].

Saussure, comme j'essaierai de le montrer par la suite, en énoçant le principe de l'arbitraire du signe s'oppose décisivement au principe aristolelique de l'analogie. Pour bien comprendre la perspective saussurienne, j'ai fixé mon attention tout d'abord sur le terme "immotivé", employé à plusieurs reprises dans le CLG pour caractériser le principe de l'arbitraire [cf. Saussure, 1983: 101, 180-184]. De Mauro [cf. 1983: 442] insiste, à juste titre, sur la necessité de maintenir l'adverbe "radicalement" dans l'enoncé de ce principe, c'est-à-dire de le prendre tel qu'il est formulé dans les sources manuscrites, à savoir, "le lien unissant le signifiant au signifié est radicalement arbitraire". Mais il me parait opportun d'observer que c'est Saussure lui-même qui nous explique le sens de l'expression mentionnée: "radicalement arbitraire", affirme-t-il, "c'est-à-dire immotivé" [Saussure, 1983: 180]. Dans un autre moment, en confirmant que le terme "imotivée" indique que le signe linguistique ne mantient pas quelque analogie ou similitude avec un ordre externe à la langue, Saussure nous rapelle que quelques penseurs – Condillac, par exemple - en adoptant le point de vue naturaliste sur la genèse du langage, affirment l'existence d'une similitude originaire entre les sons des mots et les choses designées [cf. Culler, 1976: 56]. Il rejette une telle position en observant que les onomatopées, et aussi les exclamations, sont peu nombreuses et changent d'une langue à l'autre, ce qui indique déjà leur caractère arbitraire. "En outre, une fois introduites dans la langue", elles suivent leur évolution phonétique, morphologique etc., ce qui atteste "qu'elles ont perdu quelque chose de leur caractère premier pour revêtir celui du signe linguistique en général, qui est *immotivé*" [Saussure, 1983: 102; italique R.J.A.].

Si mon interprétation est correcte, Saussure, en formulant le príncipe de l'arbitraire du signe, a déclaré l'indépendance de la langue à l'égard tant de l'ordre logique que de l'ordre ontologique. "Nous sommes (...) profondement convaincus" – affirme-t-il dans les sources manuscrites (SM) – "que quiconque pose le pied sur le terrain de la langue peut se dire qu'il est abandonné par toutes les analogies du ciel et de la terre" [SM citées par Jakobson, 1973:279]. Du ciel logique et de la terre ontologique, pourrait-on ajouter.

J'examinerai, par la suite, deux aspects correlatifs des doctrines traditionnelles sur l'arbitraire du signe, à savoir, le conventionnalisme et le concept de langue-nomenclature.

La logique ou l'art de penser (1622) - la synthèse de la philosophie de Port Royal élaborée par A. Arnault et P. Nicole - affirme:

> Chaque son étant *indifférent* de soi-même et par sa nature à signifier toutes sortes d'idées, il m'est permis pour mon usage particulier, et pourvu que j'en avertisse les autres, de déterminer un son à signifier précisément une certaine chose, sans mélange d'aucune autre [Partie I, ch. XX, cité par Rey: 1973:114. Italique R.J.A.].

En réaction à l'organicisme de A. Schleicher, qui soutenait, sous l'influence de Darwin, le modèle de la langue-organisme – "un quatrième règne de la nature" [Saussure, 1983:17; cf. Medina, 1978: 8; Mattoso Câmara, 1986: 51] -, le linguiste américain W. D. Whitney a insisté sur le caractère institutionnel du langage, en soutenant fermement que le signe est arbitraire et conventionnel:

> Arbitraire parce que tout autre mot entre les milliers dont les hommes se servent et les millions dont ils peuvent se servir eût pu être appliqué à l'idée; conventionnel, parce que la raison d'employer celui-ci plutôt qu'un autre est que la societé à laquelle l'enfant appartient l'emploie déjà [Whitney, 1875, cité par Hombert, 1978: 117].

Saussure, agacé aussi par le naturalisme de A. Schleicher, a embrassé pendant quelque temps l'approche de W. D. Whitney, en arrivant même à déclarer: "Sur le point essentiel, le linguiste americain nous semble avoir raison: la langue est une convention, et la nature du signe dont on est convenu est *indifférente*" [Saussure, 1983: 26; italique R.J.A.]. En conformité avec cette position, dans un des passages les plus malheureux du CLG, le maître gênevois observe: "Le signifié 'boeuf' a pour signifiant *b-ö-f* d'un coté de la frontière, et *o-k-s (ochs)* de l'autre" [Saussure, 1983: p. 100].

Ricardo Jardim Andrade

D'Aristote à Port Royal et de Port Royal à Whitney sont survenues, bien sûr, de profondes transformations dans les théories du langage. Ce qui nous interesse, toutefois, c'est le point commun au conventionnalisme, à savoir, l'admission que l'ordre conceptuel, dans son universalité, necessité et fixité fonderait le contrat qui, a un moment donné, perdu dans l'histoire et impossible à être reconstitué ou verifié, serait librement établi, par les membres de la communauté linguistique, entre les mots et les concepts [cf. Saussure, 1983: 105]. Or, Saussure souligne que les signifiés, loin d'être immuables, subissent, tant que les signifiants, l'impact des changements sociaux et historiques, ce qui, d'ailleurs, peut être attesté "expérimentalement" [cf. De Mauro, 1983: 441]. À toute transformation du significant répond une modification sémantique et, vice-versa, à tout changement sémantique répond une perturbation du significant [cf. Saussure, 1983: 109]. Si les signifiés, eux-mêmes, s'altèrent, en parfaite consonance avec les signifiants, ils ne peuvent pas, manifestement, servir de lest pour la langue. C'est justement la raison pour laquelle, comme insiste De Mauro, l'union entre le signifiant et le signifié est conçue, dans l'optique saussurienne, comme "radicalement arbitraire", c'est-à-dire arbitraire par rapport aux deux termes du signe et non pas seulement par rapport à son coté matériel et sensible, comme jugeaient les conceptions traditionnelles, entre lesquelles il convient de situer celle de Whitney. D'où le changement de perspective de Saussure:

> La langue ne peut donc (...) être assimilée a un contrat pur et simple (...), Ce qui nous empêche de regarder la langue comme une simple convention, modifiable au gré des intéréssés (...), c'est l'action du temps qui se combine avec celle de la force sociale [Saussure, 1983: 104, 113].

Saussure adresse donc aux théories philosophiques traditionnelles deux reproches: d'abord, "ramener la langue à quelque chose d'externe"; ensuite, ignorer un facteur essentiel de la constitution du signe: "LE TEMPS" [cf. SM du CLG citées par De Mauro, 1983:440].

S' "il n'y a pas d'idées préétables, et rien n'est distinct avant l'apparition de la langue" [Saussure, 1983:155], ou en d'autres termes, si le signifié appartient intrinsequement au signe, "on ne peut pas parler", conformément à ce que suggère M. Lucidi [1950], "d'un signifié 'boeuf' en général s'opposant aux signifiants *b-ö-f* et *o-k-s*, mais d'un signifié 'boeuf' et d'un signifié 'ochs' " [cité par De Mauro, 1983: 443]. C'est Saussure lui-même, d'ailleurs, qui le reconnait avec toute clarté: "si les mots étaient chargés de représenter des concepts donnés d'avance, ils auraient chacun, d'une langue à l'autre, des correspondants exacts pour les sens; or il n'en est pas ainsi" [Saussure, 1983: 161].

Ce qui garantit la relative stabilité de la langue n'est donc pas la convention sociale, scellée par les habitudes linguistiques, mais sa condition de système. "Une langue constitue un système", affirme Saussure. "Si (...) c'est le côté par lequel elle n'est pas complètement arbitraire et ou il règne une raison relative, c'est aussi le point ou apparait l'incompétence de la masse à la transformer" [Saussure, 1983: 107].

Le principe de l'arbitraire du signe, tel que notre linguiste le conçoit, n'a rien à voir, par conséquent, avec les théories traditionnelles. En fait, il ouvre une nouvelle perspective sur le langage et les phénomènes humains, en général, à savoir, la perspective "sémiologique". Avec le mot "arbitraire", Saussure veut montrer que le signe est "immotivé", c'est-à-dire qu'il n'admet aucune analogie - ou plutôt aucune dépendance - à l'égard d'un ordre externe à la langue [cf. Saussure, 1983: 101, 107]. Le signifié est un élément constitutif du signe, lui-même, et se soumet, tant que le signifiant, aux perturbations historiques et sociales[2].

Considérant tout ce que je viens de dire à propos du príncipe de l'arbitraire, il faut examiner les deux types de formulations de ce príncipe presentés par Saussure, pour chosir l'un d'entre eux. Dans son article "Nature du signe linguistique", qui a declenché la celèbre controverse sur l'arbitraire du signe, E. Benveniste soutient que si Saussure restait fidèle à sa définition de la langue comme forme, il n'affirmerait jamais que "le lien unissant le signifiant au signifié est arbitraire" [Saussure, 1983: 100]. En fait, si l'on se place dans la perspective du sujet parlant, il faut reconnaître que "entre le signifiant et le signifié le lien n'est pas arbitraire; au contraire, il est nécessaire" [Benvensite, 1966:5 1]. En choisissant tel signifiant, le sujet parlant choisit aussi, nécessairement, le signifié correspondant et,vice versa, l'option pour tel signifié implique, nécessairement, celle du signifiant correspondant. Il n'y a pas d'alternative. Alors, le lien arbitraire n'est pas

---

[2] Concevoir "le signe comme un tout formé par une expression et un contenu" et non pas comme "l'expression d'un contenu extérieur au signe lui-même", c'est, selon L. Hjelmslev [1971:65], l'une des contributions majeures de Saussure au renouvellement des études linguistiques.

celui que unit la forme-signifiant à la forme-signifié, mais celui que unit la substance phonique à la substance sémantique. C'est pourquoi, on peut soutenir que la meilleure formulation du principe de l'arbitraire n'est pas celle qui affirme que l'union du signifiant avec le signifié est arbitraire, mais l'autre que Saussure énonce au moment où il reconsidère explicitement ce principe: "le lien de l'idée et du son est radicalement arbitraire", ou encore, "le choix qui appelle telle tranche acoustique pour telle idée est parfaitement arbitraire" [Saussure, 1983: 157]. Cl. Lévi Strauss synthètise dans une formule lapidaire la proposition de E. Benveniste: "Le signe linguistique est arbitraire *a priori*, mais (...) cesse de l'être *a posteriori*" [Lévi-Strauss, 1974: 105].

Je vais considérer brièvement, par la suíte, la conception de la langue nomenclature. L'idée que les signes linguistiques équivalent à "une liste de termes correspondant à autant de choses" [Saussure, 1983:97], bien que parfaitement intégrée au sens commun, appartient à une longue tradition philosophique, que remonte à la métaphysique grecque [cf. De Mauro, 1983: 439]. Saussure critique, toutefois, énergiquement cette conception. II n'existe pas pour chaque chose un nom correspondant. Le langage n'est pas "une somme de signes qui répond à une somme d'idées", comme affirme M. Merleau Ponty en interprète de Saussure [Merleau Ponty, 1990: 19]. Ce qu'on a c'est un "système de signes" qui établit des relations entre les choses, ou, autrement dit, qui recoupe arbitrairement la réalite, en y révelant certains aspects et en y cachant d'autres. Comme soutenait W. Humboldt avant Saussure, mais en parfait accord avec sa théorie de la langue, "la diversité des langues est une diversité des visions du monde" [Humboldt, 2000: 101].

À l'indépendance de la langue face à l'ordre ontologique correspond son autonomie face à l'ordre logique. "La langue", dit Saussure, "n'est pas un mécanisme crée et agencée en vue des concepts à exprimer". Cette perspective est ignorée par "la plupart des philosophes de la langue", bien qu'il n'y ait "rien de plus important au point de vue philosophique" [Saussure, 1983: 122]. Tandis que la réflexion métaphysique, en conformité avec la conception dichotomique de l'être humain, sépare radicalement les conditions matérielles et contingentes de la langue (le signe; le mot) de son fondement spirituel (la raison humaine productrice de concepts)[3], Saussure, comme on le montrera par la suite, en écartant les "idées préétablies" ou la pensée pure, conçoit la langue comme un ordre autonome, intermédiaire entre la pensée et le son, ou plutôt comme une "pensée-son".

3. Le principe de la linéarité du signifiant

Le principe de la linéarité du signifiant a été comprimé par les éditeurs dans une demie page du CLG. Si l'on se limite à ces maigres informations, il faut donner raison a G.C. Lepschy qui n'hésite pas à affirmer: "Saussure semble donner la plus grande importance à ce principe" au moment de son énonciation, mais "il semble ensuite l'oublier dans le *Cours*" [Lepschy, 1976: 55]. Toutefois, Saussure ne pourrait être plus explicite sur ce point: "ce principe (...) est fondamental et les conséquences en sont incalculables (...). Tout le mécanisme de la langue en dépend" [Saussure, 1983: 103]. À mon sens, le problème capital concernant l'interprétation de ce thème réside dans la difficulté à localiser, dans le CLG, l'endroit exact où Saussure reprend le principe de la linéarité, pour le relier à la théorie de la langue dans son ensemble. La langue est une "pensée-son", affirme notre linguiste [Saussure, 1983: 156]. Comment la pensée s'organise-t-elle dans la matière phonique? Autrement dit: dans quelles conditions la matière phonique devient matière "signifiante"? C'est pour répondre à cette question que le maître genevois a énoncé le principe de la linéarité du

---

[3] Comme nous rappelle M. Merleau-Ponty, "la tradition philosophique dans la ligne de Descartes, Kant etc. refuse au langage toute signification philosophique et fait de celui-ci un problème uniquement technique (...). [Dans la conception réflexive moderne], les mots parlés ou écrits sont des phénomènes physiques, un lien accidentel, fortuit et conventionnel entre le sens du mot et son aspect sensible (...). Dans cette perspective on arrive à dévaloriser le langage, en le considérant comme un habit de la conscience, un revêtement de la pensée" [Merleau-Ponty, 1990:17]. Cette dévalorisation a probablement atteint son point culminant à l'École de Port-Royal (aux dix-septième et dix-huitième siècles). En nous expliquant la conception du langage soutenue par les penseurs de cette école, A. Robinet observe : "Lá où régne la lumière de l'idée, il n'y a plus de signe ni d'image verbale: le signe est (...) contagieux d'erreur, irrécupérable pour la connaissance d'entendement pur. Il sert à se mouvoir dans cet univers de la chute et des passions, que le philosophe et le religieux parcourent à l'envers, sautant au-delà du signe pour entrer dans ce monde intelligible que s'offre à la raison humaine. Le signe est impur. La connaissance pure (...) n'a rien a faire du signe..." [Robinet, 1978: 32].

signifiant. Concrètement, ce que je propose c'est de lier la page 103 du CLG, où le linguiste introduit le principe de la linearité, aux pages 156-158, dont le sujet est le rapport "pensée-son", ce rapport dont le fondement se trouve dans l'articulation ou ségmentation (linéaire) de la substance phonique: "La pensée, chaotique de sa nature, est forcée de se préciser en se décomposant" [Saussure, 1983: 156]. Du fait de leur nature acoustique, les signifiants linguistiques se développpent temporellement, c'est-à-dire sont prononcés les uns après les autres et non simultanément. C'est pourquoi, ils peuvent être représentés par une ligne, comme il arrive, d'ailleurs, dans l'écriture. Affirmer la linearité du signifiant c'est donc reconnaître que sa substance est divisible dans une seule dimension, ou, en d'autres termes, qu'elle se laisse segmenter en plusieurs éléments discrets successifs. Cette divisibilité de la substance phonique est la condition de possibilité de l'union du son à la pensée ou, comme disait R. Jakobson, disciple d'Ed. Husserl [Cf. Holenstein, 1974], du son au sens [cf. Jakobson, 1976]. Cette interprétation peut être confirmée par une affirmation extraite de l'entretient que Saussure a maintenu avec L. Gautier en mai 1911, où il dit: "Ce qui est essentiel c'est le problème des unités. En effet, la langue est nécessairement comparable a une ligne dont les éléments sont coupés aux ciseaux pan, pan, pan ..." [cité par Godel, 1957: 30]. Dans cette comparaison, Saussure unit le passage du CLG concernant la succession linéaire du signifiant [p. 103] à l'autre qui traite des articulations de la substance phonique [p. 156], c'est-à-dire des points de jonction de la pensée (ou plutôt, du sens) au son.

Quand on parle d'articulation en linguistique, ce qu'on envisage c'est donc, pour nous exprimer comme Saussure lui même, "ce fait en quelque sorte mystérieux" [1983:156; cf. Jakobson, 1976: 22], qui est la segmentation simultanée, par le sujet parlant, de la substance phonique et de la substance sémantique en des éléments discrets successifs (les signifiants et le signifiés), lesquels composent les signes linguistiques. Cette segmentation, comme j'ai déjà eu l'occasion de le dire, est la condition de possibilité de la jonction du son et du sens. "Le sens", affirme lapidairement R. Barthes, "est avant tout découpage" [Barthes,1964:114].

"Abandonné par toutes les analogies du ciel et de la terre", Saussure conçoit la langue comme le domaine autonome dans lequel la pensée s'organise dans la matière phonique. En vérité, le maître genevois a découvert une logique incarnée dans le sensible: la logique du signifiant. Comme soutient Cl. Lévi-Strauss dans le sillage de Saussure,"au-delà du rationnel il existe une catégorie plus importante et plus fertile, celle du signifiant qui est la plus haute manière d'être du rationnel" [Lévi-Strauss, 1955: 58]. Cette logique inconsciente, on pourrait le dire, est une logique des différences.

4. Le principe de différenciation

Jusqu'ici nous avons étudié les principes de l'arbitraire du signe et de la linéarité du signifiant. Le premier déclare l'indépendance de la langue par rapport à tout ordre externe et le second explique la formation des éléments ou des unités qui opèrent l'union de son et des sens. Or, il n'y a pas d'indépendance sans la capacité corrélative d'autogestion. L'autonomie de la langue suppose donc que ses éléments soient aptes à se maintenir en équilibre. De là Saussure affirmer: "La langue est un système qui ne connait que son ordre propre" [1983: 43]. Mais, comment fonctionne-t-il ce système? Qu'est-ce qui assure l'autorégulation du "mécanisme de la langue"? Pour répondre à ces questions le CLG fait appel au "principe de différentiation" [Saussure, 1983: 167].

En contraste avec les formulations presque solennelles des príncipes de l'arbitraire et de la linéarité, "le principe de différenciation" (il ne faut pas oublier qu'il s'agit d'un "principe", au dire de Saussure lui même) n'est mentionné qu'en passant à la conclusion du chapitre IV de la 2ème partie ("La valeur linguistique"). Toutefois, on doit être toujours attentif au caractère didactique de l'enseignement de Saussure et à l'évolution de sa pensée. "À chaque pas je me trouve arreté par des scrupules", disait le linguiste en mai 1911 dans une conversation avec L. Gautier [Saussure, SM apud Jakobson 1973: 289; cf. Godel, 1957: 30), c'est-à-dire quelques semaines avant l'exposition du thème le plus ardu et plus complexe de sa doctrine [cf. De Mauro, 1983: 461], celui qui concerne, précisément, la valeur linguistique et qui relève entièrement du principe de différenciation.

Tandis que les théories traditionnelles du langage pensaient l'arbitraire sous l'angle de la convention, alors, dans l'indifférenciation du signe, dans sa materialité phonique, pour représenter les idées, Saussure cherche dans la différence un nouveau principe d'intelligibilité pour la langue: "Arbitraire et differentiel", dit-il, "sont deux qualités correlatives" [Saussure, 1983: 163].

Dans l'une de ses fameuses comparaisons de la langue avec le jeu d'échec, notre auteur réfléchit: "Si je remplace des pièces de bois par des pièces d'ivoire, le changement est *indifférent* pour le système" [Saussure, 1983:43; italique R.J.A]. Comment doit-on comprendre cette indifférence? Ce passage serait-il en conformité avec d'autres extrêmements maladroits, déjà cités, qui, en s'opposant aux thèses capitales du CLG, affirment l'indifférence du signifiant, dans sa contingence matérielle, pour exprimer le concept? Absolument pas. Ce que la comparaison veut montrer c'est que dans le jeu d'échec la détermination de la pièce comme telle ne vient pas de la substance (ou du materiau) qui la constitue, mais de sa fonction dans le système. Dès que celle-ci est maintenue, celle-là peut être modifiée indéfiniment. De façon analogue, les unités linguistiques, comme telles, ne sont pas determinées par la substance (phonique ou sémantique), mais par la fonction qu'elles exercent dans a langue, cette fonction que Saussure pense, respectivement, comme signifiant et signifié. L'indifférence à laquelle se réfère la comparaison ne caractérise donc pas la relation entre la forme-signifiant et la forme-signifié, mais plutôt le lien entre la substance phonique et la substance sémantique. Une fois les formes créées, on sort du royaume de la contingence pour atteindre celui de la nécessité: l'indifférence laisse la place à la différence. C'est pourquoi, comme l'on a déjà discuté, la meilleure formulation du principe de l'arbitraire n'est pas celle qui affirme que l'union du signifiant avec le signifié est arbitraire, mais l'autre qui conçoit comme arbitraire le rapport entre la substance phonique et la susbtance sémantique.

Nous savons déjà comment se constituent les formes (signifiant et signifié), mais nous ignorons leur nature. Faisant face à cette question, Saussure nous met au coeur même de la différence."Ce qu'il y a d'idée ou de matière phonique dans un signe", affirme-t-il, "importe moins que ce qu'il y a autour de lui dans les autres signes". Autrement dit: une fois que l'union du son au sens est radicalement arbitraire, "dans la langue il n'y a que des différences" [Saussure, 1983: 166]. Voilà la caracteristique essentielle du nouveau champ d'investigation que Saussure a ouvert dans les sciences humaines: le champ sémiologique, qu'on pourrait aussi appeler, le champ des différences[4].

---

[4] Pour expliquer le "mécanisme de la langue" Saussure préfère parler d'opposition , mettand en second plan la désignation antérieur, qui souligne les différences [cf. Saussure, 1983: 167, 149]. Comme le précise R. Godel, "la notion saussurienne d'opposition implique (...) a la fois *différence* et *rapport*. La différence, en soi, est bien un caractère négatif: si *a* est différent de *b*, cela revient simplement à dire que *a* n'est pas *b*,

Afin d'expliquer le principe de différentiation, Saussure a recours à la notion de valeur linguistique, en la distinguant de la notion de signification (ou de sens), et conçoit la langue comme "un système de pures valeurs" [Saussure, 1983 : 116).

Traditionnellement on conçoit la signification d'un signe comme étant "la proprieté qu'il a de représenter une idée", ou, autrement dit, de valoir pour une autre chose. Quand on parle de "valeur" d'un signe on pense, en général, à cette notion. En précisant son appareil conceptuel, Saussure observe que toutes les valeurs - linguistiques ou non - sont determinées par une relation homogène et par une autre, hétérogène. Ainsi, on peut échanger une pièce de 1 € contre une marchandise et la comparer avec une pièce d'un autre système monetaire (le dollar, par exemple). De même, un mot peut être échangé contre un concept et comparé avec d'autres mots. C'est à cette dernière acception de valeur, exprimant l'interdépendance entre les signes linguistiques, que Sausssure s'intéresse fondamentalement. Elle résulte immédiatement du principe de différentiation. Dans la langue, tant sur le plan des signifiants que des signifiés, un terme vaut, non pas en raison de ce qui le constitue positivement, mais en raison de ce qui le differéncie des autres [cf. Saussure, 1983: 155-169].

Toutefois, il faut remarquer, comme insiste De Mauro [1983: VII, 420s, 426, 443, 451 et surtout 464s] qu'au concept de valeur s'associe, nécessairement, celui de signification. En fait, le couple conceptuel valeur/signification est la clef de l'interprétation de la théorie de la langue proposée par ce linguiste. Il soutient que dans optique saussurienne, signifié et signifiant désignent, respectivement, la forme sémantique et la forme phonique, en tant que signification (ou sens) et phonation se réfèrent, respectivement, à la substance sémantique et à la substance phonique. *Signifié* et *signifiant* sont des éléments de la langue; *signification* (ou *sens*) et *phonation* (la production des sons) appartiennent à la parole. Le couple conceptuel valeur/ signification correspond, comme on le montrera par la suite, à l'exigence logique formulée par G. Frege en distinguant *Sinn* et *Bedeutung*.

Selon ce penseur [Frege,1960], un signe comporte outre la chose

---

quelque soit le degré de non-coincidence; mais dès l'instant où un rapport existe par ailleurs entre *a* et *b,* ils sont membres d'un même système, et la différence devient opposition" [Godel, 1957: 197].

designée, la façon par laquelle on la designe. Il appelle *référence (Bedeutung)* la première forme de relation et reserve le mot sens *(Sinn)* à la deuxième. Les expressions "étoile du matin" et "étoile vespérale" - voilà le célèbre exemple de Frege - designent toutes les deux la planète "Vénus", mais pas de façon identique. En d'autres termes: le même référent est visé sous des angles (ou des sens) divers.

Comme nous explique O. Ducrot, dans un acte de parole, un dire, il y a toujours une orientation vers ce qui n'est pas le dire. C'est cette orientation qu'on appele *référence*, en réservant *référent* pour désigner le monde ou l'objet qu'on prétend décrire ou transformer. Alors, le *référent* d'un discours n'est pas "la réalité, mais plutôt sa réalité", c'est-à-dire "ce que le discours choisit ou institue comme réalité" [Ducrot, 1984: 419]. Toutefois, il faut reconnaître avec P. Ricoeur, que "si le sens peut être dit inexistant, en tant que pur objet de pensée, c'est la référence - la *Bedeutung* - qui enracine nos mots et nos phrases dans la réalité". Comme le référent peut exister ou non, la référence a, nécessairement, une dimension ontologique: elle annonce la présence ou l'absence de l'être. Puisque "c'est dans l'instance de discours que le langage a une référence" [Ricoeur, 1969: 87], enlever de celui-ci la parole, pour n'y considérer que la langue en soi-même et pour soi-même c'est réduire le langage, comme affirme Ricoeur, en prétendant de façon erronée critiquer Saussure, à "un système clos de signes" [1969: 83], c'est-à-dire ignorer que l'"essentiel du langage commence au-delà de la clôture des signes" [Ricoeur, 1969: 96]. "Le langage", affirme Ricoeur, "est le *medium,* le 'milieu' dans quoi et par quoi le sujet se pose et le monde se montre" [ibid.: 252]. En considérant ce qu'on vient de dire à propos de la distinction valeur/signification, il faut reconnaître que Saussure pourrait parfaitement assumer cette affirmation du philosophe français.

En réalité, le signe, au-delà de sa fonction différentielle etudiée par Saussure, en a une autre référentielle, mise en relief par G. Frege, mais considerée aussi par notre linguiste. "Le signifié de Saussure, en faisant partie du signe, n'est pas manifestement ce dont le signe est signe", observe avec une totale pertinence O. Ducrot [1984: 423]. "Le rôle du signe", comme nous explique E. Benveniste, "est de représenter, de prendre la place d'autre chose en l'évoquant à titre de substitut" [Benveniste, 1974: 51]. "Le langage", affirme de son côté A. Martinet, "est un moyen pour communiquer, à l'aide de quelque chose qui est manifeste, autre chose qui ne l'est pas" [Martinet,1965: 217]. En fait, le signifiant et le signifié n'auraient pu se constituer, comme soutient P.Ricoeur, "si la visée de signification ne les traversait comme une flèche vers un référent possible" [Ricoeur, 1969: 250]. Malgré le choix opéré par la linguistique saussurienne de préférer l'étude de la valeur à celui de la signification, il faut reconnaître que l'intelligence complète du signe fait appel à ces deux fonctions, qu'on peut denommer, dans le sillage de E. Benveniste, respectivement sémiologique (ou sémiotique) et sémantique, celle-là étant subordonnée à celle-ci [cf. Benveniste, 1974: 43-66; Ricoeur, 1969: 248].

Le principe de différentiation n'explique pas seulement l'autorégulation de la langue, mais, comme nous l'avons déjà suggéré ci-dessus, le fonctionnement des systèmes de signes, en général. Dans la langue, comme dans tout autre système de communication, "ce qui distingue un signe, voilà tout ce qui le constitue" [Saussure, 1983: 168]. Saussure annonce donc le projet d'une nouvelle science - la sémiologie -, dont l'objet est justement l'étude de la "vie des signes au sein de la vie sociale". Bien que la linguistique soit considéré comme une partie de cette science, notre auteur nous avertit, d'un côté, que la meilleure voie pour "comprendre la nature du problème sémiologique", c'est la langue et, d'un autre côté, que pour "découvrir la veritable nature de la langue, il faut la prendre d'abord dans ce qu'elle a de commun avec tous les autres systèmes du même ordre". "Le problème linguistique", synthétise-t-il, "est avant tout sémiologique" [Saussure, 1983: 33-35]. Saussure, toutefois, n'a pas manqué de souligner la specificité de la langue, "le plus important de ces systèmes", parce que c'est le seul, comme nous rappelle Cl. Lévi-Strauss, qui n'a pour fonction que signifier et dans la signification épuise son existence [Lévi-Strauss, 1974: 58]. En realité, comme insisteront les linguistes postérieurement [cf., surtout, Martinet: 1980], la langue est l'unique système doublement articulé. Comme nous explique P. Ricoeur, "chaque fois que je parle, que je prononce un mot, que j'enchaîne les mots dans une phrase, je fais marcher ensemble deux trains d'articulation, deux systèmes d'articulation. J'articule des sons et en même temps j'articule des sens" [Ricoeur, 1970: 105]. Il faut observer encore que les autres systèmes sémiologiques ont besoin de la langue pour signifier. "Il n'y a de sens que nommé, et le monde des signifiés n'est autre que celui du langage", affirme R. Barthes en introduisant ses *Éléments de sémiologie* [Barthes, 1964: 2].

En définissant la langue comme un système de valeurs qui exerce une action inconsciente sur le sujet parlant, Saussure a ouvert, dans les sciences humaines, un nouveau champ d'investigation, lequel peut être nommé, d'une façon adéquate, champ sémiologique[5]. La sémiologie se propose à étudier tant les signes linguistiques que les signes non-linguistiques sous l'angle des différences (ou des valeurs). En formulant le principe de différentiation, Saussure a créé la possibilité d'étudier la culture, dans sa totalité, comme un reseau de systèmes sémiologiques, ou, selon la célèbre définition de Cl. Lévi-Strauss, comme "un ensemble de systèmes symboliques" [Lévi-Strauss, 1950: XIX]. "Ce phénomène humain, la culture, est un phénomène entièrement symbolique", affirme, à son tour, E. Benveniste [1966: 30].

5. Conclusion

En guise de conclusion, je présenterai quelques réflexions sur la doctrine saussurienne qui résultent de cet essai de reconstruction de la théorie de la langue que je viens de proposer.

Il faut souligner, tout d'abord, que malgré le privilège concedé au champ sémiologique par l'approche saussurienne du langu
age, le système de la langue, comme j'ai essayé montrer au cours de mon exposition, ne peut ni fonctionner ni être etudié en dehors de la substance sémantique et de la substance phonique, en dehors donc du "sujet parlant" ou, pour employer une autre expression de Saussure, de la "masse parlante". C'est la communauté linguistique qui, en faisant usage quotidien des signes, légitime la langue. "Le système des signes est fait pour la collectivité, comme le vaiseau est fait pour la mer" , dit le Saussure des sources manuscrites [cf. SM citées par De Mauro, 1983: XII], en désavouant, dans cette citation et beaucoup d'autres semblables, les interprétations reductionnistes du CLG, qui laissent la conscience, le référent et l'histoire dans l'ombre du système, comme si la parole - c'est-à-

---

[5] Saussure, toutefois, ne s'est pas très bien rendu compte de la radicale originalité de son point de vue. "La nouveauté sémiologique", observe avec perspicacité Cl. Normand, "emerge d'[un] discours psychologisant et sociologisant" [1978: 72]. En effet, notre linguiste, d'une part, en prétendant expliquer l'acquisition du langage, a recours à une théorie empiriste de la mémoire, dont la terminologie et les concepts n'ont rien à voir avec la perspective sémiologique et, d'autre part, il définit la langue soit en termes sociologiques (institution sociale, signe conventionnel etc.) soit en termes sémiologiques (système de signes, de valeurs ou de différences), en révélant de cette façon son insecurité à delimiter avec précision le nouveau champ ouvert par le concept de langue.

dire le lieu où se rencontrent le sujet et le monde - n'était qu'une sorte d'appendice dispensable de la langue. C'est le cas, para exemple, du grand penseur P. Ricoeur. Influencé par la philosophie structuraliste soutenue par Cl. Lévi-Strauss[6], laquelle, d'ailleurs, est considéré par l'anthropologue lui-même comme entièrement secondaire par rapport à ses "conclusions éthnologiques" [Lévi-strauss, 1966: 54; cf. id., 1974: 19], P. Ricoeur condanne à plusieurs reprises la supposée "clôture de l'univers des signes" qui Saussure aurait installé au coeur des sciences humaines [cf. Ricoeur, 1969: 36, 83, 86, 246s; Ricoeur, 1970: 111-115].

En réalité, comme nous rappelle De Mauro, le maître genevois a recours aux "vieux termes scolastiques de puissance et acte" [De Mauro, 1983: VII] pour penser le rapport entre la langue et la parole. Les valeurs linguistiques en elles-mêmes n'ont qu'une signification virtuelle, laquelle, pour être actualisée, exige l'exercice de la parole. Loin d'être "une sorte d'appendice du langage (...), qui n'ajoute rien à la langue" [Ricoeur, 1970: 117], la parole est ce qui remplit sémantiquement les signes vides de la langue, en les vivifiant.

---

[6] Appliquée en ethnologie, comme soutient Cl. Lévi-Strauss en adoptant la terminologie herméneutique de W. Dilthey [cf. Lévi-Strauss], 1973 :17], la méthode structurale a une phase préalable compréhensive (les descriptions ethnographiques des sociétés étudiées), une deuxième explicative (la construction du modèle systémique et structural) et une phase finale de nouveau compréhensive (la vérification du modèle). Se référant au travail ethnologique et confirmant ce que je viens de dire, notre anthropologue affirme: "Cette recherche intransigeante d'une objectivité totale ne peut se dérouler qu'à un niveau où les phénomènes conservent une signification humaine et restent compréhensibles – intellectuellement et sentimentalement – pour une conscience individuelle" [1974 : 398]. Les faits étudiés par l'anthropologie ont donc "un sens sur le plan de l'expérience vécue du sujet" [Lévi-strauss, 1974 : 398]. Si la philosophie structuraliste peut "faire abstraction du sujet" en l'expulsant des phénomènes sociaux comme un "insupportable enfant gâté" [Lévi-Strauss, 1971 : 614], la méthode structurale, envisagée dans ses étapes compréhensives, nous oblige, cependant, à réintroduire le sujet dans ces mêmes phénomènes. Le discours de Cl. Lévi-Strauss est donc nettement ambigu: en même temps qu'il revendique instamment le sens et la subjectivité des faits sociaux, il exalte la structure en proclamant son autonomie et son absolue priorité par rapport au sens et à la subjectivité de ces mêmes faits. Cette ambiguïté résulte, à mon sens, de la confusion entre la philosophie structuraliste et la méthode structurale [cf. Jardim Andrade, 2000].

Saussure, en introduisant le concept de langue dans les sciences humaines, conteste, sans doute, les théories traditionnelles du langage. Sa critique au conventionnalisme et au modèle de la langue-nomenclature rendent évident la nouveauté de son point de vue et la conscience qu'il en avait. Cependant, Saussure n'a pas tout simplement tourné le dos à la tradition. En effet, au moment où il formule son concept-clef de valeur, après avoir rappeler que celui-ci comporte une relation entre termes hétérogènes (ou dissemblables) et une autre entre termes homogènes (ou similaires) et avoir déclaré que c'est cette dernière sorte de relation qui l'intéresse fondamentalement, il fait l'observation suivante à propos du mot: "Son contenu n'est vraiment déterminé que par le concours de ce qui existe en dehors de lui. Faisant partie d'un système, il est revêtu, *non seulement d'une signification*, mais aussi d'une valeur, et c'est tout autre chose" [Saussure, 1983: 160; italiques R.J.A.].

Cet extrait, bien-sûr, met l'accent sur l'originalité de la théorie saussurienne face aux théories classiques de la signification. Toutefois, il manifeste aussi une certaine continuité entre le point de vue sémiologique et celui de la tradition philosophique. Un signe, en même temps qu'il est en correlation avec d'autres signes du système (valeur au sens saussurien), représente (ou vaut pour) quelque chose, c'est-à-dire a une signification (valeur au sens traditionnel). La nouvelle conception de valeur linguistique n'exclut pas l'antérieure, mais la corrige et la complète. En fait, Saussure ne nie pas la fonction représentative du signe, comme affirme P. Ricoeur [1969: 83], mais ajoute à cette fonction, la fonction systémique. On peut donc étudier les signes, soit du point de vue sémiologique (linguistique structurale), soit du point de vue sémantique (logique, psychologie et philosophie du langage, linguistique de l'énonciation etc.). En réalité, ces deux perspectives sont complémentaires.

Si "la langue est un système qui ne connait que son ordre propre" [Saussure, 1983: 317], la théorie de la langue ne saurait se constituer comme telle sans envisager, au moins indirectement, plusieurs domaines qui dépassent effectivement le système, mais en dehors desquels celui-ci resterait inopérant et inintelligible. Comme soutient De Mauro, il faut insister sur la distinction scolastique, reprise par Saussure en linguistique, entre l'objet matériel et l'objet formel [De Mauro, 1983: 414s, 476s]. Celui-ci est, pour parler commme les éditeurs du CLG, "la langue envisagée en elle-même et pour elle-même". Cependant, à l'encontre de Ch. Bally et A. Séchehaye, il faut reconnaître que la langue ne constitue pas l'"unique" et le "véritable" objet de la linguistique [Saussure, 1983: 317], parce que cette discipline a comme "matière" - ou objet matériel- "toutes les manifestations du langage humain" [Saussure, 1983: 20]. Autrement dit: le système de la langue n'a pas une autonomie absolue, mais relative. Le concept de système est, sans doute, la grande découverte de Saussure et l'objet principal de la nouvelle linguistique qu'il a créé. Toutefois, si l'approche saussurienne du langage est orientée par l'idée de système, elle ne manque pas de prendre en considération, comme affirme Saussure lui même, "tout ce qui concerne la langue sans entrer dans son système" [SM citées par De Mauro, 1983: 428]. En fait, le système serait une totale absurdité s'il fonctionnait dans le vide, c'est-à-dire indépendamment de toute référence externe. Saussure n'ignorait absolument pas que, en déhors des choses et des événements, des images et des concepts, des sons et de sens, de la phonation et de l'audition, enfin, de la substance sémantique, dans ses différents aspects (ontologique, logique, sociologique, psychologique, historique etc.) et de la substance phonique, la langue se reduirait a une chimère et la théorie de la langue, a une fiction.

D'où le rôle prioritaire attribué par Saussure au sujet parlant - donc à la conscience et le sens qui lui est correlatif - en ce qui concerne l'aspect méthodologique de la théorie de la langue. En effet, l'analyse linguistique, en cherchant la délimitation des unités (ou des éléments) de la langue, requiert nécessairement le concours des interlocuteurs, parce que ce sont eux qui "distinguent infailliblement dans le discours" tout ce qui y "est significatif a un degré quelconque" [Saussure, 1983: 148]. Le sujet est donc le guide sémantique de l'analyse. Voilà pourquoi le point de vue synchronique - le seul apte à révéler le système - s'identifie avec le point de vue de la conscience. "Le fait synchronique", affirme Saussure en justifiant son option méthodologique, "est toujours significatif" [Sausssure, 1983: 122]. Le privilège accordé à la synchronie n'indique pas une dépréciation de l'évènement, mais plutôt l'instauration d'une nouvelle façon de comprendre l'histoire, laquelle, d'ailleurs, ne rejette pas d'autres compréhensions possibles. En réalité, il y a une dialectique entre système et histoire, langue et parole [cf. De Mauro, 1983: 420), dialectique dont l'intelligence relève du couple conceptuel valeur/signification, négligé par la "vulgate" de l'enseignement saussurien,

Ricardo Jardim Andrade

mais essentiel pour bien comprendre la théorie de la langue, comme l'étude des sources manuscrites le révèle.

BIBLIOGRAPHIE

[Arnauld, Lancelot, 1969] Arnauld, A.; Lancelot, Cl.,*Grammaire générale et raisonné*, Paris, Paulet, 1969

[Aubenque, 1962] Aubenque, P., *Le problème de l'être chez Aristote*. Paris, PUF, 1962.

[Barthes, 1964] Barthes, R., "Éléments de sémiologie", in *Communications*. Paris, Seuil, **4**, 1964.

[Benveniste, 1966] Benveniste, E., *Problèmes de linguistique générale 1,* Paris, Gallimard (Coll. Tel), 1966.

[Benveniste,1974], *Problémes de linguistique générale 2*, Paris, Gallimard (Coll.Tel), 1974.

[Caussat, 1978] Caussat, P., "La querelle et les enjeux des lois phonétiques. Une visite aux neo-grammariens", in *Langages*, **49.** Saussure et la linguistique pré- saussurienne, pp. 24-45, 1978.

[Culler, 1976] Culler, J., *Saussure,* London, Fontana, 1976.

[De Mauro,1983] De Mauro, T., "Introduction" et "notes", in Saussure, F., *Cours de linguistique générale*. Édition critique préparée par Tullio De Mauro, trad. fr., Paris, Payot, 1983.

[Ducrot, 1984] Ducrot, O.,"Refererente", in *Enciclopédia Einaudi. Linguagem-enunciação* 2, trad. port., Lisboa, Imprensa Nacional - Casa da Moeda, 1984.

[Ducrot, 1968] Ducrot, O., *Le structuralisme en linguistique*, Paris,Seuil, 1968.

[Ducrot, Todorof, 1968] Ducrot, O.; Todorov, T. , *Dictionnaire encyclopédique des sciences du langage*, Paris, Seuil, 1968.

[Engler, 1974] Engler, R., *Edition critique du Cours de Linguistique Générale de Ferdinand de Saussure,* Wiesbaden, Otto Harrassowitz, 1974.

[Frege, 1960] Frege, G., "On Sense and Reference", in *Translations from the Philosophical Writings of Gottlob Frege*, edited by Peter Geach and Max Black. Oxford, Basil Blackwell, 1960.

[Gadet, 1987] Gadet, F., *Saussure, une science de la langue*, Paris, PUF, 1987.

[Godel, 1957] Godel, R., *Les sources manuscrites du Cours de linguistique générale*, Genève, Droz, 1957.

[Hjelmslev, 1971] Hjelmslev, L., *Prolégoménes à une théorie du langage*, trad. fr., Paris, Minuit, 1971.

[Holenstein, 1974] Holenstein, E., *Jakobson ou le structuralisme phénoménologique*, Paris, Seghers, 1974.

[Hombert, 1978] Hombert, I. "Whitney: notes sur une entreprise théorique pré-saussurienne", in *Langages*, **49**, Saussure et la linguistique pré-saussurienne, pp. 112-119, 1978.

[Humbold, 2000] Humbold, W., *Sur le caractère national des langues et autres écrits sur le langage*, trad. fr., Paris, Seuil, 2000.

[Jakobson, 1963] Jakobson, R., *Essais de linguistique générale* 1, trad.fr., Paris, Minuit, 1963.

[Jakobson, 1973] Jakobson, R., *Essais de linguistique générale* 2, trad.fr., Paris, Minuit, 1973.

[Jakobson,1976] Jakobson, R.,*Six leçons sur le son et le sens*, Paris, Minuit, 1976.

[Jakobson, 1984], Jakobson, R., *Une vie dans le langage*, trad. fr., Préface de Cl. Lévi-Strauss, Paris: Minuit, 1984.

[Jardim Andrade,2000], Jardim Andrade, R., *Le structuralisme et la question du sujet: la formation du champ sémiologique,* Lille, ANRT, 2000.

[Lepschy, 1976] Lepschy, G. C., *La linguistique structurale,* trad. fr. Paris, Payot, 1976.

[Lepschy, 1984] Lepschy, G. C., "Língua/fala", in *Enciclopédia Einaudi 2. Linguagem-enunciação* , trad. port., Lisboa- Imprensa Nacional, pp. 71-82, 1984.

[Leroy, 1980] Leroy, M., *Les grands courants de la linguistique moderne*, Bruxelles, Université de Bruxelles, 1980.

[Lévi-Strauss, 1950], Lévi-Strauss, "Introduction à l'oeuvre de Marcel Mauss", in Mauss, M., *Sociologie et anthropologie*, Paris,PUF, 1950.

[Lévi-Strauss, 1955], Lévi-Strauss, Cl., *Tristes tropiques*, Paris, Plon, 1955.

[Lévi-Strauss, 1962], Lévi-Strauss, Cl., *La pensée sauvage*. Paris, Plon, 1962.

Ricardo Jardim Andrade

[Lévi-Strauss,1966], Lévi-Straus, Cl., "Philosophie et anthropologie. Entretien" in *Cahiers de philosophie* 1: *Anthropologie*. Paris, Groupe d'Études de Philosophie de l'Université de Paris, 1966.

[Lévi-Strauss, 1974], Lévi-Strauss, CL. *Anthropologie structurale*. Paris, Plon, 1974.

[Lévi-Strauss,1973], Lévi-Strauss, Cl. *Anthropologie structurale deux*. Paris, Plon, 1973.

[Lévi-Strauss,1971], *Mythologiques IV: L'homme nu*. Paris, Plon, 1971.

[Lévi-Strauss, 1974), "Présentation", in Clément, C. *Lévi-Straus ou la structure et le Malheur*, Paris, Seghers, 1974.

[Lévi-Strauss, 1979]. "Entretien", in *Les sciences humaines aujourd'hui: Jacques Mousseau s'entretien avec 17 chercheurs,* Paris, Retz, 1979.

[Lévi-Strauss, 1983], Lévi-Strauss, Cl.,*Le régard éloigné*, Paris, Plon, 1983.

[Lucidi, 1950] Lucidi, M., "L'equivoco de l'arbitraire du signe", in *L'Iposema, Cultura Neolatina*, **10**.

[Marc-Lipiansky, 1973] Marc-Lipiansky, M., *Le structuralisme de Lévi-Strauss,* Paris,Payot, 1973.

[Martinet, 1965] Martinet, A., *La linguistique synchronique: études et recherches*, Paris, PUF, 1965.

[Martinet, 1980] Martinet, A., *Éléments de linguistique générale,* Paris, Armand Colin, 1980.

[Mattoso Câmara, 1964] Mattoso Câmara Jr., J. , *Princípios de linguística geral,* Rio de Janeiro, Acadêmica, 1964.

[Mattoso Cãmara, 1986] Mattoso Câmara Jr, J., *História da linguística,* Petrópolis, Vozes, 1986.

[Medina, 1978] Medina, J., "Les difficultés théoriques de la constitution d'une linguistique générale comme science autonome", in *Langages*, **49**, Saussure et la linguistique pré-saussurienne, pp. 5-23, 1978.

[Merleau-Ponty, 1990] Merleau Ponty, M., *Resumos de cursos da Sorbonne. Filosofia e linguagem*, 1949-1952, trad. br., Campinas, Papirus, 1990.

[Mounin, 1967] Mounin, G., *Histoire de la linguistique des origines au Xxéme siècle,* Paris,PUF, 1967.

[Normand, Cl.] Normand, Cl., "Langue/parole: constitution et enjeu d'une opposition", in *Langages*, **49**, Saussure el la linguistique pré-saussurienne, pp. 66-90, 1978.

[Piaget, 1970] Piaget, J., *Épistémologie des sciences de l'homme*, Paris, Gallimard, 1970.

[Rey, 1973] Rey, A., *Théories du signe et du sens* 1, Paris, Klincksieck, 1973.

[Ricoeur, 1969] Ricoeur, P., *Le conflit des interprétations. Essais d'herméneutique*, Paris, Seuil, 1969.

[Ricoeur, 1970] "Structure et signification dans le langage", in *Les Cahiers de L'Université du Quebec*, Quebec, PUQ, 1970.

[Robinet, 1978] Robinet, A., *Le langage à l'âge classique*, Paris, Klincksieck, 1978.

[Saussure, 1983] Saussure, F., *Cours de linguistique générale.* Édition critique préparée par Tullio De Mauro, Paris, Payot, 1983.

[Saussure,2002] Saussure, F., *Écrits de Linguistique Gènérale,* Paris, Gallimard, 2002.

[Trabant, 2005] Trabant, J. "Faut-il défendre Saussure contre ses amateurs? Notes item sur l'étymologie saussurienne", in *Langages*, **159**, Linguistique et poétique du discours. À partir de Saussure. pp. 111-124, 2005.

[Whitney, 1875] Whitney, W. D., *The life and growth of language. An outline of linguistic science.* New York, D. Appleton and Company, 1875.

[Whitney, 2010] Whitney, W.D., *A vida da linguagem,* trad. br., Petrópolis: Vozes, 2010.

Ricardo Jardim Andrade

Département de Philosophie de l'Université Fédérale de Rio de Janeiro

rjardim@ifcs.ufrj.br

rjardimfilosofia@yahoo.com.br

Signs – Arbitrary or Operational?
Lessons from studies on algebraic logic and planned languages in the work of Louis Couturat

OLIVER SCHLAUDT

ABSTRACT. I will use insights from Louis Couturat's studies on algebraic logic and from his work on planned languages to spell out the thesis that construction rules for complex words impose "horizontal" constraints on a language and thus qualify the arbitrary character of its signs. I will further suggest that this regular, "proto-algebraic" character of a language is of importance in regard to its cognitive function, permitting the language to serve as a cognitive tool rather than providing a mere expression of ready-made thoughts.

1. Introduction

Arbitrariness seems to be an essential feature of linguistic signs, for there is hardly anything within the human realm that could more easily – or more harmlessly – be identified as "conventional" (standards of aesthetic, moral, and alethic value are less easily said to be "purely" conventional, despite the obvious historical and sociological truth contained in this kind of judgement). Ferdinand de Saussure made arbitrariness an essential ingredient of signs in his seminal *Cours de linguistique générale* of 1916 [1916/1995, 100]. In this context, arbitrariness is understood in a "vertical" way, i.e. the signifier is understood to be arbitrary vis-à-vis the signified. Contrary to the case of a symbol, which is tied to the symbolized by a "rudimentary natural link", there is nothing about a table, say, that compels us to call it a table,

Oliver Schlaudt

and there is nothing about a beautiful object that obliges us to use the word "beautiful". Couldn't we just as well call the table a chair, and use the word "good" instead of "beautiful"?

However, the work of French philosopher Louis Couturat (1868-1914), in particular his work on algebraic logic and planned languages, suggests that there can be other than "vertical" constraints on linguistic signs. This is what I am going to explore in this paper. Once revealed, the basic idea can easily be expressed: the arbitrariness of the sign means that every word of a given language can in principle be replaced by every other word of that language. If, however, there proves to be any regularity in the way the words of that language are formed, any change in a complex word would necessitate (for the regular character of the language to be preserved) an adjustment in the corresponding construction rule, and this again would induce a corresponding change in all other complex words constructed according to that rule. To give an example, we could easily permute the words *"beau"* and *"bon"* in French; but if we were to substitute *"beau"* for *"beauté"* and vice versa, for the sake of coherence we would have to do the same with *"bon"* and *"bonté"* and all other pairs of words covered by the rule which says that the suffix *"-té"* signals a noun derived from an adjective (nouns of the form *"x-té"* are defined by the dictionary of the French Academy as "the quality of that which is *x*"). The adjusted rule then would mean that, in an exact reversal, *"-té"* now signals an adjective derived from a noun, just as the suffix "-ful" does in the English words "beautiful" or "graceful" (the *Oxford Dictionary* typically defines words of the form "*x*-ful" as "having or showing *x*"). Regularity in construction thus imposes limits on the arbitrariness of the sign. Since these constraints do not concern the "vertical" relation between the signifier and the signified, but rather act within a language and relate to the practical working of it, we may call them "horizontal".

In what follows I will use insights from Louis Couturat's studies on algebraic logic and from his work on planned languages to spell out the thesis outlined above. This will enable us, in particular, to understand why the regular character of a language should be considered valuable at all. After an outline of Couturat's life and work (section 2), I will proceed in three steps. First, I will show how Couturat analysed the practical value of regularity in artificial, algebraic languages (section 3). Second, I will explain how Couturat applied this algebraic approach to the construction of a planned language, Ido. We will follow him especially in localizing the regular character of language in the derivation of words rather than in grammar or syntax (section 4.1). In a third and last step, I shall briefly discuss the extent to which these insights, drawn from artificial algebras and planned languages, are also true for natural languages (section 4.2). Here, planned languages are used as a sort of bridge leading from artificial (and exclusively written) algebras to natural (and primarily spoken) languages.

2. A note on Louis Couturat

Louis Couturat (1868-1914) was a philosopher of the French Third Republic. He began a typical university career but, thanks to his private funds, soon gave up his university position and continued working as a private scholar. Like many leading intellectuals of his time in France, he was a bourgeois progressive or "liberal", in both his political and his philosophical convictions. In his political views he was anti-clerical and militantly internationalist and pacifist, with a discreet socialist undertone; as a philosopher, he was a rationalist with a strong neo-Kantian influence, oriented towards mathematics and the natural sciences. He was opposed to both positivism and mysticism, and pushed the agenda of gaining insight into the structure of mind by studying its most noble outcomes, the mathematical sciences. He was part of the group of young scholars around Xavier Léon, who founded the influential *Revue de Métaphysique et de Morale* in 1893 as well as the *Societé française de philosophie* in 1901, and who organized the First International Congress of Philosophy, which took place in Paris in 1900. At the latter, Couturat took responsibility for the logic section. The name of the journal *Revue de Métaphysique et de Morale* appears in some ways misleading. But the term "metaphysics" actually referred rather precisely to the agenda described above, which was shared by Couturat's collaborators, though perhaps in a more temperate form.

As I have argued elsewhere in more detail [Schlaudt 2016], Couturat's work can be divided into three periods, each with a different focus:

1.   from 1892 to 1897 he concentrated on mathematics (arithmetization of mathematics, theories of quantity), non-Euclidean geometry, and physics;

2.   from 1898 to 1906 he turned almost exclusively to algebraic and mathematical logic and its history;

3.   from 1907 until his early death by accident in 1914 he devoted himself to the propagation of an international auxiliary language, the

Oliver Schlaudt

construction of the language Ido (derived from Esperanto), and introduced himself to linguistics (in particular, he attended the lectures on linguistics given at the *Collège de France* in 1911/12 by de Saussure's disciple Antoine Meillet).

There is an internal coherence to these diverse topics, as all of them are framed by Couturat's original agenda of gaining insight into the structure of mind by analysing its "manifestations". The particular manifestations Couturat was interested in changed over time, from mathematical science to algebraic logic to language and grammar.

One no less important aspect of Couturat's work that should be mentioned is that he willingly served as a kind of "disseminator" of new ideas. He was in touch with philosophers, mathematicians, logicians and other scholars all over the world, from Argentina to Russia, and was happy to keep his colleagues informed about the advances of their peers in other parts of the world (it was he in particular who introduced Russell to Peano at the *First International Congress of Philosophy* in Paris, thus launching Russell's interest in symbolic logic).[1]

Although Couturat has always succeeded, far beyond his untimely death in 1914, in attracting readers who appreciate or even admire his work (as indicated by two memorial volumes published in 1983 and 2017), he never managed to be recognized as an important figure in the philosophy of the early 20th century. His early work on geometry, mathematics, and measurement, though still of interest, has never been fully explored or explicated (Schlaudt 2017). When interested in logic, Couturat himself thought of himself as a pure "*vulgarisateur*", a popularizer. He fought to introduce his compatriots to modern logic, spreading contemporary developments in this field, and established logic classes in French higher education (he devoted his lecture at the *Collège de France* in 1905/06, when he replaced Bergson, to the history of mathematical logic). But since he never contributed to the development of logical theory itself, historians of the field consider him (if at all) as a secondary figure. The last phase of Couturat's working life from 1907 onwards is usually reduced to his tireless propaganda for an international auxiliary language; what is overlooked, though, is that he developed a genuine philosophical interest in linguistics.

---

1 On Couturat's vast correspondence, see [Schmid & Schlaudt, 2017] and the published letters, especially [Schmid 2001] and Luciano and [Roero 2005].

Bertrand Russell, whose *Principle of Mathematics* had inspired Couturat to publish a reduced French version under the same title (*Les principes des mathématiques*, 1905), expressed the following opinion of Couturat in a letter to Ottoline Morel:

> Then when my "Principles of Mathematics" came out, he wrote a short book professing to explain its doctrines simply to the French public. He left out all the doubts and difficulties, all the places where consistency had led me into paradox, and everything which he imagined calculated to shock, and at the same time put the thing forward as a dogmatic doctrine finally solving a host of difficulties. In consequence he made me appear absurd, and took to the international language, which now occupies him wholly (quoted in Couturat 2010, 10).

Thus, the aim of the present paper is also to correct this view by showing that the late work of Couturat provides interesting insights into the philosophy of language.

3. Couturat on "algorithmic logic"

Let us start with Couturat's work on algebraic logic, from which the practical value of a language's regular character will become apparent.

Couturat became interested in logic in the late 1890s, when the Italian mathematician and historian of science Giovanni Vacca indicated to him the existence of a large corpus of unpublished works on the subject in the papers of Leibniz. Couturat went to the library at Hanover, where Leibniz's papers are kept, and produced two books out of his studies: a systematic study, *La logique de Leibniz,* 1901, in which he tried to show that Leibniz's conception of logic constitutes the very foundation of his metaphysics, and an edition of a selection of the unpublished manuscripts, *Opuscules et fragments inédits de Leibniz*, 1903.

Oliver Schlaudt

$s \, \varepsilon \, K . \circ :$

15. $f \, \varepsilon \, s|s . x \, \varepsilon \, s . \circ . f^1 x = fx .$

16. » » $. m \, \varepsilon \, N . \circ . f^{m+1} x = f f^m x .$

17. » » $. m \, \varepsilon \, N . \circ . f^m \, \varepsilon \, s|s .$

18. » $. m, \, n \, \varepsilon \, N . \circ . f^m f^n = f^{m+n} .$

19. $f, \, g \, \varepsilon \, s|s . fg = gf . m, \, n \, \varepsilon \, N . \circ . f^m g^n = g^n f^m .$

20. » » $. m \, \varepsilon \, N . \circ . (fg)^m = f^m g^m .$

21. $a, \, b \, \varepsilon \, K . f \, \varepsilon \, b|a . y \, \varepsilon \, b . \circ . \bar{f} y = \bar{x} \, \varepsilon \, (fx = y) .$

21'. » » » $. \circ : x \, \varepsilon \, \bar{f} y . = . fx = y .$

22. » $. \circ : f \, \varepsilon \, (b|a) \, \mathrm{sim} . = . f \, \varepsilon \, b|a . \bar{f} \, \varepsilon \, a|b .$

23. $f \, \varepsilon \, (s|s) \, \mathrm{sim} . x \, \varepsilon \, s . \circ . \bar{f} f x = x . f \bar{f} x = x . \bar{\bar{f}} = f .$

24. » $. a, \, b \, \varepsilon \, Ks . \circ : a \circ b . = . fa \circ fb .$

25. » » $. \circ : a = b . = . fa = fb .$

26. » » $. \circ : f(a \cap b) = (fa) \cap (fb) .$

27. » $. m \, \varepsilon \, N . \circ . \overline{f^m} = \bar{f}^m .$

28. $f, \, g \, \varepsilon \, (s|s) \, \mathrm{sim} . \circ . \overline{gf} = \bar{f} \bar{g} .$

29. » $. fg = gf . \circ . \bar{f} g = g \bar{f} . \bar{f} \bar{g} = \bar{g} \bar{f} .$

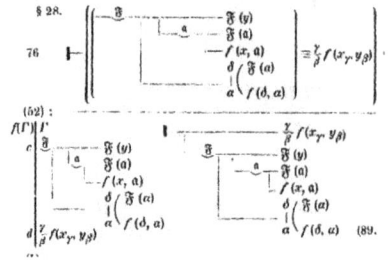

Fig. 1: Excerpts from symbolic systems criticized by Couturat. Left: Peano's *Formulaire* of 1895. Right: Frege's *Begriffsschrift* of 1879: "obscure, artificial, inconvenient, complicated, unreadable" (Couturat).

It was already during his study of Leibniz's premature attempts to establish a symbolic logic[2] as the heart of a universal language, the *"characteristica universalis"*, that Couturat was particularly fascinated by the idea of reducing inferences to simple mechanical manipulations of signs, the *"calculus ratiocinator"* or "algebra of thought" ([1901, ch. 3 and 4]). This ideal of "computability" became the yardstick which Couturat used when expressing his appreciation for forays into symbolic logic by his contemporaries. As he was in contact with logicians such as Hugh MacColl, Guiseppe Peano, Ernst Schröder, Christine Ladd-Franklin, and Gottlob Frege and followed the progress of their efforts, he was familiar with the new logical systems *in statu nascendi* and did not hesitate to criticize them resolutely (cf. fig. 1). Referring to Peano's symbolic logic, he commented in a letter to Bertrand Russell: "I do not think that [this symbolic system] possesses much utility"; rather, it proves to be "inconvenient" [*incommode*]

---

2 In the following, the words "symbol" and "symbolic" are not used in de Saussure's sense. From a linguistic point of view, the symbols used in logic are signs, not symbols.

and has "a horribly obscure and complicated form which is, in a word, unreadable".[3] As regards Frege's *Begriffsschrift*, Couturat confided to Russell: "I now vacillate between a lively admiration for his logical rigour and an insurmountable aversion to his horribly obscure and complicated symbolic systems. [...] It is really impossible to choose signs which are more inconvenient, more artificial, and less appropriate for the ideas represented."[4]

The criteria applied by Couturat in these critical comments are clearly of a purely practical order. But are such considerations not external to logic, as the latter is concerned with truth and validity rather than with practice and applicability? The answer is 'no', and the challenging character of the new idea of computation seems to reside to a large extent precisely in the fact that it demolishes the dichotomy of validity and practicability. For according to the ideal of computation – at least in the incomplete and perhaps trivial form it took before the 1930s, a notion of recursive axiomatizability being either absent or at most implicit – the notion of validity is defined as derivability according to a given set of mechanical rules.

Accordingly, it is hardly surprising that the ideal of a "fruitful" (*féconde*) and "convenient" set of "manageable" (*maniable*) and "expressive" signs, which Couturat contrasted with the symbolisms he criticized[5], amounts to nothing else than a symbolic system which makes it possible to establish a *calculus*, i.e. to formulate a set of mechanical rules for the purpose of manipulating signs, or at least to state these rules in a simple form. Couturat referred to the historical examples of François Viète's algebra, to the infinitesimal calculus, and also to the "algebra" of chemical formulae.[6] The most striking example, which Couturat may have borrowed from Cournot [Cournot, 1847/1989, 3 and 10], surely is the common Hindu-Arab decimal notation of numbers which enables complicated calculations to be effected so easily on paper and, on that basis, also in the mind. Roman numerals also enable calculation in an algorithmic manner, though the rules take a much more complicated form [Detlefsen et al., 1976].

---

3 [Schmid, 2001], letter to Russell of January 3, 1904.
4 [Schmid, 2001], letter to Russel of February 11, 1904.
5 Cf. [Couturat 1901, 87], and [Schmid ,2001, II/351], letter of 11.02.1904.
6 Cf. [Schlaudt, 2016]; the analogy to chemical formulae is also stressed by [Ehrenfest, 1910/2011].

Oliver Schlaudt

The heart of Couturat's philosophy of logic thus turns out to be the notion of the calculus (as he made clear when referring to the algebra of logic as "algorithmic logic", cf. [Couturat, 2010]). He owed his notion of the calculus to Alfred North Whitehead, of whose *Treatise on Universal Algebra* he published an extensive review. Here, we read:

> "A calculus is the art of manipulating and combining certain substitutional signs according to a set of rules in such a manner that the result of the operations, having been interpreted, expresses a proposition about the objects designated." [Couturat, 1900, 324]

It is immediately clear how this notion applies to standard algorithms for the elementary operations of arithmetic, or to chemical equations in which the permutation of signs according to rules makes it possible to describe chemical reactions and to predict their outcomes. For the sake of our discussion of the regular character of planned and natural language, I will enumerate here the essential features of the calculus as understood by Couturat and explained in detail in his review of Whitehead. A calculus in a language L:

(1)   rests on a set of signs

(2)   and consists in a set of algebraic rules for manipulating the uninterpreted signs;

(3)   these rules are themselves not interpreted and are applied in a purely mechanical manner

(4)   but they correspond to real combinations of the things signified (derivations in logic, chemical reactions, relations between numbers etc.): "parallelism"

(5)   and thus lead from interpretable expressions in L to interpretable expressions in L (in the particular case of a logical algorithm they will never lead from a true to a false sentence in L)

(6)   and, unlike an approach based on insight and understanding, make it possible to avoid errors.

What becomes clear from this brief analysis is that the key feature of a calculus is its practical value. Intellectual efforts are simply externalized or outsourced. Once the calculus is established, it suffices to "turn the crank" and the machinery will yield what otherwise could have been obtained only as the result of intellectual effort. This already hints at the answer to our first question, namely, why the regular character of a language should be considered valuable at all. Quite simply, a regular language works for us (I will be able to render this claim more precise in the concluding section of the paper). I also want to stress that, although Couturat's notion of the calculus comes second-hand from Whitehead, the insight that calculi rest on well-matched sets of "manageable" and "expressive" signs is his original contribution. This idea was only worked out several decades later in semiotics (e.g. [Krämer, 1991]) and, as Dutilh Novaes stresses [2012], has been substantiated in current empirical research in the cognitive sciences, in particular within the framework of "embodied cognition". The manageability of signs, which "serve the purpose not only of *representing* […] but also of providing a medium to be *operated* on" [Dutilh Novaes, 2012, 73], can be understood in this framework in a surprisingly concrete manner as a sort of affordance, namely, to "incite sensorimotor manipulations" [ibid., 28].

4. The algebraic nature of languages, planned and natural

I now turn to language and to the question of whether Couturat's insight into the logical calculi somehow applies to this field of study also, so that a similar set of 'horizontal constraints' to the arbitrariness of the sign might be discovered there too.

This projects demands a degree of circumspection, for there are several dichotomies to be overcome on the way from algebras to natural languages: (1) algebras are only written and lack a verbal counterpart while, conversely, natural languages are mainly verbal and have only developed in a few historical cases into a writing practice as well; (2) algebras are 'artificial' whereas languages are 'natural'; (3) algebras apply only to some highly specialized fields, largely in science, whereas languages are universal.

As Dutilh Novaes argues, one should not be too concerned about these dichotomies, for they might turn out to be mere differences of degree [Dutilh Novaes 2012, 40-52]. The least substantial one might be the dichotomy between the natural and the artificial, because both algebras and natural languages are the outcome of conscious *and* unconscious efforts, and it seems that the main difference lies only in the typical timescale of their emergence.

Oliver Schlaudt

These are profound philosophical considerations but, as I explained in the introduction, I shall exploit a peculiarity of Couturat's work in order to circumnavigate them, using Couturat's work on planned languages in order to bridge the gap between algebras and natural languages. Planned languages share with algebras the character of being artificial and with natural languages that of being verbal and oral.

4.1 Ido vs Esperanto: An algebraic theory of derivation

Let us try, then, to locate the analogy between algebras and (planned) languages. There is a tempting resemblance in the fundamental structure of both, which consists in the fact that both algebras and languages consist in a "vocabulary" (a set of basic signs) and a "grammar" (a set of rules of composition and/or a syntax[7]). But to rely on this analogy would mean straightforwardly equating algebras with natural languages. If we keep with Couturat's philosophy, this seems, though not completely wrong, yet misleading.

The analogy is not completely wrong since Couturat, drawing on Antoine Meillet's convictions (with which he widely agreed), stressed the fact that the natural languages tend to converge in their historical development towards a universal "general grammar" [Couturat, 1912a, 2; 1913, 139], found to coincide with basic categories from modern (post-Aristotelian) logic ("modern" logic here means the logic of relations which allows for sentences that are not reducible to the Aristotelian "logic of genus and species" and thus to the form "subject-copula-attribute" [Couturat, 1908, 768; 1912a, 7]). However, the empirical claim of a convergence towards a general grammar seems to be based on poor evidence. In a quite eclectic manner, Couturat cherry-picked the evidence conducive to his argument and explained any lack of evidence by referring to "conservative forces" which hinder the languages' "natural" development [Couturat, 1911, 510, note 1]. Put in these terms, the claim proves to be completely arbitrary. In his *Le langage*, Joseph Vendryes, who was present at the regular discussions of Couturat's theses during the sessions of the *Societé française de philosophie*, put much effort into demolishing this claim, replacing it with a more careful empirical approach [Vendryes, 1921, 127 and 133-5].

---

7 In order to make my point I can assume a fairly basic notion of syntax here, but cf. [Bickerton, 1995] for a more refined notion.

But apart from this dubious sense in which an analogy between logical algebras and natural languages might be held to exist, Couturat himself warns us about exaggerating this claim. Contrary to Leibniz, where the *calculus ratiocinator* was meant to be a part of the universal language, Couturat carefully distinguished between language and calculus, and even understood them in a certain respect as complementary: a calculus is precise, but not universally applicable, whereas language is universal, but lacks precision.[8] In *Histoire de la langue internationale*, Couturat and Leau distance themselves from the project of a *characteristica universalis* and stress that the belief in it was rooted in metaphysical convictions of the 17th century which are no longer accepted today. Accordingly, Couturat and Leau poured cold water on all attempts to establish a planned language which might serve as an "algebra of thought" [Couturat & Leau 1903, 113 and 547].

This seems to frustrate any attempt to extend Couturat's criticism of the arbitrariness of the sign from algebraic logic to spoken languages. But upon closer inspection, we discover a restricted area within languages where the search for an analogy with logical algebra might be more readily justified. In a first step, we said that languages consist in a vocabulary and a grammar. In general, however, the vocabulary itself does not simply consist in a list of admissible items but rather in a set of roots, a set of affixes (mainly prefixes and suffixes, but also infixes and other varieties) and, finally, a set of construction rules for complex words (depending on the grammar, there may also be a set of morphemes for the declination and inflection of words). That is, within the vocabulary – or, to be more precise, in the system of derivation – we stumble upon the same dual structure of a set of signs and a set of rules.

"Without a system of derivation", Couturat declares, "a language would only be a dust of words" ("*poussière de mots*", i.e. a conglomerate of individual words without structure nor cohesion). The words could then be chosen in a purely arbitrary manner or even replaced by numbers or other conventional signs (as is done with the international maritime signal flags); conversely, for every new notion, a completely new word would have to be invented ([Couturat 1911, 513]; this, by the way, is the only occasion when

---

8 Cf. [Schmid, 2001, I/217], letter of January 3, 1901, as well as my more detailed analysis,]Schlaudt, 2010, 27].

Oliver Schlaudt

Couturat makes clear that his philosophy of language is incompatible with the doctrine of the arbitrariness of the sign).

Whether or not the system of derivation of natural languages actually is algebraic in character is, for the moment, an empirical question. (Couturat tended to blame natural languages for their inconsistencies and the lack of regularity in their derivations.[9]) But for the particular case of Ido, the planned language which Couturat derived from Esperanto, this question can be answered unambiguously in the affirmative. The simple reason for this is that Couturat faulted Esperanto precisely because of the ambiguities and incoherence in its derived vocabulary; he attempted, with Ido, to establish a planned language distinguished by the perfect regularity of its derivations [1911, 515].

The interesting point for us is that a perfect system of derivation satisfies Couturat's notion of a calculus as explained above, as we shall see in a moment. Couturat takes care to lay open the very principles on which, according to him, a planned language should be based. The most fundamental principle is Ostwald's "principle of univocality" (*principe d'univocité*) according to which "a univocal and reciprocal correspondence holds between the ideas and the morphemes expressing them" [1908, 762]. As a first corollary, Couturat states the "principle which dominates the entire structure of the I[nternational] L[anguage]", namely, that "each element of a word (i.e. each morpheme) always represents one and the same elementary idea, such that *the sense of a combination of elements is determined by the corresponding ideas*" ([1908, 762], my italics). A second corollary consists in the "principle of reversibility", according to which "if one can pass from one form to another form in virtue of a certain rule, it must be possible to get back to the first form without ambiguity in virtue of an exactly inverse rule" [1908, 762; 1912a, 13].[10]

---

9 In French, for example, "*dessaler*" (to remove the salt from something) is the contrary of "*saler*" (to salt), but "*détrôner*" (to dethrone) is not in the same manner opposed to "*trôner*" (to sit on the throne, to take center stage); in German, "*köpfen*", a verb derived from "*Kopf*" (head), means to decapitate, whereas "*ochsen*", a verb derived from "*Ochse*" (ox), means to labour, to work like an ox [Couturat 1912a, 11].

10 For example, a verb cannot be derived directly from the noun standing for the person acting, because the noun which, inversely, is immediately derived from the verb stands for the action, not for the person acting.

In these two corollaries, the algebraic character of the system of derivation is palpable. Indeed, we can verify point by point that our above characterization of the calculus applies to a linguistic theory of derivation as based on this corollary. The theory of derivation

(1) rests on a set of signs

[This set of signs comprises roots, derivational morphemes (the affixes) and inflectional morphemes. As Couturat stresses, languages "essentially are systems of signs" [1908, 762; 1912a, 12].]

(2) and consists in a set of algebraic rules for the manipulation of the uninterpreted signs.

(3) These rules are themselves not interpreted and are applied in a purely mechanical manner

[The rules determine the construction of new words by combining the roots with different affixes. As Couturat stressed, a language "shows its qualities first and foremost in its system of derivation, since, in truth, what constitutes a language is less its grammatical system than its derivations" [1911].]

(4) but they correspond to real combinations of the things signified ("parallelism")

(5) and thus lead from interpretable expressions in L to interpretable expressions in L

[These two points hold by virtue of the corollary of the principle of univocity: the idea expressed by a derived word is determined by the sense of its constituents. Couturat underlines the "parallelism" involved therein: "a *formal* derivation must correspond to a derivation of the *meaning*" [1908, 762].]

(6) and, contrary to a proceeding based on insight and understanding, make it possible to avoid errors.

This last feature may appear to be less prominent in the case of linguistic derivation, but it is nonetheless mentioned occasionally by Couturat: in a well-designed system of construction "there is no possibility to err or to go astray" [1908, 766]; "complex words must be formed in a regular way, so

Oliver Schlaudt

that they can be fabricated without potential error" [Couturat & Leau 1903, 557; Couturat 1911, 514].

In his paper of 1908, Couturat himself drew the analogy to logic and algebra (though not explicitly to the algebra of logic): "It becomes evident that, lacking a single suffix, a derivation becomes confused and illogical, just as a single paralogism in a line of reasoning, or a single false equation in an algebraic calculus, leads to blatant absurdities" [1908, 768]. In a similar spirit, Meillet compared the composition of new words with the way the typographer handles moveable types [Meillet 1921, 65], a nice metaphor for the mechanical aspect of derivation. In the work of Couturat the algebraic view of derivation can be traced to the notion of the morpheme. Whereas Baudouin de Courtenay, for example, defined the morpheme as the smallest *indivisible* unit of meaning and hence as the end point of semantic analysis, Couturat – quite to the contrary – always referred to morphemes as "invariable elements" or "elements of fixed meaning", i.e. as starting points for the construction of words whose meaning will not be modified by their combination [de Courtenay 1895, 10; Couturat 1908, 761-2; Couturat 1911, 515].

Overall, then, it is my view not only that we see a real algebraist at work in the construction of Ido but that the model system of derivation really does have the character of an algebra. The most serious limitation to the analogy with the algebra of logic consists perhaps in the fact that the rules of derivation probably have their logical counterpart only in the logical rules of *formation*, not in the logical rules of *transformation* (on the distinction between "*Formregeln*" and "*Umformungsregeln*" cf. [Carnap, 1934, 2], and [Dutilh Novaes, 2012, 58 and 90]). The "algebra of language" governs the construction of words, not the construction of chains of reasoning.

4.2 From planned to natural languages?

We thus come to the final question posed in this paper, namely, to what extent Couturat's claims about artificial systems of derivation also apply to natural languages, or at least lead to some interesting insights about the latter.

Seen through Couturat's eyes, this claim is relatively unproblematic. On different occasions and at different places he formulated four arguments in favour of a smooth transition from planned to natural languages rather than an essential difference between them:

(1) Ido, the planned language on which the above considerations are based, belongs to the class of *a posteriori* planned languages, as opposed to *a priori* constructions. The latter, which prevailed early in the history of international languages and are rooted in the metaphysical systems of the 17th century, start 'from scratch', as it were, without any borrowing from natural languages. *A posteriori* languages, by contrast, rely on existing languages and, despite all modifications carried out on them, remain close to them. This leads to the second argument: (2) A common conviction shared by Couturat and Meillet was that natural languages converge in their historical evolution towards a rational "universal grammar" and a minimal set of symbols [1912, 62-3]. Planned languages of the *a posteriori* kind merely anticipate this natural evolution but do not deviate from it [1912, 53 and 62-3]. (3) Modifications of natural languages must have appeared all the more legitimate to Couturat, as he had an "instrumental" notion of language: "A language is an instrument of thought, and thought can manufacture a language which is more perfect than the natural languages" [1912, 75]. (4) If languages are "instruments of thought", their function, as understood by Couturat, is to express thoughts [1911, 512]. Planned languages are believed to perform this function better, but it is clear that, for Couturat, they still serve the same function as natural languages.

The latter claim was discussed animatedly in the sessions of the *Société française de philosophie* where Couturat presented his papers (cf. [Roux, 2017]). Some criticized an over-intellectualization of language and pointed to the fact that language also has sensitive, emotional, poetic and instinctive aspects. Lévy-Bruhl cautiously remarked that languages are "complex" entities in which "intellectual elements exist alongside sensitive, motor and emotional ones" [Couturat 1912b, 63].

5. Conclusion

Whether or not one shares Couturat's vision of language, one might nevertheless concede that natural languages are not a mere "dust of words" but often display a sort of proto-algebraic character in their system of derivation. And to the extent that a language shows this regular character, this regularity imposes a constraint on the arbitrariness of the sign, at least for complex words.

Oliver Schlaudt

There is one obvious practical advantage in this regular character: a language with a regularly built vocabulary is easier to learn, easier to handle and richer in its expressive power, allowing for the improvised creation of new words from existing material. This is stressed by Couturat [1911, 513-4] as well as by Dutilh Novaes, who places it in an evolutionary perspective: "compositionality [...] is perhaps not a necessary condition for something to count as a language, [... but] the iterated process of learning a language through generations selects and produces languages which are highly compositional because they are easier to learn and to operate with" [Dutilh Novaes, 2012, 37].

However, we may go further and see whether the proto-algebraic character of languages might shed some interesting light on the cognitive function of language. Relying on the thesis of extended cognition, Dutilh Novaes argues that written artificial languages, in particular algebras, are "cognitive technologies" which enable us to "externalize" cognitive work [Dutilh Novaes 2012, ch. 5]. Insofar as spoken natural languages also display a proto-algebraic character in their system of derivation, we are led to assume that a similar claim may also hold for them. In order to properly spell out this thesis, it is crucial to remember that the analogy between systems of derivation and formal languages only covers the rules of formation but not the rules of transformation, as noted above. Formal languages comprise both, and it is for this reason that they can serve as fully-fledged cognitive technologies. Natural languages thus cannot externalize thought to the same extent, though they can render us a service by providing words that stem from purely mechanical processes of combination. If philosophers can argue about the essence of "beauty" (from French "*beauté*"), this is simply due to the fact that language provides a black-boxed word for it. It is sufficient to add a "-*té*" to "*beau*", and we are done. In such cases, i.e. in cases of *abstract* discourse, language does not simply serve as a tool for *expressing* our thoughts, as Couturat would have it. It seems instead that language *enables* thought. Means (words) and ends (expression of thought) alternate their roles dialectically. Language first creates the means of expression, and then we see what we can express with them. Perhaps this is an important, but underestimated aspect of the practical value of a regularly built, proto-algebraic language.

Bibliographie

[Carnap, 1934] Rudolf Carnap, *Die logische Syntax der Sprache*. Wien: Julius Springer, 1934.

[Cournot, 1847/1989] Antoine-Augustin Cournot, *De l'origine et des limites de la correspondance entre l'algèbre et la géométrie (1847)*. Œuvres complètes VI/2. Paris: J. Vrin, 1989.

[Courtenay, 1895] Jan Baudouin de Courtenay, *Versuch einer Theorie phonetischer Alternationen. Ein Capitel aus der Psychophonetik*, Strassburg: Trübner, 1895.

[Couturat, 1896] Louis Couturat, *De l'infini mathématique*. Paris: F. Alcan

[Couturat, 1900] Louis Couturat, "L'Algèbre universelle de Whitehead", *Revue de Métaphysique et de Morale* **VII**, 1900, 323-362

[Couturat, 1901] Louis Couturat, *La logique de Leibniz*. Paris: F. Alcan, 1901.

[Couturat, 1908] Louis Couturat, "D'une application de la logique au problème de la Langue Internationale", *Revue de Métaphysique et de Morale* **XV**, 1908, 761-769.

[Couturat, 1911] Louis Couturat, "Des rapports de la logique et de la linguistique dans le problème de la Langue Internationale", *Revue de Métaphysique et de Morale***XIX**, 1911, 509-516.

[Couturat, 1912a] Louis Couturat, "Sur la structure logique du langage", *Revue de Métaphysique et de Morale* **XX**(1), 1912, 1-24.

[Couturat, 1912b] Louis Couturat, "Sur la structure logique du langage (discussion)", *Bulletin de la Société Française de Philosophie***XII**, 1912, 47-84.

[Couturat, 1913] Louis Couturat, "Pour la logique de langage (discussion)", *Bulletin de la Société Française de Philosophie***XIII**, 1913, 135-165.

[Couturat, 2010] Louis Couturat*Traité de logique algorithmique*. Edited by Oliver Schlaudt and Mohsen Sahkri, with an introduction and annotations by Oliver Schlaudt. Basel: Birkhäuser, 2011.

[Couturat & Leau, 1903] Louis Couturat and Léopold Leau, *Histoire de la langue internationale*, Paris: Hachette, 1903.

[Bickerton, 1995] Derek Bickerton, *Language and Human Behavior*. Seattle: University of Washington Press, 1995.

[Detlefsen et al., 1976] Detlefsen, Michael, Douglas K. Erlandson, J. Clark Heston, Charles M. Young, "Computation with Roman Numerals", *Archive for the History of the Exact Sciences* **15(2)**, 1976, 141-148

Oliver Schlaudt

[Frege, 1879] Gottlob Frege, *Begriffsschrift. Eine dem Arithmetischen nachgebildete Fromelsprache des reinen Denkens*. Halle: Nebert, 1879.

[Dutilh Novaes, 2012] Catarina Dutilh Novaes, *Formal Languages in Logic. A Philosophical and Cognitive Analysis*. Cambridge (UK): Cambridge University Press, 2012.

[Ehrenfest, 1910/2011] Paul Ehrenfest, "Compte rendu de Louis Couturat: L'algèbre de la logique" (translation from Russian, originally published in 1910), *Philosophia Scientiae* **15(2)**, 2011, 173-184

[Krämer, 1991] Sybille Krämer, *Berechenbare Vernunft. Kalkül und Rationalismus im 17. Jahrhundert*. Berlin: de Gruyter, 1991.

[Luciano & Roero, 2005] Erika Luciano and Clara Silvia Roero, eds., *Giuseppe Peano – Louis Couturat. Carteggio (1896-1914)*. Florence: Leo S. Olschki, 2005.

[Meillet, 1921] Antoine Meillet, *Linguistique historique et linguistique générale*, Paris: Champion, 1921.

[Peano, 1895] Guiseppe Peano, *Formulaire de mathématiques*. Tome I. Publié par la *Rivista di Matematica*. Turino: Bocca & Clausen, 1895.

[Schmid, 2001] Anne-Françoise Schmid, ed., *Bertrand Russell, Correspondance sur la philosophie, la logique et la politique avec Louis Couturat (1897-1913)*. Two volumes. Paris: Kimé, 2001.

[Schmid & Schlaudt, 2017] Anne-Françoise Schmid and Oliver Schlaudt, "Sur le projet d'édition de la correspondance de Louis Couturat", in [Roux/Fichant 2017], pp. 335-337.

[Vendryes, 1921] Joseph Vendryes, *Le langage. Introduction linguistique à l'histoire*, Paris: La Renaissance du Livre, 1921.

[Roux, 2017] Sophie Roux, "Couturat et Lalande. Quelles réformes du langage?", in [Roux/Fichant 2017], pp. 231-268

[Roux/Fichant, 2017] Sophie Roux and Michel Fichant, eds., *Louis Couturat: Mathématiques, langage, philosophie*. Paris: Garnier, 2017.

[Saussure 1916/1995] Ferdinand deSaussure, *Cours de linguistique générale (1916)*. Édition critique. Paris: Payot, 1995.

[Schlaudt, 2010] Oliver Schlaudt, "Introduction", in: [Couturat, 2010].

[Schlaudt, 2016] Oliver Schlaudt, "Louis Couturat, ou une occasion perdue pour une approche sémiotique dans l'épistémologie française", *Revue de Métaphysique et de Morale* **90(2)**, 2016, 225-238

[Schlaudt, 2017] Oliver Schlaudt, "La contribution de Couturat à la théorie de la mesure", in: [Roux/Fichant, 2017], pp.45-64

[Whitehead, 1898] Alfred North Whitehead, *A Treatise on Universal Algebra, with Applications*, Cambridge: The University Press, 1898.

Oliver Schlaudt
Philosophisches Seminar der Universität Heidelberg
Schulgasse 6
69117 Heidelberg
Germany

Structuration des Significations: Une Complexification de la Relation Signifiant-Signifié

JEAN-PIERRE DESCLÉS

.

ABSTRACT. The relation between "signifié" and "significant" of a linguistic sign is more complex when are taken in account the polysemy, the ambiguity and connotation of a lexical or a grammatical unit of a natural language. A verbal meaning is represented by a scheme belonging to a network of schemes expressing different meanings of a same linguistic unit. Examples are discussed about the polysemy of *sortir de/ sortir* and *donner à* in French. It is indicated, with precise bibliographical references, that the combinators of Curry's Combinatory Logic are useful formal tools to relate, by means of deductive calculus, verbal predicates to corresponding meanings expressed by schemes.

Jean-Pierre Desclés

Comme cela est souvent enseigné dans un cours d'introduction à la linguistique générale, un signe linguistique établit, selon le *Cours de Linguistique Générale* de Ferdinand de Saussure, une relation arbitraire entre un signifiant et un signifié. Le présent article vise à complexifier cette relation, en esquissant un cadre formel dans lequel on puisse étudier les relations, rarement bi-univoques, entre le système des signifiants structurés par des opérations morpho-syntaxiques et le système, lui aussi structuré, des significations. En effet, l'activité de langage propre aux humains s'est mise en place au cours de l'évolution, en se manifestant par les systèmes sémiotiques complexes que sont les langues naturelles. Les travaux sur la « sémantique cognitive » activement menés activement aux USA par, entre autres, Ronald Langacker [1987, 1991, 1995] et Leonard Talmy [1988, 1995] et, parallèlement, en Europe, par Bernard Pottier [1962, 1992, 2000, 2012], Hansjakob Seiler [1985,1995], Wolfgang Wildgen[1982, 1995] ou encore par la Grammaire Applicative et Cognitive [Desclés 1990, 2011 a , Desclés et al. 2016 b][1]. Ces études font émerger des structurations sémantiques étudiées en dégageant de nouveaux outils, conceptuels et formels, assez différents de ceux de la linguistique structurale, des grammaires génératives et de la sémantique formelle. Ces nouvelles approches de la sémantique ont conduit les linguistes à considérer que le langage est une activité cognitive qui n'est pas entièrement coupée des autres activités cognitives, en particulier de la perception de l'environnement et des différents modes d'actions, plus ou moins intentionnelles, qui opèrent dans et sur cet environnement. La sémantique cognitive dégage (seulement implicitement dans certaines approches mais explicitement dans d'autres), des « primitives sémantico-cognitives » ; certaines de ces primitives sont jugées nécessaires pour qu'il y ait une réelle activité de langage qui ne soit pas réduite à une simple activité de communication. En effet, si les langues servent à communiquer et à exprimer des pensées, elles construisent, par des procédés sémiotiques précis, des expressions des dialogues qui mettent en interaction un énonciateur et son co-énonciateur (éventuellement pluriel)[2]. Les significations des langues sont représentées par des chèmes structurés

---

[1] Une école d'été, organisée à Sion par la Société Suisse de Linguistique en 1993 sur la sémantique cognitive, a réuni des représentants des USA et de l'Europe (Culioli, Desclés, Dubois, Langacker, Pottier, Seiler, Talmy, Wildgen). Il en a résulté de riches échanges que l'on peut consulter dans [Lüdi et Zuber, 1995], qui comporte de nombreuses références bibliographiques.

[2] Sur ce point, voir [Desclés et Guibert, 2011] ; [Desclés, 2016].

engendrés à partir de primitives sémantico-cognitives au moyen de compositions formelles que le linguiste se doit d'expliciter pour décrire les signifiés d'une langue. Ces représentations sémantiques prenant des formes de schèmes structurés constituent des hypothèses plausibles sur le fonctionnement sémantique des langues en éclairant le fonctionnement cognitif de l'activité de langage ; elles sont mises en place par une démarche par abduction (au sens de Charles S. Peirce) à partir de l'analyse des organisations signifiantes observées dans les langues et de relations, explicitées sous forme de calculs chargés de relier les traces linguistiques de l'activité de langage à leurs représentations interprétatives.

1. Considérations théoriques préliminaires

Un signe linguistique est exprimé par un signifiant (une unité d'observation) qui renvoie à un signifié. Le signe est donc interprété par l'usager d'une langue sous la forme d'une représentation mentale, plus ou moins complexe et souvent décomposable en unités plus élémentaires ; cette représentation du signifié permet de l'opposer à d'autres signifiés associés au même signifiant (notamment dans le cas de la polysémie), ou associés à d'autres signifiants ayant des rapports de ressemblance sémantique au sein de la Langue - Lange est pris, ici, au sens de Saussure -. Ainsi, un signe donné est appréhendé sous la forme d'une représentation mentale - sa signification -, entretenant diverses relations avec d'autres représentations mentales, relations qu'il convient évidemment d'étudier dans un cadre théorique adéquat. De cette remarque, il suit qu'un signe exprime une signification qui n'est pas entièrement autonome car elle entre dans un système de significations apparentées ou déconnectées. En effet, un signe *dénote* également soit un objet plus ou moins déterminé, soit une classe d'objets, soit encore un « état de chose », des situations cinématiques ou dynamiques ou encore causales ; ces dénotations font partie d'un modèle interprétatif qui peut être alors représenté et structuré sous la forme d'un système symbolique (organisé, par exemple, par des relations d'appartenance d'un objet à une classe ou par des relations entre classes) et/ou d'un modèle figuratif, également interprétatif, qui représente les significations par des schèmes figuratifs (des schèmes iconiques, des diagrammes, des images … ; nous en donnerons, plus loin, quelques exemples).

Jean-Pierre Desclés

Un signe d'une langue est utilisé par un utilisateur pour assurer souvent plusieurs fonctions, non seulement celle de représentation d'une signification ou d'une dénotation mais aussi celle de connotation qui consiste à associer ce signe à d'autres signes (et donc à d'autres significations associées). Prenons un exemple très simple. Le signe 'un bouc' possède une signification décrite par des propriétés classificatoires comme « être vivant », « être animal », « avoir des cornes », « être mâle de la chèvre » ; ce signe dénote un objet indéterminé (*Regarde, là devant toi, c'est un bouc*) ou, dans d'autres constructions, une classe d'objets (*Un bouc est un mâle* = un bouc appartient à la classe naturelle des mâles). Le signe 'un bouc' ossède également une connotation (« sentir mauvais ») que le signe composé 'un mâle de la chèvre', qui lui est pourtant sémantiquement très proche, n'évoque absolument pas ; en effet, si on dit, en parlant de quelqu'un, '*Il pue comme un bouc*', la suite textuelle '**Il pue comme un mâle de la chèvre*' devient sémantiquement inappropriée en français. Les deux signes 'bouc' et 'mâle de la chèvre' sont dits avoir une même extension mais leurs connotations restent différentes. Donnons d'autres exemples de connotation : *être rusé comme un renard / être un aigle* (car présenté comme étant très haut car bien supérieur à tous les autres) / *être muet comme une carpe / être têtu comme un mulet / être méchant comme une vache...*

La sémantique structurale analyse le signifié d'un signe sous la forme d'un vecteur quasi-booléen de traits (ou sèmes), ce qui permet d'opposer ce signe à d'autres signes relevant d'un domaine circonscrit d'objets, en fait un « domaine d'expérience ». Rappelons un exemple bien connu qui positionne, par ses propriétés classificatoires, le signe 'canapé' parmi tous les sièges ayant la fonction « pour s'asseoir » - voir la figure 1 - :

Lexèmes nominaux	traits (sèmes) classificatoires				
	meuble	pour s'asseoir	avec dossier	avec bras	pour plusieurs personnes
table	+	-	-	-	+/-
siège	+	+	~	~	~
tabouret	+	+	-	-	-
chaise	+	+	+	-	-
fauteuil	+	+	+	+	-
canapé	+	+	+	+	+
voiture	-				

Le sème 'meuble' est classificatoire; il permet d'opposer la classe des meubles à d'autres classes d'objets, comme celle des voitures.

Le sème pour 'pour s'asseoir' détermine la fonction des différents sièges.

Le symbole '~' indique le trait classificatoire de neutralité : ' +' ou '-'.

Figure 1 : Tableau classificatoire des sèmes des meubles pour s'asseoir

La description par traits classificatoires est cependant nettement insuffisante pour décrire adéquatement la sémantique des lexèmes verbaux et des unités grammaticles. Prenons, par exemple, le verbe '*donner*' dans les emplois suivants, avec les inférences immédiates déclenchées par la compréhension de ses différentes significations :

 (a) *Luc a donné un livre à Paul.*
   ⇨ Luc n'a plus le livre avec lui après l'avoir donné.
 (b) *Luc a donné un renseignement à Paul.*
   ⇨ Luc possède toujours le renseignement lorsque ce dernier a été donné à Paul.
 (c) *La fenêtre donne sur le parc.*
   ⇨ Le sujet syntaxique de la phrase, *la fenêtre*, n'est pas une entité agentive qui effectue une action, comme c'était le cas pour les sujets syntaxiques dans (a) et (b) ; dans (c), rien ne passe d'un actant à un autre ; l'actant sujet dénote simplement un lieu intermédiaire.

Prenons le verbe '*monter*' avec les exemples suivants :

 (d) *Luc monte sur la colline.*
   ⇨ Luc vise un terme final : atteindre le sommet de la colline.

Jean-Pierre Desclés

(e)   *Luc monte doucement la colline.*
        ⇨ Aucun terme final n'est visé.
(f)   *Le chemin monte doucement.*
        ⇨ Il y a une absence directe de mouvementpuisque *le chemin*, sujet syntaxique, ne dénote pas une entité qui subiraitmouvement mais une entité qui est le support de mouvements potentiels.
(g)   *Luc monte une usine / un cours / une conférence.*
        ⇨ Une néguentropie (l'agent agit contre l'accroissement du désordre, l'entropie).

Certaines unités d'une langue se composent souvent entre elles pour former des nouvelles unités. Ainsi, un préverbe se compose morphologiquement avec un verbe ou un verbe se compose avec une préposition, comme le montrent les exemples :

sur-veiller / veiller sur ; sur-prendre quelqu'un / prendre quelqu'un sur ; entre-poser / poser entre ; sur-payer des services / payer sur factures ; a-baisser quelqu'un / s'abaisser à.

Des préverbes, par exemple'*ex-*'ou '*a-*', se composent avec des radicaux verbaux dans :

ex-traire ; ex-communier ; ex-patrier ; ex-filtrer / in-filtrer… ; a-terrir ; a-planir ; a-ligner; a-(l)- lumer ; a-(t)teindre…

Ils construisent des unités verbales reconnues comme étant des compositions sémantiques, parfois en faisant appel à des considérations diachroniques de l'évolution de la langue. Les préverbes jouent des rôles d'opérateurs morphologiques qui, en s'appliquant à des lexèmes verbaux, forment des unités composées ; cependant, les significations de ces expressions, composées sur le plan morphologique, ne se composent pas toujours de façon aussi immédiate que dans les exemples précédents. Dans les langues slaves (russe, polonais, tchèque, bulgare …), les préverbes sont utilisés pour souvent indiquer la valeur grammaticalisée de « perfectivité », c'est-à-dire une valeur « d'un achèvement atteint et indépassable» ; les préverbes des langues slaves construisent des unités verbales dérivées que les traductions dans d'autres langues doivent rendre parfois par des lexèmes verbaux entièrement distincts. Cette valeur de perfectivité doit être distinguée de la valeur aspectuelle « accompli », par exemple celle qui est exprimée par le

Passé Composé avec la détermination *un*, que l'on observe dans *Voilà, j'ai pris un petit déjeuner* (valeur d'accompli d'un état résultant) que l'on peut opposer à *J'ai pris mon petit déjeuner, je n'ai plus faim* (valeur perfective d'achèvement).

Certaines compositions morpho-syntaxiques peuvent fonctionner comme des unités lexicales complexes autonomes, appelées *lexies* (on dit aussi *expressions figées*), devenues sémantiquement indécomposables bien que construites par une juxtaposition de plusieurs mots (exemples : *porte cochère ; pièce de séjour, grandes écoles ; au fur et à mesure*…). La composition de simples lettres (exemples : TGV pour *Train à Grande Vitesse* ; ISF pour *Impôt Sur la Fortune ; LSF* pour *Langue des Signes Français*e…) sert souvent à construire des lexies, ayant un signifié unique et bien déterminé.

Si la sémantique des marqueurs grammaticaux de genre 'masculin / féminin / neutre' peut être, à la rigueur, décrite par les traits classificatoires du vecteur [mâle ; femelle ; mâle ou femelle ; ni mâle ni femelle], la sémantique des temps grammaticaux (en anglais : *tenses*) peut difficilement être décrite adéquatement par un jeu de traits classificatoires car ces marqueurs morphologiques renvoient à des concepts aspectuo-temporels et modaux qui relèvent de la catégorie complexe du TAM (Temps-Aspects-Modalités) et doivent faire appel aux conditions d'énonciation[3]. Les exemples grammaticaux des préverbes et des verbes accompagnés avec des prépositions témoignent d'une réelle complexité des compositions sémantiques qui ne peuvent pas être ramenées à de simples jeux de traits (sèmes) classificatoires.

2. Grammèmes, lexèmes, marqueurs discursifs

Les quelques exemples précédents font bien voir qu'une langue n'est pas un système de nomenclatures, comme le soulignait Ferdinand de Saussure. Chaque langue contribue à organiser et à structurer la pensée de façon à l'exprimer publiquement au moyen de compositions (et de décompositions) de signes linguistiques plus élémentaires. Si une langue est bien un système de signes morpho-syntaxiques, elle est aussi un système de significations associées aux signes mais la relation entre ces deux systèmes n'est pas une relation bi-univoque. Le système des significations est exprimé par le biais

---

[3] [Desclés et Guentchéva 2012] ; [Desclés 2016 b].

Jean-Pierre Desclés

d'un système de phonèmes (en nombre fini) ou d'un système de signes gestuels (par exemple dans la LSF).

Une langue se décompose en un système fermé des formes grammaticales (appelées 'grammèmes') et un système ouvert d'unités lexicales (appelées 'lexèmes') et de lexies. Les grammèmes (par exemple les systèmes de conjugaisons, de cas grammaticaux, d'articles, de prépositions…) sont en nombre fini ; ils doivent être entièrement maîtrisés par celui qui connaît et parle une langue. Un locuteur de la langue ne peut pas créer lui-même des nouveaux grammèmes, ou très exceptionnellement par exemple avec l'introduction d'un nouvel emploi d'un temps grammatical repris progressivement par la communauté. A ce propos, on peut citer l'emploi nouveau de *'trop'* qui tend, depuis quelque temps à se substituer à *'très'* dans des expressions comme *C'est trop bien ! / C'est trop bon ! / Il est trop beau !* Les grammèmes évoluent lentement dans une communauté linguistique. Ainsi, on a assisté, en français, au passage diachronique de la construction *? J'ai des assiettes cassées* à la forme grammaticale plus intégrée du Passé composé en français *J'ai cassé des assiettes*, soumise à respecter la règle d'accord (encore en usage) du Participe passé (construit avec *avoir*) avec le complément d'objet positionné avant le verbe, ce que l'on observe dans *Les assiettes que j'ai cassées n'ont pas été rangées dans le buffet*. Donnons encore un exemple d'un changement diachronique, lequel a donné naissance, cette fois-ci, à deux lexèmes verbaux entièrement différents (non polysémiques) bien qu'exprimés par un même signifiant. Dans le milieu de la fauconnerie, un faucon est utilisé comme un auxiliaire de chasse destiné à attraper des perdrix ou des lièvres, d'où les énoncés : *Le faucon vole* (avec ses ailes) et *Le faucon a volé au dessus / sur une perdrix* (pour l'attraper en volant) ; progressivement, par un processus de transitivisation sémantique, les locuteurs ont dit plus simplement *Le faucon a volé une perdrix* (il l'a attrapée en volant au dessus) / *Les faucons volent les perdrix* (ils les attrapent en volant) puis, par substitution des sujets syntaxiques, *Les renards volent des poules* (ils les attrapent mais sans avoir préalablement volé au dessus) et enfin, par généralisation, *Les pillards volent tout ce qu'ils trouvent…*, d'où les deux lexèmes verbaux ayant un même signifiant 'voler', avec cependant deux significations reconnues, en synchronie, comme entièrement différentes: « voler (avec des ailes) » et « voler quelque chose ou quelqu'un ».

Les grammèmes ne sont certainement pas des « mots vides » (sans signification) comme les études statistiques se plaisent parfois à les désigner, ces études se concentrant uniquement sur l'étude sémantique des seuls lexèmes qui seraient, selon les études de corpus, les seules unités « porteuses de sens », ce qui nous paraît évidemment totalement erroné. En effet, les grammèmes expriment des significations, plus abstraites que celles des lexèmes, et souvent plus difficiles à appréhender. Les grammèmes constituent, selon nous, « le cœur » du fonctionnement d'une langue. Ils servent à exprimer des significations hautement complexes comme : les significations aspectuo-temporelles (inaccompli / accompli / achevé…) et modales (asserté / déclaré / probable / possible / impossible…) d'un contenu prédicatif (le « dictum » de Ch. Bally ou la « lexis » de A. Culioli) qui doit être actualisé dans la temporalité du référentiel de l'énonciateur ou d'un autre référentiel qui peut exclure l'énonciateur[4] ; les significations exprimées par les pronoms personnels *je / tu // il*, qui sont des marqueurs de relations déictiques par rapport à l'énonciateur 'JE' ou 'EGO'[5] et non pas des désignations d'individus exprimés par des noms propres comme *Alexandre, César, Brutus* …; les marqueurs des différents lieux déictiques spatiaux *ici / là, là-bas // ailleurs* qui organisent l'espace perçu et non perçu (ou, plus abstraitement, accessible ou inaccessible) autour de l'énonciateur et de son co-énonciateur ; les différents processus (plus ou moins directement grammaticalisés selon les langues) de « prise en charge » d'un contenu prédicatif par un énonciateur qui, dans un dialogique avec un co-énonciateur, veut lui exprimer aussi bien de simples déclarations que des assertions qui l'engagent complètement, ou lui rapporter les propos d'un tiers, ou encore prendre en charge des situations dites « évidentielles » (car perçues directement, par le biais des organes sensibles), faire part de jugements épistémiques à propos de situations (jugées probables, possibles, impossibles…) ou de jugements médiatisés par le biais d'indices constatés qui rendent ainsi plausible une situation communiquée[6]. Sans de tels grammèmes et sans les systèmes des significations grammaticales qu'ils expriment, une langue naturelle ne deviendrait qu'un simple système de

---

[4] Sur la notion fondamentale de référentiel dans l'analyse sémantique des langues, voir [Desclés 1995 b] ; [Desclés et Guentchéva 2012 b].

[5] Ce sont les relations de repérage par identification (=) avec le sujet énonciateur 'JE', différenciation (≠) de 'TU' pr rapport à 'JE' et mise en rupture (#) par rapport au couple 'JE-TU' du r »férentiel énonciatif.

[6] [Desclés et Guentchéva 2012] ; [Guentchéva 2016].

communication, composé uniquement de relations entre des unités désignées dans l'environnement immédiatement perçu par ses utilisateurs, et ce système de communication entre humains serait alors de la même nature que les systèmes de communication (déjà complexes) observés chez les grands singes (qui communiquent avec des signes gestuels et des mimiques faciales) ou chez les abeilles (qui communiquent au moyen de danses et de battements d'ailes, en indiquant des lieux repérés par rapport à des lieux stables, le soleil et la ruche). Or, comme nous l'avons déjà dit, les langues servent non seulement à communiquer mais aussi à construire des dialogues avec des ajustements continuels inter-énonciateurs, ajustements qui ne sont pas observés dans les systèmes de communication des animaux.

Le nombre des lexèmes (nominaux et verbaux) d'une langue est ouvert, c'est-à-dire non fini et compatible avec des créations verbalisées. En effet, un locuteur d'une langue ne connaît pas toutes unités lexicales d'une langue ; un dictionnaire vise seulement à rassembler le plus grand échantillon sans vouloir prétendre à l'exhaustivité car chaque locuteur possède la capacité de créer de nouveaux lexèmes comme le montrent les quelques exemples : *surfigurer ; mittérandiser* = « faire comme Mitterand » ; *proto-désindustralisation* … La création lexicale se fait souvent en empruntant une unité à une autre langue, par exemple : *ressentir un burn out* ; *booster son projet* ; *débugger un programme* ... Les nouveaux termes créés, introduits à un moment donné par un locuteur, seront soit repris par la communauté linguistique et intégrés au système lexical de la Langue, soit, n'étant pas repris, ils seront oubliés très vite.

Aux systèmes des grammèmes et des lexèmes, il convient d'ajouter le système des structurations discursives ou de « mise en discours (ou en texte) », exprimées par des locutions comme :

- *d'une part, (…) d'autre part, (…) ; d'un côté (…), de l'autre (….) ; mais en revanche (…) ; et en même temps (….) ;*
- *quant à / en ce qui concerne (…) ;*
- *pour expliciter / résumer / synthétiser / conclure (…) ;*
- *tout d'abord (….), en second lieu (….) ensuite (….), et finalement (….) ;*
- *(…) est défini /précisé / symbolisé / désigné / illustré par (…).*

Ces locutions discursives sont nécessaires pour organiser un discours et construire un texte; elles servent à montrer comment, par l'utilisation de ces marqueurs discursifs, il devient possible d'enchaîner différentes situations en indiquant, par exemple, comment des événements, des processus se détachent de situations stables ou stabilisées ; d'organiser les arguments avancés par un énonciateur, par exemple, en catégorisant ce qui est dit comme étant simplement des hypothèses ou des faits personnellement assertés par l'énonciateur ou encore le rappel de faits connus de tous les membres d'une communauté ; de décomposer des situations complexes en une séquence narrative de situations plus élémentaires organisées selon une certaine temporalité ou un certain découpage présenté comme logique... De tels marqueurs discursifs transforment une simple juxtaposition de phrases correctement formées du point de vue syntaxique en une articulation discursive complexe d'énoncés formant finalementun discours ou un texte bien construit. La méthode linguistico-computationnelle, dite d'exploration contextuelle[7], s'appuie sur de tels marqueurs, considérés alors comme des *indicateurs* explicites d'un certain « point de vue discursif » exprimé par l'énonciateur, par exemple, l'annonce d'une hypothèse (*Si un jour je suis devenu plus riche, alors, ce jour-là, je donnerai plus d'argent aux employés de mon entreprise*) ; d'une contrefactualité (*Si son père avait été là, sa fille ne serait pas partie*) ; d'une définition pouvant être acceptée provisoirement au cours d'un échange dialogique ou même d'une démonstration (*Admettons que la racine de 2 soit un nombre rationnel*) ; de l'insertion d'un événement ou d'un processus dans un référentiel distinct du référentiel de l'énonciateur (*Maintenant, je vais te raconter une histoire : Il était une fois … / Un jour ….*) ; d'une relation de causalité efficiente (*La baisse exigée des prix par les grandes surfaces entraîne fatalement l'augmentation du chômage chez ceux mêmes qui les fréquentent.*)… Ces marqueurs discursifs sont hautement significatifs car, d'un côté, dans une démarche onomasiologique de production, ils contribuent à organiser « la mise en texte » d'une pensée complexe, et d'un autre côté, dans une démarche sémasiologique de compréhension, c'est par la juste interprétation de ces marqueurs que l'on peut reconstruire la pensée de l'énonciateur. Ces marqueurs permettent d'ajuster les propos échangés dans un dialogue, en particulier lorsque les participants souhaitent sincèrement dépasser les malentendus qui souvent surgissent car comme le linguiste Antoine Culioli et le sociologue Pierre Bourdieu se palisent à le rappeler : « *la bonne compréhension est un cas particulier du malentendu* ».

---

[7] Sur l'exploration contextuelle, voir par exemple [Desclés 1997] ; [Desclés et Le Priol 2011].

Jean-Pierre Desclés

Les signifiants, qu'ils soient des grammèmes, des lexèmes ou des organisateurs discursifs, forment des systèmes structurés non seulement selon l'ordre syntagmatique des formes signifiantes mais également par les commutations paradigmatiques étudiées principalement par les approches syntaxiques structurales et génératives. En ce qui concernent les signifiés que ces unités signifiantes expriment, plusieurs questions se posent :

- Forment-ils des systèmes structurés ? Comment ?
- Sont-ils organisés à partir de primitives sémantiques ? Si oui, lesquelles et quelle est la nature de ces primitives ?
- Quelles en sont les opérations et relations qui permettent de structurer les représentations des significations ?
- Comment, plus généralement, relier les systèmes structurés des signifiés aux systèmes structurés des signifiants ?

Vouloir répondre à ces questions détermine, selon nous, le programme de recherche d'une « sémantique cognitive », qui ne veut pas réduire son apport à de simples systèmes classificatoires qui seraient liés essentiellement à domaines restreints d'expérience, constitués d'objets et de relations entre objets. L'Intelligence Artificielle désigne de tels systèmes classificatoires par des « ontologies de domaines », structurées essentiellement par le relateur (polysémique) *'is-a*[8]. Donnons quelques exemples d'ontologies de domaines : moyens de transports et voies de circulation d'un lieu ; liaisons entre objets mobiles dans un espace donné ; lieux d'enseignement où entrent en interaction des enseignés, des enseignants, des administratifs, des directions, des financiers, des principes d'admission et des lois internes qui doivent en déterminer le « bon » fonctionnement d'un établissement …

La relation entre signifiés et signifiants n'est évidemment pas bi-univoque (*one to one* en anglais). En effet, une organisation structurée de différents signifiés d'une langue peut être exprimée par une seule unité signifiante et, inversement, une unité signifiante peut, selon ses contextes, renvoyer éventuellement à plusieurs significations qui peuvent être très différentes (dans le cas de l'ambiguïté) ou considérées comme « sémantiquement

---

[8] Ce relateur *'is-a'* est fortement polysémique ; ses valeurs sémantiques (appartenance à une calsse, inclusion entre classes, identification, ingrédiance d'u ne partie à un tout…) dépendent de son insertion dans des contextes linguistiques précis. La méthode d'exploration contextuelle permet justement de lever l'indétermination de ce relateur fortement polysémique.

proches » (dans le cas de la polysémie). Nous allons préciser cette distinction.

3. Ambiguïté et polysémie

Nous avons ambiguïté d'un signifiant lorsque celui-ci renvoie à des signifiés entièrement hétérogènes et sémantiquement étrangers l'un à l'autre. Rappelons l'exemple bien connu des mots ambigus *avocat* et *canapé* ; hors contexte, l'ambiguïté n'est pas toujours levée, comme en témoignent les deux énoncés suivants :

> (a) Cette année, les avocats sont devenus trop chers, je vais m'en passer.
> (b) Dans ce cocktail, les canapés sont vraiment très confortables.

Dans la phrase (a), le terme *'les avocats'* peut désigner aussi bien des fruits que des individus qui exercent la profession de conseil et de défense juridique ; l'ambiguïté, hors de son context d'énonciation, demeure avec *Cet avocat est pourri*. Dans la phrase (b), *les canapés* peut renvoyer aussi bien à des sièges, qu'à des sortes de gâteaux consommés en même temps qu'un verre au cours d'une réunion. Mentionnons encore un exemple classique d'ambiguïté morpho-syntaxique :

> (c) La petite brise la glace.

Dans l'analyse syntaxique '(*la petite brise*) + (*la glace*)' de (c), l'unité lexicale *'brise'* est un nom et l'unité *'glace'* est un verbe ; dans l'analyse '(*la petite*) + (*brise la glace*)' de (c), l'unité lexicale *'brise'* fonctionne comme un verbe tandis que l'unité *'la glace'* fonctionne comme une entité nominale, objet syntaxique du verbe *'brise'* ; dans cette dernière interprétation, *'petite'*, qui normalement est un adjectif, fonctionne syntaxiquement comme un terme nominal, reprise anaphorique contextualisée d'un terme nominal *'la petite fille'*. Dans le signe composé *'la glace'*, l'unité *'la'* change de statut morpho-syntaxique, ayant le statut d'un pronom anaphorique objet (syntaxique) dans une première interprétation et celui d'un article dans l'autre interprétation.

L'ambiguïté peut être contextuelle et dialogique. Prenons, pour exemple, l'échange, extrait d'une scène d'une pièce de boulevard, entre un mari, 'M', et l'amant 'A', de la femme 'F' du mari 'M' qui ignore évidemment la relation qui s'est établie entre sa propre femme 'M' et son amant 'A' marié, par ailleurs, à une autre femme, désignée par 'F de A'. Voici l'échange :

Jean-Pierre Desclés

(M) déclare : *Moi, j'aime ma femme !*
(A) répond : *Mais, moi aussi !*
(M) enchaîne : *Au fait, comment va-t-elle, puisque je ne l'ai pas vue depuis un certain temps ?*
(A) répond : *Oh, très, très, très bien ! Elle est heureuse maintenant. Je viens de la quitter, il y a quelques minutes, pas très loin d'ici.*

L'ambiguïté apparaît clairement au public qui connaît, grâce aux scènes précédentes, la situation complexe entre l'amant, le mari et sa femme ; c'est pourquoi, en écoutant cette scène, il éclate de rire en constatant l'ignorance du mari à propos des relations extra-conjugales de sa femme. En effet, l'énoncé *J'aime ma femme* est interprété par le mari 'M' comme '*j'aime ma propre femme*', tandis que l'amant 'A', malicieux, interprète de la même façon cet énoncé du mari mais, en même temps, il considère que son '*moi aussi*' renvoie non plus au syntagme verbal « aimer sa (propre) femme » mais au syntagme « aimer la femme de 'M' », c'est-à-dire, pour lui, la 'F de M'. Le candide mari 'M', qui ignore bien sûr qu'il est cocu, interprète l'énonciation '*moi aussi*' de l'amant 'A' par « 'A' aime sa (propre) femme », c'est-à-dire « 'A' aime 'F de A' ». Le caractère amusant de cette scène est le résultat de l'ambiguïté référentielle du syntagme verbal '*aimer sa femme*' qui a une double signification, soit « aimer sa (propre) femme », soit « aimer la femme d'un autre ». Le malentendu se poursuit dans les deux répliques suivantes, avec l'ambiguïté des pronoms '*elle*'et '*la*' ; pour le mari 'M', ces pronoms ont pour référence la femme de 'A', c'est-à-dire la 'F de A', alors que, pour l'amant 'A', ces deux mêmes pronoms réfèrent à la femme du mari, c'est-à-dire la 'F de M'.

La non bi-univocité entre forme signifiante et représentation du signifié apparaît également, et plus fréquemment, avec la polysémie du signifiant (qu'il soit grammatical ou lexical). Dans le cas de la polysémie, le signifiant renvoie à plusieurs significations qui sont, par ailleurs, reliées les unes aux autres dans un réseau avec, à la racine, un invariant commun (un « signifié de puissance » au sens de Gustave Guillaume), ce qui n'est évidemment pas le cas dans les cas d'ambiguïté que nous venons de mentionner. Prenons un exemple de polysémie avec le verbe '*sortir / sortir de*' dans quelques exemples :

(a)   *Luc sort de son bureau.*
(b)   *Luc sort ses enfants au cinéma.*
(c)   *Luc sort la voiture du garage.*

(d)   *La voiture sort de la route.*

(e)   *La porte sort souvent de ses gonds.*

(f)   *La fumée sort de la cheminée.*

(g)   *Paul sort son article dans une revue renommée.*

(h)   *Ce livre sort le mois prochain.*

(i)   *Paul sort de sa réserve.*

L'examen rapide de ces exemples fait apparaître des constructions qui sont tantôt syntaxiquement transitives - (b), (c), (g) - ou accompagnées obligatoirement de la préposition *de* - (a), (d), (e), (f) et (i) - ; certaines constructions impliquent qu'un actant soit un agent - (a), (b), (c), (g), (i) - mais d'autres pas - (d), (e), (f), (h) -. Certains de cesexemples expriment manifestement des mouvements spatiaux - exemples (a) à (f) - tandis que d'autres exemples expriment des changements de propriétés ou de situations - (g), (h), (i) -. L'analyse sémantique détaillée de tous ces exemples, que nous n'expliciterons pas ici faute de place, conduit à formuler « un invariant de signification » (ou « signifié de puissance »), dont la signification abstraite est glosée par :

> « changement - le mouvement est un cas particulier de changement - fait passer un objet de l'intérieur d'un lieu cognitif (intérieur d'un état ou intérieur d'un lieu spatial) vers son extériorité avec passage nécessaire d'une frontière - par exemple un seuil ou une frontière spatiale - ».

Dans ces exemples, toutes les significations de *sortir de / sortir* ne sont donc pas totalement indépendantes les unes des autres ; elles apparaissent comme des spécifications d'un invariant commun, elles sont insérées dans un réseau (souvent arborescent mais pas toujours) structuré par les relations de spécification. On peut multiplier les exemples de polysémie verbale, par exemple ceux des verbes '*donner*' et '*monter*' (voir les exemples cités précédemment), *avancer, conduire, porter...*[9]

A côté des polysémies lexicales, nous avons également des polysémies grammaticales. Prenons, par exemple, la polysémie de l'Imparfait dans les phrases :

> *Hier, elle se promenait lorsque ...*

---

[9] Voir des exemples de polysémie analysés dans [Abraham 2005] ; [Desclés 2005, 2011 a].

Jean-Pierre Desclés

Elle chantait au moment où je suis entré dans le bureau.
Je venais vous demander une augmentation.
(…) et, cinq minutes plus tard, le train déraillait …
Sans la présence d'esprit du chef de train, cinq minutes plus tard le train
déraillait.
Qu'est-ce qu'on mangeait déjà demain ?
Ah, si j'avais de l'argent, je te le donnerais volontiers .

Dans tous les cas de polysémie, le sémanticien cherche à formuler un invariant (plus ou moins abstrait) et à construire, à partir de lui, le réseau des significations plus spécifiques. Ainsi, pour le verbe *donner*, l'invariant se laisse décrire au moyen de la notion plus élémentaire « rendre accessible à ». Quant à l'invariant de l'Imparfait (en français) :

> « il exprime une situation inaccomplie, un processus ou un état, qui s'actualise dans différents référentiels, et, dans le référentiel énonciatif, cette situation a une actualisation temporelle dont la borne d'inaccomplissement est toujours différenciée de la borne d'inaccomplissement du processus énonciatif. »

Cette formulation abstraite suppose, bien entendu, que soient précisés, dans un cadre théorique élaboré, les concepts aspectuells « inaccompli », « état », « processus » (opposés à « événement »), « borne d'inaccomplissement du processus énonciatif » (non réductible à un moment d'énonciation) et, plus généralement, le concept de « référentiel » et plus spécialement de « référentiel énonciatif »[10].

4. Schèmes sémantico-cognitifs

Les signifiés grammaticaux (par exemple, aspectuo-temporels et modaux) et les signifiés lexicaux (par exemple, les signifiés des verbes et des prépositions) sont décrits sous forme de *schèmes structurés*. La notion de schème doit être comprise au sens de Emmanuel Kant, c'est-à-dire comme un intermédiaire entre un concept et une représentation « sensible » (percepto-cognitive) du monde perçu ou de mondes imaginés (représentés) :

---

[10] Le lecteur pourra se reporter, entre autres à [Desclés, 2017], pour voir les formulations des invariants sémantiques des principaux temps grammaticaux de l'indicatif en français, dont celui du temps grammatical de l'Imparfait.

> « *L'image est un produit du pouvoir empirique de l'imagination productrice ; le schème des concepts sensibles, comme des figures dans l'espace, est un produit et en quelque sorte un monogramme de l'imagination pure a priori, au moyen duquel et suivant lequel les images ne doivent toujours être liées au concept qu'au moyen du schème qu'elles désignent et auquel elles ne sont pas en soi entièrement adéquates.*»

E. Kant, Critique de la raison pure

> « *Kant exige, pour rendre possible l'application des concepts purs de l'entendement aux intuitions sensibles, un tiers, un moyen terme grâce auquel les deux autres, bien qu'absolument hétérogènes peuvent coïncider - et il trouve cette médiation dans le schème transcendantal qui, d'une part, est intellectuel, et, de l'autre sensible.* »

E. Cassirer, La philosophie des formes symboliques.

Dans notre approche sémantique de l'activité de langage, un *schème sémantico-cognitif* (SSC) se présente sous la forme d'une relation complexe, souvent une relation de relations emboîtées. Cette forme peut être figurative ou symbolique[11]. Prenons un exemple. Dans le schème qui représente la signification du *schéma prédicatif* binaire 'sortir-de (z)(y)' (dans, par exemple, *le train sort du tunnel*), l'actant 'y' désigne un objet en mouvement (exemple : '*le train*') et l'actant 'z' (exemple : '*le tunnel*') désigne un lieu désigné abstraitement par 'Loc(u)'[12]. Le schème iconique fait directement appel à la notion de lieu topologique[13], avec son intérieur '<u>Int</u>(Loc(u))' et son extérieur '<u>Ext</u>(Loc(u))' et à la notion de mouvement d'un objet 'y' qui le fait passer de l'intérieur à l'extérieur du lieu 'Loc(u) - voir la figure 2 -. A ce schème iconique est associé un diagramme bi-dimensionnel dans lequel l'axe horizontal représente le flux des différents instants successifs et l'axe vertical représente des différents lieux spatiaux où sont localisées les différentes positions de l'objet au cours de son mouvement.

---

[11] Voir [Desclés 1990, 2004, 2011 b] ; [Desclés et al. 2016 b]

[12] Les termes d'actant sont pris au sens de L. Tesnière.

[13] Il s'agit ici de la topologie formalisée par les mathématiques : un lieu abstrait possède un intérieur et un extérieur séparés par une frontière, comme l'exprime bien l'algèbre de Kuratowski des opérateurs topologiques qui déterminent les différents lieux associés à un ensemble de points. Les lieux topologiques sont « ouverts » ou « fermés » au sens mathématique, c'est-à-dire des lieux qui excluent ou incluent les bornes ou les frontières des lieux.

Jean-Pierre Desclés

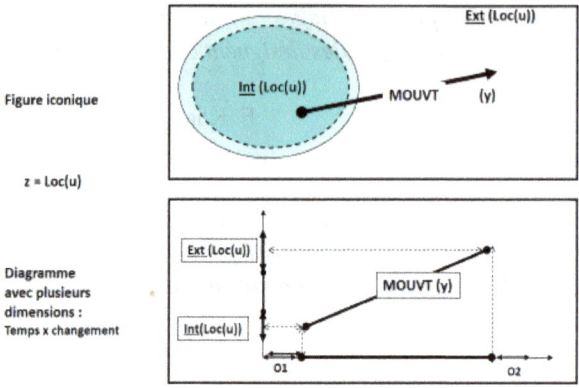

Figure 2 : schème iconique et diagramme de la signification
du prédicat 'sortir de (z) (y)'

A ce *schème iconique* (et au diagramme bi-dimensionnel), on associe un *schème symbolique*. Ce dernier est construit en faisant appel à la primitive cinématique de mouvement spatial, notée 'MOUVT', qui met en relation deux positions successives de l'objet mobile 'y', lorsqu'il subit un mouvement qui le fait passer d'une situation initiale à une situation terminale. Dans la situation initiale 'SIT$_1$[z,y]', l'objet 'y' occupe une position à l'intérieur du lieu spatial désigné, dans le schéma prédicatif, par l'actant 'z', d'où la relation : [y Rep (Int(Loc(u)))], interprétée par « l'objet 'y' est positionné (par le relateur de repérage 'Rep') à l'intérieur du lieu 'Loc(u)' » ; dans la situation terminale 'SIT$_2$[z,y]', le même objet 'y' occupe une position à l'extérieur du lieu spatial désigné par 'z', d'où : [y Rep (Ext(Loc(u)))], interprétée par « l'objet 'y' est positionné (par le relateur de repérage 'Rep') à l'extérieur du lieu 'Loc(u)' »[14]. Le schème symbolique du mouvement cinématique est exprimé par :

---

[14] Le relateur binaire de repérage 'Rep' est une primitive statique qui prend plusieurs valeurs selon les termes (« entité repérée » et « entité repère ») du repérage. Il sert à introduire une détermination à l'entité repérée à partir de l'entité repère, considérée comme mieux déterminée. Le relateur de repérage a été introduit en linguistique par A. Culioli ; sa formalisation mathématique a été précisée dans [Desclés et Froidevaux 1982] et [Desclés 1987].

(I)   Schème du schéma prédicatif 'sort-de (z)(y)' :

$$[(SIT_1 [z,y]) \ MOUVT \ (SIT_2[z,y])]$$

avec : $SIT_1 [z,y] =_{def} [y \ Rep \ (\underline{Int} \ (Loc(u)))]$
$SIT_2 [z,y] =_{def} [y \ Rep \ (\underline{Ext} \ (Loc(u)))]$
$z = Loc(u)$

Exemple : *Le train* (y) *sort du tunnel* (z)

Une construction transitive comme *Luc sort la voiture du garage* ne peut pas voir sa signification décrite par le schème précédent. En effet, dans cette dernière phrase, ce n'est pas la dénotation du sujet syntaxique (dans l'exemple 'Luc') mais la dénotation du complément d'objet (dans l'exemple 'la voiture') qui subit le mouvement ; ce mouvement est, par ailleurs, mis « sous le contrôle d'un agent » (dans l'exemple 'Luc'). La relation de contrôle sert à établir une relation entre un agent et une action qui engendre une situation de mouvement affectant un objet. La primitive relationnelle d'effectuation (ou d'action), désignée par 'FAIRE', et la primitive relationnelle de contrôle, désignée par 'CONTR', sont des relateurs qui sont des constituants sémantiques du schème. La primitive de contrôle 'CONTR' caractérise *la propriété d'agentivité*, à savoir : « est agent une entité qui exerce effectivement un contrôle sur une action, soit en la déclenchant, soit en l'interrompant ». Le relateur de contrôle se combine en général avec le relateurd'effectuation 'FAIRE'. Par conséquent, le schème qui décrit la signification du schéma prédicatif à trois actants 'sort-de (z)(y)(x)', où 'x' est un agent, est formulée par le schème symbolique :

(II)   Schème du schéma prédicatif 'sort-de (z)(y)(x) :

$$[x \ CONTR \ (_1 \ x \ FAIRE$$
$$(_2 \ [(SIT_1 [z,y]) \ MOUVT \ (SIT_2[z,y])] \ )_2 \ )_1]$$

avec : $SIT_1 [z,y] =_{def} [y \ Rep \ (\underline{Int} \ (Loc(u)))]$
$SIT_2 [z,y] =_{def} [y \ Rep \ (\underline{Ext} \ (Loc(u)))]$
$z = Loc(u)$

Exemple : *Luc* (x) *sort la voiture* (y) *du garage* (z)

Jean-Pierre Desclés

Ce schème (II) reçoit la glose suivante : « l'agent 'x' contrôle l'action dans laquelle le même agent 'x' effectue un mouvement qui fait passer un objet 'y de l'intérieur d'un lieu désigné par 'z' à l'extérieur de ce lieu. »

L'agent 'x' peut contrôler un mouvement qui l'affecte lui-même (par exemple dans *Luc sort du garage*) ; dans ce cas, le schème devient :

(III)   **Schème du schéma prédicatif agentif 'sort-de(z)(x)**

$$[\ x\ CONTR\ (_1\ x\ FAIRE$$
$$(_2\ [(SIT_1\,[z,x])\ MOUVT\ (SIT_2\,[z,x])]\ _2)\ _1)\ ]$$

avec : $SIT_1\,[z,x]\ =_{def}\ [\ x\ Rep\,(\underline{Int}\,(Loc(u)))\ ]$
           $SIT_2\,[z,x]\ =_{def}\ [\ x\ Rep\,(\underline{Ext}\,(Loc(u)))\ ]$
           $z = Loc(u)$

Exemple : *Luc* (x) *sort du garage* (z)

L'agent 'x' peut aussi faire appel à un intermédiaire instrumental 'v' (par exemple 'un tracteur' dans la phrase *Luc sort la voiture du garage au moyen d'un tracteur*) et, dans ce cas, le schème prend la forme suivante :

(IV) **Schèmedu schéma prédicatif agentif et instrumental 'sort-de (z)(y)(v)(x) :**

$$[\ x\ CONTR\ (_1\ v\ FAIRE$$
$$(_2\ [(SIT_1\,[z,x])\ MOUVT\ (SIT_2\,[z,x])]\ _2)\ _1)\ ]$$

avec : $SIT_1\,[z,y]\ =_{def}\ [\ y\ Rep\,(\underline{Int}\,(Loc(u)))\ ]$
         $SIT_2\,[z,y]\ =_{def}\ [\ y\ Rep\,(\underline{Ext}\,(Loc(u)))\ ]$
         $z = Loc(u)$

Exemple : *Luc* (x) *sort la voiture* (y) *du garage* (z) *avec un tracteur* (v)

Tous ces schèmes représentent les différentes significations des schémas prédicatifs qui sont sous-jacents aux unités verbales *sortir de /sortir* ; ces représentations formelles mettent en jeu : la *primitive* relationnelle du mouvement *cinématique* 'MOUVT' d'une entité mobile (ou d'un changement 'CHANGT' des propriétés d'un objet) ; les *primitives dynamiques* de l'effectuation 'FAIRE' et du contrôle 'CONTR' exercé par un agent d'une action ; la *primitive statique* 'Rep' de repérage spatial d'un objet par rapport à un lieu ; les opérateurs topologiques '<u>Int</u>' et '<u>Ext</u>' qui déterminent l'intérieur ou l'extérieur du lieu.

Toutes les primitives utilisées dans une description sémantique doivent avoir une signification claire, du moins jugée comme telle à un certain niveau d'analyse et de théorisation, car il est souvent nécessaire de reprendre plus profondément les analyses et donc d'analyser les primitives, parfois en les décomposant en unités plus élémentaires. A ce propos, il paraît utile derappeler Blaise Pascal :

> « *Cette véritable méthode* [la méthode géométrique] *(...) consisterait en deux choses principales : l'une, de n'employer aucun terme dont on n'eût auparavant expliqué nettement le sens ; l'autre de n'avancer jamais aucune proposition qu'on ne démontrât par des vérités déjà connues ; c'est-à-dire, en un mot, à définir tous les termes et à prouver toutes les propositions. (...).* »

> « *(…) Aussi, en poussant les recherches de plus en plus on arrive nécessairement à des mots primitifs qu'on ne peut plus définir, et à des principes si clairs qu'on n'en trouve plus qui le soient davantage pour servir à leur preuve.(…) Car il n'y a rien de plus faible que le discours de ceux qui veulent définir ces mots primitifs.* »

> Blaise Pascal : *De l'esprit géométrique et de l'art de persuader*

5. Complexification temporelle des schèmes

La connaissance de la signification, représentée par un schème, est nécessaire pour pouvoir déterminer les valeurs de vérités d'une relation prédicative. Cependant, dans les langues naturelles, les prédicats lexicaux, comme 'sort-de (z)(y)' ou 'sort (y)(x)', sont nécessairement aspectualisés, c'est-à-dire actualisables sur des intervalles d'instants d'un référentiel temporel, ce qui n'est pas le cas des langages artificiels de la logique classique (le calcul des prédicats)[15]. Pour représenter adéquatement la

---

[15] La logique classique réduit, avec la théorie des modèles proposée par Tarski, la sémantique à la détermination des seules valeurs dénotatives de vérité, en omettant une analyse et une représentation des significations des unités de la proposition (en particulier la signification des prédicats verbaux et des prépositions) et des

signification des prédicats verbaux, il devient indispensable de tenir compte de la temporalité interne des unités verbales ; pour cela, il faut introduire des intervalles (qualitatifs) d'actualisation potentielle des situations statiques de positionnement des objets et, également, des situations cinématiques et dynamiques des mouvements et changements qui affectent un objet. Il faut donc complexifier les schèmes précédents en y introduisant des intervalles d'une actualisation potentielle, ces intervalles étant attachés aux différents opérateurs primitifs qui entrent dans la constitution du schème[16], à savoir : 'MOUVT', 'CHANGT', 'FAIRE', 'CONTR', 'Rep', 'Int', 'Ext'.

Reprenons le schème agentif qui décrit la signification du verbe *'sort de'* dans *Luc sort du garage*. Introduisons les intervalles d'actualisation 'O_1', 'O_2' et 'F', dont les bornes gauches et respectivement droites, sont désignées par '$g(O_1)$', '$d(O_1)$', '$g(F)$', '$d(F)$' etc. Les intervalles 'O_1' et 'O_2' sont des intervalles (qualitatifs) topologiques « ouverts » de l'actualisation temporelle des situations statiques respectives '$SIT_{O1}[z,x]$' et '$SIT_{O2}[z,x]$'. L'intervalle (qualitatif) topologique 'F' est « fermé », avec un premier instant '$g(F)$' à gauche et un dernier instant '$d(F)$' à droite ; sur cet intervalle 'F', l'événement du mouvement, qui affecte l'agent 'x', s'actualise durant tous les instants successifs de 'F' jusqu'au dernier instant '$d(F)$'. Cet événement est contigu, à gauche, à l'intervalle 'O_1' et à droite, à l'intervalle 'O_2' ; sur ces deux intervalles, sont actualisées la situation statique antérieure et, respectivement, la situation statique postérieure, qui entourent l'événement[17]. Nous obtenons ainsi le *schème temporalisé* dans lequel la dimension temporelle interne à la signification du verbe lexical est maintenant mieux représentée :

(V)   Schème du schéma prédicatif agentif 'sort-de (z)(x) :

$$[x \; CONTR_F \; (_1 \; x \; FAIRE_F$$
$$(_2 \; [(SIT_{O1} \; [z,x]) \; MOUVT_F \; (SIT_{O2} \; [z,x])] \; _2) \; _1) \;]$$

---

actualisations des propositions dans la temporalité, notamment celle de l'énonciateur.

[16] Voir [Desclés et al. 2016 b].

[17] Les concepts d'intervalles ouverts et fermés sont ceux, de la topologie mathématique. Les bornes droites et gauches de l'intervalle d'actualisation 'F' d'un événement (comme dans l'énonciation de *Luc est sorti ce matin pendant une heure*) sont des « coupures continues » (au sens de Richard Dedekind) qui séparent l'intervalle fermé 'F' (avec un premier et un dernier instant d'actualisation) des deux intervalles ouverts (avec bornes ouverts) qui l'entourent.

avec : $SIT_{O1} [z,x] =_{def} [x Rep_{O1} (\underline{Int} (Loc(u)))]$
$SIT_{O2} [z,x] =_{def} [x Rep_{O2} (\underline{Ext} (Loc(u)))]$
$z = Loc(u)$
$[g(F) = d(O_1)]$ et $[g(O_2) = d(F)]$

Exemple : *Luc* (x) *sort du garage* (z)

Dans ce schème, il est indiqué que le mouvement est un événement contrôlé par l'agent 'x' et l'affectant lui-même durant tous les instants de l'intervalle fermé 'F' où il passe d'une situation statique (une certaine position spatiale de 'x') actualisée sur l'intervalle ouvert 'O_1' à une autre situation statique (une autre position spatiale de 'x') actualisée sur l'intervalle 'O_2'. L'événement est jugé vrai seulement lorsque l'actualisation a atteint son terme à la borne droite fermée 'd(F)', de l'intervalle 'F', c'est-à-dire au dernier instant de l'actualisation de l'événement. Les autres schèmes reçoivent des complexifications temporelles analogues.

6. Différentes types de primitives et différents types d'entités

Un schème sémantico-cognitif (SSC) est construit à partir de primitives. Il existe plusieurs sortes de primitives. Nous avons des relations sémantico-cognitives qui tendent à être «universelles» car directement déterminées par l'activité cognitive du langage : perception (en particulier perception visuelle, mais pas uniquement) du mouvement et des changements ; perception des localisations d'objets par rapport à des lieux qui servent de repères ; perception cognitive des actions impliquant des agents plus ou moins intentionnels. A ces primitives s'ajoutent des primitives d'expérience comme celle de « la vie » et de « la mort », et des primitives technico-culturelles comme « la roue » - les verbes *rouler, rouler sur, dérouler, s'enrouler dans* sont construits à partir de cette notion lexicale -, ou « l'écriture », deux notions inconnues de certaines civilisations ; citons également les « liens de parenté », qui sont socialement vécues de façon fort variable selon les groupes ethniques et exprimées différemment selon les langues parlées dans ces groupes.

Il faut également tenir compte des différents types sémantico-cognitifs des entités selon qu'ils sont cognitivement perçus comme des objets individualisés, des classes distributives d'objets, des classes collectives ou

Jean-Pierre Desclés

des classes méréologiques (organisées par la relation « partie-tout »), des lieux spatiaux, temporels, spatio-temporels, des lieux d'activité et des lieux notionnels ; des lieux topologiques, ouverts ou fermés, des lieux frontières ; des types d'informations ; des types de valeurs de vérité … Remarquons toutefois que le *type sémantico-cognitif* d'une unité linguistique peut varier selon son occurrence dans différents contextes. Par exemple, le mot *livre* peut dénoter aussi bien un objet individuel (*prendre un livre*) qu'une classe méréologique (*arracher une page d'un livre*) ou un lieu (*une fleur écrasée dans un livre*), ou une information (*ce livre est intéressant*) ou encore un lieu contenant des informations (*trouver dans un livre que d'Artagnan est gascon*). Le mot *café* se voit être attribué de types sémantico-cognitifs différents dans les expressions suivantes : *acheter du café* (classe méréologique) ; *prendre un café = prendre une tasse de café ou un paquet de café* (objet individuel) ; *se rendre dans un café* (intérieur d'un lieu) ; *attendre le café = attendre le moment du café* (lieu temporel d'un événement) ; *se suicider au café et pas avec de la ciguë* (lieu notionnel)[18].

Les différentes sortes d'entités représentées et exprimées par une langue font partie des primitives sémantico-cognitives nécessaires à une description des significations des unités linguistiques, aussi bien des catégorèmes (noms propres, propositions) que des syncatégorèmes (verbes, adjectifs, prépositions, adverbes, conjonctions …). Le type sémantico-cognitif d'une unité lexicale est variable selon les langues ; ainsi, pour ne prendre qu'un seul exemple, ce qui est exprimé directement par un verbe (comme *courir*) dans une langue sera exprimé, dans une autre langue, par un verbe de déplacement déterminé par comportement spécifique (*se déplacer par la course* et non pas *par la marche*).

Aux primitives citées précédemment, il convient d'ajouter des primitives opératoires et les types fonctionnels de ces primitives. Ces primitives sont des opérateurs qui permettent de composer des significations entre elles afin de construire des significations plus complexes ou de transformer une signification en une autre signification dérivée - par exemple le verbe pronominal *se laver* est dérivé de la forme transitive *laver* -. Ces opérateurs font partie de la signification d'une unité linguistique décomposable ; ils sont nécessaires pour pouvoir expliciter comment une unité linguistique est reliée à sa signification et, inversement, comment une signification est reliée à la

---

[18] Sur les différents sortes de types et les types fonctionnels qui les formalisent, le lecteur peut se reporter à [Desclés et al. 2016 b].

forme signifiante qui l'exprime. Nous allons donner des précisions sur ces primitives opératoires dans le paragraphe suivant.

7. Relier les significations aux expressions interprétatives

Lorsque l'on examine la signification d'un verbe comme '*donner*' représentée sous la forme du schème iconique, par exemple par le schème du mathématicien René Thom dans son utilisation de « la théorie des catastrophes » à l'analyse sémantique des langues, ou par les schèmes, iconiques de Ronald Langacker ou de Bernard Pottier[19] - voir la figure 3 -, il apparaît assez vite que ce genre de représentation iconique reste insuffisant, pour au moins trois raisons.

La première raison est liée à la polysémie. En effet, les schèmes iconiques de la figure 3 représentent en fait seulement la valeur prototypique de '*donner*' dans *quelqu'un donne quelque chose à quelqu'un* ; mais il existe cependant d'autres valeurs de *donner à / donner* - par exemple *quelqu'un donne un renseignement* ou *la fenêtre donne sur la cour* - ; de telles valeurs sémantiques ne peuvent pas être situées sur un *continuum* analogue à celui des différents lexèmes des couleurs organisés entre les couleurs extrêmes. Dans notre approche, les différentes valeurs polysémiques asxsociées au même signifiant *donner* sont représentées par des schèmes qui s'inscrivent dans un réseau hiérarchisé dont le sommet représente la valeur invariante de « donner »[20].

'

---

[19] [Thom 1981, 1983] ; [Langacker1987] ; [Pottier 2000, 2012].
[20] Sur le réseau polysémique de *donner* en français, voir [Desclés 2011 a].

Jean-Pierre Desclés

Catastrophe du « don » (R. Thom)

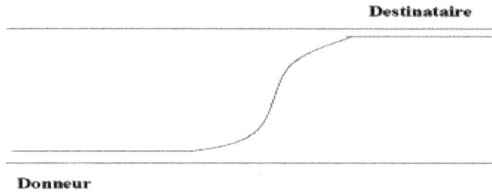

Destinataire

Donneur

Représentations de « Give » et « Receive »

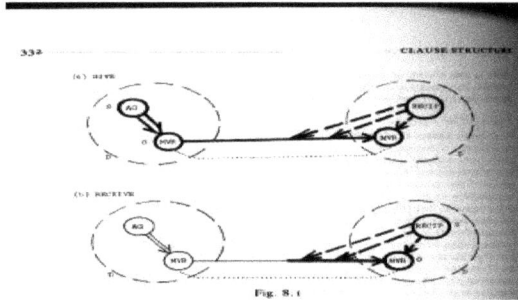

R. Langacker : *Foundation Of Cognitive Grammar* Vol II – 1991, p. 332

Figure 3 : Représentations iconiques de R. Thom et de R. Langacker.

La seconde raison réside dans une certaine supériorité des schèmes symboliques par rapport aux schèmes purement iconiques. Ces derniers ne représentent pas toujours clairement les emboîtements de relations dans des relations englobantes, par exemple l'emboîtement de schèmes statiques dans des schèmes dynamiques - voir les exemples précédents de schèmes symboliques -. Si les mouvements et changements sont facilement représentés par des inscriptions iconiques, la notion d'agentivité l'est moins. De plus, les schèmes iconiques ne se prêtent pas aisément à des calculs, ce qui est le cas des schèmes symboliques.

La troisième raison est méthodologique et sans doute la plus importante. Une approche théorique de la sémantique cognitive se doit d'expliciter toutes les opérations qui permettent de relier, par des transformations réglées, c'est-à-dire par des calculs formels, d'un côté, les représentations de significations (c'est-à-dire des schèmes) aux formes signifiantes qui les expriment dans une langue, selon une démarche onomasiologique (ou descendante) et d'un autre côté, les unités linguistiques (prédicats verbaux, prépositions, noms…) à leurs significations, selon une approche sémasiologique (ou ascendante).

Prenons l'exemple du prédicat verbal agentif 'donne-à $(z)(y)(x)$' (dans par exemple *Luc donne un livre à Paul*); son schème temporalisé interprétatif est formulé comme suit :

(VI) Schème temporalisé du schéma prédicatif agentif 'donne-à $(z)(y)(x)$'

$$[\, x \quad CONTR_F \;(_1 \; x \quad FAIRE_F$$
$$(_2 \; [\, (Sit_{O1}[x,y]) \;\; MOUVT_F \;\; (SIT_{O2}\,[z,y])\,] \,]\; _2)\; _1)\;]$$

avec $Sit_{O1}\,[x,\,y] \;=_{def}\; [\; y \;\; Rep_{O1}\,(\underline{Int}\,(Loc(x)))\;]$
$Sit_{O2}\,[z,\,y] \;=_{def}\; [\; y \;\; Rep_{O2}\,(\underline{Int}\,(Loc(z)))\;]$
$[\; g(F) = d(O_1)]\; \&[\; g(O_2) = d(F)\;]$

Exemple : *Luc* (x) *donne un livre* (y) *à Paul* (z)

La glose de ce schème est :

« l'agent 'x' contrôle l'action événementielle, actualisée sur l'intervalle fermé 'F' des instants contigus, par laquelle il effectue un mouvement qui fait passer l'objet 'y' du lieu '$\underline{Int}$ $(Loc(x)$' des objets accessibles à 'x' durant l'intervalle temporel 'O_1', au lieu '$\underline{Int}$ $(Loc(z)$' des objets devenus accessibles à 'z' durant l'intervalle temporel 'O_2'».

Pour être en mesure de justifier la pertinence théorique et descriptive du schème, en tant que représentation interprétative de l'expression verbale analysée[21], et pas comme une représentation arbitraire, il est indispensable de décrire toutes les opérations qui relient cette forme schématique à la forme prédicative 'donne-à $(z)(y)(x)$', elle-même reliée à la construction syntagmatique 'x *donne* y *à* z'.

Les représentations utilisées par R. Langacker ou par L. Talmy[22], comme la plupart des représentations sémantiques, y compris celles qui ont recours au lambda-calcul de Alonzo Church, comme par exemple celles qui sont proposées par Nicolas Asher[23], n'explicitent pas les opérations de *synthèse*

---

[21] La représentation interprétative est construite par une démarche adductive (au sens de Peirce), ce qui justifie la plausibilité de la représentation sémantique construite.
[22] [Langacker 1987, 1991, 1995] ; [Talmy 1983, 1995].
[23] [Asher 2011].

intégrative - qui relient un schème au prédicat lexical puis à la construction syntagmatique qui l'expriment - et celles de *décomposition analytique* - qui relient une unité linguistique prédicative à sa signification exprimée sous la fomrme d'un schème - et elles précisent rarement l'architecture computationnelle et cognitive des différents niveaux de représentations, éventuellement intermédiaires entre organisations signifiées et expressions signifiantes.

Le modèle « sens-texte » du linguiste Igor Mel'chuck[24] est un très bon exemple d'une architecture linguistico-computationnelle, qui se décline en sept niveaux de représentations intermédiaires ; ce modèle construit, en passant préalablement par des arbresintermédiaires de dépendance syntaxique (analogues aux stemmas de Lucien Tesnière), une structure sémantique décrite par des graphes (sans circuits).

Quant aux modèles de la GAC (Grammaire Applicative et Cognitive) et de la GRACE (GRammaire Applicative, Cognitive et Enonciative) que nous développons depuis plusieurs années[25], ils articulent différents niveaux de représentations (morpho-syntaxique, représentations applicatives en opérateurs appliqués à des opérandes, opérations énonciatives, représentations sémantiques sous forme de schèmes), en cherchant à décrire précisément toutes les opérations de transformation entre les représentations des différents niveaux d'analyse[26]. Nous avons en particulier étudié, dans le cadre théorique de ces modèles applicatifs, la polysémie du verbe *donner* avec le réseau des différents schèmes décrivant les différentes valeurs sémantiques et ayant pour signifiant *donner* / *donner à*. Chaque schème de ce réseau est organisé par des opérations formelles qui permettent de composer les primitives 'CONTR', 'FAIRE', 'MOUVT', 'Rep', Int, Ext... entre elles. Il faut également associer, par des relations construites par des calculs formels, ces différents schèmes aux schémas prédicatifs exprimés, en dégageant les places des arguments du schéma prédicatif puis les places des actants de l'unité verbale, avec leurs fonctions syntaxiques.

Une question se pose. Existe-t-il des formalismes logiques (et/ou mathématiques) qui permettraient de décrire les opérations d'intégration synthétique et de décomposition analytique afin d'établir un lien formel et déductif entre la représentation d'une signification et son expression prédicative puis linguistique ?

---

[24] Voir par exemple [Mel'chuck 1997, 2001] ; [Polguère 2011].

[25] [Desclés1990, 2011 b] ; [Desclés et al. 2016 b].

[26] Voir [Desclés 2011 a]. Pour illustrer les propos précédents, le lecteur pourra également consukter les réseaux de la polysémie du verbe '*pousser*' dans [Abraham 2005] et du verbe '*avancer*' dans [Desclés 2005].

Une réponse à cette question est donnée par la Logique Combinatoire de Haskell B. Curry[27] ; cette logique doit être pensée, selon nous, comme étant une logique de compositions et de transformations intrinsèques d'opérateurs quelconques, au moyen d'opérateurs abstraits, appelés « combinateurs » ; les actions opératoires des combinateurs sont définies, dans le cadre de la déduction naturelle, par des règles d'introduction et d'élimination, indépendamment des interprétations des unités composées ou transformées, d'où le caractère intrinsèque des transformations. L'approche théorique du langage et des langues du modèle linguistico-computationnelle de la GAC, et plus récemment de la GRACE, analyse certaines unités linguistiques (graphiques ou gestuelles), par exemple des verbes, des prépositions, des préverbes…, sous la forme d'opérateurs appliqués à des opérandes et, dans certains cas, comme des opérandes absolus, par exemple les syntagmes nominaux complets et les propositions[28]. De par ses propriétés formelles de compositionnalité, il est assez naturel que la Logique Combinatoire de Curry soit un formalisme - différent, sur certains points, du lambda-calcul de Church[29], assez largement utilisé en sémantique formelle - tout à fait adéquat pour prendre en charge la formalisation des compositions et des transformations d'opérateurs linguistiques et de primitives sémantico-cognitives dans la construction des schèmes interprétatifs, analysés comme des expressions applicatives, et dans la construction des relations entre les schèmes et les expressions linguistiques qui les expriment dans une langue[30].

Remarque : Des formalismes comme la théorie des catégories et la théorie des T(Σ)-algèbres permettent également d'appréhender des compositions intrinsèques d'opérateurs[31].

Le linguiste Sebastian K. Shaumyan[32] a su utiliser le formalisme de la Logique Combinatoire pour entreprendre des descriptions sémantiques dans son modèle, la Grammaire Applicative Universelle (GAU) ; ce modèle distingue d'un côté, un *langage génotype* (chargé de décrire les invariants du langage) et d'un autre côté, les différentes *langues phénotypes* qui en sont

---

[27] [Curry et al. 1958, 1972] ; voir aussi [Desclés et al. 2016 a].
[28] [Desclés 2009] ; [Desclés et Biskri 1995, 1997].
[29] [Church, 1941]. Pour une brève présentation du lambda-calcul et de la Logique Combinatoire en français, voir [Desclés et al. 2016 a] ; le lambda-calcul de Church fait nécessairement appel à des « variables liées » tandis que la Logique Combinatoire fonctionne « sans variables liées ».
[30] Voir des exemples dans [Desclés, Guibert et Sauzay 2016 b].
[31] Voir par exemple : [Desclés 1981] ; [Sauzay 2013] ; [Desclés et al. 2016 b : 569-605].
[32] [Shaumyan 1977, 1987].

des sortes de projections plus spécifiques ; ces niveaux d'analyse, le génotype et celui des phénotypes, sont reliés entre eux en faisant appel aux combinateurs. En syntaxe, la Grammaire Catégorielle étendue de M. Steedman et la Grammaire Catégorielle Combinatoire et Applicative (GCCA)[33] utilisent également les combinateurs de la Logique Combinatoire afin de montrer comment se composent des types syntaxiques pour pouvoir faire une analyse syntaxique de phrases que les Grammaires Catégorielles simples (de Lesniewski, Ajdukiewicz, Bar-Hillel…) n'arrivaient pas à analyser. Outre l'analyse syntaxique des phrases, la GCCA construit les formes applicatives sous-jacentes aux organisations syntagmatiques des phrases ; ces expressions applicatives, formulées par des agencements d'opérateurs appliqués à des opérandes, sont les points de départ d'analyses sémantiques ultérieures.

Dans le présent article, qui se veut non technique, nous n'allons ni présenter l'appareil formel de la Logique Combinatoire typée, ni les opérations de synthèse intégrative (descendantes ou « top down ») ou de décomposition analytique (ascendantes ou « bottom up ») des unités linguistiques, par des calculs déductifs explicites. Nous allons seulement évoquer la démarche en reprenant l'analyse sémantique du verbe 'donner à' (dans la construction agentive 'x donne y à z'). Il s'agit de trouver et de formuler un opérateur 'X' (c'est-à-dire un combinateur formé uniquement avec des combinateurs élémentaires - en nombre fini -) qui s'applique successivement aux primitives sémantico-cognitives, de façon à obtenir la relation définitoire :

$$[\text{donne-à} =_{def} \mathbf{X} \; \text{CONTR}_F \; \text{FAIRE}_F \; \text{MOUVT}_F \; \text{Rep}_{O1} \; \text{Rep}_{O2} \; \underline{\text{Int}}]$$

dans laquelle 'X' désigne un certain combinateur qui composent les différentes primitives actualisées sur des intervalles temporels. Lorsque le combinateur 'X' opère sur ses différents opérandes 'CONTR$_F$', 'FAIRE$_F$',…, $\underline{\text{Int}}$, le schème sémantico-cognitif (SSC), qui représente la signification du prédicat 'donne-à(z)(y)(x)', se construit progresdsivement. Nous avons présenté plus haut ce schème temporalisé (VI) avec sa glose explicative.

---

[33][Steedman 2000] ; [Desclés et Biskri 1995, 1997].

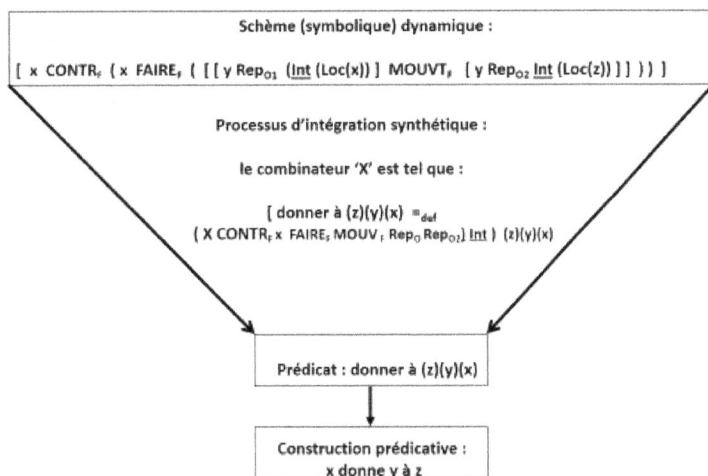

Figure 4 : Processus d'intégration synthétique d'un schème

C'est par un tel calcul que peut être explicitée la relation interprétative entre le prédicat lexical et sa signification - voir la figure 4 -. Nous ne donnons pas ici la forme du combinateur '**X**' et le calcul qui associe le prédicat lexical à sa signification ; pour cela, il serait nécessaire d'introduire des développements techniques importants et de les justifier dans le cadre d'une approche théorique du langage et des langues ; nous renvoyons le lecteur aux ouvrages récents qui présentent la logique combinatoire typée et les conceptualisations théoriques de la GAC et de la GRACE[34].

8. Quelques remarques pour conclure

Les approches actuelles de la sémantique cognitive ne se préoccupent guère de relier systématiquement, par des calculs déductifs, les significations représentées aux formes linguistiques qui les expriment. Pourtant, si l'on veut que la linguistique renforce l'objectivité de ses analyses sémantiques, il lui faut devoir articuler explicitement formes interprétatives et formes expressives par des démarches qui laissent peu de place à la subjectivité de chacun, en échappant ainsi aux reproches que les représentations sémantiques relèvent de la pure spéculation et pas de la démanrche scientifique. En évoquant rapidement quelques exemples, nous avons cherché à montrer que les signifiés et les signifiants d'une langue étaient des

---

[34] [Desclés, Guibert, Sauzay 2016 a, 2016 b].

systèmes dont les structurations restent nettement différentes. Les relations établies entre les systèmes structurés des signifiés et les systèmes structurés des signifiants (y compris au niveau des discours et des textes) doivent être approfondies par une approche théorisée de l'activité de langage exprimée par les langues, et rendues opératoires par la description d'opérateurs (complexes) d'intégration synthétique et de décomposition analytique. Les modèles de la GAC et de la GRACE tendent de répondre (encore imparfaitement) à cette exigence de scientificité en utilisant, entre autres, les outils formels de la Logique Combinatoire typée. C'est là notre programme de recherche qui vise à articuler une sémantique des langues naturelles avec des représentations et interprétations logiques et cognitives qui ne soient pas réduites aux seules études captées par la logique classique. Ce programme est exposé dans [Desclés 2011 b] et développé dans [Desclés2004 ; Desclés et al.2016 a et b], avec des traitements détaillés d'exemples.

Sans entrer dans les détails techniques, cet article a pour but d'indiquer que les relations entre signifiés et signifiants ne pouvaient plus être maintenant appréhendées par des jeux classificatoires avec de simples relations bi-univoques constitutives de chaque signe, sans tenir compte, entre autres, de la polysémie et de l'ambiguïté des unités linguistiques, ce qui revient à complexifier les problèmes de représentation sémantique. Certaines études sur l'activité de langage entreprises par les neurosciences cognitives laisseraient parfois entendre que chaque mot, produit ou reconnu, entretient une relation « *one to one* » avec une organisation neuronale localisée dans le cerveau. Si l'identification de cette association directe entre un mot et son support neuronal dans le cerveau est évidemment très importante, elle est encore très insuffisante pour entreprendre d'expliquer la complexité du fonctionnement langagier puisque chaque unité linguistique d'une langue n'est pas seulement un signal qui serait reconnu et mémorisé par le cerveau, cette unité possèdant également une signification qui entretient, par ailleurs, des relations de polysémie, d'ambiguïté et de connotation avec d'autres significations… Bref, il s'agit d'étudier comment sont implémentés sur le cerveau les processus de production et de reconnaissance, non seulement des formes externes d'une unité linguistique (mots, morphèmes, grammèmes, lexèmes, unités discursives, discours, textes…) mais également le jeu des significations attachées à ces formes externes, en particulier celles qui déclenchent des inférences directement liées à la compréhension des occurrences contextualisées des signes linguistiques reconnus[35]. C'est

---

[35] Une discussion de ce problème a été amorcée dans l'article [François et Nespoulous 2011].

évidemment encore un énorme chantier auxquels linguistes, psychologues cogniticiens, logiciens, philosophes et spécialistes du fonctionnement neuronal du cerveau doivent collaborer dans une démarche authentiquement interdisciplinaire, laquelle doit alors tenir compte des complexités identifiées par chacune des disciplines concernées et non pas les ignorer superbement pour construire, à l'intérieur d'une seule discipline, des modèles de l'activité de langage qui seraient alors trop simplifiés et finalement guère explicatifs.

BIBLIOGRAPHIE

[Abraham 2005] M. Abraham, « Représentation et structuration de la polysémie verbale, un exemple », in [Soutet, 2005], 137-154, 2005.

[Asher 2011] N. Asher, "A snapshot of discourse semantics ", *Mémoires de la Société Linguistique de Paris*, Nouvelle série, tome XX, *L'architecture, les modules et leurs interfaces*, 183-203, Peeters, Leuven, 2011.

[Curry et al. 1958] H. B. Curry, R. Feys et W. Craig, *Combinatory Logic*, North Holland, Amsterdam, 1958.

[Curry et al. 1972] H. B. Curry, J. Hindley et J.P. Seldin, *Combinatory Logic*, vol II, North Holland, Amsterdam, 1972.

[Desclés 1981] J.-P. Desclés, *Opérateurs / Opérations : méthodes intrinsèques en informatique fondamentale*, Thèse d'état en mathématiques, Université René Descartes, 1980 ; publiée dans la collection ERA 642, Université de Paris 7, 1981.

[Desclés 1987] J.-P. Desclés, « Réseaux sémantiques : la nature logique et linguistique des relateurs », *Langages* 87, 57-78, 1987.

[Desclés 1990] J. P. Desclés, *Langages applicatifs, langues naturelles et cognition*, Hermes, Paris, 1990.

[Desclés 1995 a] J. P. Desclés, « Langues, Langage et Cognition : quelques réflexions préliminaires » in [Lüdi et Zuber 1995], 1-32, 1995.

[Desclés, 1995 b] J. P. Desclés, « Les référentiels temporels pour le temps linguistique », *Modèles linguistiques*, XVI, 9-36, 1995.

[Desclés 1997] J. P. Desclés, « Systèmes d'exploration contextuelle », in C. Guimier (ed.) *Co-texte et calcul du sens*, Caen, Presses universitaires de Caen, 215-232, 1997.

[Desclés 2004] J. P. Desclés, "Combinatory Logic, Language and Cognitive Representations", in P. Weingartner (ed.), *Alternative Logics. Do Sciences Need Them ?,* 115-148, Springer, 2004.

[Desclés 2005] J. P. Desclés, « La polysémie verbale. Un exemple le verbe *avancer* », in [Soutet 2005], 111-136, 2005.

Jean-Pierre Desclés

[Desclés 2009] J. P. Desclés, « Le concept d'opérateur en linguistique », *Histoire, Epistémologie, Langages*, n° 31/1, 75-98, 2009.

[Desclés 2011 a] J. P. Desclés, « Le problème de la polysémie verbale en français : *donner* en français », *Cahiers de lexicologie*, N° 98, 95-111, 2011.

[Desclés 2011 b] J. P. Desclés, « Une articulation entre syntaxe et sémantique cognitive : la Grammaire Applicative et Cognitive », *Mémoires de la Société Linguistique de Paris*, Nouvelle série, tome XX, *L'architecture, les modules et leurs interfaces*, 115-153, Peeters, Leuven, 2011.

[Desclés2016 a] J.-P. Desclés, « Opérations et opérateurs énonciatifs », *in* M. Colas-Blaise et al. (eds), *L'énonciation aujourd'hui, un concept clé des sciences du langage*, Lambert-Lucas, Limoges, 69-88, 2016.

[Desclés, 2016 b] J-P.Desclés, "A cognitive and conceptual approach to tense and aspect markers" *in* [Guentchéva 2016], 27-60, 2016.

[Desclés 2017] J.-P. Desclés, "Invariants des temps grammaticaux et référentiels temporels", *Verbum*, tome XXXIX, N°1, 155-189, 2017.

[Desclés et Biskri 1995] J. P. Desclés et I. Biskri, « Logique combinatoire et Linguistique : Grammaire Catégorielle Combinatoire Applicative », *Mathématiques, Informatique et Sciences Humaines*, n° 82, 39-68, 1995.

[Desclés et Biskri 1997] J.P. Desclés et I. Biskri, "Applicative and Combinatory Categorial Grammar (from syntax to functional Semantics)", *Recent Advances in Natural Languages Processing*, 1-84, John Benjamins Publishing Company, Amsterdam, 1997.

[Desclés et Froidevaux 1982] J.P. Desclés et C. Froidevaux, « Axiomatisation de la notion de repérage abstrait », *Mathématiques et sciences humaines*, 78, 73-119, 1982.

[Desclés et Guibert 2011] J.-P. Desclés et G. Guibert, *Le dialogue, fonction première du langage, application à l'analyse énonciative de textes*, Honoré Champion, Paris, 2011.

[Desclés et Guentchéva 2012 a] J. P. Desclés et Z. Guentchéva, "Universals and Typology", *in* R. Binnick (ed.), *Oxford Handbook of Tense and Aspect*, 123-154, Oxford University Press, New York, 2012.

[Desclés et Guentchéva, 2012 b] J. P. Desclés et Z. Guentchéva, « Référentiels aspect-temporels : une approche formelle et cognitive appliqué au français », *Bulletin de la Société de Linguistique de Paris*, 56 (1), 95-127, 2012 ; présenté au *Colloque internationale de linguistique française*, Juillet 2010, New Orleans.

[Desclés et al. 2016 a] J.-P. Desclés, G. Guibert et B. Sauzay, *Logique combinatoire et Lambda-calcul : des logiques d'opérateurs*, Cépaduès, Toulouse, 2016.

[Desclés et al. 2016 b] J.-P. Desclés, G. Guibert et B. Sauzay, *Calculs des significations par une logique d'opérateurs * Vers une logique d'opérateurs ; ** Concepts et schèmes analysés par la logique combinatoire*, Cépaduès, Toulouse, 2016.

[Desclés, et Le Priol, 2011] J.-P. Desclés et F. Le Priol, *Annotations automatiques et recherche d'information*, Paris, Hermes, 2011.

[François et Nespoulous 2011] J. François et J. L. Nespoulous, « L'architecture des processus de production et de réception : aspects (neuro) psycholinguistiques », *Mémoires de la Société Linguistique de Paris*, Nouvelle série, tome XX, *L'architecture, les modules et leurs interfaces*, 205-239, Peeters, Leuven, 2011.

[Guentchéva 2016] Z. Guentchéva (ed.), *Aspectuality and Temporality, Descriptive and theoretical Issues*, John Benjamins Publishing Company, Amsterdam / Philadelpia, 2016.

[Langacker 1987] R. Langacker, *Foundations of Cognitive Grammar, Vol. 1, Theoretical Perequisites*, Standford University Press, Standford Ca., 1987.

[Langacker 1991] R. Langacker, *Foundations of Cognitive Grammar, Vol. 2, Descriptive Applications*, Standford University Press, Standford Ca., 1991.

[Langacker 1995] R. Langacker, "The symbolic alternative", in [Lüdi, Zuber, 1995], 51-76, 1995.

[Lüdi et Zuber 1995] G. Lüdi et C.A. Zuber (eds), *Linguistique et modèles cognitifs. Contributions à l'Ecole d'été de la Société Suisse de Linguistique, Sion, 6-10 septembre 1993*, Acta ROMANICA BASILIENSIA 3, 1995.

[Mel'chuck 1997] I. Mel'chuck, « Vers une linguistique sens-texte », *Leçon inaugurale au Collège de France*, Paris, 1997.

[Mel'chuck 2001] I. Mel'chuck, *Communicative Organization in Natural Language. The semantic-communicative of sentences*, Coll. Language Companion Series N° 57, John Benjamins Publishing Company, Amsterdam, 2001.

[Polguère 2011] A. Polguère, "Perspective épistémologique sur l'approche linguistique sens-texte", *Mémoires de la Société Linguistique de Paris*, Nouvelle série, tome XX, *L'architecture, les modules et leurs interfaces*, 79-114, Peeters, Leuven, 2011.

[Pottier 1962] B. Pottier, *Systématique des éléments de relation*, Klincksieck, Paris.

[Pottier 1992] B. Pottier, *Sémantique générale*, Presses Universitaires de France, Paris.

Jean-Pierre Desclés

[Pottier 1995] B. Pottier, « Le linguistique et le cognitif », in [Lüdi et Zuber 1995], 175-199, 1995.

[Pottier 2000] B. Pottier, *Représentations mentales et catégorisations linguistiques*, Editions Peeters, Louvain-Paris, 2000.

[Pottier 2012] B. Pottier, *Images et modèles en linguistique*, Honoré Champion, Paris, 2012.

[Seiler 1995] H. Seiler, « Du linguistique au cognitif par la dimension des opposés », in [Lüdi et Zuber 1995], 33-50, 1995.

[Seiler et Brettschneider 1985] H. Seiler et G. Brettschneider, *Language Invariants and Mental Operations,* Gunter Narr, Tübingen, 1985.

[Shaumyan 1977] S. K. Shaumyan, *Applicationnal Grammar as a Semantic theory of natural languages*, Chicago University Press, Chicago, 1977.

[Shaumyan 1987] S. K. Shaumyan, *A semiotic Theory of Natural Language*, Indiana University Press, Bloomington, 1987.

[Sauzay 2013] Sauzay B. *Le concept informatique de « compilation généralisée » dans les sciences cognitives (linguistique, logique et intelligence artificielle) : contribution aux rapports entre logique combinatoire et les T[Σ]-algèbres*, Thèse de doctorat, Université de Paris-Sorbonne, 2013.

[Soutet 2005] O. Soutet, *La Polysémie*, Presses de l'Université Paris-Sorbonne, 2005

[Steedman 2000] M. Steedman, *The Syntactic Process*, The MIT Press, Cambridge, Massachussetts, 2000.

[Talmy 1988] L. Talmy, "The relation of Grammar to Cognition", in B. Rudzka-Ostyn (ed.) *Topics in Cognitive Linguistics*, 165-205, John Benjamins Publishing Company, Amsterdam, 1988.

[Talmy 1995] L. Talmy, The relation of Grammar to Cognition" *in* [Lüdi et Zuber 1995], 139-173, 1995.

[Thom 1981] R. Thom, *Modèles mathématiques de la morphogénèse*, Christian Bourgois, Paris, 1981.

[Thom 1983] R. Thom, *Paraboles et catastrophes*, Flammarion, Paris, 1983.

[Wildgen 1982] W. Wildgen, *Catastrophe theoretic semantics. n application and elaboration of René Thom'theory*, John Benjamins Publishing Company, Amsterdam, 1982.

[Wildgen 1995] W. Wildgen, "Realistic semantics and the multistability of meanings", *in* [Lüdi et Zuber 1995], 105-138, 1995.

Jean-Pierre Desclés
Pr. émérite à Sorbonne Université
Equipe de Recherche STIH (« Sens, Textes, Informatique et Histoire »)
Maison de la recherche, 28 rue Serpente, 75006, Paris, France

The Arbitrariness of Sign in Greek Mathematics
Ioannis M. Vandoulakis

ABSTRACT. In this paper, we will examine certain modes of signification of mathematical entities used in Greek mathematical texts over different periods in the light of modern semioticconceptualization of sign. In particular, we examine signification of mathematical entities from the Early Greek period, in Euclid's *Elements*,in the texts of Neo-Pythagorean authors, and the Diophantine tradition of indeterminate analysis.

0.Introduction

Greek mathematicians have used a wide variety of modes of signification to express mathematical entities. By *signification* here, we understand the relation between the form of the sign (the *signifier*) and its meaning (the *signified*), as used in Ferdinand de Saussure's semiology [1983]. According to Saussure, this relation is essentially arbitrary, motivated only by social convention. Moreover, for Saussure, signifier and signified are inseparable. One does not exist without the other, and conversely, one always implicates the other. Each one of them is the other's condition of possibility.

In this paper, we will examine certain modes of signification of mathematical entities used in Greek mathematical texts in the light of modern semiotic conceptualization of sign. In particular, we examine mathematical texts from the following periods and traditions:

- Early Greek mathematics: texts ascribed to Hippocrates of Chios as transmitted by Simplicius.

- "Golden Age" of Greek mathematics: Euclid's *Elements* and the works of geometers of 3rdcentury BC.

- Intermediate Period: texts of Nicomachus of Gerasa (c. 60 – c. 120 CE) and other Neo-Pythagorean authors.

- "Silver Age" of Greek mathematics[1]: Diophantus' *Arithmetica* that initiates the tradition of indeterminate analysis.

1. Signs in Early Greek Mathematics

Hippocrates of Chios (c. 470 – c. 410 BCE) is reported by Proclus to have been the first to write a systematically organized geometry textbook, called Elements. Only a single fragment of Hippocrates' work survived, embedded in the work of Simplicius (c. 490 – c. 560), where the area of some *Hippocratic lunes* is calculated.

In this fragment, we meet a kind of signification of geometric objects that is not common in other extant works of Greek mathematicians. Specifically, a point or line-segment or a figure is denoted by the following locutions: "the point on which A stands" (or, "is marked by A") (τὸ ἐφ' ᾧ A); "the line on which AB stand" (or, "is marked by AB") (ἡ ἐφ' ᾗ AB); "the trapezium on which EKBH stands" (or, "is marked by EKBH") (τὸ τραπέζιον ἐφ' οὗ EKBH) (see Figure 1)

ἔστω κύκλος οὗ διάμετρος ἐφ' ᾗ [ἡ] AB, κέντρον δὲ αὐτοῦ ἐφ' ᾧ K. καὶ ἡ μὲν ἐφ' ᾗ ΓΔ δίχα τε καὶ πρὸς ὀρθὰς τεμνέτω τὴν ἐφ' ᾗ BK· ἡ δὲ ἐφ' ᾗ EZ κείσθω ταύτης μεταξὺ καὶ τῆς περιφερείας ἐπὶ τὸ B νεύουσα τῶν ἐκ τοῦ κέντρου ἡμιολία οὖσα δυνάμει. ἡ δὲ ἐφ' ᾗ EH ἤχθω παρὰ τὴν ἐφ' ᾗ AB. [Bulmer-Thomas, 1939, I, 242-244].

"Let there be a circle with diameter marked by AB and center marked by K. Let the [straight line] marked by ΓΔ bisect the other one marked by BK at right angles; and let the [straight line] marked by EZ be

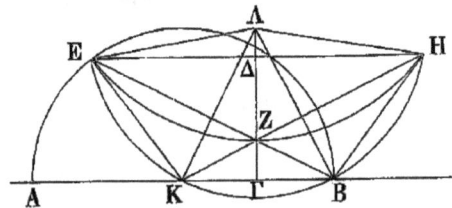

Figure 1

placed between this and the circumference verging towards B, so that the square on it is one-and-a-half times the square on one of the

---

[1] The name of this era that follows a period of stagnation after Ptolemy, i.e. the period between 250 and 350 AD., belongs to Boyer "Revival and Decline of Greek Mathematics" [Boyer (1991) [1989], 178].

radii. Let the [line] marked by EH be drawn parallel to the other one marked by AB" [my emphases].

In this text, the letters used do not actually *name* geometrical objects (the point, the line segment or the trapezium, respectively), but serve as *markers* or *indicators* to label or indicate *concrete* geometrical objects. Thus, for Hippocrates, AB is not the name of diameter. AB is a visible sign pattern to point to the diameter. In other words, AB is a "label", pointing to the diameter in Figure 1. Therefore, letters in Hippocrates are signs that show (spatial) evidence of the object being signified.[Vandoulakis, 2020].

This kind of signification is close to Morris' concept of *identifior*. This concept corresponds to Peirce's *index* [Morris 1971, 154, 362], but in contrast to Peirce, Morris' identifior is restricted to spatio-temporal *deixis*, i.e. an identifior indicates a location in space (*locatum*) and directs the reader toward a certain region of the environment. According to Morris, the identifior.

> "has a genuine, though minimal, sign status; it is a preparatory-stimulus influencing the orientation of behavior with respect to the location of something other than itself". [Morris 1971, 154].

Morris further distinguished a subclass of identifiors, called *descriptors*, which describe a spatial or temporal location. This is what we face in Hippocratic text.

2. Signs in Euclid's arithmetic

A more complicated semiotic picture is found in the arithmetical Books of Euclid's *Elements*. Euclid makes a distinction between the concept of number-*arithmos* (ἀριθμός) and the concept of "multitude" (πλῆθος). The former is a whole made up of units and signified by a line segment. The latter is neither given a name, nor ever signified by any sign. [Euclid (Stamatis), 1969-77]. It is not an *arithmos*, according to the Euclidean definition. It is a mental signifier, which expresses the iterative step in the generation of number, i.e. the number of units contained in the corresponding multitude.

Euclid constructs his arithmetic for numbers-*arithmoi*, that is for the numbers signified as segments, while the arithmetic of multitudes is taken

Ioannis M. Vandoulakis

for granted. Accordingly, arithmetic is constructed as a formal theory of numbers-*arithmoi*, while the concept of *multitude* or iteration number has a specific meta-theoretical character[Vandoulakis 1998].Consequently, the Euclidean number-*arithmos* has the following formal structure:

$$A \; f \; \{aE\}_{a \geq 2}$$

where E signifies the unit and a is the number of times that E is repeated to obtain the number-*arithmosA*.

Euclid's use of letters in elaborating arithmetic is functional. This is made evident by the fact that Euclid uses two ways to signify numbers. Numbers are signified by one letter standing on a segment, or by two letters standing on the extremes of a segment, depending on the expressive requirements of the proof [Papadopetrakis 1990]. The signification by two letters is used when certain operations on numbers are going to be done in the process of the proof, such as addition, subtraction of segments, or division of a segment into subsegments.

Enunciations state some general property about numbers-*arithmoi*, where the word ἀριθμός is used without article. Further, Euclid proceeds to the *ekthesis* of the proposition, where he introduces numbers-*arithmoi* by means of line segments signified by one or two letters; now the word ἀριθμός is used with the definite article standing before it and the number is specified, although indefinite.In this way, general statements about numbers are interpreted as statements about an arbitrary given (indicated) number.In virtue of the substitution described above, the process of proof takes places actually with an arbitrarily given number.After the proof of the statement about the specified number is done, the conclusion is reverted to the enunciation and it is claimed that the statement has been proved for the general case.

In this way, arithmetical propositions that are proved for a segment or a finite configuration of segments are considered as proved for *any* segment, i.e. the statement holds generally. The particular physical characteristics of the diagrams of figures are taken to be irrelevant.

3. Signs in Euclid's geometry
In Euclid's *Elements*, we find an iconic language. Points, lines and surfaces are designated by icons of these entities. No definition of these

fundamental concepts is provided by Euclid, which could be used in proofs in the *Elements*. Historians of mathematics have been puzzled and often emphasized that Euclid's descriptions of his initial concepts cannot be considered as logical definitions. Actually, we find a literal description of the icons, by which these concepts are designated, namely

> [Def. 1] A *point* (σημεῖον) is that which has no part.
> [Def. 2] A *line* (γραμμὴ) is breadthless length.
> [Def. 5] A *surface* (ἐπιφάνεια) is that which has length and breadth only. [Euclid (Heath), 1956, 153].

Thus, the concepts of point, line and surface are explained in terms of the meta-linguistic notions of "part", "length" and "breadth". Euclid further defines the relation between these iconic representations by using the meta-linguistic concept of πέρας(extremity):

> [Def. 3] The extremities of a line are points.
> [Def. 6] The extremities of a surface are lines. [Euclid (Heath), 1956, 153].

The extremities are viewed as "boundaries", which is a concept admitting various interpretations in Greek philosophy.

> [Def. 13] A *boundary*(ὅρος) is that which is an extremity of anything.

Thus, the above meta-linguistic notions serve as mental signifiers, i.e. as (extra-mathematical) ideas or notions, designative of the iconic geometric objects.

Euclid further describes a figure as *spatium* contained by "boundaries".

> [Def. 14] A *figure*(σχῆμα) is that which is contained by any boundary or boundaries. [Euclid (Heath), 1956, 153].

In this way, Euclid admits only finite (bounded) figures in the domain of geometric entities, which have definite iconic designation.Segments represent particular objects, but do not refer to them.

Ioannis M. Vandoulakis

Moreover, Euclidalways handles with finite straight lines, i.e. line segments, never with lines taken at their entirety.In the second postulate, Euclid admits

> To produce a finite straight line (πεπερασμένηνεὐθεῖαν) continuously in a straight line. [Euclid (Heath), 1956, 154].

This statement is ambiguous, admitting various interpretations. It was traditionally interpreted as a postulate enabling the indefinite extension of a line segment. First, Euclid does not explicitly statesthat any line segment can be extended in both directions. Second, it does not explicitly stated that a line segment can be extended *arbitrarily*, to *any* length we wish.

Accordingly, geometrical reasoning in Euclid's *Elements* is articulated making use of this specific iconic language, and conducted by steps of geometrical construction of complex figures out of the initial given iconic ones. The concluding complex picture that represents the solution of a problem integrates all the intermediate steps of the geometrical construction, which remain as constituent parts.In this language, can be proved general statements of *any*(given) segment, i.e. of any (given) length, which means that the language enables proofs of general statements. Nevertheless, a segment of indefinite length is not a variable, but only an expression ('word') of the iconic geometric language.

The iconic aspect of the language of Euclid's *Elements* has led Jeremy Avigad, Edward Dean and John Mumma to suggest an interpretation of Euclid's geometrical reasoning as diagrammatic reasoning [Avigad, Dean, Mumma 2009, 701].

4. Signs in various contexts in Antiquity
Although the Euclidean mode of symbolism of mathematical objects by line segments became standard, the usage of the locutions ἐφ' ᾧ, ἐφ' οὗ and the like was not abandoned.For instance, in Aristotle's discussion of Zeno's paradoxes, that is in a non-mathematical context, going back to the Pre-Socratics, we face a very peculiar use of these locutions. The associated concrete objects (figures), on which the letters are supposed to stand, are missing.

ἔστωτὸμὲνἐφ' ᾧΑθᾶττον, τὸδ' ἐφ' ᾧΒβραδύτερον, καὶκεκινήσθωτὸβραδύτεροντὸἐφ' ᾧΓΔμέγεθοςἐντῷΖΗχρόνῳ.[Aristotle

(Bekker), 1960, *Physics* VII 232b 27-29]
Let the [moving object] marked by A be the quicker, and the other
marked by B the slower one, and let the slower has traversed the
magnitude marked by ΓΔin the time ZH [my translation].

The moving objects A and B and the traversed distance ΓΔ during the time
interval ZH are not indicated, but should be imagined or intented. Here, the
identifiors are used to signify intented spatial and temporal location.

This kind of signification is close to Prieto's understanding of
indices[Prieto 1966]. Prieto defines an indice as any immediately perceptible
fact that sheds light on a fact that is not immediately perceptible.Thus,
indices are not *significant*, but are *significative*, in the sense that they come
to mean something to the observer through a process of interpretation.

The locutions ἐφ' ᾧ, ἐφ' οὖand the like were also used by the geometers of
the late antiquity, notably Archimedes, to signify a specific geometrical
object in a complex figure, for instance a conic, a spiral, etc. Thus,
Archimedes uses these locutions to refer to a conic (Figure 2):

Ἔστωγὰρὀξυγωνίουκώνουτομά, ἐφ' ᾱςτὰA, B, Γ, Δ,
διάμετροςδὲαὐτᾶςἁμὲνμείζωνἔστω, ἐφ' ᾱςτὰA,
Γ, ἁδὲἐλάσσων, ἐφ' ᾱςτὰB, Δ,
ἔστωδὲκύκλοςπερὶδιάμετροντὰνΑΓ.[Archime
des (Heiberg), *On conoids and spheroids*,
2013, 1, 306-8]

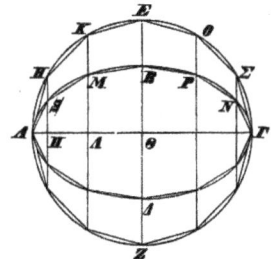

Figure 2

Let a section of acute-angled cone [i.e., an
ellipse], marked by A, B, Γ, Δ, and let the
major axis be marked by A, Γ, and the minor
axis be marked by B, Δ, and let a circle of
diameter ΑΓ [my translation].

We find the same way of signifying a conic in Apollonius
(Figure 3).

ἔστωἡδοθεῖσακώνουτομή, ἐφ' ἧςτὰA, B, Γ, Δ, Εσημεῖα.
δεῖδὴαὐτῆςτὴνδιάμετρονεὑρεῖν.[Apollonius (Heiberg),
Conics, Book 2, Section 44, line 2].

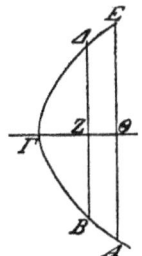

Figure 3

Let a given section of cone marked bythe points A, B, Γ, Δ, E. It is required to find its diameter [my translation].

In his work *On Spirals*, Archimedes uses similar signification to label a spiral (Figure 4).

Ἔστωἔλιξ, ἐφ᾽ ἇςτὰΑ, Β, Γ, Δ, ἔστωδεἀρχὰμὲντᾶςἔλικοςτὸΑσαμεῖον, ἀρχὰδὲτᾶςπεριφορᾶςἀΑΔεὐθεῖα, καὶἐπιψαυέτωτᾶςἔλικοςεὐθεῖἄτιςἀΖΕ.[Archimedes   (Heiberg),   *On Spirals*, 2013, 2, 56].

Let a spiral marked by Α, Β, Γ, Δ, and let the point A be the starting-point of the spiral andthe straight line [i.e. the ray] ΑΔbe the starting [position] of the circuit and a straight line ΖΕ tangent to it [my translation].

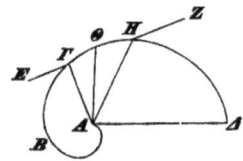

Figure 4

Here, the first circuit of a spiral line is marked by the letters Α, Β, Γ, Δ, whereas the starting point A, and the ray ΑΔ are named properly.

In all these instances, the letters are used to indicate (or label) a part of an (infinite) figure (usually a line, other than a straight line or a circle) in the drawing, but not to name a geometrical object. This kind of signification is an identifier, in Morris' sense, i.e. it signifies a location in space (*locatum*) and directs the reader (δεῖξις) toward the appropriate part of the figure.

5. Signs in the Neo-Pythagorean arithmetical tradition

Another kind of symbolism of visual-type is used in Nicomachus' Introduction to Arithmetic. Numbers are designated by means of letters by *convention* (νόμῳ), not by *nature* (οὐφύσει). The natural *semeiosis* (φυσικήσημείωσις) of numbers is signified by means of the representation of the units composing a number, one beside the other.

First, however, we must recognise that each letter by which we designate a number, such as iota, the sign for 10, kappa for 20, and omega for 800, signifies that number by man's convention and agreement, not by nature. On the other hand, the natural, unartificial, and therefore simplest designation of numbers would be the setting forth one beside the other of the units contained in each. [Nicomachus (Hoche) 1866, II. vi, 2; Nicomachus (D'Ooge) 1926, 832].

The concepts of *convention* (νόμος) and *nature* (φύσις) go back to the pre-Socratics (Pythagoras, Democritus) and the Sophists. Pythagoras is reported to have shared a 'naturalistic' view, i.e. that theassignment of names to things is not an arbitrary operation, but is imposed upon things by some kind of *natural* adequacy between the names and the things, so that

> "The activity of naming, then, according to Pythagoras, belongs not to any random individual but to one who sees the Intellect and the nature of the real entities. Names are therefore natural." [Proclus (Pasquali) 1908, 16, p. 5, 25; Proclus (Duvick) 2007, 14].

The original 'naturalistic' viewpoint is also held by Iamblichus, who accuses Philolaus of having abandoned the master's viewpoint and adopted the 'conventionalist' view. The opposition between the 'naturalistic' and the 'conventionalist' semantic viewpoints is the point of departure in Plato' *Cratylus*, where semantic conventionalism is attributed to Hermogenes, while semantic naturalism is supported by Cratylus. Proclus ascribes to Democritus the view that the relation between names and things named is *conventional*, rather than natural [Kretzmann 1967, 359-361].

Thus, number in Nicomachus possesses internal structure (σχῆμα–'arrangement'). It is a (finite) 'suite' (or a schematic pattern) of signs, unbounded in the direction of increase and bounded below by the *monas* in the direction of decrease.

Further, the finite sequence of such simple 'suites' can be constructed, i.e. the sequence of the so called "properly ordered" (εὐτάκτους) numbers

α, β, γ, δ, ε, ς, ζ, η, θ, ι, ια, ιβ, ιγ, ιδ, ιε, ...

i.e. is the sequence (which we denote by natural numbers in italic)

1, 2, 3, 4, 5, 6, 7, 8, 9, 10, 11, 12, 13, 14, 15, ...

which is called *thenatural suite* (ὁφυσικόςστῖχος) by Nicomachus [Nicomachus (Hoche) 1866, II, viii, 3] and serves as a pattern exemplifying the mode of construction of the kind of number considered in each case[2]. [Vandoulakis, 2010].

6. Signs in Diophantus' *Arithmetica*

A new sign system appears in Diophantus'*Arithmetica*.Although Diophantus proceeds in his *Arithmetica* from the Euclidean definition of number as a collection of units (i.e. from the natural numbers), he abandons Euclid's iconic designation of numbers by segments. In the investigation of problems, he searches for positive rational solutions, which he calls also "number" (ἀριθμός) and designates by the sign ⌐. In other words, he extends the concept of number to the whole set of positive rational numbers, by integrating the unknown into numbers. Accordingly, Diophantus' term "number" (ἀριθμός) might designate a natural number (collections of units, in Euclid's sense),an unknown, or a positive rational number; irrational numbers do not fall under Diophantus' concept of "number"[3].

Further, he introduces *literal signification* for the powers of the unknown. Specifically, he introduces special signs for the first six positive powers of the unknown, the first six negative powers, and for its zero power, following the *additive principle* in the formation of the literal signs.These signs are abbreviations derived from the first two letters of their Greek names.

δύναμις (power)	Δ^Y	Square of the unknown (x^2)
κύβος(cube)	K^Y	Cube (x^3)
δυναμοδύναμις(power-power)	$\Delta^Y\Delta$	Fourth power (x^4)
δυναμοκύβος(power-cube)	ΔK^Y	Fifth power (x^5)
κυβοκύβος(cube-cube)	$K^Y K$	Sixth power (x^6)

[Diophantus (Tannery), 1893-95].

The negative powers are designated by using the sign χ, i.e. by $\Delta^{Y\chi}$ is designated what we today denote by x^{-2}. The zero power of the unknown is

---

[2]The natural suite should not be confused with the natural series. In Nicomachus, it is a finite constructional element. The concept of the natural suite is intrinsically connected with the notion of "proper order." In Nicomachus, the natural suite is always a suite of "properly ordered" numbers, i.e. it embodies the specific regularity or rule according to which it is constructed.

[3]See, for instance, Problem IV$_9$, where he states that the unknown is not rational number.

designated by $\overset{o}{M}$, which is an abbreviation that derives from the first two letters of the word *monas* (μονάς). However, this sign is not considered identical to number 1, but is understood as the side of a square number. Number 1 is designated by the first letter of the Greek alphabet with a bar over it, i.e. by $\bar{\alpha}$. For instance, the expression $1 \times x^2 + 10 \times x^1 + 1 \times x^0$, which is today abbreviated as $x^2 + 10x + 1$ by identifying $1 \times x^2$ with x^2 and $1 \times x^0$ with 1, in Diophantus' sign system is written in the following way:

$$\Delta^Y \bar{\alpha} \, \diamond \, \bar{\iota} \, \overset{o}{M} \bar{\alpha} \,.$$

Diophantus cannot identify $\overset{o}{M}\bar{\alpha}$ with $\bar{\alpha}$, because his system has not signs for addition and multiplication. Their absence is compensated with the strict order of the powers of the unknown and the coefficients in the formation of expressions ('words'), where the sign for the coefficient always follows the sign for the power.Moreover, although the signs are abbreviations of words of Greek language, their use is not governed by the rules of Greek grammar, but by their algebraic operational functions. In particular, Heron of Alexandria (c. 10 AD – c. 70 AD), suggests a sign system, which follows the rules of Greek grammar.Specifically, it has signs for the four grammatical forms of the Greek word ἀριθμός by attaching one or two final letters of the word to the sign ς for the unknown, to signify nominative and genitivecases of singular and plural numbers, i.e. ς°, ς̆, ς̆, ς̆, respectively [Hero (Heiberg), 1912, vol. 4, 175; Vandoulakis 2017, 134, footnote 6].

He also defines a 'multiplication table' for the powers of the unknown by a rule that could be succinctly be written in modern notation,

$$x^m \cdot x^n = x^{m+n} \qquad\qquad x^m \cdot \frac{1}{x^n} = x^{m-n}$$

where $|m| \le 6, |n| \le 6, |m+n| \le 6$. It is noteworthy that neither the 4th, 5th, and 6th powers, nor the negative powers of the unknown could be geometrically visualized.

Moreover, he introduces the symbol ⋀ (inverted Ψ, 'psi') to designate the minus sign. For equality, he introduces the sign ἴσ by using the first two letters from the word 'ἴσος', which means 'equal'. This is a kind of linguistic abbreviation, which stands for the semantically complex concept of equality. In contrast to the signs that signify powers of the unknown, i.e. numbers, the signs for minus and equality do not signify numerical objects in any sense, but abstract concepts. On the other hand, the sign Ω is used to designate an indeterminate square. Although the latter can be considered as an iconic sign, i.e. a picture of a square, the signified is an abstract object, namely the concept of indeterminate square [Vandoulakis 2017, 2018].

Consequently, this is a peculiar language of signs with blended modes of signification, following a specific, not natural-language "grammar".In this language, Diophantus can construct 'words' or 'propositions' that signify*equations*. For instance, the 'words' $K^Y \bar{\alpha} \, \overset{\circ}{\iota \sigma} M \bar{\beta} \, \wedge \leq \bar{\alpha}$, $K^Y \overline{\alpha \iota} \, \wedge \, \Delta^Y \bar{\beta} M \bar{\alpha} \, \overset{\circ}{\iota \sigma} M \bar{\varepsilon}$ signify the equations that can be written today as $x^3 = 2 - x$ and $x^3 - 2x^2 + 10x - 1 = 5$, respectively. Concrete numbers are designated by the letters of the Greek alphabet with bars over them, i.e. $\bar{\alpha}, \bar{\beta}, \ldots, \bar{\theta}$ designate the numbers from 1 to 9; the next eight letters $\bar{\iota}, \bar{\kappa}, \ldots, \bar{\pi}$, and the *koppa* &or %designate the multiples of 10 from 10 to 90; the last eight letters and the *sampi* ⲥ̄ designate the multiples of hundreds from 100 to 900.

In spite of the geometric language that Diophantus uses (i.e. 'side', 'square', 'cube', etc.) in forming equations (e.g. 'add a square', 'cube', 'side', etc.), he treats the designated objects as numbers. Furthermore, this specific sign language was used not only to write *equations*, but also to manipulate them and solve indeterminate equations and systems of indeterminate equations up to 6th degree in rational numbers. In particular, in his "Introduction", Diophantus formulates two rules of transformation of equations:

   a. The rule for transfer of a term from one side of an equation to the other with changed sign, and

   b. The reduction of like terms.

These rules became known under their Ababized names of *al-jabr* and *al-muqābala*.

Nevertheless, Diophantus' system suffers from a fundamental logical weakness: nowhere is stated an inductive (recursive) definition of the powers of the unknown. The powers of the unknown are not conceived as indefinitely ascending, or descending (for negative powers, respectively) sequence of integers. Thus, Diophantus' system lacks the expressive power to form powers of *any* degree.

Diophantus examines even indeterminate equations in more than one unknown, where the additional unknowns are expressed as linear, quadratic, or more complex rational functions of the first unknown and uses concrete values, for the first time, to designate *parameters* [Bashmakova and Slavutin, 1984]. In order to solve a problem, Diophantus represented the required numbers as rational functions of a single unknown and of parameters. We have to wait until al-Karajī, who succeeded in *Al-Fakhri* to define the monomials $x, x^2, x^3, \ldots$ and $1/x, 1/x^2, 1/x^3, \ldots$, and state rules for products of any two of these (without reference to any geometrical meaning) [Rashed, Houzel, 2013; Rashed, 2013].

In spite of the limitations of Diophantus' sign language, he introduces an innovation of far-reaching significance. In examining indeterminate equations in more than one unknown, the additional unknowns are expressed as linear, quadratic, or more complex rational functions of the first unknown. In this context, Diophantus uses, for the first time, concrete numerical values to designate *parameters* [Bashmakova, 1997, 83-85; Bashmakova and Slavutin, 1984]. Thus, in solving a problem that represents indeterminate equations in more than one unknown, the required numbers are designated as rational functions of a single unknown and of parameters. The parameters are assigned concrete numerical values, but it is explicitly stipulated that *these values can be replaced by **any** other rational numbers*, or by **arbitrary** rational numbers satisfying certain conditions.

Let usconsider problem 8 in book 2:

> To divide a given square number into two squares [Diophantus (Heath), 1885, 144].

i.e., in modern terms, to solve the equation

$$x^2 + y^2 = a^2$$

Diophantus starts from the arbitrarily given square number 16, i.e. $a^2 = 16$. Further, his line of reasoning can be exposed, in modern terms, as follows: he takes the base of one of the squares as the unknown $x = t$, and the base of the other square as a linear function of t:

$$y = kt - 4,$$

or, in Diophantus' words,

> "I form the square from any number of ἀριθμοί… minus as many units as there are in the side of 16 [i.e. 4]". [Diophantus (Heath), 1885, 144 footnote 1].

Here 4 is a root of 16 and k can be an arbitrary rational number. The formulation "*any* number ofἀριθμοί" clearly expresses the fact that the parameter t is *arbitrary*. Accordingly, Diophantus' version of equation can be expressed, in modern notation, as follows:

$$t^2 + (2t - 4)^2 = 4^2.$$

The solution of the problem is given, in modern symbolism, by

$$x = t = \frac{2ak}{1 + k^2}$$

$$y = kt - a = a\frac{k^2 - 1}{k^2 + 1}$$

In Diophantus' case, $x = 16/5$ and $y = 2t - 4 = 12/5$.

However, Diophantus does not confine himself to a single solution. He seems aware of the fact that for any rational k one obtains a corresponding rational solution. This becomes clear in problem 19 of book III, where he clarifies that

> "we saw how to divide a square into two squares in an infinite number of ways." [II.8] [Diophantus (Heath), 1885, 166].

Thus in problem 8 of book II, number 2 performs two distinct functions:

a) that of the concrete number 2, and

b) that of a sign, which *stands for an* **arbitrary** rational number.

However, it is not always possible for a parameter to assign a convenient arbitrary value. In this case, Diophantus sets forth additional conditions. Let us consider, for example, the problem 8 of book 6, which is expressible, in modern symbolism, by the system of equations

$$x_1^3 + x_2 = y^3,$$
$$x_1 + x_2 = y.$$

He starts by putting, in modern terms, $x_2 = t$, $x_1 = kt$, where, in Diophantus' case, $k = 2$. Then, from the second equation we obtain $y = (k+1)t$, and from the first one,

$$t^2 = \frac{1}{(k+1)^3 - k^3}.$$

For $k = 2$ we obtain $t^2 = 1/19$, i.e. t is not rational. In order to obtain a rational solution, the way that t^2 is expressed in terms of the parameter k is examined. Since the expression in question is a fraction with numerator 1, which is a square, the denominator must also be a square, i.e. $(k+1)^3 - k^3 = W$. As the new unknown is taken $k = \tau$ (designated by the same sign as the original unknown x_2); hence,

$$(\tau + 1)^3 - \tau^3 = W$$

or

$$3\tau^2 + 3\tau + 1 = W.$$

By putting

$$W = (1 - \lambda\tau)^2$$

we obtain

$$\tau = \frac{3 + 2\lambda}{\lambda^2 - 3}.$$

Ioannis M. Vandoulakis

By choosing $\lambda = 2$, we obtain $\tau = 7$. Hence, the value of the parameter can be chosen from the class of numbers

$$\left\{ \frac{3+2\lambda}{\lambda^2 - 3} \right\}.$$

Then, Diophantus goes back to solve the original problem.

Consequently, we see that in Diophantus' sign system, in addition to the signs for the unknown and its powers, a major role is played by *concrete number symbols,* which stand also for *parameters.* In the latter case, they can play the role of *free parameters* or of *non-free parameters* satisfying certain supplementary conditions[4].

7. Conclusion

In Greek mathematics, we observe a wide diversity in the use of signs signifying mathematical objects. In early Greek mathematics, signs are used as identifiors to direct the reader toward a certain region of the figure. This way of signifying mathematical objects continues to be used during the Hellenistic era for signifying a specific (infinite) geometrical figure (other than a straight line or a circle), in a complex drawing. These uses of signs do not name geometrical objects.

In the Neo-Pythagorean arithmetical tradition, we find explicit evidence that signs signify numbers by convention, not by nature. This use of signs for numbers apparently goes back to the 5th century BC, when the controversy between semantic conventionalism and naturalism made its appearance.

In Euclid's *Elements,* numbers are signified by a line segment, made up of a *multitude* of units; multitudes are neither named nor signified by any sign, but have a specific meta-theoretical character. General statements about numbers are interpreted as statements about an arbitrary given (indicated) number, so that proof takes places actually with an arbitrary given number.

Geometric objects have definite iconic designation by finite segments. Geometric reasoning is formulated by successive construction of new

---

[4] Concerning certain variations of Diophantus' sign language, which were advanced in Byzantium, the Arabic and European traditions, see [Vandoulakis 2017, 138-142].

configurations of increasing complexity. The concluding complex picture that represents the solution of a problem integrates all the intermediate steps of the geometrical construction as constituent parts. In this language, can be proved general statements of *any* (given) segment.

An elaborate language of signs with a blend of modes of signification is found in Diophantus' *Arithmetica*.Literal signification for the powers of the unknown is introduced, enabling the construction of complex signs signifying indeterminate equations. These signs are operational, since they facilitate the transformation of equations. The most advanced feature of Diophantus sign language is the use of concrete numerical values as *parameters*, i.e. as arbitrary positive rational numbers or as arbitrary rational numbers satisfying certain conditions.

BIBLIOGRAPHY

[Apollonius (Heiberg), 1891, 1893] Apollonius, Heiberg, Johan Ludvig (Ed.). *Apollonii Pergaei quae graece exstant cum commentariis antiquis.* Leipzig, Vol. 1, 1891, Vol. 2, 1893.

[Archimedes (Heiberg), 2013] Archimedes, Heiberg, Johan Ludvig (Ed.). *Archimedis opera omnia cum commentariis Eutocii*, Vol. 1-3.Cambridge University Press. Vol. 1, 1880, 2nd ed. 1910; Vol. 2, 1880, 2nd ed. 1913; Vol. 3 (Eutocius), 1881, 2nd ed. 1915. Reprinted with corrections by E.S. Stamatis, 3 vols, Stuttgart, 1972.

[Aristotle (Bekker), 1960-] Aristotle, Bekker, I (Ed.) *Aristotelis Opera Omnia*. Berlin, 1831-1870. Newed., GigonO. (Ed.), 1960-.

[Avigad, Dean, Mumma, 2009] Avigad, Jeremy; Dean, Edward; Mumma, John. 2009. "A Formal System for Euclid'sElements", *The Review of Symbolic Logic* 2 (4), 700-768.

[Bashmakova, 1997] Bashmakova I.G. *Diophantus and Diophantine Equations*. The Mathematical Association of America (Dolciani Mathematical Expositions), 1997.

[Bashmakovaand Slavutin, 1984] Bashmakova I.G., Slavutin E.I. (1984). *History of Diophantine Analysis from Diophantus to Fermat*. Moscow: Nauka [in Russian].

[Boyer, (1991) [1989]] Boyer, C.B. *A History of Mathematics* (2nd ed.), New York: Wiley, (1991) [1989].

[Bulmer-Thomas, 1939] Bulmer-Thomas, I. *Selections Illustrating the History of Greek Mathematics*.Vol. 1. *From Thales to Euclid.* Vol. 2. *From Aristarchus to Pappus*.Cambridge, Mass.: Harvard University

Press. Reprinted as *Greek Mathematical Works*. Loeb Classical Library,1939.

[Diophantus (Tannery), 1893-95] Diophantus, Tannery, Paul (ed. and tr.).*Diophanti Alexandrini opera omnia cum Graecis commentariis*. Vol. 1, Leipzig, 1893. Vol. 2, Leipzig, 1895. Reprint: Stuttgart, 1974.

[Diophantus (Heath), 1885] Diophantus, Heath, Thomas Little.*Diophantos of Alexandria: A Study in the History of Greek Algebra*. Cambridge, Eng., 2nd ed. 1885, *Diophantus of Alexandria*, Cambridge, Eng., 1910. Reprinted by Dover, New York, 1964.

[Euclid (Heath), 1956]Heath, Thomas L. *The Thirteen Books of Euclid's Elements* (2nded. [Facsimile. Original publication: Cambridge University Press, 1925]). New York: Dover Publications, 1956.

[Euclid (Stamatis), 1969-77] Euclid, Stamatis, Evangelos S (Ed.). *Euclidis Elementa.*Teubner. post J.L. Heiberg. A revised edition of Heiberg's Greek text. Vol. 1 (*Elements* i-iv), 1969. Vol. 2 (*Elements* v-ix), 1970. Vol. 3 (*Elements* x), 1972. Vol. 4 (*Elements* xi-xiii), 1973. Vol. 5 (parts 1 and 2 xiv-xv - prolegomena critica, etc.), 1977.

Hero (Heiberg), 1912. Heiberg, J.L. *Heronis Definitiones cum variis collectionibus, Heronis quae feruntur Geometrica*: Schmidt, Wilhelm (Eds.) 1899-1914. *Heronis Alexandrini opera quae supersunt omnia*. 5 vols and Supplement. Leipzig. Vol. 4.

[Kretzmann, 1967] Kretzmann Norman. "Semantics, history of". *The encyclopedia of philosophy*, edited by Edwards Paul, The Macmillan Company & The Free Press, New York, and Collier-Macmillan Limited, London, 1967, Vol. 7, 358–406.

[Nicomachus (Hoche) 1866] Nicomachus of Gerasa, Hoche, Richard (ed.). *Nicomachi Geraseni Pythagorei Introductionis Arithmeticae Libri II*. Leipzig, 1866.

[Nicomachus (D'Ooge) 1926] Nicomachus of Gerasa, D'Ooge, Martin Luther (ed. and tr.). *Nicomachus of Gerasa: Introduction to Arithmetic translated into English*. New York, 1926.

[Morris, 1971] Morris, Charles W. "Signs, Language, and Behavior". In Morris, C. W., *Writings on the General Theory of Signs*, pp. 73-398. The Hague: Mouton, Morris, Charles W.(1946) 1971.

[Papadopetrakis, 1990] Papadopetrakis, E. *Quantification in the Greek Mathematical Discourse* [Ηποσόδειξηστονελληνικόμαθηματικόλόγο]. Ph.D. Thesis. Patras, 1990 [in Greek].

[Prieto, 1966] Prieto, Luis J. *Messages et signaux*. Paris : Presses Universitaires de France, 1966.

[Proclus (Pasquali), 1908] Proclus, Pasquali G. (Ed.) *Procli Diadochi in Platonis Cratylum commentaria*. Leipzig, 1908.

[Proclus (Duvick), 2007] Proclus, Duvick Brian (Introduction, Translation, Notes and Endmatter) *Proclus On Plato Cratylus*. Bloomsbury Academic. Series: Ancient Commentators on Aristotle. General Editor: Richard Sorabji, 2007.

[Rashed, 2013] Rashed Roshdi *Histoire de l'analyse diophantienne classique : D'Abū Kāmil à Fermat*, Berlin, New York: Walter de Gruyter, 2013.

[Rashed, Houzel, 2013]Rashed Roshdi and HouzelChristian *Les Arithmétiques de Diophante : Lecture historique et mathématique*, Berlin, New York: Walter de Gruyter, 2013.

[Saussure, 1983] Saussure, Ferdinand de. *Course in General Linguistics*. Eds. Charles Bally and Albert Sechehaye. Trans. Roy Harris. La Salle, Illinois: Open Court. 1983.

[Vandoulakis, 1998] Vandoulakis I.M. "Was Euclid's Approach to Arithmetic Axiomatic?" *Oriens - Occidens*, 2, 1998, 141-181.

[Vandoulakis, 2010] Vandoulakis I.M. "A Genetic Interpretation of Neo-Pythagorean Arithmetic," *Oriens - Occidens*, 7, 2010, 113-154.

[Vandoulakis, 2017] Vandoulakis I.M. "Sign and Reference in Greek Mathematics", *Gaṇita Bhāratī*, **39** (2017) 2, (July-2017 to December-2017), 125-145.

[Vandoulakis, 2018] Vandoulakis I.M. "The Arbitrariness of the sign in Greek Mathematics". In: Daniele Gambarara, Fabienne Reboul (Ed.) *Travaux des colloques le cours de Linguistique Générale, 1916-2016. L'Émergence, le devenir*, 2018, 1-10. Available online https://www.clg2016.org/ contribution/291.html (Accessed 20-1-2019).

[Vandoulakis, 2020] Vandoulakis I.M. "On the Rise of Mathematics and Mathematical Proof in Ancient Greece". In: I.M. Vandoulakis, Liu Dun (Eds), *Navigating across Mathematical Cultures and Times: Exploring the Diversity of Discoveries and Proofs*, World Scientific, 2020.

Ioannis M. Vandoulakis
Hellenic Open University–Greece
E-mail:i.vandoulakis@gmail.com

Les Paradoxes de l'Arbitraire. Le Négatif, la Différence, l'Opposition dans le Signe Saussurien[*]

MANUEL GUSTAVO ISAAC

opérer, en public, le démontage impie de la fiction (...)
pour étaler la pièce principale ou rien.
MALLARME Stéphane

ABSTRACT This paper deals with the first principle of semiology, namely the arbitrariness. It aims at exploiting the epistemological and ontological potential of such principle in order to obtain a philosophically interesting concept of signification. Starting with basic considerations on Saussure's linguistic epistemology (Sect. 0), it next draws conclusions for the integration of a linguistic sign into a linguistic system (Sect. 1), as well for the theory of semiotic value (Sect. 2), so as to clarify the link of semiotic arbitrariness to the linearity of the signifier (Sect. 3), which is the second principle of semiology. On those grounds, the paper then reorganizes the three concepts that characterize semiotic arbitrariness — viz. negativity, difference, and opposition — in order to systematize Saussure's semiology construed as a theory of signification which paradoxically defines its elements by relations of inequality (Sect. 4–6). And finally, to extricate semiology of such predicament, the paper advocates for changing both its principle and perspective by grounding semiotic arbitrariness on some

[*] *Avertissement.* Directement tiré d'un mémoire de master en linguistique (Université Paris-Sorbonne, 2009), cet article est la republication sans aucune modification d'un article paru en 2010 dans le numéro 3 de la *Revista Italiana di Filosofia del Linguaggio* consacré à *Saussure filosofo del linguaggio* édité par Emanuele Fadda (doi : 10.4396/20101209) et également traduit en italien par ce dernier dans *Quaderni di RIFL. Saussure, filosofo del linguaggio*. Éd. E. Fadda, G. Gallo, et L. Cristaldi. Catania, Bonano editore, pp. 171–194, 2010.

more fundamental principle (Sect. 5) and by including the reference into the normal process of signification (Sect. 7), respectively.

Remarque préliminaire. — Saussure est un linguiste d'exception. C'est évident et hors de doute. Mais il n'est « qu' » un linguiste. Il n'est pas philosophe. Cela aussi est évident. Ce qui le trahit : l'absence de rigueur et de maîtrise dans l'emploi de ses notions spéculatives. Pour autant, sa théorie du signe doit donner à penser au philosophe. Ce texte n'est pas celui d'un exégète. Il prend simplement la doctrine du Cours pour ce qu'elle est : un texte fondateur d'une tradition linguistique au projet spéculatif. La question de sa facticité n'est pas ici à prendre en compte. Ce qui importe uniquement, c'est la productivité de sa réception 'philosophique' où s'est jouée, de Greimas à Derrida, la possibilité d'une sémiologisation généralisée.

En réaction contre la méprise des solutions déconstructivistes au problème de l'arbitraire [Derrida, *passim*], il faut retourner au texte du Cours, et à sa filiation directe. Dans cet article, on cherchera à coordonner deux types de négativité qui s'y sont développées avec puissance : la définition négative du signe chez Saussure comme différentiel formel structuré par opposition à de l'altérité ; l'inscrutabilité de la matière-sens, interne à la trichotomie double (hylémorphisme bi-planaire) de la restructuration hjelmslevienne du signe[1]. Au principe du signe, il y a donc de la négativité, et cette dernière figure la conjonction de l'ordre de la forme à celui de la matière. Pour en articuler l'ambivalence, c'est-à-dire maintenir la tension d'une polarité indécidable (négatif formel / négatif substantiel), on fait intervenir le concept de « Rien », idiomatisme du français permettant de confondre l'indétermination de la chose (res) avec sa négation. Voilà pour la configuration conceptuelle au départ de ce texte. Et si on y ajoute la citation en exergue faisant

---

[1] Le projet de cet article se réduit à la tentative d'appliquer l'épistémologie perspectiviste de Saussure à la formulation hylémorphiste de la dichotomie sémiotique par Hjelmslev. Dans sa réalisation, le texte se cantonne à la sémiologie de Saussure.

s'équivaloir rien et fiction[2], alors en résumé, cet article s'est fixé pour objectif d'élaborer une théorie de la signification comme processus performatif – le poïein de la fiction depuis le(s)Rien(s) interne(s) à l'arbitraire du signe, soient : le négatif, la différence et l'opposition. Sa thèse principale se condense dans l'affirmation d'un conditionnement de la *signi*fic(a)tion – devenir-signe du sens (indéterminé, matériel et amorphe, c'est-à-dire non encore formel) – par l'articulation des deux types de négativité. Et si le "a" de la *signi*fic(a)tion peut y être parenthétisé, c'est justement que le devenir-signe du sens amorphe devra être compris sur un mode productif. En d'autres termes, il s'agit de montrer comment la fiction, dans le cadre conceptuel du modèle sémiotique saussurien, peut fonctionner, par l'articulation des négativités formelle et matérielle, en opérateur de leur positivation $((-) \times (-) = +)$, pour être par suite facteur d'(auto-)motivation de l'arbitraire du signe, autrement dit, de son insertion en système.

0. Perspectiv(ism)e épistémologique

D'emblée, situons-nous sur un plan métalinguistique. Si maintenant on conçoit la dynamique sémiotique comme une stratégie par équations, qu'on la réduit par-là l'économie d'un processus substitutif (*aliquid…*), et qu'en plus on s'accorde à voir dans l'acte de substitution la marque d'une opération arbitraire (de l'esprit connaissant à la chose à connaître), alors force est d'adopter un idéalisme radical :« il n'existe rien que ce qui existe pour la conscience. » [ED10a][3] Autrement dit, l'épistémologie saussurienne se justifie (rétroactivement) par sa théorie du signe. À partir de cet arbitraire radical et de principe, ou mieux, sur un fondement qui est abyme (*Abgrund*[4]), le perspectivisme est la seule épistémologie possible. Il se concentre dans la formule suivante : rien n'est que ce qui procède de/à la construction d'une perspective. Appliqué au plan linguistique, cela revient à

---

[2]À vrai dire, et sachant que la fiction existe "à l'exception de tout", expliciter le (non-)sens de la citation de Mallarmé reconduisant la fiction au rien est le principe moteur à l'origine de notre réflexion.

[3]Les numéros entre crochets renvoient à leur indexation, respectivement : N…=… à l'édition critique de R. Engler [Saussure 1968/1974] ; ED à « De l'essence double du langage » [Saussure 2002] ; NI aux « Nouveaux items » [Saussure 2002]. Dans les cas où on se réfère à un passage entier du Cours : *CLG*, partie, chapitre, paragraphe renvoie à [Saussure 1980].

[4]Hérité du lexique heideggerien de la conférence inaugurale de 1929, le concept d'*Abgrund* caractérise la posture du Dasein, tout autant fondement que lieu de l'effondrement de l'être, c'est-à-dire lieutenant du rien [Heidegger 1968].

affirmer que l'entité linguistique elle-même, comme objet relativisé à une perspective, est toujours-déjà[5] le produit d'une opération constructive de l'esprit [N9.2=3295a /ED3b ; ED21]. L'absence d'en soi est la condition de l'objet linguistique, tant existentielle de fait qu'essentielle de droit, ou encore, empirique autant que transcendantale. Toute détermination en soi ne peut qu'en être absente ; c'est-à-dire : absente toute marque de concrétude, d'absoluité, et surtout, absente toute positivité : le fait linguistique est inexistant [N9.2=3295]. Mais si le perspectivisme est le produit d'un arbitraire épistémologique de principe, comment concevoir avec cohérence le statut 'ontologique' d'un objet théorique définit uniquement par négation (relativisme et inexistence) ? Et bien tout simplement : en insérant sa relativité en un système de différences…

0. De l'arbitraire au système

L'objet linguistique est complexe. Il n'existe qu'en tant que pluralité ou faisceau de perspectives, autrement dit : insertion en système (la notion de structure, contrairement à celle de système, est quasi absente du lexique saussurien). Les unités linguistiques, parce structurellement conditionnées et déterminées, ne sont pas élémentaires (au sens atomistique) [CLG, II, 4, §1 / ED10a ; ED20b]. On doit ici expliciter le principe différentiel. Déterminé en creux, il est le principe structurant le langage en un ensemble de différences. La conséquence primordiale de cette structuration différentielle du langage consiste en sa virtualité analytique. En d'autres termes, l'arbitraire implique le différentiel, et le différentiel, le système. Et comme la linéarité, principe second de la sémiologie, peut ensuite être conçue, en sautant une étape (on y revient ci-dessous), comme la manifestation du système sur le plan du

---

[5] En termes poétiques, le toujours-déjà est hérité du corpus blanchotien [Blanchot 1980 : 68-69]. Il est la répercussion d'un renversement déconstructeur excédant l'exigence hypothétique de sens : à la fois horizontalité immanente d'une déstructuration fictive du sens, et révélation transcendant(al)e des conditions de la manifestation du sens, limitant l'espace d'opérativité du signe, tout en en signifiant par la perturbation, à même la possibilité de sa rupture, la possibilité de son impossibilité. Le toujours-déjà apparaît donc comme l'aporie obsidionale propre aux régimes de la signifiance, ou encore, en termes derridiens, de la métaphoricité. La métaphoricité, qui correspond sur le plan sémiotique à l'arbitraire épistémologique de principe, se constitue alors comme la justification théorique a posteriori du perspectivisme anti-réaliste. Car par elle, l'autologie du méta-réflexif, son introversion visant à la considération de soi comme un autre, est forcée au constat de l'hétérologie qui caractérise le mouvement de transcendance du symbolique. Le langage s'y saisit lui-même comme rien (*res* de l'indétermination en soi), inexistant antérieurement à son information.

signifiant (Sa), elle n'est que l'extension de son premier principe, soit de l'arbitraire, dont elle ratifie la rupture référentielle [N10=3297 ; N15.1-19=3312.1 ; N12=3299 / ED26] tout en en contredisant le principe, ou encore, en le motivant systémiquement. C'est donc là, avec la systémicité du langage, qu'est consommé le décrochage envers toute assomption réaliste. L'intra-linguisticité de la sémiologie saussurienne est alors autarcique.

Au niveau intralinguistique, les unités minimales dérivées du système en sont les termes. Puisque l'unité sémiotique structurellement déterminée est dissociable en unités de niveau inférieur, elle peut par symétrie autant intégrer des niveaux supérieurs, augmentant alors sa significativité jusqu'à devenir proposition, texte, monde[6]. Et puisque l'extension du signe linguistique est variable (du mot au texte), on peut concevoir le langage comme une structure d'unités sémiotiques hiérarchiquement agencées. La notion d'agencement indique ici la puissance articulatoire du langage, sa dimension fonctionnelle, tant analytique que synthétique, en la globalité de complexions qu'est le langage. Les unités sémiotiques de tous niveaux, articulées donc tant intérieurement (c'est-à-dire analysables) qu'extérieurement (c'est-à-dire intégrables par synthèse), n'existent qu'à se délimiter par différenciation mutuelle. Ce conditionnement mutuel signale que l'articulation global-local de la structure du langage doit d'abord s'expliciter par sa systémicité. Tel est, appliqué à la détermination systémique relative des unités sémiotiques, le premier complément du principe différentiel : l'oppositivité – cette notion opératoire articulant l'arbitraire à la linéarité (l'étape sautée ci-dessus).

Pour récapituler, si le langage peut être caractérisé par sa systémicité, c'est que son essence est double [ED2a-c], ou encore, en l'occurrence, que l'équilibre économique de la langue, dans le projet sémiologique de Saussure, implique l'asymétrie de ses deux principes (linéarité et arbitrarité). Plus précisément, c'est que l'arbitraire, origine de l'articulation négative interne de la binarité du signe (Signifié [Sé]/Signifiant [Sa]) [ED3g ; ED20b ; ED22b], se répercute par propagation sur l'oppositivité intersémiotique. Et justement, dans la syntagmation, les unités sémiotiques,

---

[6] La manifestation du sens, sa perceptibilité en termes d'effets et d'acte, consistant d'abord, c'est-à-dire dans l'ordre de l'apparence, en l'assemblage de structures de signification, elles-mêmes en puissance constituées par des unités sémiotiques relatives systémiquement organisées, et donc analysables formellement, on peut dire en bref que le système prime sur l'unité, ou encore, que l'unité n'existe qu'à titre de dérivé.

puisque non-absolues et sans fondement réaliste, n'existent que par la coexistence réciproquement délimitante [N12=3299 / ED10a][7]. En conséquence, dériver l'opposition syntagmatique de la différence forme la double racine de l'équilibre économique de la langue. La linéarité, comme principe, est l'aboutissement systématique de la rupture référentielle du signe saussurien. Elle parachève la clôture du langage comme système à la motivation interne relative [N10=3297 / CLG, II, 2]. Ou mieux, elle en est la redondance contradictoire[8]. Serait-ce à dire que la négativité, en plus d'être première, au principe, est également le terme ?

1. La valeur de la différence

Un état de langage est la concrétisation du jeu différentiel des signes structurés en combinatoires aux restrictions variables (règles de la syntaxe). La virtualité de cette dernière en signale l'analysabilité, c'est ce qu'a indiqué la double racine de l'équilibre économique de la langue. Par ailleurs, l'effectivité compositionnelle, parce que systémique, suppose pour fondement le principe différentiel, c'est-à-dire l'arbitraire et la linéarité. Celui-ci organise la structure des composants de la signification, tout autant interne qu'externe, transpose la négativité intra-sémiotique sur le plan de l'oppositivité intersémiotique, pour enfin intégrer le syntagmatique par combinaison. Sans positivité, la composition des signes en significations présuppose donc l'altérité. Seule la différence les détermine : intégrés en système, leur identité y équivaut au caractère, autrement dit à la négativité d'une marque n'existant que par opposition [N19=3328.2 / CLG, II, 4, §4]. Dès lors, ils sont à concevoir comme la concrétion implexe de faisceaux relationnels en perspective. Or si ici le caractère, dans son unité négative et oppositive, est le critère constitutif de l'identité par différence avec de

---

[7]Voilà pourquoi l'actualisation du virtuel par insertion et intégration contextuelle impose une épistémologie perspectiviste : quand l'existence du fait de signification est factice, parce que le *positum* du fait n'est pas, que seule en est la fiction, et que toute unité sémiotique est non-absolue, c'est-à-dire relative, l'émergence de la signification ne peut être que contextuelle.

[8] À noter que formellement, l'articulation s'explique simplement : à partir d'une relation de pré-ordre (réflexive et transitive), caractérisant par exemple la propriété structurelle de prédicativité, y ajouter l'anti-symétrie permet obtenir une relation d'ordre large caractérisant la linéarité syntagmatique ; le restreindre à ses points symétrie donne une relation d'équivalence à partir de laquelle, en quotientant l'ensemble de départ (soit : la langue), on obtient des classes d'équivalence (autrement dit, l'unité sémiotique). La contradiction proviendrait du fait que la linéarité, plutôt qu'un ordre large, est un ordre strict, donc irréflexif et asymétrique, par opposition à relation d'équivalence.

l'altérité, c'est avant tout parce que la distinction différentielle en fonde la possibilité de la valeur. Radicalement négatif, différentiel et oppositif, le signe serait toutefois vecteur de positivité. À l'instar de toute valorisation, la valeur du signe se constitue dans l'échange. Qu'il soit ou non effectif, l'échange (ou échangeabilité) est le facteur de l'identification. L'identification procède alors toujours tant de l'identité que de la différence. Car identité et différence sont ici en chiasme [CLG, II, 4, §2] : l'identité se détermine par son échangeabilité contre du différent (exemple simpliste et réducteur : le mot avec l'idée) ; la différence, par sa comparabilité avec de l'identique (de même : le mot au mot[9]). Le chiasme – telle est la logique de la valorisation. Ce point est d'importance, car si une théorie de la valeur implique la possibilité de concevoir le fonctionnement de l'arbitraire du signe par intégration en un système symbolique autonome, le chiasme réitère le marquage de sa rupture référentielle, ou encore et à nouveau, en est la redondance.

Sur un plan théorétique, général et virtuel, le chiasme du processus de la valorisation sémiologique en ratifie donc la rupture référentielle : qu'en est-il de son effectivité ? Dans l'effectivité de l'échange et de la comparaison, dissemblance et similitude sont au principe de la détermination constitutive des valeurs de l'unité sémiotique. L'engendrement de la valeur elle-même résulte alors d'une dialectique de la présence et de l'absence. Cette dialectique fonctionne par association. Et cette dernière opère tant sur le régime substitutif du paradigme que, par rétroaction, au plan combinatoire syntagmatique[10]. La présence y est toujours complexion de perspectives structurées par l'absence, c'est-à-dire la différence de l'altérité. Jamais il n'y a de positivité substantielle, donc jamais non plus de signification intrinsèque. Dans l'économie différentielle du système, la valeur est une

---

[9] L'exemple est ici réducteur en ce sens que l'identique intralinguistique ne peut être que partiel. Sur l'héritage de la tradition synonymiste (dont l'axiome consiste en l'affirmation de l'inexistence, en une même langue, de synonymes parfaits) par Saussure dans sa constitution d'une théorie de la valeur de l'unité sémiotique, se référer à [Auroux 2004 : 116-120 ; Auroux 1985].

[10] En cela, l'interprétation derridienne du structuralisme sémiotique par référence à la notion nietzschéenne d'usure est erronée. Car cette dernière restreint quant à elle son application à l'ordre d'une sémiologie atomiste (signe-nomenclateur), en expliquant alors la transition de la métaphore sensible à la vérité du concept par l'usure progressive de la matérialité originaire du concept, usure qui d'autre part en est également thésaurisation rationnelle. Sur ce point, voir [Nietzsche 1991 : 115-140].

Manuel Gustavo Isaac

fonction différentielle intervenant dans une relation oppositive. Autrement dit, la valeur comme processus procède : (i) de la différenciation du Sé avec son altérité propre (au plan donc strictement sémantique)[CLG II, 4, §2 / ED25-27] ; (ii) de la coordination arbitraire de cette unité négative de différenciation avec le plan du Sa, pour former, au niveau intra-sémiotique, la négativité du signe [ED3g ; ED20b] ; (iii) de la position d'une unité sémiotique oppositive fonctionnant en système sur le mode de la différenciation intersémiotique[N23.7=3340 / CLG II, 4, §4]. Pour récapituler, la valorisation marque la conjonction de l'arbitraire et de l'oppositivité en le principe différentiel. Arbitraire et oppositivité sont donc les qualités corrélatives de l'établissement du système économique de la langue par le principe différentiel. Ou encore, de manière plus percutante : dans la théorie saussurienne de la valeur linguistique, le système prime sur l'arbitraire.

2. L'équilibre asymétrique

Ce qu'éclaire le processus de valorisation dans la sémiologie de Saussure, c'est que l'équilibre économique de la langue implique toujours, mais selon des perspectives variables, l'asymétrie de ses deux principes (arbitraire et linéarité). En effet, si par sa matérialité unidimensionnelle, la linéarité est amorphe (la forme est de dimension deux), que son opérativité a pour condition sa secondarité à l'endroit de l'arbitraire du signe, c'est que pour être principe de régulation structurelle (syntagmation/segmentation), elle doit intégrer la formalité abstraite de la langue, autrement dit, se justifier par référence au modèle sémiotique binaire ; mais d'un autre côté, la systématisation dont la linéarité est le vecteur, ou plutôt la réalisation effective sur le plan du signifiant, conditionne la possibilité de l'unification sémiotique arbitraire comme produit de la différenciation interne (cf. note 8). C'est que l'arbitraire concerne non pas strictement le rapport Sa/Sé (niveau intra-sémiotique), mais plus globalement, le fait que tous les deux et leur relation même appartiennent à un système d'éléments du même type (niveau intersémiotique) en rupture avec la référentialité ; que donc, en d'autres termes, la systématisation est impliquée au principe même de la position de la thèse de l'arbitraire du signe ; et qu'enfin tout en en étant la contradiction (parce qu'elle en implique à terme la motivation), elle en est la condition ; bref : qu'elle en est l'achèvement. Cela a déjà été dit. Pourtant du nouveau intervient au niveau économique : questionner la valeur épistémologique de la différence en révèle la portée (dé)ontologique[11]. La négativité articule l'oppositivité et l'arbitraire en le principe différentiel. C'est là l'apport de la dimension systémique. Et son efficience est tant horizontale et intrastructurelle que transcendante (au sens du mouvement de la transcendance transitive, visant le référent externe). Voilà pourquoi l'intentionnalité sémiotique est extérieure à la perspective sémiologique saussurienne. C'est que l'arbitraire, comme l'opposition, impacte non seulement en mode interne, mais également en relation à l'extériorité : il n'y a pas de bijection au niveau atomique, ni d'isomorphisme au niveau structurel, entre langage et réalité[12]. La clôture systémique de la langue comme complexion de dépendances aux rapports intra- et extra-structurels oblitère la question de la référence[13].

En ce sens, et en ce sens seulement, l'immatérialité peut servir à caractériser la valeur du signe linguistique. La restriction est ici d'importance. L'immatérialité n'est donc à nouveau, au risque de se répéter, que l'indice de l'absence de positivité, tant factuelle (négativité du fait de langue) que définitionnelle (langue comme forme sans substance). La négativité est dès lors non seulement première, mais plus encore, elle est l'unique caractéristique des états de langue – elle est donc également

---

[11] Le préfixe privatif affirme la désubstantialisation de l'ontologie dans l'horizon du signe, voire sur un mode réflexif, la désontologisation de sa propre réalité. Le terme d'ontologie négative est évité afin de ne pas réintroduire de la transcendance (limitation extérieure) en l'horizontalité du système sémiotique (immanence de la clôture). Par la suite on fera intervenir le néologisme 'renologie' : *logos* sur le rien de la matière (*res*) du sens. Il doit permettre d'insister sur l'ambivalence étymologique du "rien" (*res* / *non ren*), et par là d'articuler l'idéalisme à la réalité – problème que formule la proposition 5.64 du *Tractatus* de Wittgenstein reprenant une note datée du 15.10.1916 : « (…) d'un côté, il ne reste donc *rien*, de l'autre, *le monde* en tant qu'être unique. Ainsi l'idéalisme rigoureusement développé conduit au réalisme. » [Wittgenstein 1971 : 158]. Sur la renologie, voir le développement sur la notion de kénose à propos de la transformation catégorielle du rien – infra. (*Nota bene* : le terme de dé-ontologie est repris par ouï-dire à F. Rastier.)

[12] À nouveau, la référence va au Tractatus, à son assertion fondamentale, mais aussi fondamentalement non démontrable, qui contraindra paradoxalement Wittgenstein à développer son solipsisme existentiel [Wittgenstein 1993 : 5.6sq./6.4sq.]. Pour la démonstration formelle de l'invalidité de la thèse du langage comme nomenclature, se reporter à l'interprétation quinienne du théorème de Löwenheim-Skolem [Quine 1977].

[13] « Postuler des objets comme quelque chose de différent que des termes de rapports, c'est introduire un axiome superflu et une hypothèse métaphysique dont la linguistique ferait mieux de se libérer. » [Hjelmslev 2000 : 37].

Manuel Gustavo Isaac

dernière. Et pour l'unité linguistique, intégrer le système sémiotique est tout autant la condition de sa signification comme valeur (son devenir-signe), que le principe actif de sa destruction comme unité (au sens d'unité substantielle). En résumé donc, négativité et opposition : la relativité différentielle du système détermine ses unités par leur caractéristique exacte de n'être pas ce que les autres sont, tout comme d'être ce que les autres ne sont pas. Le système n'est extérieur à l'unité qu'en tant qu'il en détermine la négation. Et l'unité de n'exister qu'à être déterminée par ce qui existe hors d'elle : elle co-existe [N12=3299].

3. Rien(s) de l'arbitraire

Avec le rejet du référentiel extralinguistique, donc de la langue comme nomenclature [N15.1-19=3312.1 ; N12=3299 ; N23.4=3338], l'unité sémiotique, fonction de valeur différentielle, se réduit à n'être que le résultat transitoire de connexions contextuelles. Et l'indécidabilité de sa polarité – négative, parce que différentielle ; positive, par l'oppositivité de sa valuation en contexte – n'a d'égal qu'en l'incomplétude de sa puissance productive de signification par intégration structurelle, ou mieux, contextualisation. Dans le cadre saussurien, celui de la sémiologie, incomplétude et indécidabilité de la signifiance (on serait tenté de dire : 'interprétance') du signe comme procession du sens porte le nom d'un processus psychique : le phénomène d'intégration [ED29j]. C'est par lui que s'explicite la constitution active et dynamique de la valorisation du signe linguistique en contexte. Sa perspective est sémasiologique. Il signale le caractère a posteriori de la constitution de la valeur de l'unité sémiotique. Dans l'intégration, la valeur se détermine par réflexion mécanique de l'esprit sur la connexion contextuelle. En tant que variable selon la perspective, l'état des différences constituant les valeurs en termes oppositifs est toujours accidentel et contingent. La valeur sémiotique, conjointe à la valorisation par réflexion (ou 'post-élaboration' [ED29j]), confirme l'inexistence de l'unité sémiotique antérieurement à son intégration. Une telle inexistence est précisément ce qu'on appelle le 'rien formel'.

Corrélat conceptuel du principe différentiel, d'un principe donc lui-même transversal à la complexion du système linguistique et par lequel l'unité sémiotique est définie comme implexion négative et oppositive[14],

---

[14]Précisons ceci : tandis que la complexion caractérise la systémicité du sémiotique global, l'implexion en détermine l'unité sémiotique locale comme faisceau de perspectives.

l'opérativité du rien formel est tant intra- qu'inter-sémiotique. Si l'on peut concevoir la signification d'une unité sémiotique comme l'expression de sa valeur, alors le rien formel qui en réduit la possibilité d'exister au mode de la coexistence, est au principe de sa permanente mu(t)abilité. L'(in)existence de l'unité sémiotique doit donc se concevoir selon son instantanéité morphologique différentielle. Sa positivation est purement transitoire. En la langue comme complexion formelle dépourvue de substantialité, l'équilibre consiste en la labilité d'un conditionnement réciproque sans simplicités. Ou alors, le simple est l'implexe – et donc l'inexistant. Avec Saussure, appelons-le 'kénôme' [NI1].

4. Kénôse et *signi*fic(a)tion

Cette section constitue le cœur de l'article. Elle vise à extrapoler l'axiomatisabilité de la doctrine saussurienne du signe[15][N9.1=3295 ; N10=3297 / ED1 ; ED6a]. Sur la base de l'obtention des trois concepts intervenus dans la caractérisation de l'arbitraire (négativité, différence, oppositivité), on tente de systématiser à son maximum la sémiologie de Saussure, c'est-à-dire une théorie de la signification dont le paradoxe logique consiste à définir l'unité par la relation, et qui plus est, une relation d'inégalité. Le paradoxe est double : premièrement, la sémiologie saussurienne est en contradiction avec le bon sens extensionnel de la théorie des ensembles définissant une relation comme un sous-ensemble d'un produit cartésien (R⊆a×a), donc par ses éléments ; deuxièmement, parce qu'elle est non-extensionnelle et dérive les unités sémiotiques d'une relation d'inégalité (négativité, différence, oppositivité), la sémiologie exige une caractérisation intensionnelle de la négation[16]. Comme l'abolition d'un paradoxe exige un changement de perspective sur les principes, on modifie le système des 'axiomes' sémiologiques en inversant ses règles de dérivation : l'arbitraire n'est plus principe, il a une raison. Passer de l'arbitraire comme principe au principe de l'arbitraire, autrement dit le

---

[15]Clairement, la doctrine saussurienne du signe n'est pas un axiomatique. Dans sa version hilbertienne, une axiomatique se caractérise par trois exigences : l'indépendance réciproque des axiomes ; l'impossibilité systémique de dériver des contradictions ; la complétude du système de dérivation. En bref, une théorie est axiomatisable si et seulement s'il existe un ensemble *décidable* Γ⊆EN(ℒ), tel que Γ⊢ =T. Aucune des conditions n'est satisfaite par la sémiologie de Saussure.

[16]Ceci n'est pas possible, car la négation n'est pas une opération de composition interne sur des unités définies en intension : elle exige d'en passer par l'extension, à savoir le complémentaire d'une classe.

renverser par le biais de l'analyse de ses trois notions cardinales, implique de le motiver. C'est là le paradoxe. Et cette pirouette philosophique a ici pour indice un nom : la fiction.

Mais d'abord, un point de terminologie. Dans le jargon de cet article, la kénose est l'articulation des riens, formel et substantiel, de l'implexion sémiotique locale. Elle désigne donc la *signi*fic(a)tion comme processus performatif, autrement dit le devenir-signe des riens par la fiction de l'esprit. La transition catégorielle (formelle /substantielle) des riens figure un chiasme : le rien formel implexe se réalise (effectivité quasi réique) dans la complexion globale, tandis que le rien substantiel de la *res* amorphe, ou matière indéterminée du sens, doit être informé dans la négativité de l'implexe pour signifier. Si le sens est le continuum amorphe indéterminé antérieurement à son information intra-sémiotique, alors la fiction constitue le principe transformationnel de la signification. La *signi*fic(a)tion est donc le devenir signe du sens, par fiction.

Le développement de ce système est l'ébauche d'une kénologie, autrement dit, traite de la dynamique du Rien de l'arbitraire dans la *signi*fic(a)tion. La numérotation indique l'enchaînement des propositions ; leur hiérarchie est soulignée par la mise en page. Mais il y a plus. L'organisation numéraire des propositions reproduit le mouvement en éventail du procès de la kénose (diastole – systole) qui, coordonnée au Rien [*0.*], articule la transition catégorielle déontologique des négatifs formel et substantiel à la positivité de la fiction ((−) × (−) =+).

*

−*1.11* Le langage peut se définir formellement comme la complexion de négativités, sans simplicité ni positivité. Il est la complexion de combinaisons différentielles entre implexions négatives. L'implexion est l'unité tomique du langage. Dans le langage, l'unité sémiotique est uniquement par coexistence d'alternances. L'(in)existence de l'unité linguistique consiste à *sistere intra causa negativa*.

−*1.1* En tant que complexion d'implexes (ou complexe d'implexions), le perspectivisme du langage, corrélat de sa polymorphie, a pour antifondement (*Abgrund*) l'impossibilité de l'uni((vo)ci)té[17]. La valeur de l'implexion linguistique est précisément le plexus [N10=3297] de négativités différentielles.

> *–1.09* Conséquence de l'inexistence de données en soi, la non-substantialité de la complexion linguistique implique le fonctionnement hétérachique des unités linguistiques. Différentiels, c'est-à-dire eux-mêmes produits contextuels, leur principe réside en l'altérité.

> > *–1.089* L'absence de substratum en soi conduit, par la mise en perspective du fait linguistique, à l'affirmation de sa relativité. Le fait de langue est un jeu de différences aux oppositions constitutives.

–1. Unité d'implexions différentielles négatives, le signe (n') est rien.
–0.9 Sous l'angle d'une épistémologie de la linguistique, le perspectivisme consiste à affirmer, par consécution de l'inexistence de fait linguistique défini en soi, et donc de tout point de départ fixe, que le point de vue seul est le facteur d'institution légitime de toute base épistémique. L'existence d'une unité épistémique est le produit d'une construction par mise en perspective.

> > *–0.899* La construction épistémologique de l'unité sémiotique du langage l'institue en fragment d'une globalité complexe de perspectives structurelles. Le fragmentaire est le mode d'être de l'unité. Comme fragment, elle ne se définit que par sa non-coïncidence graduelle relative avec les autres implexions de la structure qu'elle intègre.

> *–0.89* Les manifestations du langage équivalent à des actions sans substances. La manifestation est une dynamique. Et c'est dans la dynamique de la manifestation que s'opère la valorisation de ses unités transitoires. *Nota bene* : A la dynamique de la manifestation répond le phénomène d'intégration structurelle syntaxique, principe déterminant de la valorisation[18].

---

[17]L'enchâssement parenthétique signale ici l'enchaînement selon l'ordre épistémique des notions.

[18]Phénomène à rapprocher de la structure de base chomskyenne (du moins dans sa version forte de structure profonde), précisément quant à la fonction catégorisante des indicateurs syntagmatiques relativement au lexique.

–*0.889* Le point de vue, ou perspective, est le critère de l'identité relative du fait linguistique constitué par négation et opposition selon le principe différentiel.

–*0.88* Formule de la kénologie : « Rien n'*est*, du moins, rien n'est absolument (dans le domaine linguistique). » [ED28]

–*0.879* Conséquence épistémico-ontologique : rien n'existe que par l'esprit.

–*0.87* L'hétérarchie comme caractéristique du conditionnement des implexions sémiotiques par le principe différentiel, est surdéterminée par la relativisation de toute existence à la perspective de l'esprit. La variabilité des perspectives marque l'inexistence de l'unité sémiotique.

–*0.869* L'existence négative et oppositive de l'implexion sémiotique est non seulement différentielle en synchronie, mais également en diachronie. Autrement dit, elle est différance. Corrélat de l'absence de la transformation sans fixité, l'identité n'existe pas non plus sur le plan de la continuité temporelle (elle est seulement par reconstruction).

–*0.8* L'inexistence de l'implexion sémiotique est double : produit structurel de la différence, le signe se transforme dans la différance de ses connexions contextuelles. La notion de coexistence articule les deux acceptions du différer.

–*0.799* Pour le signe, être inexistant consiste à n'être que comme l'événement d'une implexion sémiotique. L'événement du signe est la dynamique par association d'une transitivité relationnelle transitoire, indéfiniment dé(cons)truite et restructurée. L'événement du signe est la concrétion de sa différance, c'est-à-dire le figement provisoire et fictif de ses déplacements incalculables [ED29j / N10=3297]. Incons(is)tant, le signe ne consiste en rien.

–*0.79* L'indéfinition de la palingénésie du signe en figure la nullité interne. Le signe est kénôme. L'esprit s'attachant à sa fiction repose sur de l'en soi nul.

–0.78 La puissance fictionale de l'esprit se caractérise par le pouvoir de produire et de se référer à de l'en soi nul [N15.1-19=3316.1]. Le fictional est la puissance de conversion (ou transformation) de l'inexistence du signe, conditionnée par la négativité du principe différentiel, en positivité artéfactuelle de coexistence. Ordonné au principe différentiel, le fictional est le principe transformationnel opérant la détermination de l'inexistence, sous forme de fiction positive de l'ordre épistémologique.

•

–0.201 L'opérativité du principe différentiel par négation n'est pas l'opérateur logique de négation[19]. Paradoxe de la négation : la négation différentielle[20]est la réversion de la négation logique (devoir affirmer pour pouvoir nier).

–0.2 La négation par le principe différentiel est constitutive de l'existence niée du référent. La négation différentielle est déontologique. L'existence n'est que niée. Le référentiel extralinguistique est donc un postulat superflu.

–0.199 La négativité caractéristique du principe différentiel implique l'oppositivité intra-structurelle. Elle n'est en aucun cas l'application externe d'un opérateur absolutisé à une

---

[19]En termes de philosophies acéphales, la négation logique est une opération de niveau secondaire [Heidegger 1968]. La possibilité de son pouvoir de négation est conditionnée par le devoir d'affirmation préalable : pouvoir supprimer suppose d'avoir posé. La niabilité détermine la négation. Parce que secondaire, la positivité y est première. La métaphysique inconsciente serait l'excès du logique. Ceci faux au niveau syntaxique de la logique classique (LC) : en déduction naturelle (DN), dans la *construction* d'une preuve (et non dans le sens de sa *lecture*), la règle ¬-intro implique la possibilité de désactiver l'hypothèse pour ainsi dire simultanément, voire antérieurement à sa position. On pourrait ici objecter que l'application de ¬-intro diffère en calcul des séquents (CS) (simplement, parce que l'application des règles y est localisée, sans 'mémorisation'), ce qui indiquerait qu'affirmer la possibilité d'une opération logique de négation primaire tient uniquement au système de dérivation de la DN. Il n'en resterait pas moins que la règle RAA (*reductio ad absurdum*) pour ⊥ est inexplicable en réduisant la négation logique à une opération de niveau secondaire, et ce tant en CS qu'en DN. À noter que le rejet de la règle RAA par la logique intuitionniste (DNI à la Heyting) implique celui du tiers-exclu (simplement parce que tiers-exclus et RAA sont équivalents modulo le système de dérivation de la LC). Cela se répercute sur sa sémantique (Kripke).
[20]La négation différentielle équivaut à la négativité oppositive du principe différentiel.

positivité préconstituée. Au contraire, la négativité est le principe constitutif interne aux connexions contextuelles. Dès lors le positivisme comme doctrine de la positivité du fait est contradictoire, et la négation elle-même peut être reconduite à la positivité du fait comme sa co-extension inverse, son complémentaire. Il n'y a pas de positivité du fait niée, simplement parce que le fait ne préexiste pas à sa structuration négative : parce que le fait n'existe pas (sans négation oppositive différentielle). Toute assomption ontologique est ici encore suspendue. Et si la négation est privée d'une existence réaliste extralinguistique, réductible à une fiction extrapolant le réel, c'est que le réalisme lui-même est illusoire – puisque seul (in)existe le fictional. Rien (n') existe antérieurement à sa fictionalisation négative par le principe différentiel. *Nota bene* : dans le registre intralinguistique, négation et fiction sont les fonctions corrélatives du principe différentiel.

–0.19 Le référent de la négation différentielle existe sur mode conditionnel ; ou encore : conditionnée (par la négation différentielle), l'existence du référent est conditionnelle. Le principe différentiel implique l'épokhè de la réalité du référent. Son référent (n') est rien.

–0.189 Le rien de l'épokhè n'est pas l'absence (de chose (*res*)) mais son indécidabilité hors de l'espace planaire abstrait où opère le principe différentiel(langue). Le rien de l'épokhè est l'expression du doute dans la perspective de l'esprit. Il est une affection épistémique, une fiction de l'esprit.

–0.188 L'affection de l'esprit par le rien consiste en la rupture toujours virtuelle de la signifiance comme totalité de tournure[21]. Elle dévoile l'indétermination de la res comme (n') équivalant à rien.

---

[21] Par "totalité de tournure" (*Bewandnisganzheit*), on souligne l'auto-compréhension de soi impliquée par la constitution de la signifiance, résultat de la transformation réflexive du sens. Dans la signifiance, le sens est structuré par le renvoi à soi en tant que dynamique de signification permettant l'émergence du sens du monde. La

–0.181 Le rien dévoilé est la fiction d'un *quod* sans *quid* – rien substantiel. Il n'est pas la raison suffisante de sa propre existence. Autrement dit, le rien substantiel ne peut être sans le principe différentiel (rien formel).

–0.18 Le fictional est l'opérateur de transformation coordonnant la transition des riens (formel et substantiel[22]). La fiction est l'instance extatique de la négativité.

–0.1 La coordination de RF (principe différentiel) et RS (*quod* amorphe) par la puissance fictionale instaure l'hylémorphisme renologique – condition rétroactive de la valeur pragmatique de l'implexion sémiotique.

–0.09 RS (*quod* amorphe) résulte de RF (négativité du principe différentiel) autant qu'il en conditionne la réalisation.

–0.089 RS est la différence d'une altérité radicale n'existant que par hypothèse. Comme horizon de thématisation et d'articulation du sens par RF, l'existence de RS est le produit d'une fiction épistémologique.

–0.0889 La négativité de RS résulte de sa fictionalisation par RF qui en instaure le retrait (impossibilisation). Sa positivité relative réside dans la réflexivité différentielle du rien.

–0.088 Le sens est dans l'écart (contraste par différence) : RS/RF.

–0.0879 Si la positivité relative de RS réside dans la réflexivité différentielle du rien, le renvoi à soi RF–RS est *l'implexion* du rien (*quid* – *quod*) institué(e) en centre de gravité du sens.

–0.08 Le retrait de RS est son altérité à RF. La différance de RF à RS est l'information de la négativité amorphe (RS) par la négativité

---

signifiance est toujours caractérisée par sa structure réflexive, auto-compréhensive et auto-manifestante, autrement dit, par sa totalité de tournure. Voir également la note 3 concernant la notion heideggérienne d'*Abgrund*.

[22]Riens substantiel et formel sont maintenant notés respectivement : RS et RF.

différentielle (RF)[23]. Le devenir-*quid* (oppositif et arbitraire) du *quod* (négatif et amorphe) est la négation par RF de la négativité de RS (le principe différentiel de RF opère comme instance diacritique et puissance d'information). Nier la négativité consiste à en manifester le sens virtuel.

−*0.07* La manifestation du sens virtuel de RS par la négativité différentielle de RF symbolise l'articulation de l'altérité interne à l'implexion sémiotique (la différance de sa différence). La fiction est l'opérateur de transition des riens dans le signe.

−Isomérie[24] : Rien (n') est (pas) rien. [RENOLOGIE]

0.

+ La fiction est le devenir-signe (RF) du sens (RS). [*SIGNIFIC(A)TION*]

0.01 Le devenir-signe (RF) du sens virtuel amorphe (RS) suppose le principe de fiction comme instance diacritique de l'implexion sémiotique.

0.02 La fiction est la puissance de détection du virtuel (RS) par extraversion formelle du négatif différentiel (RF). Elle est la réalisation du sens (devenir-pragmatique) par information de sa puissance, autrement dit la négation formelle (principe différentiel) de la négativité matérielle amorphe. La fiction est l'*Aufhebung* du signe.

0.1 L'articulation de l'altérité des riens (RS/RF) en l'implexion du signe par la fiction est arbitraire. Définition de l'arbitraire : l'arbitraire est l'extraversion (mouvement de transcendance) de RF sur RS, ou encore la puissance d'information de l'altérité interne.

---

[23]*Mutatis mutandis*, RS correspond à l'objet dynamique de Pierce, tandis que RF correspond à l'objet immédiat. Cependant il doit être noté que, dans un modèle sémiologique bi-planaire, tant RS que RF sont opératifs au niveau intra-planaire (au sens hjelmslevien). Enfin faut-il relever que l'amorphie ici convoquée s'inspire de la conception saussurienne de la "masse" (pensée ou son) indéterminé antérieurement à son information (concept ou image acoustique). Sur l'ambivalence de notre acception de la notion de « sens », voir note 26.

[24] L'isomérie, composition dissemblable de parties similaires, est la conséquence de la distonie RS-RF, c'est-à-dire du déséquilibre des forces renologiques (asymétrie de la transcendance).

0.11 L'implexion du signe est le chiasme des riens. Le signe concrétise la conjonction transitoire de l'hypostase de RF (principe différentiel catégorématique) et de la transsubstantiation de RS (virtualité amorphe du sens). La concrétisation consiste en l'effectuation de la conjonction par l'arbitraire fictional.

> *0.111* Précision sur l'arbitraire fictionnal du signe : l'arbitraire est la puissance fictionale établissant la transaction des riens, et donc la transitivité du principe différentiel vers l'amorphe. L'arbitraire est la condition du continuum du sens en puissance de forme, en d'autres termes le principe transversal de la *signi*fic(a)tion.
>
> 0.112 Définition de l'arbitraire fictional : l'arbitraire de la fiction est le principe d'auto-motivation (mouvement de transcendance) de l'information.

0.12 Rien (RF) sur rien (RS), la fiction (n') est rien. Dans le signe, elle est négation de soi.

> 0.1201 La fiction se réalise par la réification des riens en l'implexion du signe. Plus qu'actualiser le virtuel dans le devenir-signe (RF) du sens (RS), elle est le facteur pragmatique du signe – la positivation fictionnelle des négativités du signe (*Aufhebung*). La fiction est la puissance du négatif comme négation de soi.
>
> 0.121 La négation réflexive de la fiction dans le signe consiste en l'hétérologie de l'extraversion arbitraire du rien (RF sur RS). La transcendance de soi sur l'autre dans l'implexion du signe transforme l'autologie – l'autre comme soi-même – en renologie – soi-même comme rien (cf. note 4).

•

1. La *signi*fic(a)tion est l'homéostasie du chiasme renologique.

1.01 L'articulation de l'implexion sémiotique des riens dans la *signi*fic(a)tion institue le signe en processus chiasmatique de construction du sens par l'arbitraire de la fiction. Le chiasme constructiviste du sens articule extraversion (RF - désignation) et

Manuel Gustavo Isaac

introception (RS - signification). Onomasiologie et sémasiologie sont donc les dynamiques inverses de la *signi*fic(a)tion.

1.1 Complément sur l'arbitraire : l'arbitraire est l'accord dans la kénôse – la configuration (plexus) homéostatique d'une coexistence dans la transformation catégorielle des riens.

5. Rien(s) de l'arbitraire (bis)

Après avoir traité du rien sémiotique formel, rien d'une unité (négative, oppositive, différentielle) réduite à l'inexistence, ce passage en traite le rien substantiel, ce continuum amorphe du sens virtuel non encore informé. Ce qu'il doit assurer, c'est la jonction rétrospective des riens médiatisée par la kénose – kénôse qui donc consiste en la transformation catégorielle des riens (formel / substantiel) (cf. 1.101). Plus exactement, l'enjeu est ici de justifier, sur le plan épistémologique, la réification de la négativité formelle du rien. Et d'abord, c'est l'ambivalence de la notion de sens qui doit être levée[25]. Ou plutôt, il faut l'expliciter tout en préservant la tension, car la mise en tension du sens du sens est facteur de l'indécidabilité de la négativité des riens. Préserver l'indécision du sens est donc nécessaire à la kénôse comme processus de transformation catégorielle des riens. C'est qu'elle signifie tant la négativité de l'amorphe d'un sens en retrait que son information potentielle. Autrement dit, elle s'est construite sur l'alternative de l'amorphe (matériel) et de la puissance (formel) : le sens y est l'ambivalence d'une matière informable. Aussi, le concept de sens est ici, dans la kénôse, un concept paradoxal. Il cristallise 'les paradoxes de l'arbitraire'. Par son retrait, il se soustrait à l'emprise sémiotique structurelle. Il est alors l'inscrutable, doublement inscrutable, sur le plan épistémique interne comme ontologique externe. Cependant même négativement, la définition par l'inaccessibilité d'un inanalysable, précisément en tant qu'elle en est la définition, c'est-à-dire le détermine, assure sur lui la prise de l'analyse – emprise dont la transcendance de l'extraversion renologique est la manifestation (cf. 0.1). Si le sens, au plan ontologique, se détermine par le retrait, c'est donc que la négativité de sa conception (plan épistémologique) procède de l'écart. L'accès au sens suppose son information, serait-ce sur le mode apophatique

---

[25] L'ambivalence du sens est héritée des traductions de la notion hjelmslevienne de 'mening', tantôt traduite par « sens » (*meaning*), tantôt par « matière » (*purport*), selon les textes, c'est-à-dire les dates et les éditions – les deux termes anglais sont agréés par Hjelmslev.

comme première prise de la forme sur l'amorphe. Et cette information première, transcendance de la forme sur/vers la matière, est la première information sur le sens – condition donc de son existence théorique positive.

En définitive, l'oxymore du concept de sens consiste à être la limitation, c'est-à-dire la négation par privation, de ce dont il est la condition de possibilité. Il est la contradiction de ce qu'il pose. Ce point d'impossibilité qu'est le sens en figure le point aveugle. Comme tel, le sens est le principe transcendantal de la forme : par le sens, la forme informe ; par la forme, le sens devient information. On peut dès lors concevoir l'économie de la forme, structurée par différence en termes oppositifs, comme le résultat négatif des articulations de l'écart, dans l'écart, à l'écart[26]– d'où s'est tiré à terme la légitimation épistémologique du perspectivisme.

Si le devenir-signe du sens est le résultat d'une production dans l'écart de négativités renologiques, c'est que le sens est toujours-déjà le produit de la transformation d'une virtualité, son actualisation par la mise en forme tendant à la signification. Le sens est la transformation significative de lui-même nié par supposition[27]. Indifférent aux contenus à mettre en forme puisque capable de s'engendrer depuis le rien, ou mieux, sur la base d'une négation réflexive, il est la puissance d'information configurant la sphère de la signifiance d'un monde mondéisé, du monde mondéisant[28].

6. Du monde du sens au sens du monde : Saussure à rebours ?

L'interaction des négativités dans l'implexion sémiotique ne se limite pas à l'application de l'une sur l'autre, à la transcendance de l'une vers l'autre. Il y a plus. Sa dynamique interne, celle de la projection du rien formel sur le

---

[26] Puisque l'articulation des écarts, dans l'écart, est l'opération qui conditionne la saisie (négative) du sens-matière par la forme, on peut relever qu'une telle information n'est pas autre chose que sa substantialisation dans le modèle hjelmslevien du signe. La substance y est le produit de l'information du sens-matière. Son intervention aux deux niveaux du modèle sémiotique bi-planaire en configure justement le triptyque interne (forme – sens-matière – substance).

[27] « Le sens, en tant que forme du sens, peut se définir comme la possibilité de transformation du sens. » [Greimas 1970 : 15].

[28] La référence implicite s'adresse au Heidegger des cours de Marbourg (semestre d'été 1927), pour lequel se pose la question des conditions de possibilité de la donation elle-même, dans un redoublement (caractéristique) de la formulation même de la question : questionner donc (l'existence de) la donation de la donation, ou mieux, le donné de la donation ("y a-t-il (l')'il y a' ?"). *Nota bene* : la notion de mondéisation du monde signifie la réalisation processuelle externalisée, mondaine donc, de la totalité de tournure (*Bewandnisganzheit*) qu'est la signifiance – cf. note 21.

rien substantiel, se répercute de manière analogique dans le mouvement de transcendance du sens sur le monde, ou encore de la conscience vers l'existence du monde. De cette conscience sans qui rien de ce qui est ne peut exister [ED10a]. En ce sens la conscience, lieutenant du rien puisque n'existant qu'en tant que manifestation épistémique du principe différentiel, est l'instance fictionale proprement extatique d'une projection hors du soi du signe, vers l'altérité, le radicalement différent de la matière amorphe du monde[29] : si le monde est mondéisation, c'est par sa coordination à l'intériorité de l'implexion sémiotique des riens.

Ici, dans la transition des négativités de l'implexion sémiotique à la référenciation, c'est la sémiologie de Saussure qu'on prend à revers. Et pourtant, ce qui permet d'expliquer la référenciation comme externalisation du signe, c'est précisément l'arbitraire. Tel est le dernier paradoxe du projet saussurien : transposé sur le plan ontologique, il rend possible la contradiction de son acte fondatoire, à savoir l'exclusion de la question du référent, par son propre principe primordial, l'arbitraire. Sur quoi s'ouvre la déclosion du signe ? Sa réification dans une co(n)textualitéglobale. L'asymétrie de la transcendance fera du signe l'instance performative del'émergence du sens du monde, du monde comme sens. Le signe, effondrement du monde dans la négativité des riens, est aussi la possibilité de sa fondation comme *res*. Le signe n'est rien – le signe est le rien de la chose.

Bibliographie

[Auroux 1985] Auroux Sylvain, « Deux hypothèses sur l'origine de la conception saussurienne de la valeur linguistique ». *Travaux de linguistique et de littérature*, XIII-1, 1985.

[Auroux 2004] Auroux Sylvain, *La philosophie du langage*. Paris, PUF, 2004.

[Blanchot 1980] Blanchot Maurice, *L'écriture du désastre*. Paris, Gallimard, 1980.

---

[29] Sur la sémiotisation généralisée et le parallèle à établir avec la 'métaphysique du signe' développée par la sémiotique peircienne (notamment en ce qui concerne les dynamiques de la sémiose et de l'interprétance, ou encore, en l'occurrence, la question de l'Homme-signe [5.283 ; 5.313]), se référer pour une première approche au commentaire de G. Deledalle en appendice à [Peirce 1978].

[Godel 1957] Godel Robert, *Les sources manuscrites du cours de linguistique générale de F. de Saussure*. Genève – Paris, Droz, 1957.

[Greimas 1970] Greimas Algirdas Julien, *Du sens I. Essais sémiotiques*. Paris, Seuil, 1970.

[Heiddeger 1968] Heiddeger Martin, « Qu'est-ce que la métaphysique ? ». In : *Question I*. Trad. H. Corbin, Paris, Gallimard, 1968.

[Hjelmslev 2000] Hjelmslev Louis, *Prolégomènes à une théorie du langage* suivi de *La structure fondamentale du langage*. Trad. U. Canger et A. Wewer, et A.-M. Léonard. Paris, Éditions de Minuit, 2000.

[Quine 1977] Quine Willem van Orman, *Relativité de l'ontologie et autres essais*. Trad. J. Largeault, Paris, Aubier-Montaigne, 1977.

[Nietzsche 1991] Nietzsche Friedrich, « Vérité et mensonge au sens extra-moral ». In : *Le livre du philosophe*. Trad. A. Kremer-Marietti. Paris, Flammarion, 1991.

[Peirce 1978] Peirce Charles Sanders (1978), *Essais sur le signe*. Éd. G. Deledalle. Paris, Seuil, 1978.

[Saussure 1968] Saussure Ferdinand de, *Cours de linguistique générale* (Tome 1). Éd. R. Engler. Wiesbaden, Otto Harrassowitz, 1968.

[Saussure 1974] Saussure Ferdinand de, *Cours de linguistique générale* (Tome 2). Éd. R. Engler. Wiesbaden, Otto Harrassowitz, 1974.

[Saussure 1980] Saussure Ferdinand de, *Cours de linguistique générale*. Éd. T. de Mauro, Paris, Payot, 1980.

[Saussure 2002] Saussure Ferdinand de, *Écrits de linguistique générale*. Éd. S. Bouquet et R. Engler. Paris, Gallimard, 2002.

[Wittgenstein1971] Wittgenstein Ludwig, *Carnets 1914 – 1916*. Trad. G.-G. Granger. Paris, Gallimard, 1971.

[Wittgenstein 1993] Wittgenstein Ludwig, *Tractatus logico-philosophicus*. Trad. G.- G. Granger. Paris, Gallimard, 1993.

Dr. Manuel Gustavo ISAAC
Fonds National Suisse (FNS-SNF)
Université d'Amsterdam (UvA)

Arbitrariness Symbolic Key
Jean-Yves Beziau

Tout cela vous semblera terriblement arbitraire
Jusqu'à ce que vous ayez pris en main la clef de la signification
Et consciemment pénétré le sens de l'interdit
Baron de Chambourcy

Jean-Yves Beziau

Menu

APPETIZER
arbitrary animals

MAIN COURSE
double symbolism
key to arbitrariness
wealth and health

DESSERT
red herrings

ABSTRACT.   We start by emphasizing the import of arbitrariness as stressed by Ferdinand de Saussure in the *Cours de Linguistique Générale*. We go on by distinguishing two kinds of symbolism: ideal symbolism and pictorial symbolism, which are indeed present in the typical example of symbol given by Saussure, the balance. We argue that the key is a good symbol of arbitrariness. We then analyze two Swiss phenomena which are fairly arbitrary: drug and money. But we explain why the discovery of LSD by Albert Hoffman in Basel in 1938 was not an arbitrary discovery.   We finish by examining red herrings: the Swiss Flag, the do-not-enter sign, Amanita Muscaria and Little Red Riding Hood, concluding that the do-not-enter sign is a good symbol of symbolism.

1. Arbitrary animals

Ferdinand de Saussure (1857-1913) is not the first to have talked about the arbitrariness of the sign, but he certainly stigmatized it by considering it as the first principle, as this appears in the posthumous 1916 *Cours de linguistique générale* (hereafter CLG). In the CLG it is written: "No one disputes the principle of the arbitrary nature of the sign, but it is often easier to discover a truth than to assign to it its proper place." And the proper place given to this principle in the CLG is: number 1.

Considering this primal position and the fact that the CLG is one of the most famous books not only of linguistics but of intellectual life, leads to recognize the arbitrariness of the sign as a symptomatic feature of humanity. And we can go up to the characterization of human beings as *arbitrary animals*.

In a more traditional fashion, human beings are considered as *rational animals*. What is the connection, if any? The characterization of human beings as *rational animals* dates back to Ancient Greece, the adjective then used was "logical". One of the meanings of the word "Logos" is *relation*. We also find this meaning in the Latin version of the word in particular through the notion of *irrational numbers*, numbers which are not relations between natural numbers. The Logos in the Bible is identified with God (John 1:1), and etymologically "religion" also means relation. Rational animals are able to establish relations between/with everything, even God.

An arbitrary sign is a sign where there is no connection between the sign and its meaning, or to put it in a more Saussurean sauce, between the signifier and the signified. It is an artificial relation, product of human intelligence. To put it in a more striking way: arbitrariness (of the sign) is the ability to establish a relation between things having no relation. A kind therefore of supra-rational power, or a limit case of rationality.

This capacity allows us to speak without thinking, and even to reason without thinking, to behave like computers.

2. The Double Face of Symbolism

In the CLG the arbitrary sign is explained and/or defined by opposition to the symbol. A symbol is a sign where there is a connection between the signifier and the signified. The given example of symbol is the balance: "One characteristic of the symbol is that it is never wholly arbitrary; it is not empty, for there is the rudiment of a natural bond between the signifier and the signified. The symbol of justice, the balance, could not be replaced by just any other symbol, such as a chariot."

This example if ambiguous because it mixes up two aspects of symbolism, that we can differentiate naming them "ideal symbolism" and "pictorial symbolism". *Pictorial symbolism* is when the sign is a replication of the thing it represents, like in the following picture:

Jean-Yves Beziau

It can be more or less iconic in the sense of Peirce or Hieroglyph. It is connected with pictograms as promoted in particular by Otto Neurath (1882-1945) in the 1920s with the *Isotype* (*International System of Typographic Picture Education*). The idea is that you understand the meaning of the sign just by looking at it.

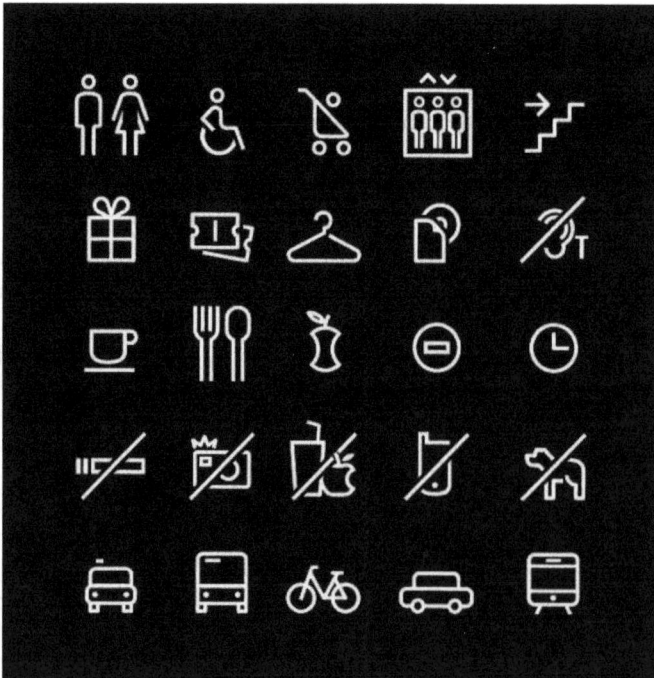

But the above picture of a balance is not used just as replicating a balance, it is also used to represent justice, or better the idea of justice. Carl Gustav Jung (1875-1961), another Swiss gentleman, says: "Thus a word or an image

426

is symbolic when it implies something more than its obvious and immediate meaning".

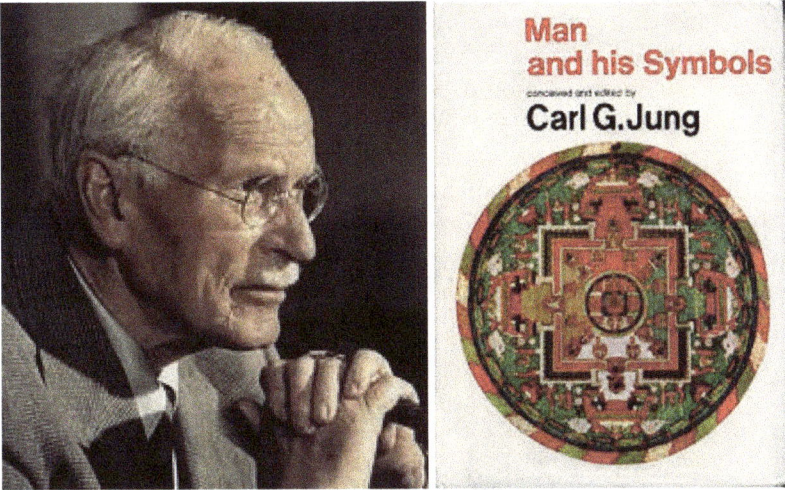

This is a very general definition, maybe too vague. Justice is surely more than the obvious and immediate meaning of a pictogram of a balance, different from a pictogram of a bicycle which represents nothing more than a bicycle. But we may have some more picturesque and suggestive representations of a balance of justice, like the Egyptian one below, considered as the original justice symbolization. One of the ideas in this picture is the performance of a precise equity, contrasting with our first pictogram above, out of balance. and with no one acting upon it.

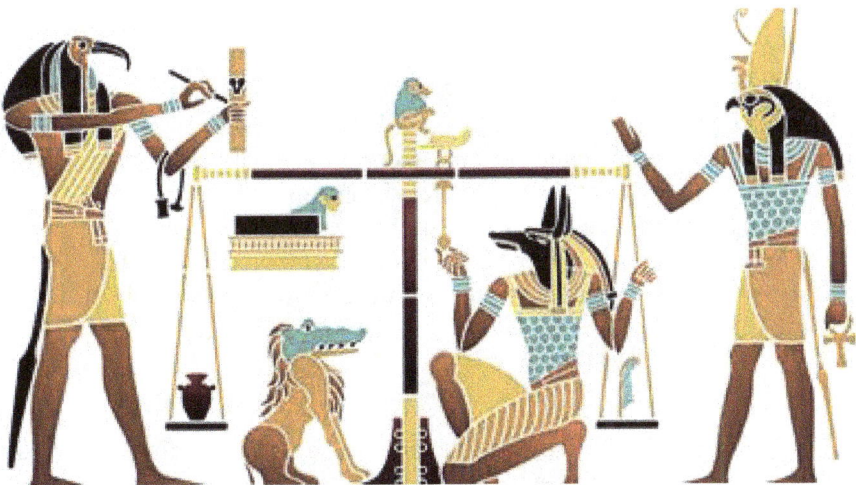

The process of symbolization here is to express a general idea metaphorically or analogically through a very concrete object, which can be considered as a prototypical example of it.

To clearly differentiate this symbolization process from the previous one, we use a different name, we say that the balance is an *ideal symbol* of justice. Ideal symbolization does not necessarily work through pictograms. We can say that X is the symbol of x without having a special pictogram for it.

But the balance is also a pictorial symbol like the pictogram of a bicycle. In the case of the balance the two aspects of symbolism coincide, we have a double symbolization effect. Fortunately, or unfortunately, this is the symbolic example we have in the CLG.

Something contrasting in a double sense to the symbolic balance is Magritte's pipe in his painting *The Treachery of Images* (1928). On the one hand it is too close to reality to be a pictorial symbol, generally a stylized version of reality not a photographic vision, on the other hand it is not representing something else.

Another example of a sign with double symbolization is the sign of equality or identity, put forward by the Welsh mathematician Robert Recorde (1512-1558):

$$=$$

This pictogram of two parallel lines symbolizes equality for ever. This is one of the most universal human signs. And it is not arbitrary. Since this symbol is deeply rooted in mathematics, the Queen of Sciences, the height of rationality, we are facing a real dilemma: arbitrariness vs. equality.

If we consider "cat" as a prototype of arbitrariness we can figure this dilemma as follows:

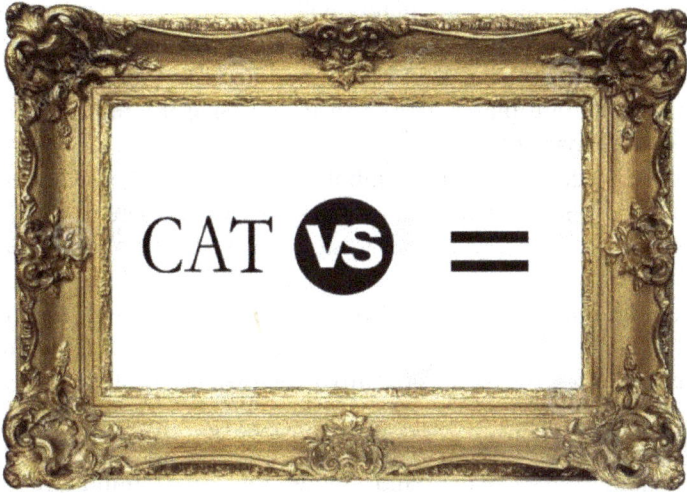

It would even be better to have on both sides more symbolic things: a symbol of arbitrariness and a symbol of symbolism. Symbolization cannot be based just on famous and nice examples, the examples cannot be too arbitrary, they have to be genuinely symbolic. But what is the key to symbolism? Let's see if we can unlock the door of symbolization …

3. The Key to Arbitrariness

The key is a famous symbolic figure. Rather ambiguous, not to say tortuous. The key can be seen as the symbol of power. If you have the key, you can enter, into your bank safe or to heaven. In the flag of Geneva, there is a key. To open what? This flag was chosen before the city became a famous banking city. It is the biblical key of St Peter which is also the main ornament of the flag of the Vatican.

Jean-Yves Beziau

The power of the key as a symbol is its elusive aspect, typical of symbolism. It can be interpreted in many ways. A key can indeed open many doors: the birds cage's door, the door of perception, the door of dreams.

Symbolism goes hand to hand with hermeneutics and marabouts. Something has to be interpreted, unveiled, revealed. The mystery of a symbol opens room for many interpretations. If you have the key to interpretation, you are the master. And if you have the master key you are the master of the masters.

But, strangely, despite all the symbolic power of the key, the key can be considered as the symbol of arbitrariness. Because there is absolutely no connection between the key and what is on the other side of the door it opens for you. The connection is only between the male and female parts of the keylock, on the one hand the key, on the other hand the lock. But no one is interested in the lock itself. It is like an alphabetic word: "beauty" opens the door to beauty, it not by itself especially beautiful. It is just an arbitrary sign.

4. Wealth and Health of Arbitrariness

Funny enough in Switzerland there are two important arbitrary phenomena, symbols of two key aspects of the modern world: money and drug. To speak in a more official, not to say bureaucratic, way: bank and pharmacy.

Swiss banks have been accused of money laundering. But money laundering is a pleonasm. It is true that coins or bills are full of microbes and that they indeed need to be washed on a regular basis with white powder. But on the other hand, if we take money at an abstract level, it is already by itself a washing machine. With one dollar:

you can buy many different beautiful things, as you can check going to the Dollar Tree next to your door.

What have all these things in common? Nothing except that their value is one dollar. Mathematically speaking: they are congruent modulo one dollar (if you know nothing about mathematics you have just learned here for free an important mathematical notion).

All the business of money, not only of one-dollar bills, is based on the completely arbitrary relation between money and its face value. Even in the good old time of gold bars there was a missing link between the thing in itself and what you could do with it. It already had a multiplicity of applications including non-standard models. At the time of plastic money, the magic is greater than ever. And, as before, it can lead to wealth or bankruptcy, it all depends how you flip the card.

With money it is possible to buy almost everything. At least, according to tautological reasoning: everything which is for sale. It is possible to buy sex, drugs and rock and roll. Let's stop at the middle:.

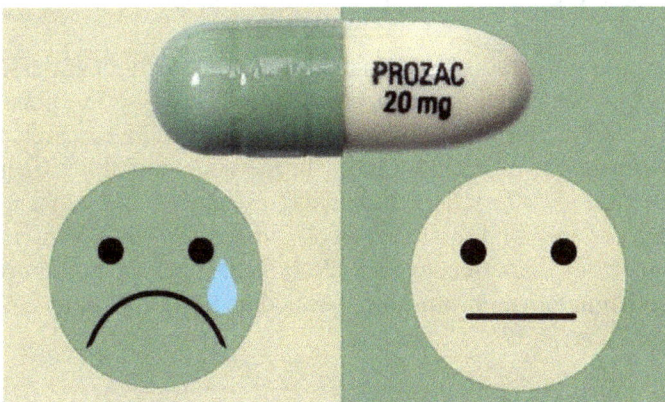

431

Many drugs appear just as white pills with an anonymous circular shape, like a one cent coin, generally a bit fatter. There is no visible connection between the drug and its effect. It is not like a fruit, say an apple.

The city of Basel in Switzerland is generously producing drugs for all humanity. There are two big companies: Novartis and Roche. Novartis is the continuation of Sandoz (1886-1996). It is in the research niche of Sandoz that LSD was born in 1938. Albert Hofmann (1906-2008) is the father of this "problematic child", as he himself calls him. As he explains in his autobiography, contrarily to a legend, the kid was not born by accident:

> One enchantment of that kind, which I experienced in childhood, has remained remarkably vivid in my memory ever since. It happened on a May morning—I have forgotten the year—but I can still point to the exact spot where it occurred, on a forest path on Martinsberg above Baden, Switzerland. As I strolled through the freshly greened woods filled with bird song and lit up by the morning sun, all at once everything appeared in an uncommonly clear light. Was this something I had simply failed to notice before? Was I suddenly discovering the spring forest as it actually looked? It shone with the most beautiful radiance, speaking to the heart, as though it wanted to encompass me in its majesty. I was filled with an indescribable sensation of joy, oneness, and blissful security.

> I was often troubled in those days, wondering if I would ever, as an adult, be able to communicate these experiences; whether I would have the chance to depict my visions in poetry or paintings. But knowing that I was not cut out to be a poet or artist, I assumed I would have to keep these experiences to myself, important as they were to me. Unexpectedly—though scarcely by chance—much later, in middle age, a link was established between my profession and these visionary experiences from childhood.

> Because I wanted to gain insight into the structure and essence of matter, I became a research chemist. Intrigued by the plant world since early childhood, I chose to specialize in research on the constituents of medicinal plants. In the course of this career I was led to the psychoactive, hallucination-causing substances, which under certain conditions can evoke visionary states similar to the spontaneous experiences just described. The most important of these hallucinogenic substances has come to be known as LSD.

Hofmann therefore found a key to artificially enter the paradise he naturally visited as a child. Artificially in the sense that it was discovered in a laboratory. Rather unexpectedly, but not completely arbitrarily.

5. Red Herrings

If we put together drug, money and Saussure, we have a triangle of arbitrariness, which can be considered as the key to Switzerland. However, paradoxically, the flag of Switzerland is much less arbitrary than flags of other countries.

Most of the flags are rectangular with some simple shapes inside, like three strips, think about the well-known flag of the Kingdom of Belgium. Nothing really meaningful, neither by its content nor by its the form. The Swiss flag is the only square country flag together with the flag of the Vatican. But the Vatican flag is asymmetric. The Swiss flag is perfectly symmetric, this conveys a sense of perfection. And if consider the cross as indicating the four cardinal points, this flag can be seen as a compass giving good orientation.

But on the other hand the Swiss flag has a similar configuration to a sign of warning, not to say prohibition: the *do-not-enter* sign. Traffic signs are typical examples of symbolic signs in the pictorial sense, and moreover they use colors which also symbolically act upon our mind. The *do-not-enter* sign however is the less symbolic traffic sign. Its meaning does not explicitly show up. This elusiveness is also its strength. It is like in model theory: the less specific the axioms are, the larger is the variety of their models.

A subtle drawing can be much more powerful than an explicit image. This is what a fourth Swiss gentleman, Adrian Frutiger (1928-2015), perfectly understood. Frutiger is one of the most famous typeface designers of the 20th century, you can see his typefaces not only on the Swiss roads but also everywhere in the world. He claimed: "A day will come when you will see advertisements containing nothing else than four lines in Garamond on a white background".

The *do-not-enter* sign is a sign whose meaning overpasses the road context. It is the expression of prohibition in general, as more explicitly expressed through its French name: *sens interdit*. But why is a red circle crossed by a white strip a good expression of interdiction?

Red is associated to danger because it is the color of blood. Other traffic signs of warning and/or prohibition also use the red color. But generally we have a red circumference circling a black stuff (the prohibited thing), red crossed or not, on a white background. There is in fact an alternative version of the *do-not-enter* sign working in this way (in use in Ireland, Brazil, India). But the most famous *do-not-enter* sign is rather different. It has a full symbolic dimension surrounded by mystery.

There is a famous mushroom having some similarity with the *do-not-enter* sign. Her quite beautiful name is: *Amanita Muscaria*. But this mushroom is no lethal, only hallucinogenic. The lethal one is however of the same family, also having a beautiful name: *Amanita Phalloides*. She is kindly nicknamed "death cap". But you cannot see this nickname on her and the appearance of this death cape is completely inoffensive, it is white with some shade of green and her shape is like the one of most of the mushrooms, more or less phallic.

Looking at these mushrooms we may think nature is arbitrary, not to say absurd. It does not give us a hint, even worth: it is misleading, full of red herrings … Is it really so? Certainly nature is not straightforward, it is not like a highway to hell, we have to be careful enough not to slide on the curves, not to follow the wrong direction, and end up like Little Red Riding Hood in a bed with our grandmother.

We don't want to be fooled by the appearances. But is the redness of the blood just an appearance? Oscar Wilde's masterpiece, *Salomé*, like any good Peplum, is full of blood. Oscar Wilde put the following words, in the mouth of King Herod: "How red those petals are! They are like stains of blood on the cloth. That does not matter. You must not find symbols in

Jean-Yves Beziau

everything you see. It makes life impossible." (Originally in French, but Herod never spoke French, although he supposedly died in France).

Anyway, despite this repressed premonition, the blood will flow, when Herod will order to cut the head of Iokanaan, better known as John the Baptist. The figurative meaning of baptism, contrasting with its original symbolic water meaning, is to stick an arbitrary name on a new born, say Adam. "Adam" is considered as a proper name. But proper names are not properly proper. According to Kripke, proper names are rigid designators, invariant across possible worlds. Their meaning is arbitrarily fixed by an initial baptism. Can we say that Herod is symbolically cutting the head to arbitrariness? We will not venture much in the interpretation of this mythical story. Let's go out of the red herrings' labyrinth and conclude.

In section three, the key has been promoted as the symbol of arbitrariness. We are now looking for a symbol of symbolization. The *do-not-enter* sign looks as a good candidate: there is a relation between the sign and its meaning which is strong and not arbitrary, but we have no clue. We need a key!

At the end we have this beautiful mix:

BIBLIOGRAPHY

R.Barthes, *Eléments de sémiologie*, Denoël, Paris, 1965.

J.-Y.Beziau (ed), *La pointure du symbole*, Petra, Paris, 2014.

J.-Y.Beziau, "Possibility, Imagination and Conception", *Principios*, 23 (2016), pp.59-95.

J.-Y.Beziau, "A Chromatic Hexagon of Psychic Dispositions", in M.Silva (ed), *How Colours Matter to Philosophy*, Springer International Publishing, Cham, 2017, pp.273-288.

J.-Y.Beziau, "Many 1 - A transversal imaginative journey across the realm of mathematics", *Journal of Indian Council of Philosophical Research*, 34 (2017), pp 259–287.

J.-Y.Beziau, "Being aware of rational animals", in G.Dodig-Crnkovic and R.Giovagnoli (eds), *Representation and Reality in Humans, Other Living Organisms and Intelligent Machines*, Springer International Publishing, Cham, 2017, pp.319-331.

J.-Y.Beziau, "An analogical hexagon", *International Journal of Approximate Reasoning*, 94, (2018), pp.1-17.

J.-Y.Beziau, "The Pyramid of Meaning", in J.Ceuppens, H.Smessaert, J. van Craenenbroeck and G.Vanden Wyngaerd (eds), *A Coat of Many Colours - D60, Brussels*, 2018.

J.-Y.Beziau, "Dice: a hazardous symbol for chance?", in *Logic, Intelligence and Artifices: Tributes to Tarcísio H. C. Pequeno*, College Publication, London, 2018, pp.365-385.

M.Bréal, *Essai de sémantique, science des significations*, Paris, Hachette, 1897.

E.Eco, *Trattato di semiotica generale*, Bompiani, Milan,1975.

A.Frutiger, *Der Mensch und seine Zeichen*, D.Stempel, Fankfurt, 1978-1981.

A.Hénault, *Histoire de la sémiotique*, Presses Universitaires de France, Paris, 1992.

A.Hofmann, *LSD, mein Sorgenkind*, Ernst Klett, Stuttgart, 1979.

C.G.Jung, *Man and his symbols*, Aldus books, London, 1964.

S.Kripke, *Naming and necessity*, Harvard University Press, Cambridge, 1980.

J.Piaget, *La formation du symbole chez l'enfant*, Delachaux et Niestlé, Neuchâtel, 1964.

C.S.Peirce, *Semiotics and Significs*, C.Hardwick (ed), Indiana University Press, Bloomington , 1977.

F. de Saussure, *Cours de linguistique générale*, Payot, Lausanne et Paris, 1916.

Jean-Yves Beziau

Federal University of Rio de Janeiro (UFRJ)
Brazilian Research Council (CNPq)
Brazilian Academy of Philosophy (ABF).
jyb@ufrj.br

This paper was written when on sabbatical at Ecole Normale Supérieure ENS-ULM, Paris, France (2017-2018).

ACADEMIA BRASILEIRA DE FILOSOFIA
Ad Veritatem

www.ingramcontent.com/pod-product-compliance
Lightning Source LLC
Chambersburg PA
CBHW060534220326
41599CB00022B/3512